島と海と森の環境史年表

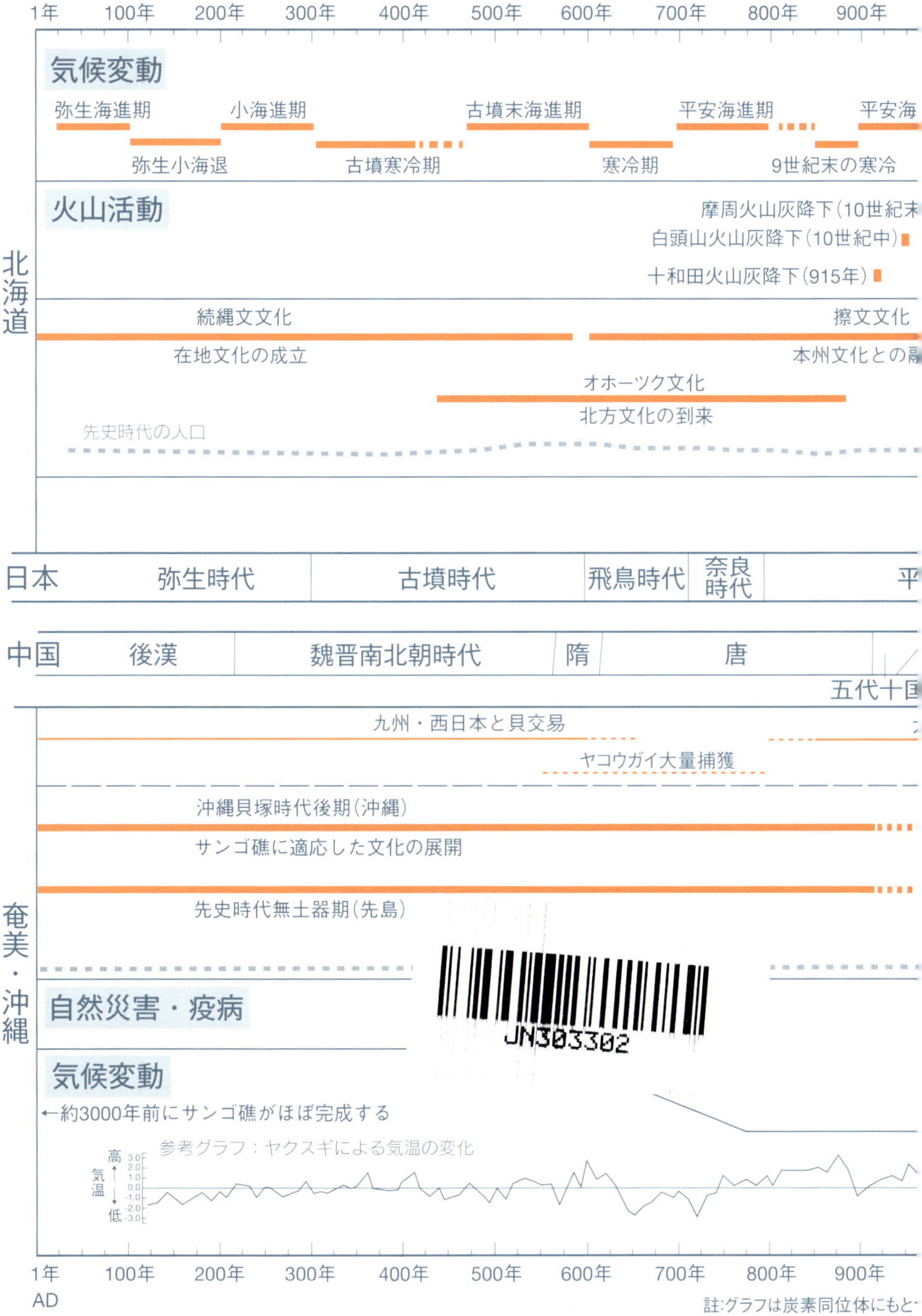

註:グラフは炭素同位体にもと
1850年以前の炭素同位体

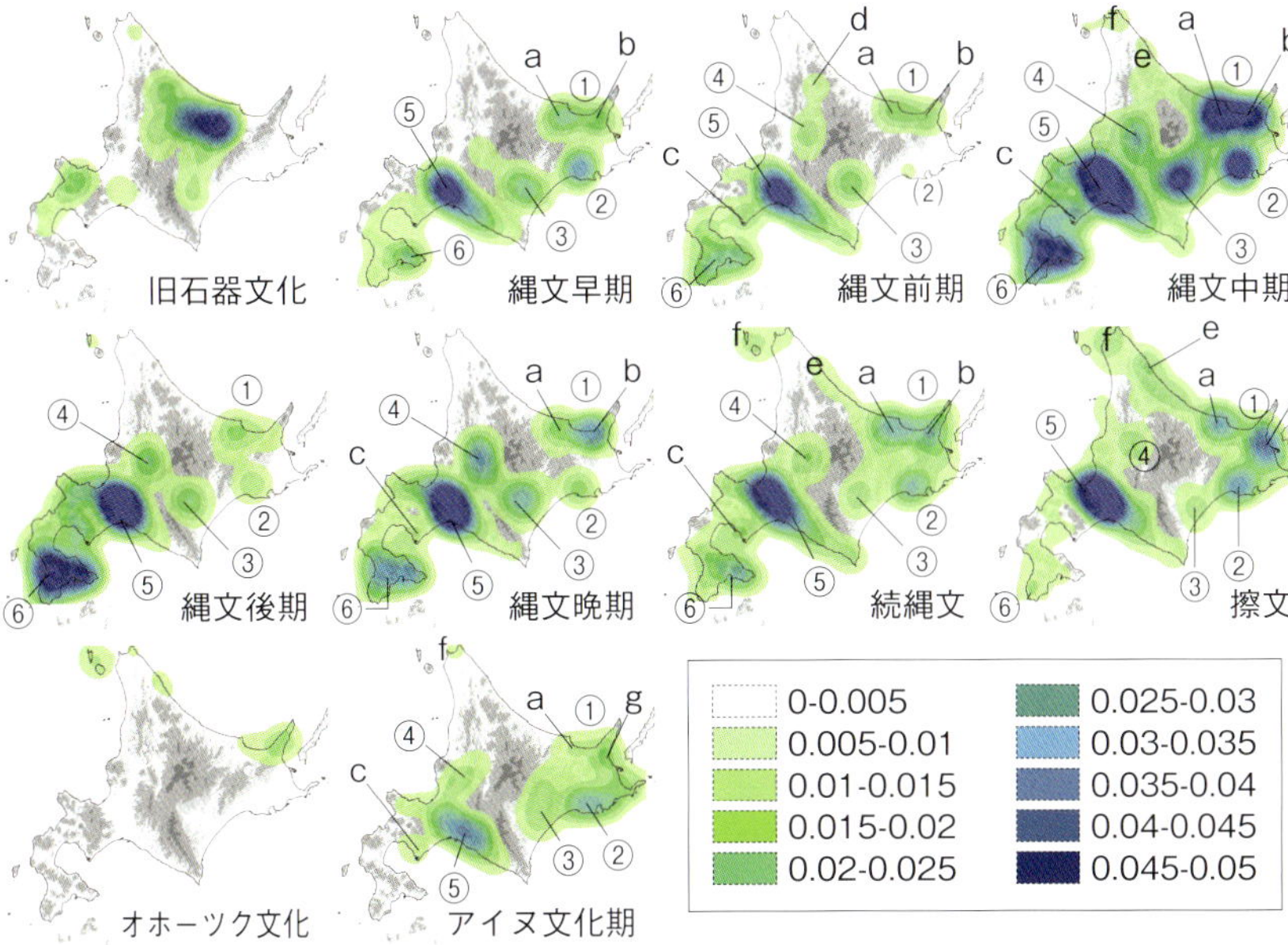

口絵 1　北海道における人類遺跡の密度分布の推移（旧石器～アイヌ文化期：検索半径 50 km）記号の詳細は第 2 章参照

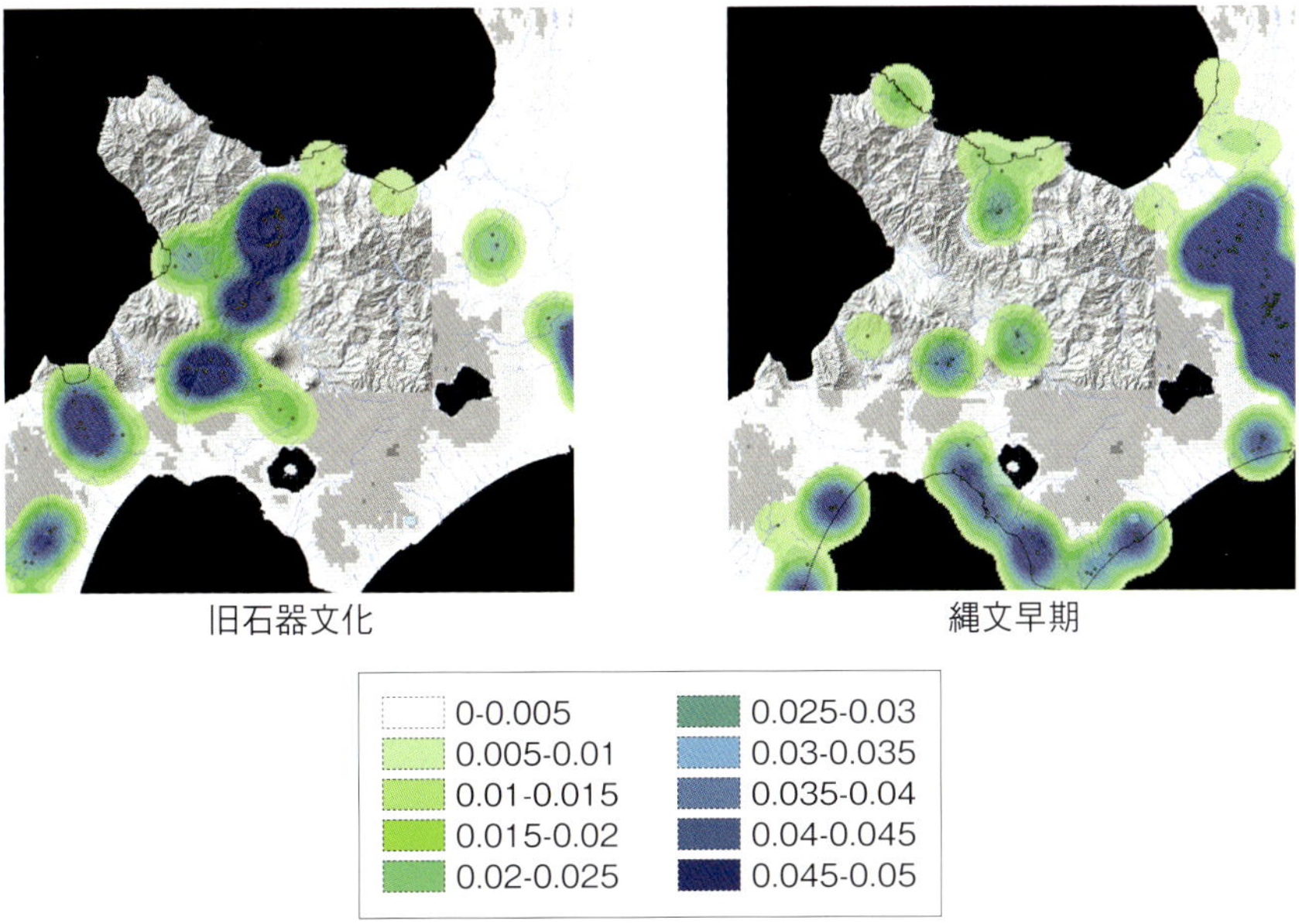

口絵 2　道南山地～北海道南部火山群地域における人類遺跡の密度分布の推移（検索半径 10 km）第 2 章参照

シリーズ 日本列島の三万五千年——人と自然の環境史 4

島と海と森の環境史

編 湯本貴和　責任編集 田島佳也・安渓遊地

文一総合出版

シリーズ 日本列島の三万五千年——人と自然の環境史 4

島と海と森の環境史

編 湯本貴和　責任編集 田島佳也・安渓遊地

文一総合出版

はじめに

湯本貴和

南北の「異国」における資源利用の成功と失敗

この第4巻は、北海道と奄美・沖縄という、日本の北端と南端の歴史を、持続的な資源利用の成功と失敗を中心に示し、将来の方向を探るものである。

日本列島は、均質な文化と歴史をもつ国ではない。日本というガバナンスが及ぶ範囲も、歴史的に大きく変遷してきた。古代には「日本」という範囲は、北は東北南部から南は九州中部まで、中世でも本州、四国、九州と薩南諸島あたりまでであり、北海道と奄美・沖縄は日本のガバナンスが及ばない「異国」であった。

北海道は歴史的には日本内地だけでなく、サハリンや沿海州と深いつながりをもってきた。奄美・沖縄もまた、日本と中国大陸をむすぶ海上の道に位置し、双方の影響を受けた独自の文化を育んできた。

自然環境でいえば、北海道は亜寒帯に位置して本州の高山植物が海岸に見られるとともに、津軽海峡には生物地理学の境界のひとつであるブラキストン線がひかれ、本州とは哺乳類相が大きく異なる。奄美・沖縄は亜熱帯に属して、マングローブ林やサンゴ礁に代表される熱帯と共通する生態系を擁する。またトカラ列島南部の悪石島と小宝島の間にひかれた渡瀬線は、旧北区と東洋区を隔てる大きな生物地理学の境界である。

異なる自然環境は異なる特産品を創りだし、異なる特産品は盛んな交易を促す。江戸時代には北海道はコンブやニシン、ワシの羽根などの特産物で知られ、北前船で京・大坂に運ばれた。本州からはコメ、味噌・醬油・酒、陶磁器・漆器などが北海道に輸出されて特産物と交換された。いっぽう、奄美・沖縄からは貴重な砂糖が本土に運ばれ、北海道のコンブが中国への中継地としての沖縄に大量に流入した。そのおかげで、コンブは沖縄料理には欠くことのできないものとなり、久しく沖縄県はひとりあたりのコンブ消費量が日本一の座にあり、沖縄の長寿食といわれた。

交易に支えられながらも、資源の限られた奄美・沖縄では、循環型の生活のためのさまざまな工夫が生まれた。水や食べ物を無駄なく使う知恵の宝庫が、奄美・沖縄であるといえるほどだ。とても尽きるはずがないと思われるほど天然資源に恵まれた北海道では、収奪的な利用が横行し、かえって資源の枯渇が見られるのである。

本シリーズは、総合地球環境学研究所のプロジェクトとして予備的な研究を三年、本研究を五年かけて行った「日本列島における人間－自然相互関係の歴史的・文化的検討」の総括として、共同研究者の成果をまとめたものである。本プロジェクトでは、日本列島の人間自然関係史について分野横断的に取り組むため、サハリン、北海道、東北、中部、近畿、九州、奄美・沖縄の七つの地域班をたてて、地理学、考古学、文献史学、民俗学などを中心として、それぞれの地域での人間—自然関係史の構築を目指し、とりわけ生物資源の利用における持続性と破綻についての例を集めて、それぞれの地域的特異性と一般性について考察を重ねた。サハリンはもちろん日本列島ではないが、最終氷期には北海道と陸続きであり、旧石器時代の人間と自然のかかわりを考えるためには不可欠であることから、旧石器時代に焦点を絞って一つの班として構成した。これらの地域班に加えて日本列島を横断的に扱うチームとして、DNAを用いた分子系統地理学で遺伝変異のマップを作成する植物地理班、花粉や植物遺体で古環境を復元する古生態班、安定同位体などを用いて過去に日本列島に住んでいた人々の食性を調べる古人骨班の三つの手法班をたてた。その他にも、草原という特殊環境に関連するマルハナバチ研究グループ、日本列島における情報の行き来をトレースする方言研究グループ、人間が持ち込んで地域の生物文化の形成に大きく寄与した栽培植物研究グループがある。

これらの多種多様な学問的な集積の中から、総括班が「日本列島はなぜ生物多様性が高いのか」、「生物資源の利用で持続性と破綻を分ける社会経済的な条件は何か」、「人間と自然との関係はこれからいかにあるべきなのか」というような一般的な問いに答えようとした。

それぞれの巻には、実にたくさんの学問分野から多様な話題が盛り込まれているが、一貫したテーマは「人間はどのように自然とつきあってきたか」「人間はどのように自然を改変してきたのか」「そのなかで『賢明な利用』とはいったい何なのか」「自然をめぐる人間と人間との葛藤はどのようなものだったのか」という自然に対峙し、利用し、生かされてきた人間の普遍的なあり方を問うものとなっていることがわかっていただけると思う。実のところ、人間と自然との関係という抽象的なものはなく、具体的な生き物と生かし、生かされてきた人間の関係であり、生き物をめぐる人間と人間との関係史なのである。

そのなかで、もう一つの大きなキーワードとして、「誰の、誰による、誰のための「賢明な利用」なのか」という環境ガバナンスの問題が見えてくる。自然から財を取り出して利益を得る人たちと、その結果として資源枯渇や災害などのしっぺ返しを受ける人たちは必ずしも同一ではなく、むしろ受益者と負担者が乖離することが大きな問題である。この受益者と負担者の乖離は、小さな地域環境の問題から地球スケールの環境問題まで、いつでもどこにでも存在し、その具体的な対処方法の確立こそが問題を解決に向かわせる大きな鍵となる。そのために、このシリーズで語られる多種多様な話題から得られる歴史的な教訓が、今後の人間と自然との関係を考える礎となることを期待したい。

湯本貴和

シリーズ 日本列島の三万五千年——人と自然の環境史 4

島と海と森の環境史

目次

はじめに……湯本貴和 3

序章 島と海と森の環境史……田島佳也・安渓遊地 11

第1部 北海道の人間―自然関係史

第1章 海洋資源の利用と古環境―貝塚からみたエゾアワビの捕獲史から―……右代啓視 19

第2章 人類、オットセイに出会う―北海道の人類文化とオットセイ猟―……小杉 康 35

第3章 アイヌの自然観と資源利用の倫理……児島恭子 49

第2部 資源認識の変化——乱獲から持続可能な利用へ

第4章 北の水産資源・森林資源の利用とその認識―ニシン漁場における薪利用との関連から―……田島佳也 71

第5章　北海道の開拓と森林伐採―明治二〇年代までの後志地方の状況を中心に―……三浦泰之　91
第6章　北海道で魚を増やす三つの方法―「人工孵化」・「種川制度」・「魚付林」―……麓　慎一　113
コラム1　北の魚つきの森……会田理人　127
第7章　スケトウダラ漁に生きる漁師たちの知恵と工夫―積丹半島以南の比較を通して―……中野　泰　133

第3部　奄美・沖縄の人間―自然関係史　価値あるものの濫獲・絶滅への道

第8章　考古学からみた奄美のヤコウガイ消費―先史人は賢明な消費者であったか―……木下尚子　157
第9章　ジュゴンの乱獲と絶滅の歴史……当山昌直　173

第4部　奄美・沖縄の人間―自然関係史　政治・経済が自然に与えた圧力

第10章　近代統計書に見る奄美、沖縄の人と自然のかかわり……早石周平　197
コラム2　「地獄」と「恩人」の狭間で―沖縄と奄美のソテツ利用……安渓貴子　225

第5部　奄美・沖縄の人間―自然関係史　持続可能な利用の模索

第11章　サンゴ礁の環境認識と資源利用……渡久地健　233

第12章　西表島のイノシシ猟にみる陸産野生動物の持続的利用……蛯原一平　261

第6部　奄美・沖縄の人間－自然関係史　人間と自然のかかわりについて考える

第13章　隣り合う島々の交流の記憶－琉球弧の物々交換経済を中心に……安渓遊地　283

コラム3　「シマ」の自然……盛口　満　311

終　章　「賢明な利用」と環境ガバナンス――北海道と奄美・沖縄の対比から……安渓遊地・田島佳也　315

引用文献・参考文献……343

索引……347

執筆者略歴……351

島と海と森の環境史年表（見返し）……蛯原一平・右代啓視・瀬尾明弘

序章　島と海と森の環境史

安渓遊地
田島佳也

この巻は、「島と海と森の環境史」の題のもとに、北海道と奄美・沖縄をフィールドとする論考が集められている。日本でも「手つかずの自然が豊かに残されている」というイメージのある北の大地と南の島々に住んできた人びとは、果たして海や陸を舞台とする生業の中で「自然の賢明な利用」を行ってきたのだろうか。この問いかけへの実証的な答えを求めて異分野を融合させるための研究を重ね行ってきた。考古学・歴史学・民俗学を中心とする北海道班と、生物学などどちらかというと理科系のバックグラウンドをもつメンバーが多い奄美沖縄班の交流は、相互に刺激的で啓発的であった。

海と川の恵みである水産資源と住民のかかわりの総体をとらえることを目指しながら、その加工などのために大量に必要となる森林資源の枯渇を防ぐためにどのような方策がとられたか、加工品の流通や交易はどのように変遷しながら環境への負荷を与えてきたのかといった視点から、南北の違いを踏まえながら「人と自然のかかわり」に通底する共通の問題を本巻では明らかにしていきたい。

北と南の環境史年表

環境史年表では、考古学や地質学、自然史のデータと従来の年表で用いられる史料情報とを合わせ「島と海と森の環境史」見取り図を完成させた。これは、生物資源利用にかかわるガバナンスと社会経済システムを示し、それらと環境変化との関連性を明示化し対比させることで、個々の研究を北海道と奄美沖縄というそれぞれの地域での環境史のなかに位置づけて理解しやすくすることを目的としている。環境史年表では、過去二〇〇〇年という時間軸のなかでみたときに、この両地域の自然環境がどのような気候的、あるいは地理的条件で形成されたのかを、そこで成立していた文化、および主な生物資源の利用とともに概略的に示している。巻末の年表では、そのなかでも特に、一七世紀初頭からの江戸時代以降から現在までの時代に注目し、その間に起こった、生物資源利用および環境の変化を掲げた。

この両地域では陸域の面積や気候条件など自然環境が大きく異なり、利用された生物資源や人為が環境に及ぼす影響も当然異なった。しかし、両地域は日本列島の両端に位置し、大陸に最も近いという共通の地理的条件を有している。しかも、大陸と日本、というより広域のガバナンスが交易・貢納を通して両地域での生物資源利用に作用していく過程には類似点を見いだすことができる。早くから、一部の自然産物の採捕・交易を通じて大陸という遠くのガバナンスにふれていた両地域は、やがて松前藩や琉球王国といった、より近くのガバナンスによる直接的影響を受けるようになる。とくに琉球王国の場合、徳川幕藩体制へと組み込まれていくとき、従来の生産体制の再編成を余儀なくされた。

松前藩では、家臣の知行として、米ではなく商場でのアイヌとの交易権を与える商場知行《あきないばちぎょう》制度が始まり、さらにアイヌの強制労働に結果していく、商場の経営を商人に請け負わせる場所請負制度が進展した。その過程では、和人の交易不正に端を発した寛文九（一六六九）年のシャクシャインの戦いや、寛政元（一七八九）年場所請負人飛騨屋久兵衛の請負場所であるクナシリ場所などで起きたクナシリ・メナシの蜂起など、アイヌとの大きな事件も起こった。

一方、「琉球弧」（本州からみた地理概念では南西諸島ともいい、九州から台湾にいたる全長約一二〇〇キロメートルの弧状の島々を指す）を拠点に中継交易活動を展開させてきた琉球王国では、一六〇九年の薩摩藩の侵略以来、検地による石高制で幕藩体制内に組み込まれ、薩摩藩に対する貢納を義務づけられ、中国貿易への依存ではなく、貢納制にもとづく地域内での生産を高めることを目指すことになった。このため沖縄島を中心に森林が荒廃し、蔡温《さいおん》によって一八世紀以降の地域住民が管理主体となる「杣山《そまやま》」政策がとられた。さらに幕末の奄美のように黒糖生産のために多数の家人《ヤンチュ》（債務奴隷）が生まれるなど、経済・社会・環境の大きな変化をもたらした。薩摩藩の財政立て直しの中で、蝦夷地の昆布が漢方薬の密輸入の対価などとして、琉球から中国に輸出される産品の大半を占めるということも起こった。

その後、両地域が明治国家へと統合され、近代資本主義経済社会へと移行していくなか、さまざまな未利用資源の商品化が起こる。たとえば北海道では、興隆をきわめたニシン〆粕肥料生産のための燃料材や、化石燃料の採掘や土木事業にともなうマツやシラカバなどの坑木材の需要が高まり、各地で森林伐採が進んだ。沖縄では、琉球王国から明治政府へのガバナンスの移行にともない、とくに沿岸漁業資源の利用規制が一時的に失われることになった。このような資源利用形態の急速な変容に対して、従来のガバナンスに代わる新たなガバナンス構築が間に合わなかったものもあり、絶滅に至った沖縄のジュゴンはその一例といえる。また、明治国家によってすすめられた樺太・千島の内国編入、および台湾や朝鮮半島への領土拡大は、それぞれの地域の生物資源利用に大きな影響を及ぼしたものとして、環境史を読み解くうえで欠かすことのできない要因といえる。さらに、朝鮮の領有が、同緯度にある北海道でのスケトウダラ漁の進展をうながすなど、変化は隣接する地域を越えて起こったのである。

第二次世界大戦、およびその後のアメリカ軍占領にともなう基地造成が沖縄の環境に直接的な影響を及ぼしたことも重要である。そのうえ、日本へと復帰してからもアメリカ政府に「思いやり予算」が支払われ、基地関連の開発がなされてきたように、戦争もまた奄美・沖縄の環境や人びとの生業を大きく変えた画期であった。

このように、大陸や日本、そしてアメリカといった遠くの、より広域を覆うガバナンスが生物資源の利用に直接的に作用し、それらガバナンスの重層性の変化が、地域の環境や生物資源利用を大きく変える画期となってきたといえよう。この点がこの両地域の環境史の一つの特徴ともなっている。それらの画期に両地域の人びとがどのように向き合ってきたのか、を本巻の各章が論じられている。個々の論文やコラムは、取り扱う対象も時期もさまざまであるが、考古学資料で古代の状況をさぐり、おおむね一九世紀以降の近世の状況は史料・文献などによっている。近世の状況を踏まえて、二〇世紀以後については聞き取りや直接の観察によって資料を得ている。本書の構成に関しては、北の大地を扱う第1、2部、南の島々を対象にするの第3～6部とも、課題とする時代がおおむね古いところから新しい時代に向けて展開するように配列した。

北の海と森から

ここでは北海道班の研究成果を掲げた。第1部第1章では、古代から近代までのエゾアワビの生産から流通までを俯瞰し、近世には中国まで輸出され、近代における資源獲得と乱獲、さらに現代における資源回復におけるガバナンスの変化をエゾアワビをめぐる人々の一大歴史物語として論じた。日本海が湖であった氷河時代から現代までのエゾアワビの環境史と、採取・流通の壮大な史的展開のドラマ(=人の活動史)を貝塚の特徴や気候変動を分析に取り込んであとづけている。第2章では一九世紀以降、英・米・露諸国がラッコの毛皮取得のためにベーリング海を南下して日本近海に殺到したのを受けて、明治政府が臘虎膃肭獣《らっこおっとせい》猟法や遠洋漁業奨励法を制定して国内海獣猟業の保護を、また一九一二(明治四五)年にはその取締法を制定して禁猟を図ったわが国の猟史に注目し、海獣の自然保護と猟獲から人類の「賢明な利用」のあり方を模索した。

第3章では、書かれた史料での追跡が困難なアイヌの一七~一九世紀にかけての自然観を、人間と自然との関係が表現されている口承文芸を通じて注視した。この時期は寒冷期で、度重なる火山噴火に見舞われ、飢饉や伝染病に苦しめられる環境にあった。さらに、場所請負制下の生業活動の変化という人為とあいまって、自然のバランスが崩れて危機が生じると、自然(カムイ)に対して儀礼を行うことによって回復できると考えられていた。個人や家族、広くても生態系を共有する河川流域単位のガバナンスであり、それがアイヌの多様な文化を生み出したと著者は述べる。

アイヌによって自然とのこうした対話が行われ、自然の恵みに富んでいると思われていた頃、北海道の諸地域ではすでに資源の枯渇が顕在化していた。河川遡上サケの枯渇である。サケの利用・保全・回復が試行錯誤されたのがサケの養殖である。当時、その方法には伊藤一隆《いとうかずたか》がアメリカから導入した人工孵化と、江戸時代から試みられてきた種川制度の保持(地域社会の合意が困難であった)や魚付林の保全や植樹(薪材や漁具用木材の使用制限から消極的)があったが、第2部第6章ではこれらの歴史的経緯を明らかにし、そのなかでも比較的、社会・経済的困難の少なかったサケの人工孵化に注目し、それが千歳川では唯一、資源増殖に貢献したことを明らかにした。

資源の枯渇は生活・生産資材である森林にも及び、第5

章はこの状況を北海道庁の実務担当者であった河野常吉《こうのつねきち》の記した意見書などをもとに、明治以降の人間の営為との関連で追究した。すなわち農業移民による森林「暴伐」破壊を伴った明治初期の北海道内陸部への「農業開拓」の進展や、市街地化・漁業集落化で木材需要が増え、かつニシン漁の盛地では〆粕《しめかす》製造などによる森林荒廃が進展していたことを明らかにした。第4章でも、ニシン〆粕製造にともなう薪の大量使用に注目し、明治初期から中期までの春ニシン漁獲高とニシン〆粕製造に伴う薪使用高を推定した。その結果、樹高が九メートルの落葉広葉樹林のミズナラ立木を伐採して使用したと想定すると、春ニシン漁の〆粕生産だけで年平均二一五万本強もの生木を伐採・消費していたことを知り得た。これにほかの漁獲物の加工や生活用燃料、建築・加工資材などにも木材が使われたことを類推すると、木々の伐採使用は莫大なものになる。行政側では、こうした事態を憂慮しながらも「賢明な利用」を意識した森林行政を実現させなかったと、第5章では河野常吉の意見書を引いて論断している。しかし、現代では生物資源の「賢明な利用」が地域社会で意識化されるようになり、コラム1では荒廃の著しいえりも岬を例に、漁師とその家族が取り組む地域植林事業の状況をまとめ、森と海の連動性の大切さを力説した。

第7章では、このような歴史的な反省をも考慮して、民俗学的調査を中心に近年の前浜におけるスケトウダラ資源の枯渇に直面する積丹半島つけ根の岩内《いわない》や、同じくその枯渇しつつある漁業資源の持続的利用を進める道南東側の檜《ひ》山《やま》において、その「賢明な利用」につながる解決を模索する漁民たちの知恵と工夫を民俗学的視点から探った。

南の島々から

第3部からは奄美・沖縄の島々についての論考である。

第8章では、奄美大島と喜界島のヤコウガイ集積遺跡に注目した。出土した貝殻と蓋の大きさの計測から、古代において、自給から貝殻の交易への変化が明らかになり、さらに六〜九世紀の奄美では小さなヤコウガイまで採り尽くしていたことがわかった。ここでは、一時的にせよ、持続的な利用ではなく、乱獲が起こったてい可能性が示唆された。乱獲が絶滅につながった事例として、第9章では、沖縄のジュゴン個体数の変遷とその八重山における絶滅の歴史を検討する。日本の最南端、八重山の新城島《あらぐすく》では一八七九（明治一二）年の琉球処分まで、ジュゴンが首里王府への御用物であり、他島の住民による捕獲は禁止されていた。現在、八重山にジュゴンは生息しないが、『沖縄県統計書』を見ると、ジュゴンは一頭単位で記録されているが、一九〇五年に重さの斤単位に記述が変わる。肉としての流通が一般的になったことを示している。そして、これまでの合計で約二五〇頭を捕獲した一九一四年に、八重山のジュゴンは絶滅状態となった。

第10章では、ソテツにかぎらず、明治大正期の奄美・沖縄の生活全般を県レベルで作られた統計書で対比してみようと試みた。奄美群島については『大島郡統計書』で検討され、自然利用と社会的な背景についてのさまざまな興味深い発見があった。人間は、自然を利用し、植物を栽培するなかで景観を形作ってきた。それは「文化的景観」とよばれるものであるが、コラム3では、ソテツが非常に多い奄美大島とそれほどでもない沖縄の島々に注目し、その違いの歴史的背景を探った。乱獲や絶滅を防ぎつつ、水産資源を利用する地域の知恵に学ぼうと、第11章では、沖縄や奄美のサンゴ礁の漁民に弟子入りして学んだことを報告している。海とそこに住む生き物の知識の驚くべき精細さは、体験者・生活者でなくては知り得ない貴重な宝である。新たに調べた奄美大島でも、サンゴ礁の微細地形とそれに対応した海産生物の生態の非常に細かい民俗語彙が残っていた。第12章では、西表島に生きる人間と狩猟動物との共存についての綿密なフィールドワークの結果をまとめた。三〇〇〇年以上にわたって狩猟の対象となってきた西表島のイノシシは、今も捕り尽くされていない。その秘密を狩猟方法の変遷をふまえながら考える。

第13章では、北は種子島から南は与那国島にいたる隣り合う島々の交易と交流の伝承を探っている。戦前まで毎日魚をとって、隣の多良間《たらま》島のイモと物々交換していた水納《みんな》島の漁民の物語など、今では聞けなくなってしまった語りを多く収録した。古くても明治末から大正時代のできごとであるのに、薩摩と琉球という異なる統治のもとで島ごとに発展した環境ガバナンスの歴史を反映しているといえよう。多彩な文化をもつ島々への旅の記録でもある。コラム2では、環境教育の現場での経験を踏まえて、奄美・沖縄の島びとたちが自然とのつきあいの中で生み出し、伝えてきたさまざまな伝統的経験的な生活の知恵をいかにして若い世代に受け継ぐべきかを問うている。

第1部

北海道の人間―自然関係史

第1章　海洋資源の利用と古環境
―貝塚からみたエゾアワビの捕獲史から―

右代啓視

はじめに

日本列島北部域における人と自然の関係史は、二万数千年前の旧石器時代から始まったと見てよいであろう。この地域において人が環境に適応し、安定的な生活を営むため、生物資源や自然資源をどのように利用し、地域色の強い文化を展開してきたか、過去から現在にいたるまで、その実態を探ってみる。また、この過去における人の活動の中で気候変動は、避けられない環境変化をもたらし、生物資源にも大きく影響を与えていたこともよく知られている。これは、二万数千年の人の活動史からみると、必ずしも不利なことではなかったのかもしれない。

ここでは、生物資源の利用について、先史時代の人々が遺した「貝塚」を取り上げ、そこから出土する貝類遺骸群を調べた成果から先史時代～現代における海洋資源の利用を明らかにし、人の活動史と気候変動のかかわりの一端を復元することで「人間－自然相互関係」について検討することにする。はたして、日本列島北部には生物資源の乱獲や、持続可能な知恵や知識、枯渇による人間社会の変化があったのかを考えてみることにする。

一　日本海が湖であった頃、海峡ができ、海になった頃

日本列島が現在の地形になったのは、地球の歴史からするとさほど古くない。現在の地形になるまで、地球規模で寒冷な氷期と温暖な間氷期が繰り返されていた。これを氷河時代とよび、氷期には海から蒸発していた水分の一部が

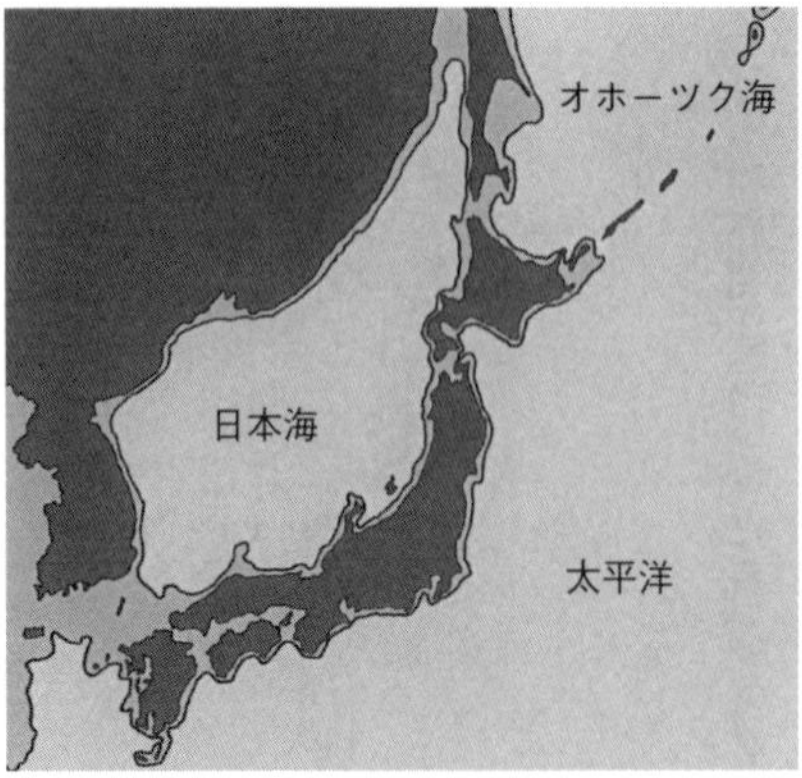

図1　15万年前の古地理図

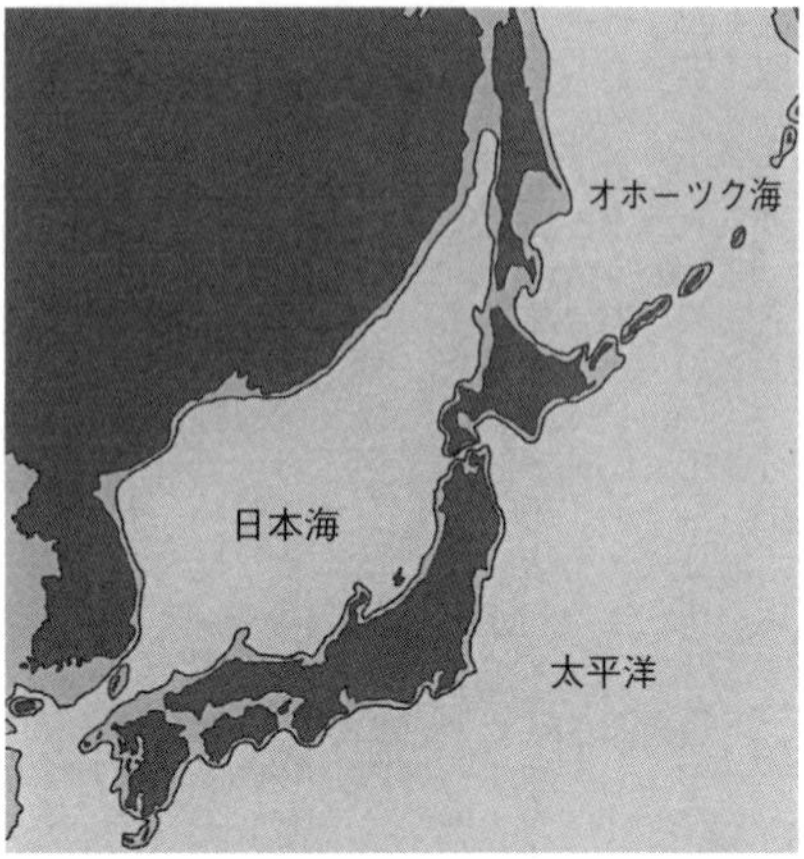

図2　7万〜1万5000年前の古地理図

氷河となって大陸にとどまり、現在より海水面が低下していた。間氷期には氷河がとけ、その水が川をつくり、海に流れ込み、氷期より海水面が上昇していた。

約一五万年前の日本列島では、寒冷化が進み氷期を迎えた。海水面は、現在より約一三〇メートル以上も低下していたと言われている。現在、知られている間宮海峡、宗谷海峡、津軽海峡、対馬海峡、朝鮮海峡は大陸と陸続きとなり、日本海は湖であったことが知られている（図1）。この海峡はさしずめ陸橋となり、動物群の移動経路としてナウマンゾウ、ヤベオオツノジカ、ヒグマ、楊氏トラといった大型哺乳類などが朝鮮陸橋と対馬陸橋を通じて日本列島に移動してきたと考えられている。北海道でも最終間氷期（約一三～一一万年前）の温暖期には、ナウマンゾウが生息していたことが化石の発見で知られている。

その後、一部の陸橋が海峡化したのは、最終間氷期の約一三万年前からで、津軽海峡（水深約一二〇メートル）、対馬海峡（水深約一三〇メートル）、朝鮮海峡（水深約一三〇メートル）が成立するようになった。この時期から日本海は、湖から海へと徐々に変わり始め、海洋性の生物資源が見られるようになってきた。

最終氷期（約一一～一万年前）になると、再び気候が悪化し寒冷化が始まった。これにともない海水面が徐々に低下してきたが、約七万五〇〇〇～一万三〇〇〇年前のサハリンと北海道は大陸と陸続きで大きな半島状態となっていた（図2）。水深が浅い間宮海峡（一四～二〇メートル）と宗谷海峡（四〇～五〇メートル）には、この時期まだ陸橋が存在していたのである。六万年前頃、大陸から北海道に移動してきたのがマンモスゾウであり、三万年前頃まで生息していたと言われている。この時期、人類が東アジアからアメリカ大陸へと大移動したのが、北方モンゴロイドとよばれる人たちである。今のところ、北海道ではマンモス動物群と人類がかかわった痕跡について確認されていない。だが現在より海水面が低下していた時期であり、これらを物語るほとんどの遺跡は現在の海底（水深一三〇～二〇メートル）に存在する可能性が高い。日本海が湖の時代から海の時代へと変遷し、一万数千年前に始まる縄文時代になると、日本列島は現在とほぼ同じ地形になった。おそらく、旧石器時代にも貝塚が存在した可能性があるが、現在の環境下で発見は困難であろう。

縄文時代になると地球規模での温暖化がより強まり、海水面が上昇し、現在と変わらない海峡が成立するようになる。このことにより九〇〇〇年前頃から日本海には対馬暖流が朝鮮海峡や対馬海峡から本格的に流入するようになる。[4] この対馬暖流の影響が日本列島北部域に到達するのは七五〇〇年前頃からであり、貝塚を構成する貝遺骸、哺乳類や魚類の骨などに、日本列島北部でも温暖海域で生息する海洋生物が出土するようになる。

二　貝塚と気候変動

日本で貝塚は、北海道から沖縄にかけてほぼ全域で確認でき、太平洋沿岸域に多く見られる。特に、貝塚は三陸海岸、東京湾、瀬戸内、有明海岸などの周辺域に集中している。その数は日本列島で約三〇〇〇か所とも言われ、そのうち北海道に約二〇〇か所ある。北海道の貝塚は、津軽海峡や北海道南西の日本海、噴火湾を含む太平洋側、オホーツク海沿岸域などに分布している。貝塚の立地環境は、海岸はもとより河川、湾奥、湖沼に接する段丘や砂丘上に位置している（図3）。貝塚とは捕食後の貝殻や動物骨などの残滓、土器や石器、骨角器などの人工遺物を投棄した場所であるが、人骨や動物骨を葬った痕跡なども見られ、生き物の「魂」を「送る」場とも考えられている。また、貝塚の形態や形状には、馬の蹄のような形やマウンド状に積まれたものの

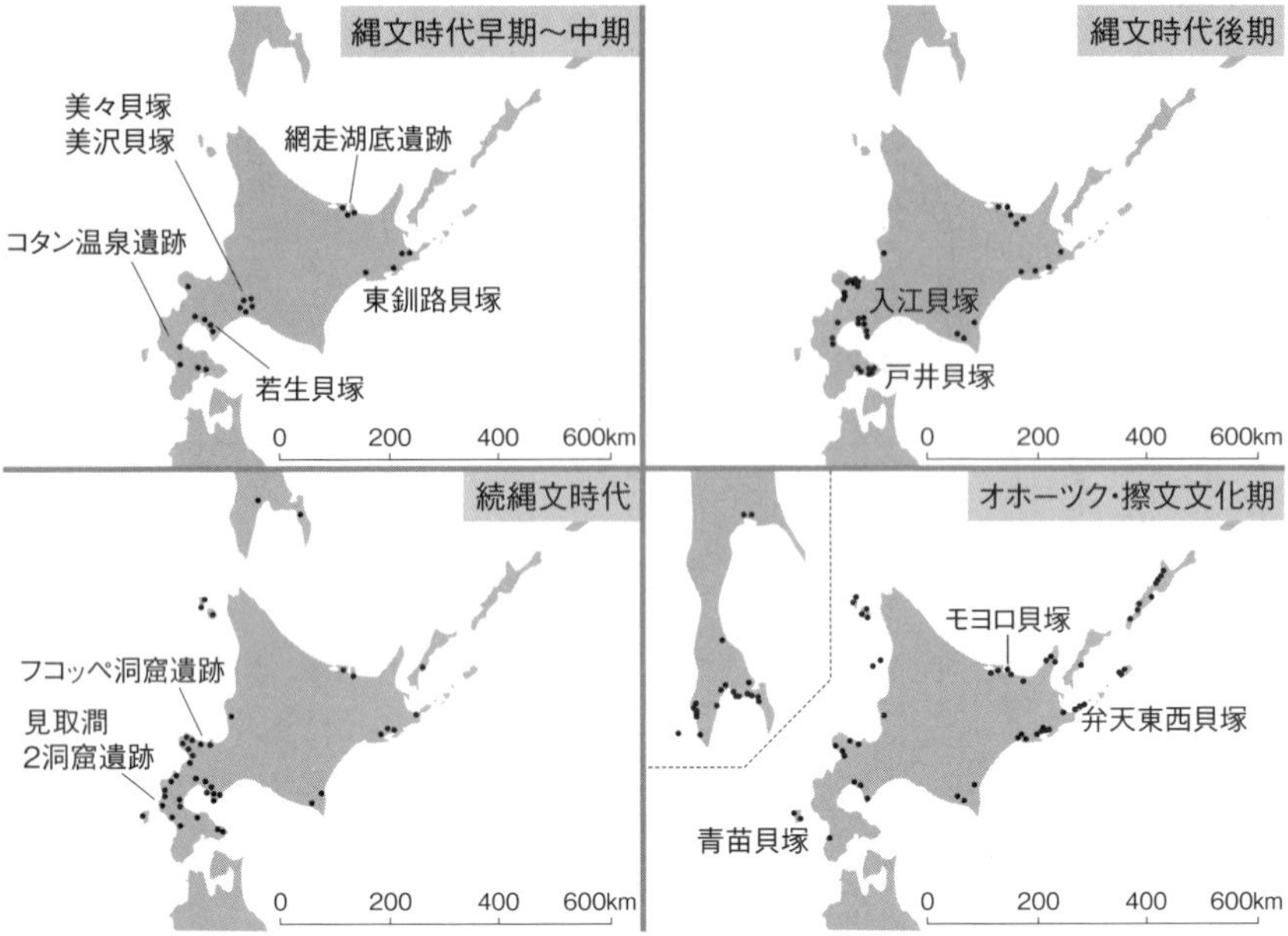

図３　縄文時代からオホーツク・擦文文化期の貝塚の変遷

ほか、洞窟内に遺されたものも知られている。

北海道の貝塚を概観すると、最も古いものは約七五〇〇年前の縄文時代早期の湖底に沈んだ網走湖底遺跡、東釧路貝塚（縄文早期～前期）などが知られる。この網走湖底遺跡は、海水面の上昇が起こったことを物語っている。その後温暖化が進むと、貝塚は規模が大型化し、数が増え分布密度も高くなる。最も内陸に形成された貝塚である千歳市美々《びび》貝塚、美沢貝塚などは、約五八〇〇年前の縄文時代前期に形成されたもので、現在より海水面が約三メートルも上昇した縄文海進最盛期の遺跡である。約四〇〇〇年前の縄文後期になると、函館市戸井貝塚、虻田町入江貝塚などがある。紀元前後頃の続縄文時代前半（恵山《えさん》文化）では、積丹半島などの洞窟内に貝塚が遺されることが多くなる。七～八世紀頃になるとオホーツク文化期の貝塚が形成され、一〇～一一世紀頃には擦文文化期の貝塚が形成される。オホーツク文化期としては網走市モヨロ貝塚、根室市弁天島西貝塚などがあり、擦文文化期では奥尻町青苗貝塚が知られている。北海道の中世・近世にあたるアイヌ文化期では、伊達市ポンマ貝塚、同市有珠オヤコツ遺跡、苫小牧市弁天貝塚などが知られる。

これらの貝塚が形成された時期は気候の温暖期と対応

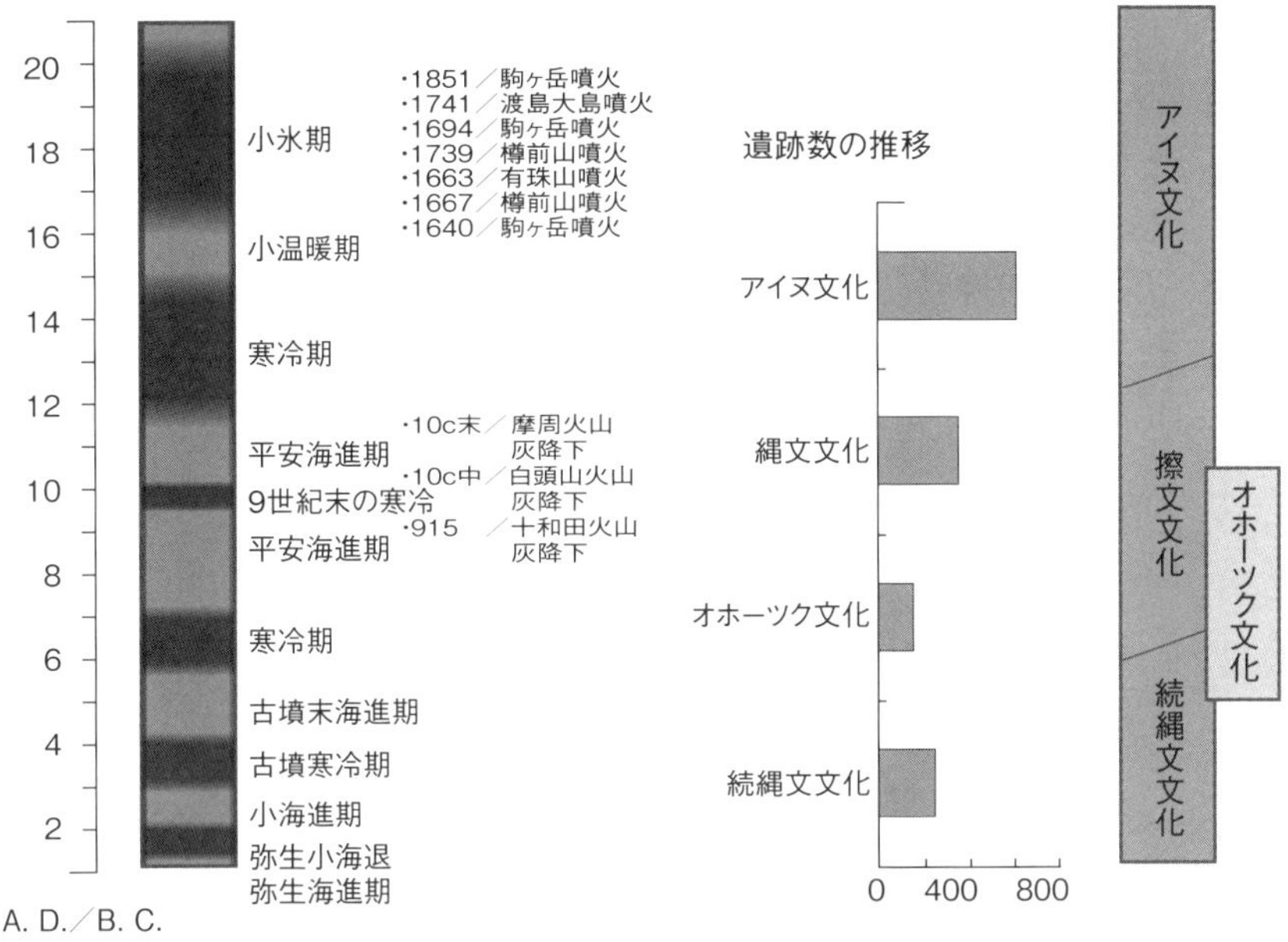

図4　過去2000年の先史文化と気候変動

し、対馬暖流の脈動と海水面変動と密接なかかわりをもっている。過去の温暖期には、対馬暖流が北海道に達した完新世最初の海進期（約七五〇〇年前）、縄文海進期（約五八〇〇年前）、縄文時代後期の温暖期（約四〇〇〇年前）、さらに弥生海進期（紀元前後）がある。約一八〇〇年周期で繰り返されている温暖期には、貝塚が多く形成されていたのである。紀元後では、古墳末海進期（六世紀頃）、平安海進期（八〜一〇世紀頃）、小温暖期（一六世紀頃）である（図4）。これらの各時期の貝塚と平野部に残された自然貝殻層の貝類遺骸群を比較するとよく符合する。現在の北海道周辺の海域には生息しないマガキ（*Crassostrea gigas*）、サルボウ（*Scapharca subcrenata*）、イタヤガイ（*Pecten albicans*）、ハイガイ（*Tegillarca granosa*）、ウネナシトマヤガイ（*Trapezium liratum*）などの温暖水系種の貝類が中緯度域まで拡散していたのである。

　このように、気候変動にともなう環境や気候の変化による影響は、海洋資源だけではなく動植物相も同様であったに違いない。おそらく先史時代の人々は、気候変動などの自然現象を意識することなく、自然がもたらした恵みや地勢環境を最大限に利用し、安定的な生活を求めていたのであろう。旧石器時代は大型動物群を対象とした移動性の高い狩猟活動であり、縄文時代には狩猟、漁労、採集などといった定着性の高い生業活動に移行した。土器の使用によって主に「焼いて食する」から「煮て食する」へと食文化も大きく変化した。

三　貝類と人の活動史

日本列島北部の貝塚から出土する貝類遺骸群の代表的なものは、エゾアワビ（*Haliotis* (*Nordotis*) *discus hannai*）、ハマグリ（*Meretrix lusoria*）ホタテガイ（*Patinopecten yessoensis*）、ウバガイ（*Pseudocardium sachaliense*）、マガキ（*Crassostrea gigas*）、アサリガイ（*Ruditapes philippinarum*）、ヤマトシジミガイ（*Corbicuia japonica peime*）などがある。これらの貝類は、現在でも美味な貝類として家庭の食卓や料理店で食べられるものが多い。この貝類は、完新世最初の海進期や縄文海進期に北海道の海域で生息したもので、天然のハマグリ（縄文海進期終焉とともに絶滅）やマガキ（二〇世紀まで繁殖を続けた）は、現在では生息していない。貝類は海水温や生態的な環境に敏感な生物であり、マガキは産卵できず稚貝の放流や養殖に頼っているのが現状である。

これらの貝類の中で、日本列島北部の人の活動史に最も関係をもつものにエゾアワビがあげられる。エゾアワビはクロアワビ（*Haliotis* (*Nordotis*) *discus discus*）の寒冷地適応型の亜種であり、アワビの通称でよばれるミミガイ科の巻貝である。この他に、マダカアワビ（*Haliotis* (*Nordotis*) *madaka*）、メガアワビ（*Haliotis* (*Nordotis*) *gigantea*）があり、日本文化の中で古くから珍重された海洋資源の一つである。

たとえば、『延喜式』延長五（九七二）年巻第二四、主計上の調、中男作物には、御取鰒、着」耳鰒、躭羅鰒、鳥子鰒、都都伎鰒、放」耳鰒、長鰒、短鰒、凡鰒、串鰒、横串鰒、細割鰒、葛貫鰒、火焼鰒、羽割鰒、蔭鰒、薄鰒、腐耳鰒、鮨鰒、腸漬鰒、雑鰒、絹薄鰒、鰒甘鮨、鞭鰒、醤鰒、鰒などのアワビ（鰒・鮑）加工品や産物が記されている。これらは諸国からの物納税の品として記されたものであるが、なかにはアワビ加工品が多く存在している。これらの北限となる国は、日本海側では佐渡国、太平洋側では常陸の国で、さらに北方の諸国の調や中男作物には記されていない。この時期、日本列島北部でエゾアワビは確実に生息していたが、産物として文献上、注目されていない。

文献上、ようやく寛文一〇（一六七〇）年の『津軽一統志』の記事〔編纂、享保一六（一七三一）年〕に、「松前上口〔上蝦夷地＝西蝦夷地〕より出申し候商物の事。から鮭、にしん、数の子、串貝、真羽、ねつふ、こつひ、あざらし、熊皮、鹿皮、塩引、石焼くしら、鶴、魚油、ゑふりこと申物からふと〔樺太〕より参候事」と記され、北方の日本海側の産物として串貝〔干しアワビ〕（図5）が登場する。この時期、白乾鮑、黒乾鮑、〆貝、灰鮑などに加工する製法も存在した。これらは、神事としての供物や祝儀、信仰の対象として、欠かせないものでもある。しかも、日本文化の習慣で使用されるのし袋、のし紙など、長生不老の薬とされる「のしあわび」は祝い事に添えられる。このように、日本文化の中では、欠かせないものでもある。

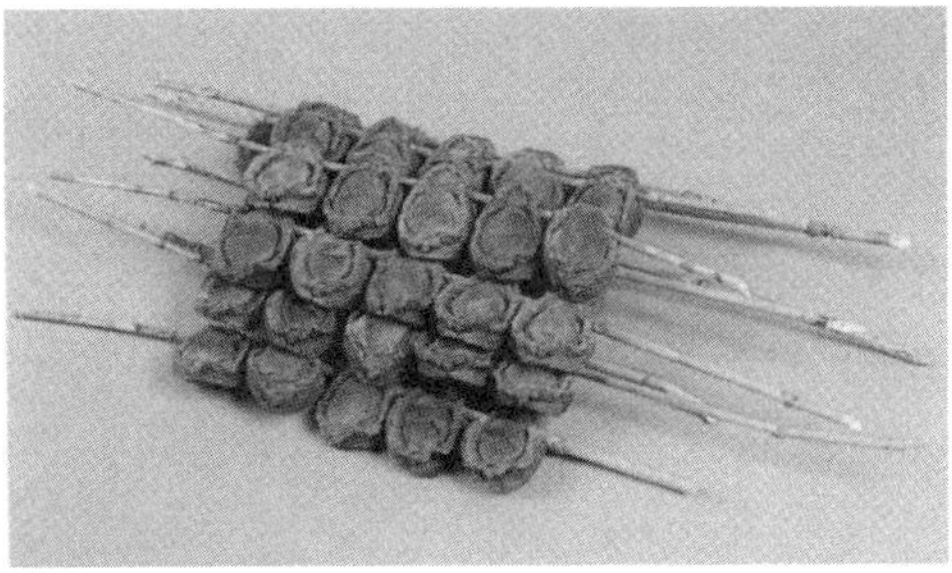
図5　串貝（アワビを串に刺し干した俵物の一つ。北海道開拓記念館蔵・複製）

四　貝塚から見たアワビ利用史

アワビは、いつごろから日本列島生息し、この資源を人が利用したのであろう。アワビ類の起源は白亜紀末の約六五〇〇万年前、テチス海とされている。現在の地中海から中東、中央アジア、ヒマラヤ、東南アジアに広がっていた海である。日本では山梨県大月町の約七〇〇万年前と長野県戸隠村の約四〇〇万年前のアワビ化石が知られ、北海道では南西部の更新統瀬棚層から一二〇〜六〇万年前のクロアワビ類（*Haliotis*（*Nordotis*）sp. cf. *discus*）の化石が産出している。[5] 先の化石は小型で南方系とされ、後に寒冷適応したのがクロアワビ、エゾアワビ、カムチャツカアワビであり、北方海域で勢力を増やしたと言われる。この中のエゾアワビが完新世最初の海進期ある縄文海進期に人とかかわりをもった。これは噴火湾の東に位置する縄文時代早期の伊達市若生貝塚、同呑口遺跡から稚貝がわずかに出土するだけである。この時期から北海道の海域にエゾアワビが生息するようになったが、積極的にエゾアワビを捕獲したわけではなく、貝塚の貝遺骸には他の貝類が多い。縄文時代後期ではエゾアワビを主体とする貝塚は少なく、日本

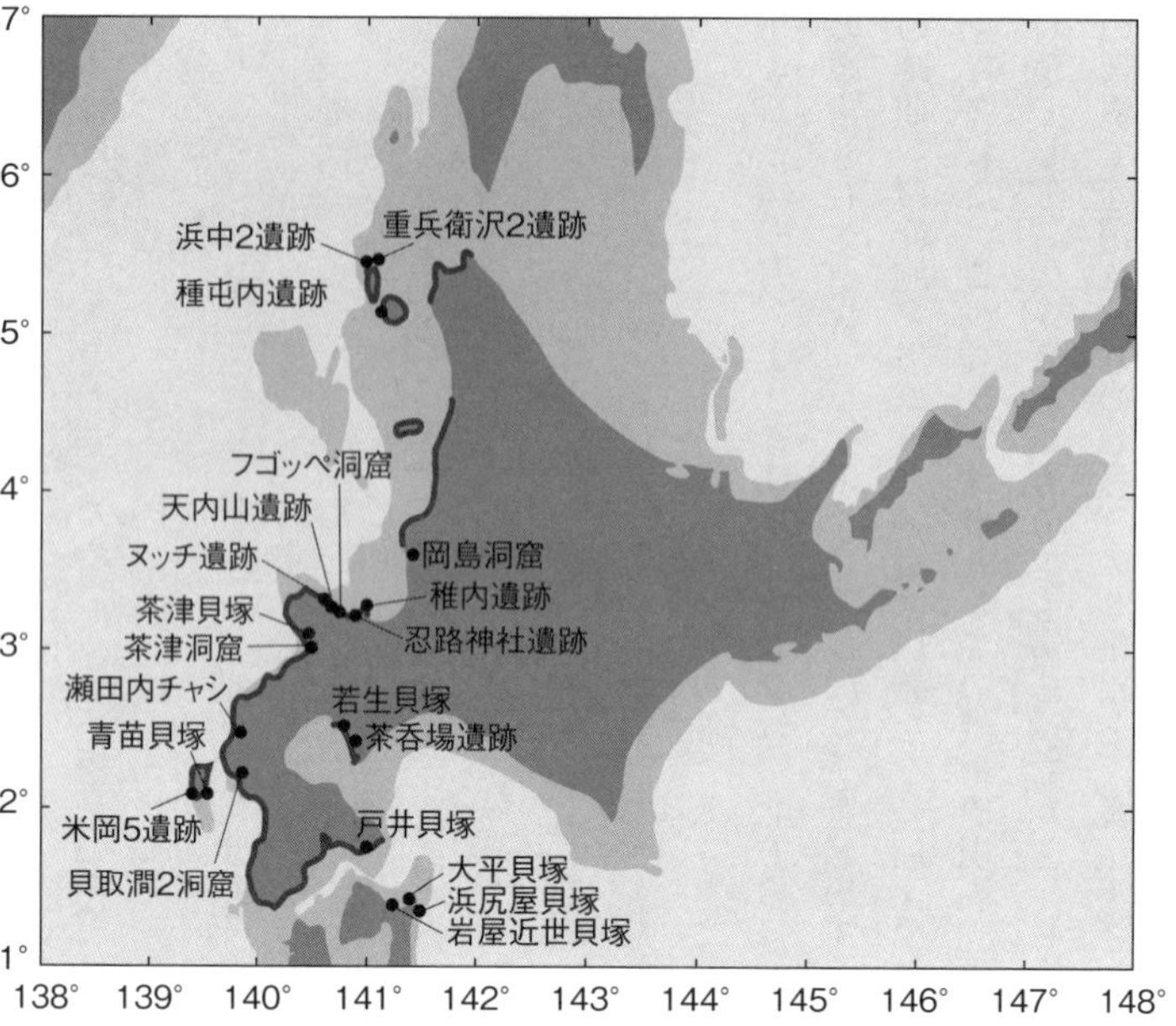

図６　現在のエゾアワビの分布とエゾアワビをともなう貝塚（(7)に加筆）

海側の泊村茶津貝塚ではエゾアワビを捕獲した痕跡が見られる（図６）。この茶津貝塚から出土するエゾアワビの遺骸は、破片ばかりで完形を示すものは出土していない。これは自己消費分だけの捕獲にとどまり、捕獲後、すぐに焼いて食したことがうかがわれる。それは殻体の構造上、五〇〇℃以上の火を受けるともろくなり、バラバラの破片となる性質をもっているからである。

後の縄文時代晩期は不明であるが、続縄文時代になるとエゾアワビを捕獲する事例が増える。せたな町大成町貝取《かいとり》澗《ま》2洞窟遺跡（恵山文化）、余市町フゴッペ洞窟遺跡（続縄文時代後半・後北《こうほく》文化）などがあげられる（図６）。この時期になると、エゾアワビの捕獲量が増え、保存加工の技術もうかがわれる。加工は、エゾアワビを煮て、殻をはずし、乾燥させる方法であったと考えられる。それは、遺骸が完形で出土すること、遺骸に銛《もり》あるいはヤスで突いた痕が見られることから裏づけられる。捕獲方法は、出土するシカ角製の銛などを使用した突き漁や素潜りでの捕獲と、岩礁域での採集が考えられる（図７）。この二つの遺跡は、エゾアワビを主体とする貝塚であり、「保存加工と自己消費」であったと考えられ、エゾアワビが保存食として加工されていたものであろう。これは、後で示すエゾアワビの

図8　突き痕があるエゾアワビ
〔米岡5遺跡出土〕

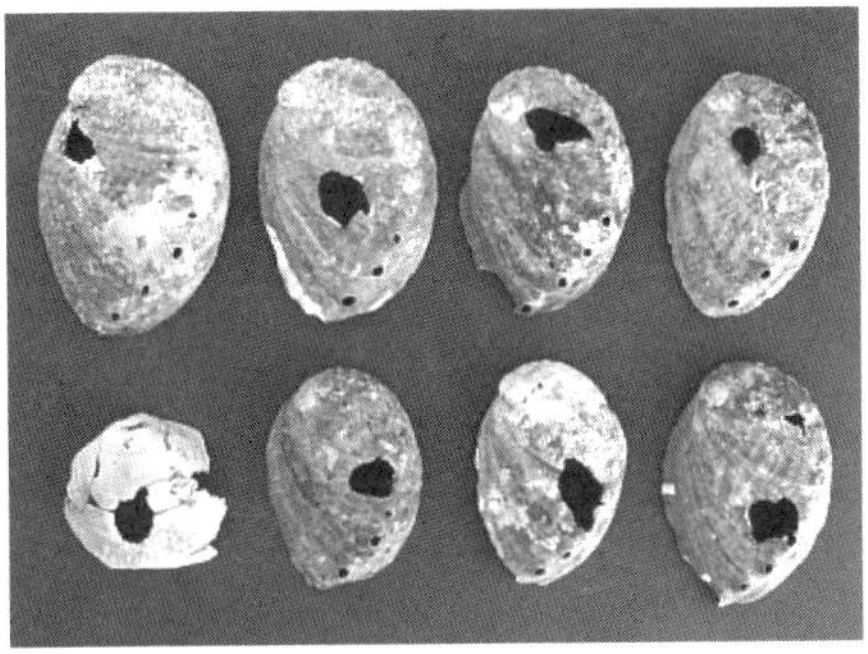

図7　突き痕があるエゾアワビとベンケイガイ（左下）〔貝取澗2洞窟遺跡出土〕

捕獲季節から読みとれる。

擦文文化期では、一一世紀頃の青苗貝塚があげられる（図6）。この貝塚はエゾアワビを主体とするが、続縄文時代の「保存加工と自己消費」ではなく、大量にエゾアワビが出土することなどから「自己消費」から「生産供給－消費」へと移行したことがうかがわれる。加工法や捕獲法については、続縄文時代と同様であったろうが、北方の交易品として、エゾアワビが加わっていたことが指摘できる。

北海道の中世～近世になると、日本海側でエゾアワビ主体の貝塚が多くなる。北海道北部から礼文島の浜中2遺跡（近世）、重兵衛沢2遺跡（近世）、利尻島の種屯内《たねとんない》遺跡（近世?）などがある。積丹半島では、桃内遺跡（近世）、忍路《おしょう》神社遺跡（近世）、天内山遺跡（近世）、ヌッチ遺跡（近世）などがある。北海道南西部では、せたな町瀬棚チャシ（中世末～近世）、奥尻島の米岡5遺跡（近世、図8）がある。この時期になると加工法や捕獲法も大きく変わり、鉄製の三本ヤスが使用されるようになり、貝塚から出土するエゾアワビの遺骸に、その痕跡が見られる。三本ヤスによる突き漁は、舟から箱メガネを使用し捕獲したものと考えられるが、必ずしもヤスで突くわけではない。岩に頑固に貼りつく前に素早く、エゾアワビを三本ヤスの間にはさん

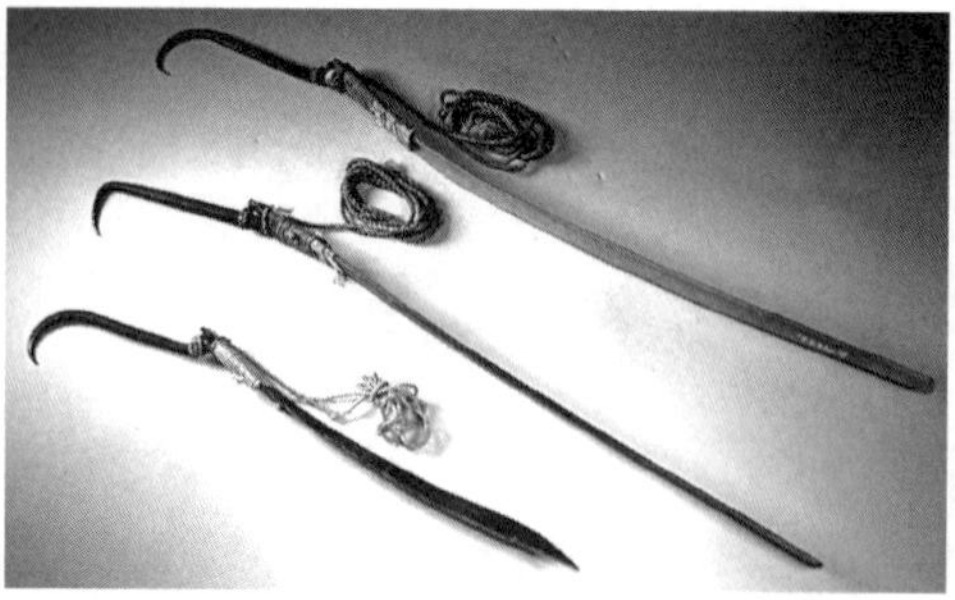

図9　アワビ鈎
（北海道開拓記念館蔵）

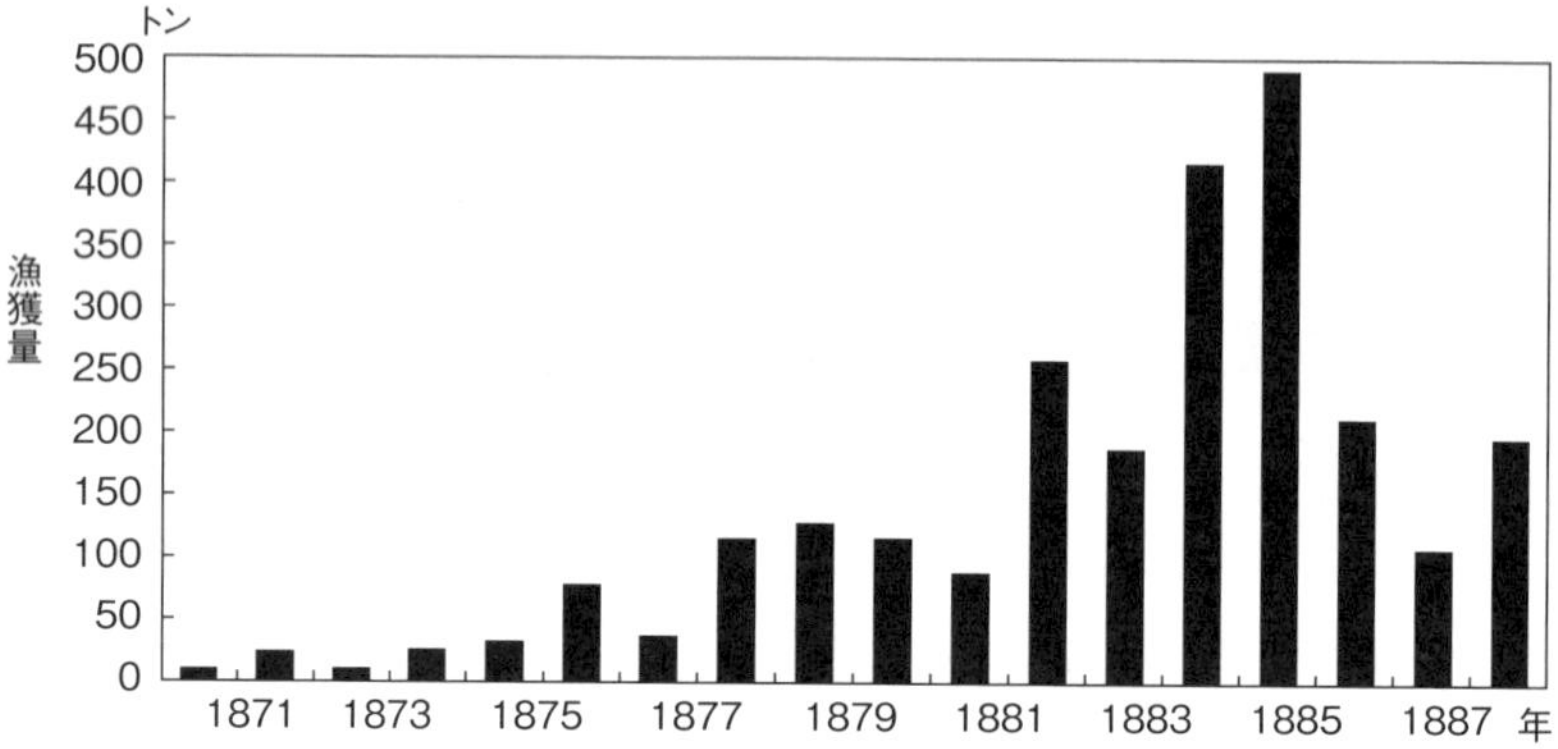

図10　エゾアワビの漁獲量（1）[(3)]

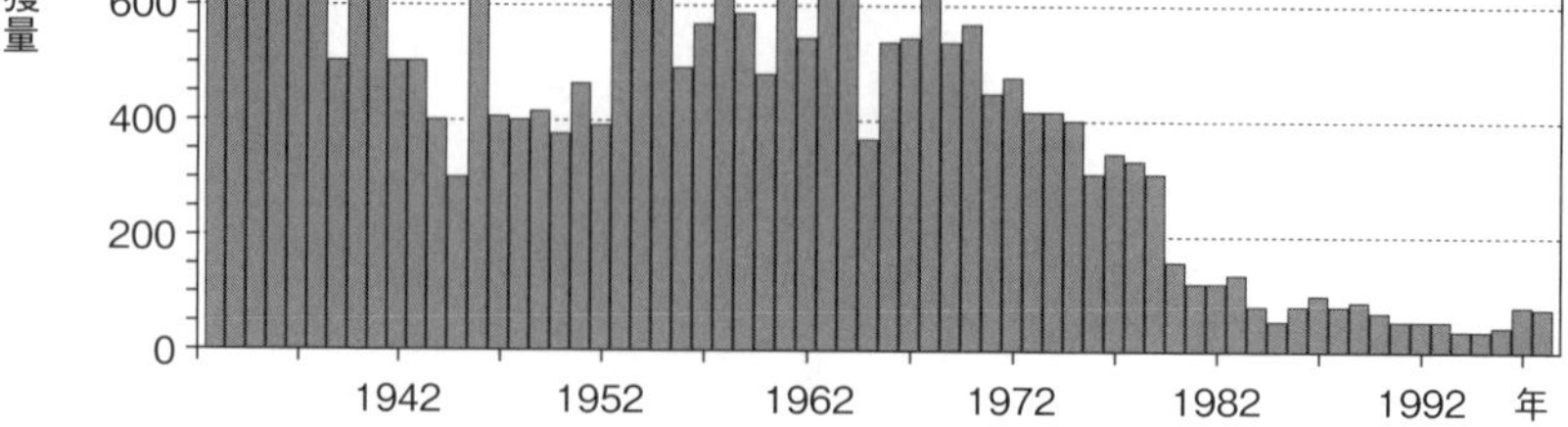

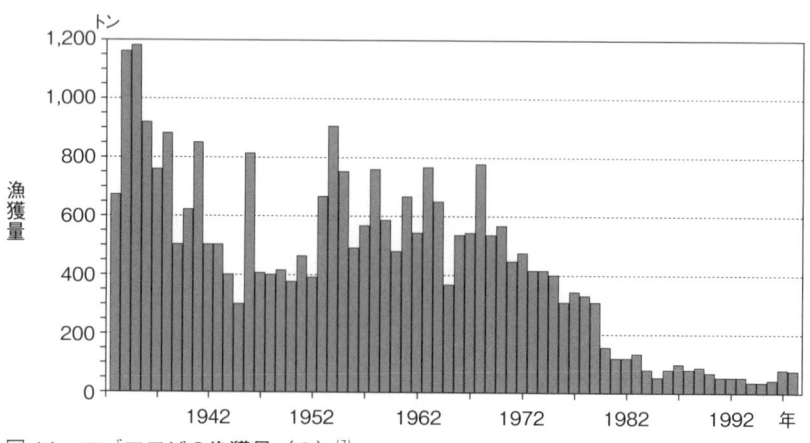

図11　エゾアワビの漁獲量（2）[(7)]

図12　エゾアワビの仕分け作業[10]

図13　エゾアワビの養殖
（せたな町大成水産種苗育成センター）

で舟に引き上げる。岩に頑固に貼りついた場合は、ヤスで突き弱らせてから捕獲する。この他にも、素潜り漁や岩礁域での採集もあったであろう。この時期、大量に捕獲されたエゾアワビは、ほとんどが串貝などに加工され、ほとんどが長崎を経由し中国へと「生産供給」されていた。

　その後、明治、大正、昭和においてもエゾアワビは、高級食材としての需要は大きく、図6で示す北海道沿岸域のエゾアワビの生息域では盛んに捕獲が行われた。捕獲法も三本ヤスの突き漁からアワビ鈎とタモを使用し、さらには潜水具を使い効率のよい漁法へと変化した（図9）。従来の加工品である「干しアワビ」は北海道南西部で昭和三〇年代まで残るものの、生食、煮食などといった新鮮なものの需要が多くなってきた。それは、輸送経路の発達と相まってエゾアワビのウロ（内臓）を傷つけない漁法へと注意を喚起し変化した。北海道水産協会[3]には、一八七一（明治四）年～一八八八（明治二一）年までのエゾアワビの漁獲量が示されている（図10）。さらに、上田・前田・嶋田・鷹見編[7]には、一九三三（昭和八）～一九九八（平成一〇）年までの漁獲量が示されている（図11）。すなわち、明治四年からエゾアワビの漁獲量の推移を見ると、海洋資源の乱獲が昭和五〇年中まで続いた。図12の光景は、余市町モレイ海岸の浜で昭和中頃、エゾアワビの捕獲後の作業として、大きさごとに仕分けを行っている様子である。北海道の日本海側では、よく見られた光景であろう。噴火湾に生息するエゾアワビは、文政年間（一八一八～一八二九）以降に、早くから移植事業が行われたものの、十分な漁獲量が得られていない。海洋資源の増殖を試みられたが、生息環境に敏感なエゾアワビは定着していない。特に近代では、乱獲から枯渇化へと向かっていったのである。ようやく、一九七〇年代初めからエゾアワビの人工種苗の放流が本格化し、さらに養殖事業は、せたな町大成水産種苗育成センターなどで実施され生産が活発に展開されている（図13）。

五　エゾアワビ遺骸から見た捕獲の変遷

エゾアワビの利用史の概観を示してきたが、貝塚から出土したエゾアワビの遺骸の観察から人の活動史を読みとることができる。エゾアワビは、貝殻の表面に年に二回の年輪を形成する特徴をもっている。その時期は、生殖巣が成熟して産卵する夏から秋にかけてと、水温が低く成長が停滞する冬の二回である。この特徴を見ることで、時代ごとの成長の比較、捕獲の季節などがわかる。特に、縄文時代からの「自己消費」活動から続縄文文化の「保存加工と自己消費」へと変化し、擦文文化期では加工品の「生産供給－消費」の成立、中世～近世では「生産供給－消費」展開の実態を示すことができるのである。

縄文時代のエゾアワビの遺骸は、ほとんどが破片化され、完全な形で出土されることが少ない。この原因は貝塚で長期にわたる埋積中の風化も考えられるが、遺骸の観察からその影響は少なく、エゾアワビの殻体構造の特徴に求められる。エゾアワビの殻体構造は稚貝と成貝で構造の違いが見られるが、成貝は「粒状－不規則綾柱構造」からなる外層に「ブロック構造」が介入して形成され、生体鉱物にはアラレ石に加え方解石が含まれる。[(6)] これを五〇〇℃で加熱すると、殻体構造が破壊され破片化が進む特徴をもつ。この特徴から縄文時代では、エゾアワビを殻ごと直接、火で焼いて食していたことがうかがわれる。続縄文時代のエゾアワビを主体とする貝塚をみると、焼いて食するより、煮て食べるようになる。それは、突き痕による破壊はあるもののの、ほとんどが完全な形で出土する。縄文時代よりエゾアワビの出土量が多く、煮て干すという保存加工が行われていたのである。

そこで「保存加工と自己消費」である続縄文時代と、「生産供給－消費」である近世の貝塚から出土したエゾアワビの成長と捕獲季節について比較してみることにする。図14には、続縄文時代のフゴッペ洞窟（後北文化）三～四世紀頃、貝取澗2洞窟（恵山文化）紀元前後頃、米岡5遺跡（近世）一八世紀頃、西上泊遺跡（近世）から出土したエゾアワビの産卵期障害輪を基とした成長率を比較したものである。続縄文時代では、フゴッペ洞窟と貝取澗2洞窟を比較

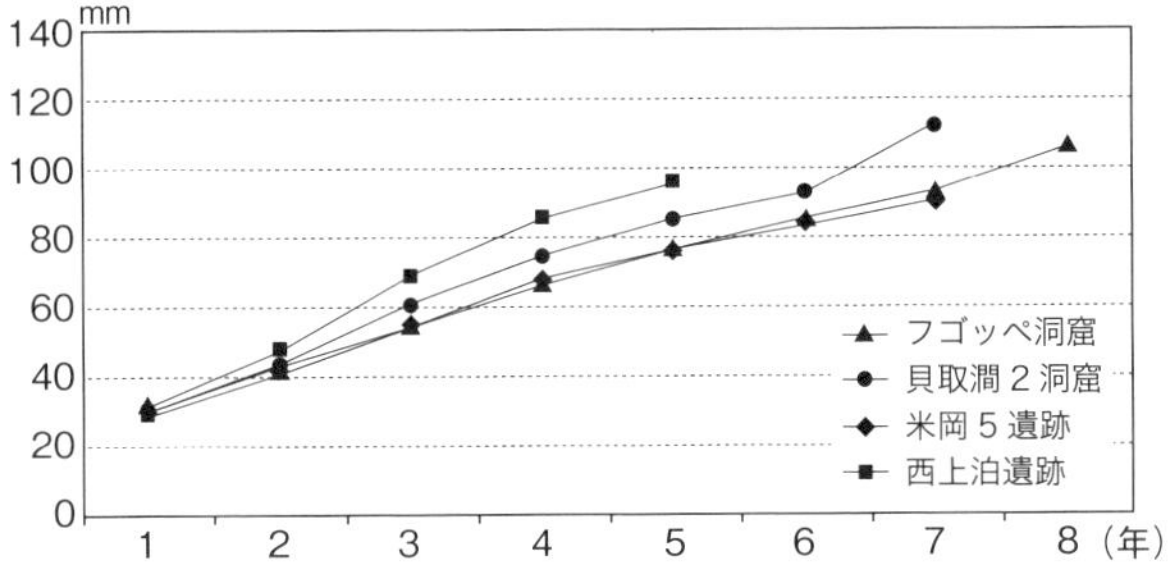

図14　産卵期障害輪の平均値（北海道）〔フゴッペ洞窟（続縄文・後北文化）、貝取澗２洞窟（続縄文・恵山文化）、米岡５遺跡（近世）、西上泊遺跡（近世）〕

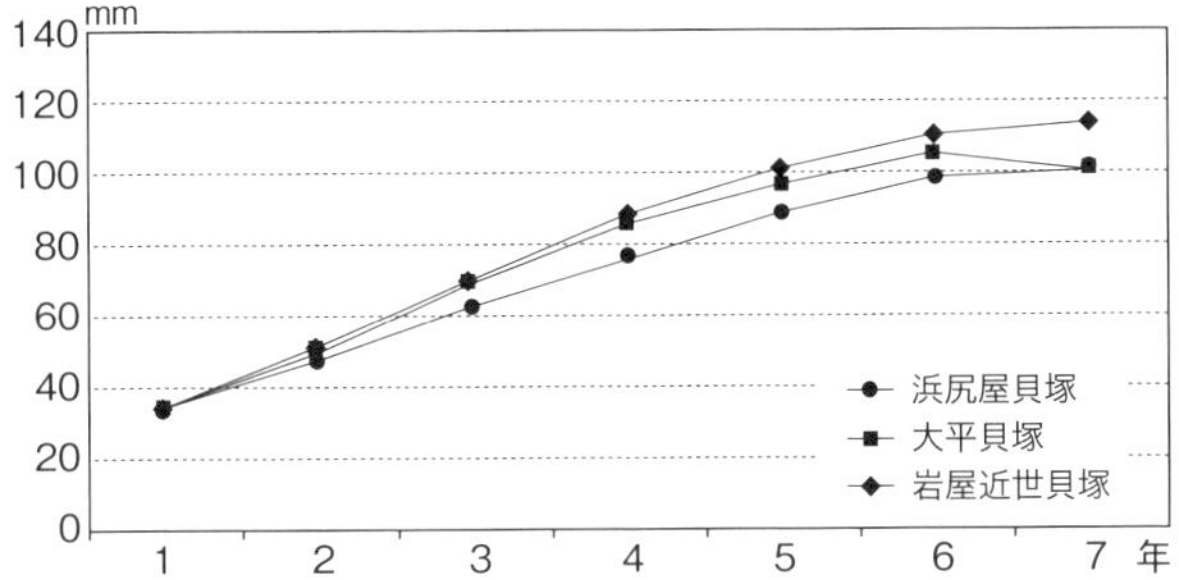

図15　産卵期障害輪の平均値（青森県）〔浜尻屋貝塚（中世）、大平貝塚（近世）、岩屋近世貝塚（近世）〕

すると、貝取澗2洞窟の方が成長率がよい。近世では、奥尻島の米岡5遺跡と礼文島の西上泊遺跡を比較すると、西上泊遺跡のエゾアワビは成長率が特によく、続縄文時代の二例よりもよい。これらは、エゾアワビにとって海洋環境が現在に比べ良好で、水温環境や餌とするコンブやワカメ、アラメなどの大型褐藻類が豊富であり、稚貝の成長期に食べる珪藻などの微小な藻類も豊かであったことも示唆される。

これらを青森県東通村の浜尻屋貝塚（中世）一四〜一五世紀、大平貝塚（近世）一七世紀、岩屋近世貝塚（近世）一八世紀から大量に出土したエゾアワビと比較してみることとする。北海道より南に位置することからも、全体に成長率が高く、エゾアワビが好む海洋環境であったことが理解できる。図15に示すように、浜尻屋貝塚、大平貝塚、岩屋近世貝塚の順に成長率がよい。

捕獲季節の推定であるが、産卵期障害輪と冬期障害輪からおおよその季節を特定した。一般的に産卵期は八〜一〇月であり、最盛期は九月である。成熟するには水温が影響し、七・六℃以上の積算水温が五〇〇℃／日を超えると産卵が始まり、一五〇〇℃／日に達するとほとんどの個体が、時化などの刺激に反応して放精・放卵する。この際のスト

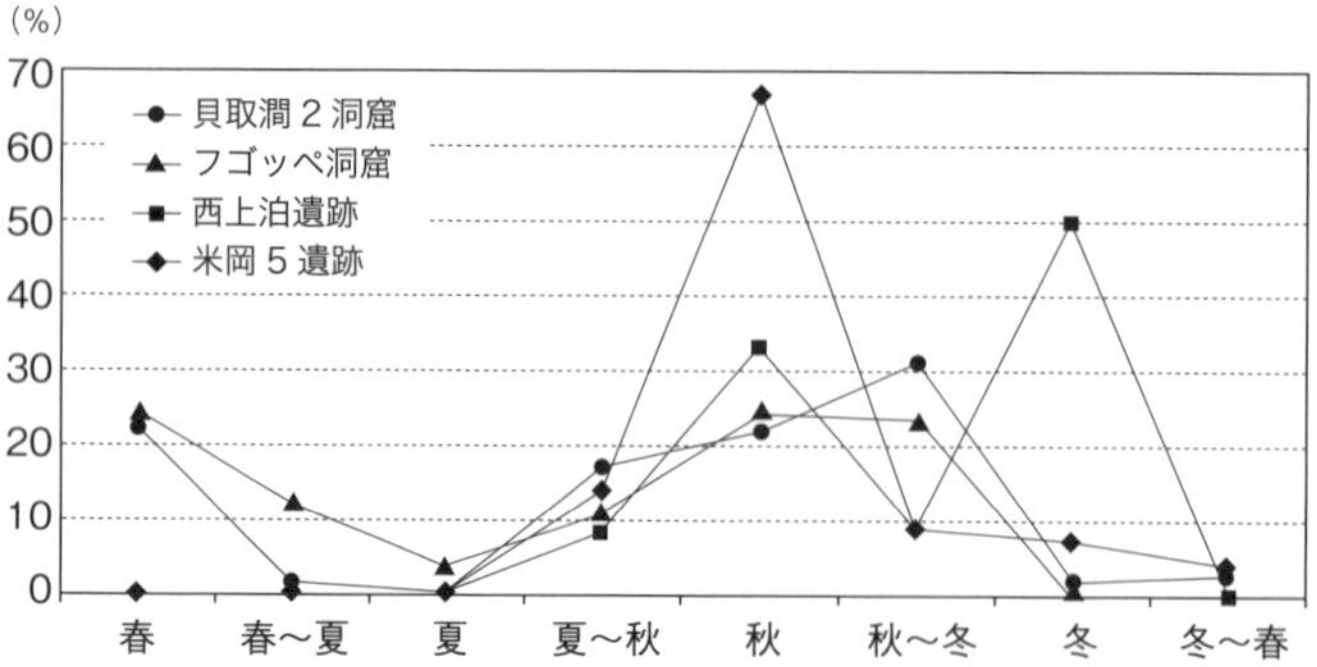

図16　捕獲季節の推移（北海道）

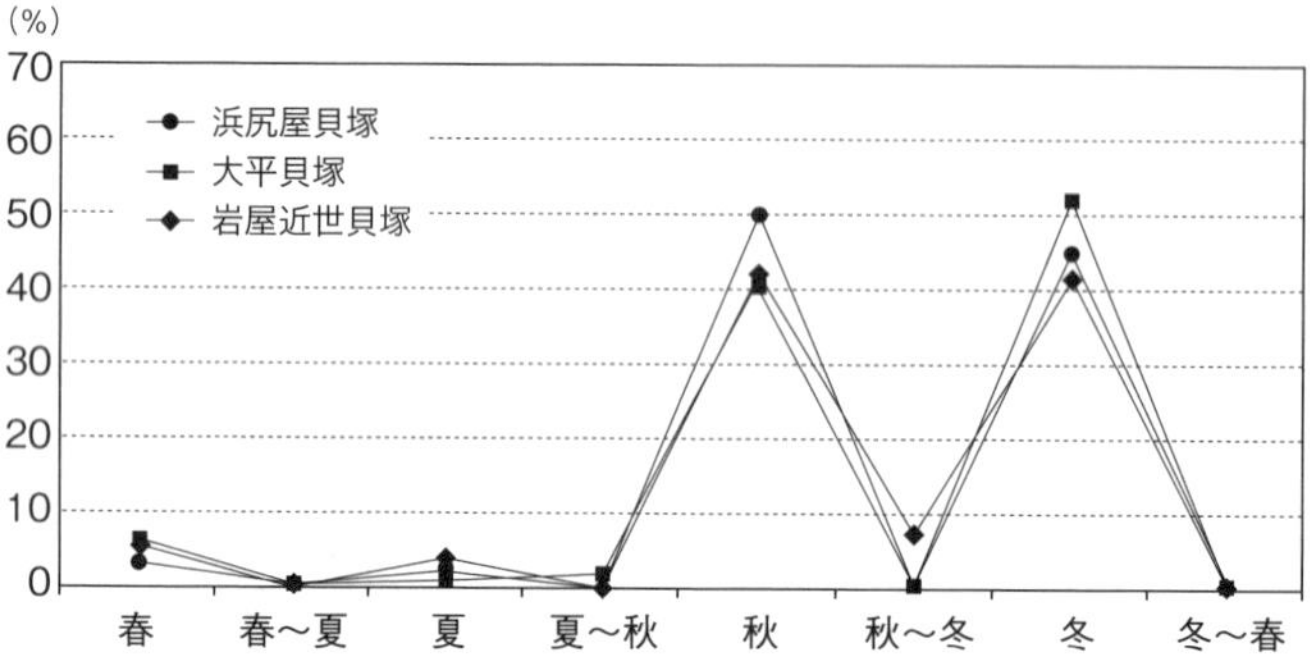

図17　捕獲季節の推移（青森県）

レスにより産卵期障害輪が形成されることから、夏～秋とすることができる。さらに、冬期障害輪は、水温が最も低い時期のストレスで形成され、一～二月の冬とすることができる。このことから最大殻長と産卵期と冬期の障害輪の差から、春、春～夏、夏、夏～秋、秋、秋～冬、冬、冬～春の季節設定をし、捕獲季節を推定した。

図16は北海道の貝塚での捕獲季節を示したもので、続縄文時代の貝取澗2洞窟、フゴッペ洞窟では春、夏～秋、秋、秋～冬に捕獲ピークが見られるが、近世の西上泊遺跡、米岡5遺跡では秋、冬に大きな捕獲ピークをもつ特徴が見られる。図17は、青森県下北半島北部の貝塚での捕獲季節を示したもので、中世から近世の貝塚がいずれも秋と冬に捕獲ピークをもつ。図16と図17を比較すると、続縄文時代では捕獲季節が春、夏～秋、秋、秋～冬であるのに対し、中世～近世では北海道と青森のデータは、共通して秋と冬に大きな捕獲ピークをもつ。これは、続縄文時代の「自己消費活動」に対し、それ以降の北海道と青森県では共通した漁期が設定され、しかも「生産供給－消費活動」へと完全に大きく移行したことを示しているのである。

おわりに―海洋資源の「賢明な利用」はあったのか？

日本列島北部では、過去において日本海が湖から海へ変化することで、この地域に人が定着し、安定した生活環境を維持してきた。この安定した生活環境は、気候変動や自然環境の変化がもたらしたものであり、人の活動の結果、遺された貝塚から検討することができた。特に海洋資源であるエゾアワビを取り上げ、人の活動史の中でその利用法がどのように変化したかを示すことができた。

結果、縄文時代の「自己消費」から、続縄文時代では保存加工をともなう「自己消費」へと変化し、さらに擦文文化期では交易を目的とした「生産供給―消費」へと変わり、中世・近世では完全に、漁期の設定、加工といったシステムや蝦夷地から長崎、さらには中国へといった交易ルートが確立され、経済システムの枠組みの中で動いていたことを知り得た。これは、明治〜昭和中頃まで続くこととなるが、エゾアワビの海洋資源としては枯渇の方向へ向かった。この間、資源の増殖を試みるが、ようやく昭和末頃から資源回復を目的とする人工種苗の放流が本格化した。日本列島北部は、気候変動や環境の変化によりもたらされた自然の恵みの宝庫であり、人口が少ない縄文時代〜続縄文時代、擦文文化期では、エゾアワビの捕獲量が多くても自然による資源回復が可能であった。しかしながら、日本はもとより国際的な流通経済の枠組みが成立すると、資源回復の限度量が適量を超えることとなった。これは、海洋資源の賢明な利用であったかは疑問が残るが、未来への海洋環境の改善あるいは資源の回復が未来に望まれている。

ここでは、エゾアワビとアイヌ民族のかかわりや、一〇世紀の北方の諸国の物納税の品目に示されていないアワビが、同時期の擦文文化期の貝塚では主体的に捕獲されていることなどを具体的に示さなかったが、人の活動史の中では重要な課題であることを指摘しておきたい。

第2章　人類、オットセイに出会う
―北海道の人類文化とオットセイ猟―

小杉　康

はじめに―「オットセイ将軍」と人類史―

江戸幕府一一代将軍徳川家斉《いえなり》（一七七三～一八四一）は、多くの側室に五〇人を超える数の子どもを産ませたことで、「オットセイ将軍」の渾名をもらった人物である。一方人類史とは、人類とサルの祖先とが進化の系統樹上で分岐した時点から現在にいたるまでの人類の歴史である。家斉も人類であり、人類史の一コマとして語ることができるといえば、あまりにも強弁にすぎようか。いささか無謀な企てにも似ているが、それを承知で、北海道を舞台とした数千年におよぶ人類とオットセイとの関係の推移をたどってみよう。

はじめに人類史と日本史との関係を考えてみる。続いて、オットセイとは直接関係しないが、北海道における人類遺跡の立地の変遷を概観する。人類がオットセイと出会うためには、まず人類が海浜地域での活動を始めなければならない。次に、考古学の成果から北海道における縄文文化から擦文《さつもん》文化にかけてのオットセイ猟の変遷を概観する。特に、近年再調査された小幌《こぼろ》洞窟遺跡の発掘調査の成果を紹介して、続縄文文化から擦文文化にかけてオットセイ猟の内容が劇的に変化したその場面に立ち会うことにしよう。最後に、民族誌や歴史学の成果から近世におけるオットセイ猟、さらに明治期以降の近代国家としての日本国がとったオットセイ猟をめぐる諸政策について概観する。

「地域としての北海道」と「ヒト―オットセイ関係」、この二つのテーマを同時に人類史というパースペクティブの中に投げ入れることによって何が見えてくるのか。考古学の研究成果を現代人にとってのエコ・パラダイスとしての

〈原始・古代〉像として提供するのではなくて、今日的な課題と切り結ぶためのささやかな試みである。

一　人類史と北海道

大いなる旅路

猿人から原人へと進化した人類は、大脳の発達とともに適応力を増して活動範囲を広げながら、一八〇万年前頃アフリカ大陸を抜け出し、ユーラシア大陸へ進出し、各地で旧人へと進化を遂げる。アフリカに留まり、そこで原人から旧人へと進化したグループは、二〇万年前頃を過ぎた頃に新人（ホモ・サピエンス）へと進化を遂げて、六～五万年前頃にアフリカからユーラシア大陸へと進出する。

各地で旧人に進化した先発の人類たちは、低～中緯度地帯を大幅に北上することもなく、その地で絶滅する。後発の新人は活動範囲を中緯度から高緯度地帯へと拡張し、一万五〇〇〇年前以降にはユーラシア大陸の北東端チュコト半島に達する。さらに氷期の海面低下でベーリング海峡に出現した平原（ベリンジア）を越えて、ユーラシア大陸から北米大陸へと渡った新人は、その後たった三〇〇〇年足らずで南米大陸の南端へとたどり着く。

地球規模の海面低下によって東南アジアに出現した亜大陸スンダランドにいた同じ新人の別のグループは、五万年前頃にオーストラリアに到着する。また別のグループは、やがて三〇〇〇年前頃になると大海原を漕ぎ渡る高度な技術を携えて、最後のフロンティア太平洋の島嶼《しょ》部へと居住地域を広げていく。

このような北半球の高緯度地帯への寒冷地適応と大洋への海洋適応とをともなった人類進化と地球上での拡散の過程は、大いなる旅路（The great journey）とよばれる。その途上で人類は日本列島へとたどり着いたことになる。日本列島の地球上での位置、それゆえに最初の到達者は南西方面からの進入であった可能性が高い。約三万五〇〇〇年前、日本列島における後期旧石器文化の開始である。

北海道の人類文化

後期旧石器文化は、地質時代の第四紀更新世における最終の氷期のうちにあたる。現在より気温は六～八度ほど低く、最寒冷期の約一万八〇〇〇年前（歴年代に較正すると約二万一〇〇〇年前）には現海水面よりも一〇〇メートル以上低下していた。水深一三〇メートルを超える深さの津軽海峡は陸化しなかったが、水深の浅い宗谷海峡と間宮海峡は陸橋となって、北海道はユーラシア大陸東端に突き出た半島になった。[(6)] これを「古サハリン＝北海道半島」とよぶことにする。本州以南の島嶼部はひと続きの「古日本島」であり、先の記述は「約三万五〇〇〇年前、『古日本島』における後期旧石器文化の開始」と表現すべきである。古サハリン＝北海道半島の南半部である北海道地域に人類の最初の足跡が残されるのは約二万数千年前で、古日本島の古い時期のナイフ形石器群を残した人たちに由来するものと考えられる。

最終氷期が終わりに近づき、地球規模での気温上昇にともない海水面が上昇し始め、約一万年前以降の後氷期にいたると、現在の海岸線に近づく。すでに北海道は大陸から分離され、現在の日本列島の形が現れてくる。本州（古日本島）では一万数千年前に縄文文化が始まり、北海道はやや遅れて一万年前前後の時期から縄文文化の様相が徐々に現れてくる。

その後、北海道で展開した縄文文化は、大陸側ロシア極東地域の文化との関連性を強くうかがわせる時期もあるが、本州以南の縄文文化と基本的には同じ考古文化として理解されている。本州以南が弥生文化へと展開すると、北海道では続縄文文化へと展開する。弥生文化の特徴である水稲耕作などの食糧生産を行うことなく、縄文文化以来の狩猟採集の生活・文化が継続される。依然として石器が利器類の主役であるが、後半の時期には古墳文化から徐々に鉄器がもたらされる。

本州の南西域を中心として律令体制の古代国家が成立する七世紀頃に、北海道では擦文文化へと展開する。利器類としての石器は姿を消し、刃物はすべて鉄器になる。それまでの狩猟・採集・漁撈に加えて、アワやオオムギなどの雑穀類の栽培も本格的に開始される。

続縄文文化の後半から擦文文化が展開した時期にかけて、北海道のオホーツク海沿岸にはサハリンに分布の中心をもつ別の考古文化が展開した。鈴谷《すずや》文化、それに後続するオホーツク文化である。海に生業の場を求めた海洋漁撈民が残した考古文化である。一三世紀頃を境として北海道島の全域では、縄文文化以来続いてきた土器製作の伝統が終焉する。煮炊きの容器は本州社会からもたらされた鉄鍋になる。住居も竪穴式から平地式へと変わり、カマド（竈）はなくなり、ツル（鉉）で吊り下げられた鉄鍋が、囲炉裏に設置されるようになる。民族誌や歴史的な文献に記録されたアイヌ文化に直接的につながる考古文化の登場である。

人類史と日本史が交わるところ

本州・四国・九州、および周辺の島嶼部では、熱帯アジアを起源地とするイネ（水稲）の耕作による本格的な食糧生産を行う弥生文化へと展開する。そして古墳文化を経て、本州南西部を中心とする中央集権的な律令国家が成立する。もともと祖先が熱帯の周辺で生息していた動物であった人類にとって、品種改良して栽培化した植物種の多くが熱帯性のものであったのは偶然のことではない。その栽培植物の一つ、イネが食糧生産の対象として日本列島南西域で選択され広まったのである。

そして、その生産力を一つの重要な背景として古代国家が生じたのが、やはり列島の南西域であった。七世紀以降、近畿地方を政治的な中心地とする律令体制の古代国家は周辺に向けての版図の拡大運動へと転じる。この場合の「周辺」とは、地理的な条件にしたがい、西方（南方）と東方（北方）、すなわち九州と接する朝鮮半島であり、本州北東部から北海道にかけての広がりである。西方への展開はユーラシア大陸東部の巨大帝国・唐や朝鮮半島の新羅との衝突により阻まれ、以後、東方（北方）へ断続的な侵攻・進出が繰り返されることになる。

古代における城柵《じょうさく》の設置（渟足柵《ぬたりのさく》や多賀城）、征夷大将軍坂上田村麻呂の蝦夷《えみし》征伐開始（七九四年）、徳川家康による松前氏への蝦夷《えぞ》地交易の独占権（一六〇四年）、場所《ばしょ》請負制《うけおいせい》の開始（一八世紀頃）、幕府による東・西蝦夷地の直轄、明治政府による開拓使の設置（一八六九年）、札幌農学校の開校（一八七六年）など、日本列島で展開した人類史におけるこのような歴史性を「北進性」と表現してみよう。

二　北海道における人類遺跡の立地変遷

密度地図

さて、以上のように日本列島における人類史の時間的な展開の青写真を提示してみたわけだが、そこにオットセイを登場させる前に、空間的な舞台装置として北海道における人類遺跡の立地・分布問題を整理しておく。

ここでは人類遺跡の立地・分布の傾向を視覚的に把握しやすくするために、地理情報システム（ＧＩＳ）に取り込んだ遺跡の位置データを用いて表示した密度地図（カーネル密度推定法）を利用する。なお、該当する遺跡データは北海道教育委員会が開設しているホームページ「北の遺跡案内」（http://www.dokyoi.pref.hokkaido.lg.jp/hk/bns/kitanoisekiannai.htm）から二〇〇六年三月に取得したものをベースとして、その後追加された遺跡を適宜加えたものである。使用した遺跡数は、旧石器文化六五五点、縄文文化（草創期・早期九五六点、前期九二五点、中期二七〇六点、後期一五〇八点、晩期一四一五点）、続縄文文化一四一〇点、擦文文化一四八六点、オホーツク文化一九〇点、アイヌ文化期八二八点である。複数時期にまたがる遺跡は、各時期で重複してカウントした。

遺跡の密度分布と超越的地域

密度地図を求めるための基準を変えることによって、その結果が平滑化された広域的な分布傾向（最大において対象地域は一つのまとまりとなる）を示したり、逆に、局所的な分布傾向（最小において個々の点分布と同じになる）が現れてきたりする。よって、密度地図を求めるための基準を変えることによって表現される高密度分布の広がりは、形状や現れる数が異なることになる。

ここではある基準（検索半径五〇キロメートル）を用いて、北海道における各人類文化の密度分布の変化を通時的にながめてみる（口絵1）。まず注目されるのは、縄文文化（草創期・早期）以降、オホーツク文化を除いてアイヌ文化期まで、ほぼ同じ位置に高密度分布域が現れる点である。その数六つで、すなわち各時期を通じて固定的な六地域（①〜⑥）の存在が顕在化してくる。やや細かく見るならば、さらなる共通点や特定の時期だけに顕著になる特徴も見出せる。

地域①では常呂《ところ》川流域地域（a）と斜里《しゃり》平野地域（b）とがたえず分離する傾向にある。擦文文化では、（b）があたかも根釧《こんせん》台地東部地域（g）へと移動したかのような現れ方をする。地域⑤と⑥との間に位置する内浦《うちうら》湾北東岸から胆振《いぶり》山地太平洋岸にかけての地域（c）は、各時期において弱いながらも独立した分布域を現しかけている。また、縄文前期には地域④の北側の名寄盆地周辺（d）で密度分布が強くなる反面、地域②での分布域が縮小化する。

縄文中期になって道北部オホーツク海沿岸（e）と宗谷周辺（f）には弱いながらも分布域が現れるが、その後いったん消え、続縄文文化で再度出現し、擦文文化へと引き継がれる。アイヌ文化期に現れた高密度分布域は、一見してそれ以前と大きく異なるようだが、実際には東西の高密度分布域がそれぞれにブロック化しているのにすぎず、それ以前に顕在化した六地域のうち、地域⑥（和人地を含む）を除く五地域を踏襲している。

このように見てくると、密度分布が劇的に変化するところは、旧石器文化と縄文文化（草創期・早期）との間であることがはっきりとしてくる。これは同時に、縄文文化（草創期・早期）以降アイヌ文化期にいたるまで、単に各時期における遺跡分布が同じ傾向であることを示しているのにすぎないが、実はその点が重要である。すなわち、同じ地域が繰り返し高密度分布域になる背景に、「特定の集団」や「系統的に連なった集団」を想定するのではなくて、一つの「歴史的な地域」が形成されつつある姿を読みとることが可能である。

ただし「歴史的な地域」という表現では「歴史的なストーリー性を担った地域」といったニュアンスが強くなるので、ここでは適切ではない。「歴史的なストーリー性を超越した」という意味で、「超越的地域」という用語を用いるのがよいだろう。[(3)] この超越的地域は、時期によって広狭の変化を呈する土器型式圏などの考古学的な現象の広がりとは一致しない。超越的地域は遺跡の近接性によってのみ出現した現象であり、その超越的地域内に現れてくる高密度分布域は時間とともに多少は変動する。また、図としての表示の基準を変えれば、われわれの視覚に訴える広がりも異なってくる。しかし、大局的に見れば同じ場所にかなり長期間にわたって絶えず多くの人々が集まり、あるいは住みつくような所が超越的地域なのであり、地球上にはそのような性質の場所が他にも多く存在していたはずである。ただし、超越的地域は必ずしも未来永劫に固定的なものではなくて、ある時点で消滅したり、他の場所が新たな超越的地域として顕在化したりすることを、上述の旧石器と縄文以降との相違から知ることができる。

立地傾向と氷河期の海岸域での活動

ここでは超越的地域の問題にはこれ以上触れず、マクロな立地傾向に注目していこう。すなわち、旧石器と縄文以降との間に見られた密度分布の変化は、高密度分布域が内陸部に現れたのか、海岸部かといった立地傾向の差も示している点である。旧石器文化における高密度分布域の中心は、黒曜石をはじめとする石器素材の産出地周辺である内陸山間部に現れている。一方、縄文文化以降では多くは海岸部へと移ってゆく。道南山地及び北海道南部火山群の広がる地域における密度分布の変化からも、その傾向をはっきりと読みとれる（検索半径を一〇キロメートルに設定したカーネル密度推定法による。口絵2）。

このことをもって、縄文文化以降アイヌ文化期にいたるまで、大局的には海浜型の立地傾向であることを認めることはできるが、旧石器文化のそれをただちに内陸山間部型であると評価するのには慎重さが必要である。なぜならば旧石器文化の高密度分布域が、石器石材の産出地に偏りすぎている点が気にかかる。内陸山間部内を遊動するだけで完結するような生活内容だったのだろうか。現在では海面下に水没したり、浸食されたりした最終氷期の海岸部や、後氷期における沖積作用で深く埋没した低地部、火山灰に厚く覆われた地域には、未発見の旧石器文化の遺跡が存在する可能性を否定できない。むしろこれまでの旧石器文化像が内陸部の遺跡分布に頼りすぎてきたきらいがある。

しかし、仮に最終氷期の海岸部や低地部と内陸山間部との間を、旧石器文化の人類が標高移動していたとして、そのことがただちにオットセイ猟に代表されるような海浜適応を遂げていたことを意味しない。最寒冷期では年平均気温が数度も低く、寒流である親潮は太平洋側を現在よりもずっと南下しており、またその一部は津軽海峡を通って日本海へと流入していた。一方、対馬暖流は最寒冷期には日本海へ流れ込まず、日本海の低塩分化が進行した。(5) 北極圏周辺の狩猟民は後氷期とはいえ、氷海に適応した生活文化を築き得たのであるから、寒冷気候であることが必ずしも人類の海浜適応を妨げるとはかぎらない。しかし、最終氷期における上述のような海況の変化は、近海を回遊する海洋生物の活動域にも大きく影響したと思われるので、旧石器文化における海岸部での活動内容には、やはり縄文文化以降に達成される海浜適応とは本質的に異なる内容を想定しておくべきである。

三　内浦湾とオットセイ猟

縄文・続縄文のオットセイ猟

日本近海で見られる鰭《ひれ》状の四肢をもった海獣類（鰭脚《ききゃく》類）は、北海から回遊してくるオットセイ・トド・アザラシであり、現在では絶滅してしまったが、かつて本州・北海道の沿岸や近隣の島嶼で繁殖していたニホンアシカがこれに加わる。日本列島において人類がこれらの鰭脚類を狩猟の対象としたのは、今日的な海況へと移行し、同時に海浜適応が本格化した縄文文化の段階からであると考えてよいだろう。そのことは遺跡（主に貝塚）から出土する鰭脚類の骨と、それを捕獲するための狩猟具である銛頭《もりがしら》の存在から知ることができる。また、鰭脚類をモデルとした造形品も重要な手掛かりを与えてくれる。

狩猟・採集・漁撈が生業活動の中心であった縄文文化において、本州以南ではイノシシとシカが通時的に主要な狩猟対象であった。それに対してイノシシが自然分布しない北海道にあっては、海獣類、特に鰭脚類がエゾシカとともに主要な狩猟対象となった。銛頭は日本列島においては縄文文化で初めて登場するが、その最初は北海道の早期である。銛頭の出現は海獣（鰭脚類）を対象とした銛猟が開始されたことを示唆するが、出土例が増えてくるのは前期からであり、特に内浦湾の貝塚での発見例が多い。

現代、日本列島の周辺まで回遊してくるオットセイの大半は、カムチャツカ半島東側のコマンドルスキー諸島やサハリン中部東側のロベン島などを繁殖地とする個体群である。五～六月の繁殖期を終えると、策餌と越冬のために日本近海まで南下する。雄の成獣は冷たい海域を好み、多くは太平洋側では道東沖までしか南下せず、秋から春の期間そこに滞留する。生後一～二年の幼獣・若獣と雌の成獣は内浦湾まで南下して越冬するものが多い。雌の成獣にはさらに三陸沖まで南下し、そして越冬を終えて北上する際に、再び内浦湾に立ち寄る個体もいる。南下して越冬中のオットセイは陸上にほとんどあがることがなく、海上に滞留する。[11]

北海道近海の縄文前期以降の海況は、現代と大きく変わっておらず、このようなオットセイの生態や回遊パターンも基本的には変わっていないと思われる。それは、内浦湾の貝塚から出土するオットセイの骨が幼獣・若獣のものであり、オホーツク海沿岸の貝塚では雄の成獣が主体となり、また津軽海峡沿岸の貝塚では雌の成獣が大部分であることからも裏づけられる。[7]同時にオットセイの生態によく合わせた狩猟が行われていたと言えよう。オホーツク海沿岸ではオットセイに加えてトド猟・アザラシ猟も行われていた。また、渡島半島の日本海沿岸では海岸に生息していたニホンアシカの狩猟が中心であった。

北海道における鰭脚類の狩猟の重要さを示すものに、美々《びび》4遺跡（千歳市）で出土した縄文晩期初頭の動物形中空土製品がある。この土製品は発掘当初から何をモデルとしたのか、またどちらが正面であり、正しい置き方はどうなのかなど、多くの議論をよんだが、発見から二〇年たってやっと一つの結論が出た。[2]斜めに設置した状態が正しい

図1　動物形中空土製品の型式変化と狩猟儀礼、ならびに銛頭の変化

a: 美々4動物型中空土製品
b: 水中遊泳状態
c ～ e: 狩猟儀礼（刺突行為）
f: 後鰭から尾羽に
g: 前鰭から翼に
h: 新しい脚の創出
i: 銛頭（縄文，オープン型）
j: 銛頭（続縄文，クローズ型）

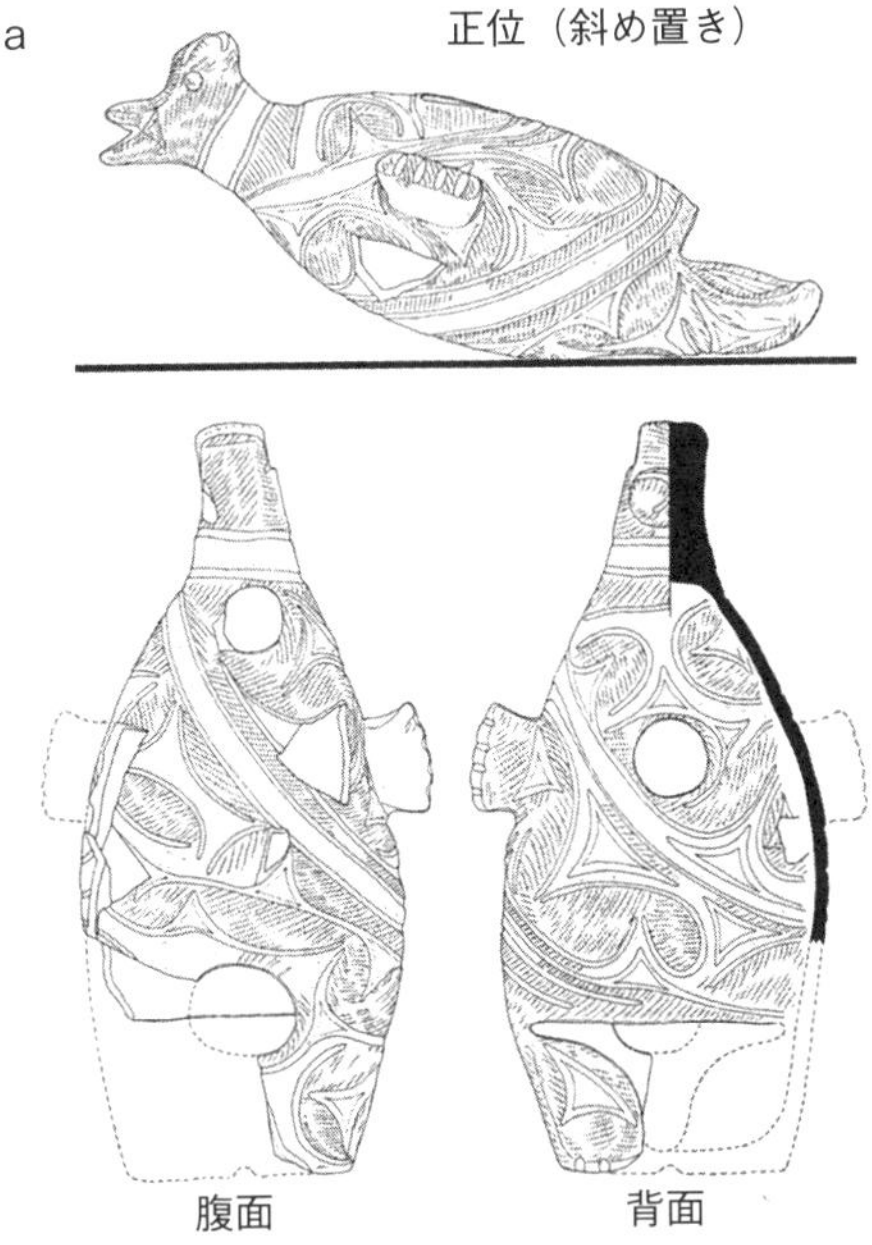

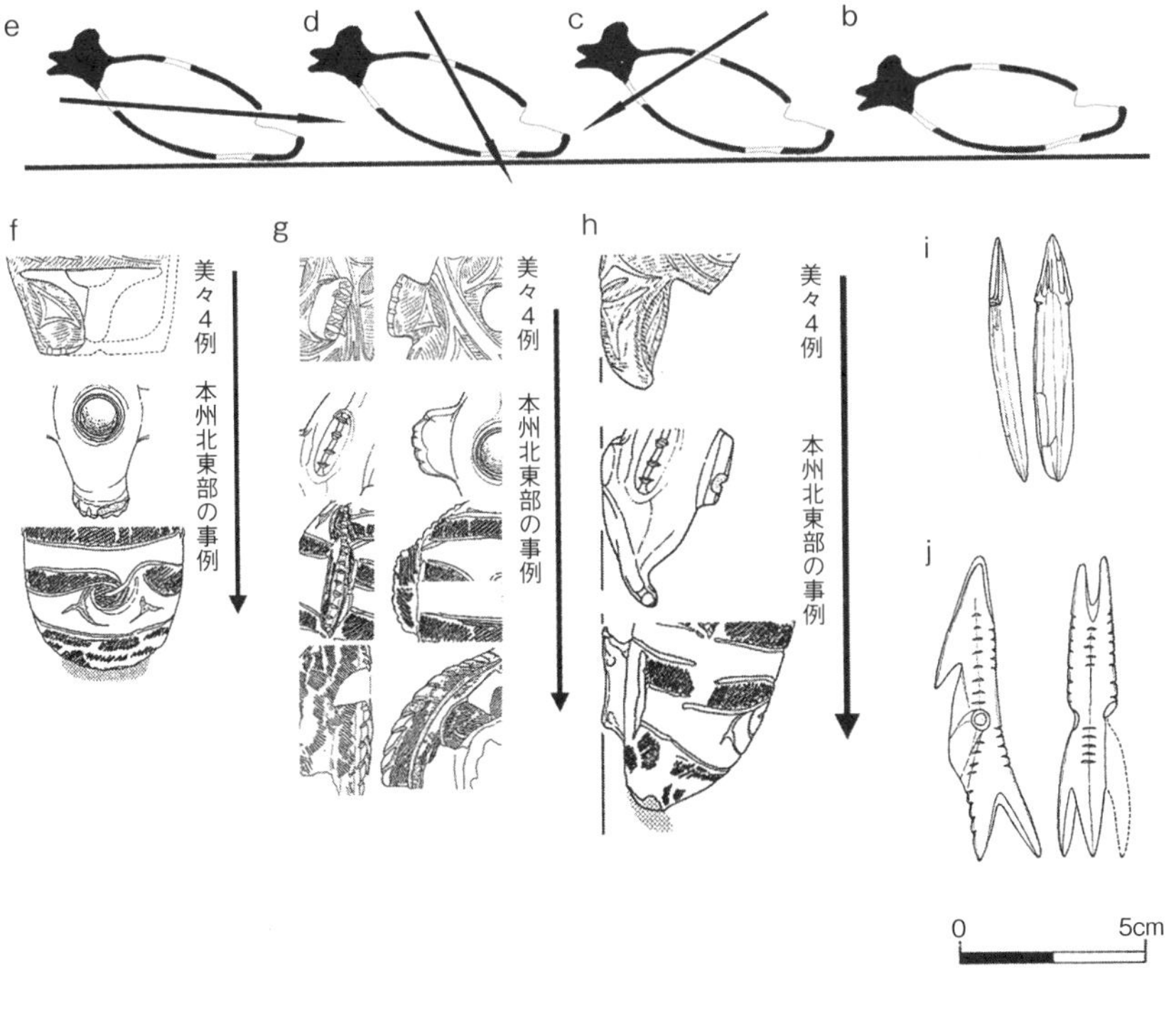

置き方で、アシカ科（オットセイ・トド・アシカ）が陸上で上半身を反り上げる状態（図1―a）と水中で遊泳する状態（図―b）とを同時に表現したもの、あるいはアシカ科とアザラシ科との双方の特徴を同時に表現したもの、いずれにしろ鰭脚類を表現した造形であることが明らかになった。

また、狩猟儀礼で模擬的な刺突行為が実演されたことなども想定されている（図1―c〜e）。考古資料として同じ分類に属する土製品は、従来「亀形土製品」とよばれていたものであり、縄文晩期前葉に東日本において広く製作された。しかし、本州北東部に分布する類品は、後鰭が尾羽根に（図1―f）、前鰭が翼に（図1―g）変形されたり、下腹部に二本の脚が新たに作りつけられたりしたものである（図1―h）。この事実は本州北東部の貝塚からは、オットセイなどの鰭脚類の骨がごく少量しか出土しないことからもうなずけ、鰭脚類の狩猟は北海道と比べてきわめて低調であったのだろう。

なお、北海道の縄文文化の各遺跡において製作、使用された銛頭は一貫してオープン・ソケット式のもの（柄の先端に銛頭を添わせて縛るタイプ。図1―i）であったが、続縄文文化になるとクローズ・ソケット式のもの（柄の先端を銛頭の盲孔に差し込むタイプ。図1―j）も加わり、新たな工夫が加えられたものや新種の漁撈具も登場する。このように続縄文では漁撈技術の進展も見られるが、北海道沿岸の各地における鰭脚類を中心とした海獣猟とシカ猟を中心とした生業活動は基本的には縄文文化と変わらない一連のものであると考えられる。よって、続縄文文化（時代）は「縄文文化の続縄文期」と理解する方が妥当であると思われる。

擦文文化のオットセイ猟と小幌洞窟遺跡

擦文文化における漁撈活動については河川流域での鮭漁以外は不明な点が多い。貝塚の減少ないしは動物遺存体の出土例の少なさがその原因であるが、この事実は擦文文化における農作物（穀物）の生産・流通の普及と表裏をなす現象であるという考えが提起されている。(8) しかし、鰭脚類の狩猟が完全になくなったわけではなく、特異な形態で存続したことも明らかになってきた。

内浦湾の北岸、北海道の三大難所の一つに数えられる礼《れ》文華《ぶんげ》峠、その直下、山麓の急斜面が崖となり、海に落ち込む小幌海岸は、現在でも陸地側から近づくのが難しく、舟を使って海側からアプローチした方がよい。崖下にはいく

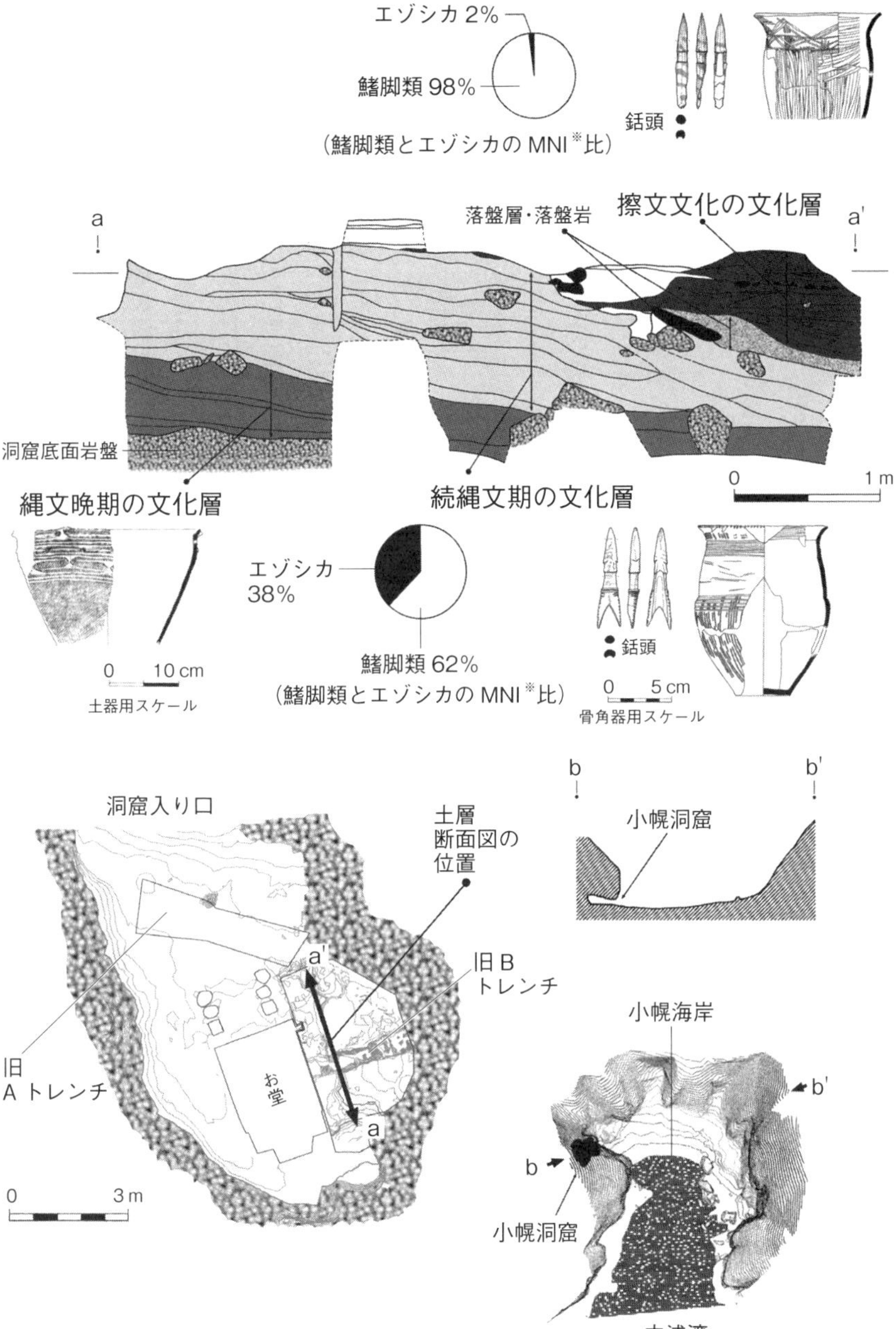

図２　小幌洞窟遺跡の土層堆積と狩猟対象の変化（※最小個体数）

つかの洞窟や岩陰があり、その一つが小幌《こぼろ》洞窟遺跡（豊浦町）である。過去二度の発掘調査、さらに近年実施された発掘調査（二〇〇六〜二〇〇九）によって、続縄文期から擦文文化にかけての鰭脚類の狩猟の様相が明らかになってきた。[4] この洞窟は縄文海進の際にできた海蝕洞窟で、そこを利用した人類活動の痕跡は縄文晩期の終わり頃から認められる。波蝕された洞窟の底面の岩盤の上には、そこで火を焚いた跡が残っていた。その上に縄文晩期の遺物を含む砂礫層が堆積し、さらに洞窟の奥側から続縄文期前半の貝層が形成され始め、入り口側へと堆積が進んだところで、洞窟天井の落盤が起こった。

　続縄文期後半には活動痕跡はいったん見られなくなり、落盤層の上からは新たに擦文文化初頭以降の貝層が形成された（図2）。続縄文と擦文の貝層からは、骨角製の銛頭とともにオットセイの幼獣・若獣を主体とする鰭脚類の骨が多量に出土する。ただし、続縄文ではエゾシカの骨も多く、オットセイ類との割合はエゾシカ三八％、オットセイ類六二％となり、縄文文化全般の様相を引き継ぐ。

　一方、擦文期ではエゾシカはほとんど見られず、オットセイ類が九八％を占めている。[10] この変化は擦文文化にいたってオットセイ猟が変質したことを意味している。オットセイの良質な毛皮を本州へ向けての交易品の一つとして専業的に獲得する状況が生じたものかもしれない。

近世・近代のオットセイ猟

　近世ではオットセイ（膃肭臍《オットセイ》）は、「膃肭（アイヌ語の『ヲヽ子《ね》ップ』の中国での音訳）の臍」であって、雄のタケリ（陰茎）やカンカン（腸）、ウココム（塩蔵肉）が薬用（強壮剤）として珍重され、またその需要が高まった。冒頭の「オットセイ将軍」の逸話には、そんな背景がある。近世の内浦湾でのアイヌのオットセイ猟の様子を『膃肭臍猟及総説』（秦檍丸か。前幕領期。北大本）で知ることができる。複雑な狩猟儀礼を行い、多くのタブーを課しながら捕獲したオットセイは幕府の会所に納められた。[1][9] 海上での狩猟は危険性も高く、また人の寝姿にも似ているオットセイの形態ゆえに、その分、手の込んだ狩猟儀礼が必要だった点は、縄文の美々4遺跡出土例の場合を彷彿とさせる。

　このようなオットセイ猟の様相が一変するのは明治期に入ってからである。一九世紀の後半、ベーリング海でラッコやオットセイを濫獲した英・米・露諸国は、資源の枯渇を回避するために、その海域を禁漁区とし、日本近海へと殺到する。明治政府はそれら諸外国の密漁船の取り締まりと国内猟業育成を目指して、一八九五（明治二八）年には臘虎《らっこ》膃肭獣《おっとせい》猟法、一八九七（明治三〇）年には遠洋漁業奨励法を制定する。その後、これらの法制が功を奏して、日本のオットセイ猟が発展するとともに、外国猟船は日本近海や北太平洋から減少し始める。一九一一（明治四四）年には逆に資源の枯渇を危惧する英・米・露諸国が主導して、日本も加えて膃肭獣及臘虎保護条約が締結され、翌一九一二（明治四五）年には日本国内で臘虎膃肭獣猟獲取締法が制定され、日本のラッコ・オットセイ猟はここに終焉をむかえた。(12)

おわりに

後氷期になって今日的な海浜環境が整い出し、縄文の人々は冬季に回遊してくるオットセイと出会った。やがて人々は海浜適応の一環としてオットセイを狩猟し始めた。オットセイ猟は擦文文化の頃から専業化するが、近世においても技術的な制約や狩猟対象に対する畏怖・畏敬の念などが作用して、資源の枯渇をまねくような状況には至らず、〝文化としての海獣狩猟〟の様相を保ち得た。

それに対して明治期以降の産業としてのオットセイ猟とその隆盛は、日本列島で展開した人類史の歴史性である「北進性」が、欧米先進諸国との競争に取り込まれることによって生じた現象と言えるだろう。その結果であるオットセイの減少や絶滅の兆し、さらにそれを回避するための条約や法制度での対応、その背景には人類生存のための自然保護思想があったとしても、そこに狩猟対象に対する畏怖・畏敬の念が介在する余地がないのなら、文化としての〈ヒト―オットセイ関係〉が再生されることはないのかもしれない。

第3章　アイヌの自然観と資源利用の倫理

児島恭子

はじめに

現在の日本において、都道府県別で最も自然が豊かなのは北海道であろう。人為的影響の少ない、自然植生率は四九・三％で、全国平均一九％を大きく上回り第一位となっている（一九九四年環境庁自然環境保全基礎調査）。自然の五割が改変されているが近代以降の一二〇年あまりでそうなったと考えられるから、急激に変化したわけだ。すでに江戸時代に、当時盛んに獲られたタカやシカなどが「少なくなった」という記録はあるが、産額はいろいろな条件によって左右され、生息数とは別であって、一時的に少なくなったとしても回復力があったと考えられる。

近代の開拓以前、北海道がアイヌだけの世界であった頃には、自然はアイヌによる影響を受けても微々たるものであった。おおまかに自然だけの変化を見ればそう言えるだろう。しかし、人間と自然の関係を考えるには、人間が直接かかわる自然の範囲、つまり食料や身のまわりの環境といった人間の実感としての自然環境の変化についてのきめ細やかな考察が必要である。

そこで、この章では北海道のアイヌが自然の変化の理由をどうとらえ、どう対処していたかについて考える。北海道の縄文人は現代のアイヌにつながっており、アイヌ文化には縄文文化以来の自然利用が基礎にあるが、北海道の歴史と自然環境の激変によってアイヌと自然との関係は変貌してきた（環境史年表参照）。特に一八世紀、道東まで広がった場所請負制の経済システムによる海、川、森を舞台にした採集狩猟行為の変化は、アイヌと自然との関係に何をもたらしたのだろうか。人為による北海道の自然環境の変化は、明治期以降の開拓の嵐に見舞われる以前にすでに起きていたのであり、それはアイヌの人々の「伝統的」といわれる思想や文化の中に背景として組み込まれていると考えられる。

この章で考察の材料とするアイヌの口承文芸はほぼ一八世紀から二〇世紀初めのアイヌの思想を織り込んでいる。アイヌ文化として地域差を越えて共有される価値観をアイヌ自身が語っている点で、資料として唯一かつ最良のものである。しかし二〇世紀に語られたので近代的なアイヌの思想も反映している。一八世紀から二〇世紀の北海道の自然・人間関係を考えることは、この時期だからこその意味がある。なぜなら、この時期、アイヌの伝統文化は絶頂期に達し、急激に危機を迎え、アイヌ文化が変容した時代だからである。資料は二〇世紀に生きたアイヌの伝承だから難しいことではあるが、根底にある「伝統的」もしくは「古典的」というべき自然観と変化した部分とを見きわめたい。

ところで、一八、一九世紀の自然環境の特徴として、小氷期であり、北海道もその影響下にあったことがあげられる。[16] 気候変動の一環として異常気象がある。気候変動は非常に長いスパンでとらえられる現象だが、歴史時代においては十年以上にわたりゆるやかに変わることで、異常気象はたとえば「猛暑」のように長くても二～三か月の短期でしかないが、両者は無関係ではないとされている。また、火山の噴火、地震、津波といった災害も関係がある。異常気象がどれだけ人為の影響によるものかにかかわらず、人間が自然について書き残した記録を調べることは、過去の自然の様子を知る方法の一つであり、人間と自然との関係を考えるうえでは必要なことである。[28] 無文字社会のアイヌの場合には、口承文芸がその「記録」にあたる。

文献から知られている一八、一九世紀の自然災害と流行病、飢饉、アイヌ蜂起だけでも書き出してみると表1のようになった[24]（火山噴火については産業技術総合研究所「日本の第四紀火山データベース」も参照した）。当時の情報は限られているので、事実はもっと多くの危機があったであろう。厳しい時代であったことがわかる。

一七世紀も同様であり、シャクシャインの蜂起の遠因が火山噴火による降灰にあったことはすでに指摘されている。[20]「自然災害」欄と「流行病、飢饉、蜂起」欄を見比べると、つながりがありそうなものがある。

北海道の自然環境は内陸と海岸部、日本海側と太平洋側とオホーツク海側では異なり、一様ではない。ある地域の出来事の影響が他の地域にどう影響したかについてはそれぞれの事情や条件によって異なる。しかし、当時の約二〇〇年の間にこのような環境史は北海道のほぼ全域のアイヌに普遍的になり、いわゆるアイヌ伝統文化と見なされる共通の文化を熟成させていった。アイヌ文化に地域差はあるが、自然観の根本的な部分は異なるとは考えられない。

一 カムイ（神）とアイヌ（人間）の関係

アイヌの自然観

先住民族の自然観は人間を自然の一員と見なし、西欧のキリスト教的な「人間は自然を制する」という考え方とは異なると言われている。[21] アイヌ文化の思想も、人間が自然に対する態度として尊重すべき考え方として一般的に知られている。しかしその内容は、自然をカムイ（神）と見なして尊重するとか、自然の恵みは人間だけが享受するのではなく動物とも分け合う精神をもつなどということぐらいの、イメージ程度にしか知られていないとも言えよう。あるいはもう少し深く、カムイとアイヌは互恵的な関係にあるということも知られていようか。

アイヌの民俗に、鳥のなき方や雲の生じ方によって天候や出来事を予知したり、動植物についての豊かな知識があったりすることは、人間が自然と一体で生きるということに違いない。しかし、それらは北海道以外での日本人の伝統知・民俗的知恵とどう違うのか。違いがあるとしても、本州以南と北海道の自然環境の差に由来するものではないのだろうか。そのように自問したがやはり、アイヌならではの自然との付き合い方があったに違いない。

それを知るには、開拓以前の北海道にいたエゾオオカミ（一九〇一年頃絶滅）、カワウソ（一九二一年頃絶滅）、チョウザメ（一九三五年頃急滅）、今絶滅の危機に瀕しているシマフクロウをはじめとする動植物についての、アイヌの知識を調べ上げることも有意義であろう。本州にいない種もあり、本州での生息地は高山帯が主で人間とのかかわりが希薄なのに、北海道では平地にいて人間とのかかわりが濃い動植物もあって、アイヌしか知らない知識もあると思われる。アイヌと自然との関係は、家や倉庫などの建築や生活用品などの物質文化の資源利用、葬制やさまざまな儀式にあらわれる精神文化、医療や薬草の知識など、多方面からアプローチできる。

しかし、ここでは口承文芸を資料として、人間・自然の関係の規準となる思想にふれたい。口承文芸はお話にすぎないのではなく、アイヌ民族の精神のよりどころである。

自然災害		流行病、飢饉、蜂起	
		1809	噴火湾沿岸で天然痘流行、オサツベ・茅部のアイヌ7、8割死亡。
		1812～17	冷害
		1813	厚岸場所のアイヌはやり病
		1817	イシカリ場所で天然痘流行、833人死亡。
1822	有珠山噴火、死傷者多数		
		1825	蝦夷地痘瘡流行
		1829	ムカワ洪水、夷小屋113軒流失
		1830	西蝦夷地痘瘡大流行
1834	石狩強震		
		(1833～39	天保飢饉)
1838	厚岸、釧路強震		
1843	厚岸、釧路強震、津波による水死者多数		
1846	恵山噴火		
1853	有珠山噴火	1855	西蝦夷地痘瘡流行
1856	駒ケ岳噴火	1856	東西痘瘡流行
1857	恵山、十勝岳、知床硫黄山噴火		
1863	留萌沖地震、津波による死傷者		
1867	樽前山噴火		
1874	樽前山噴火		
1876	知床硫黄山噴火		
1888	駒ケ岳噴火		
1889	知床硫黄山噴火		
1898	丸山噴火（屈斜路）		
1905	駒ケ岳噴火		
1910	有珠山噴火		

表1　18世紀、19世紀の北海道の災害

自然災害		流行病、飢饉、蜂起	
1694	駒ヶ岳噴火	1698	痘瘡流行、多数死亡
		(1699、1702、1703　元禄飢饉)	
17世紀末	有珠山噴火		
1702～3	秋より冬にかけて全域で大風・暴雨		
		1723	イシカリ：サケ不漁でアイヌ200人餓死。シコツでもアイヌ餓死
1739	樽前山噴火	1739	シブチャリ：アイヌ騒動
		1741頃	小樽内：アイヌ蜂起
1741～1742	渡島大島噴火、大津波発生		
		(1755　宝暦飢饉)	
1759	渡島大島降灰　1786-90噴煙		
1765	駒ヶ岳噴火		
1769	有珠山噴火		
		1780	石狩で痘瘡流行、647人死亡
		1783	ソウヤ、メナシのアイヌ800～900人、カラフトアイヌ180人餓死
		(1782～87	天明飢饉)
1784	駒ヶ岳噴火		
		1789	クナシリ・メナシの蜂起
この頃	クッタラ火山噴火		
1792	西蝦夷地地震		
1798	古宇場所の山鳴動	1800	ウス場所で天然痘流行、アイヌ250人中40余人死亡、西蝦夷地一円に流行、3か村退転、厚岸・ネムロに西蝦夷地のアイヌ大勢避難
		1802	シャリ、ソウヤ飢饉。餓死者多数。シャリ大不漁
1804～17	樽前山噴火	1805	ソウヤ、テシオ熱病流行、509人死亡。
		1806	利尻・礼文、痘瘡死者多数

先祖から伝えられてきた物語にあることは、先祖からの伝言として信じられ、守るべき教訓となっていた。

アイヌは自然にも意思があるとみなしている。動物の本能による行為や雷などの現象をカムイの自発的行為や意思とみなすのである。したがって、自然と人間の間にアイヌは葛藤を見出している。アイヌにおいてもやはり人間は自然と対立するのである。そのような思想も人間の作り出した文化であるから、じつは人間に都合のよい自然観であり、つまるところ、それは人間観でもある。

アイヌの伝統的な環境思想、環境知識の根底にあるのは、人間の持続可能な生存という目的である。子孫を永続させること、命を永らえるために飢饉を克服したり予防したりすることが大いなる関心事であることはあたりまえのように思われるし、それが口承文芸のテーマとなることもおおいにありそうなことだ。しかし、飢餓に遭わないための資源利用の倫理についての教訓話が口承文芸となって語り継がれてきたのではない。飢饉への恐怖が、意思を持つ自然との調整・駆け引き・折り合いという思想や行為となるのが、アイヌが自然と一体になって生きるということなのである。そのことを見ていこう。

カムイ

カムイには、天然の精霊のような「自然神」と人間に文化や倫理を教えた「人文神」がある。前者は無数に存在し、後者は固有名詞でよばれる特定の神である。カムイはアイヌ文化のキー概念であり、人間と自然とのかかわりを考えるためには、カムイについての理解が欠かせない。カムイであることの認知やカムイの性質についての認識にはアイヌの自然についての考え方がよく現れている。アイヌは自然の万物をカムイと見なすと言われることがあるが、狭義ではそうではない。人間にとって感謝すべき存在、脅威である存在がカムイとして信仰の対象となるのであり、カムイは人間によってそう認められることが必要で、人間からの儀礼を受けてはじめてカムイとなる。カムイがカムイとなった由来を語る伝承は少なくない。

具体的には、祭壇にそのカムイの存在を示すイナウ〈木幣〉があったり、祭事のときにカムイとして名を讃えられたりして、供物を捧げられる。さまざまなカムイへの儀礼は、そのカムイ特有のイナウや祈り言葉に人間と自然の関係を反映させたものとなるが、カムイには序列がある。自然は秩序をもって運営されていると認識されている。

カムイが主人公となって自らの経験をメロディをつけて語る口承文芸を「神謡」とよんでいる。カムイのことがわかる神謡はさまざまな主人公と内容をもっていて非常に興味深いものである。動物だけのストーリーもあるが、人間とのかかわりが語られているものがここでは重要である。また、神謡とは異なる、人間が主人公となって語る散文の物語も、内容はカムイとの交流を語るものとなっている。口承文芸は様式化された伝承であるが、アイヌの生の規範であり、人間と厳しい自然との関係を子孫に伝える深刻な指針でもある。

送り儀礼

アイヌは、カムイの世界から人間界にやってきた動物を獲ったらその霊を丁重に送り帰す。その儀礼は一般に送り儀礼とよばれ、再生を願う儀礼というイメージがある。クマをめぐる狩猟儀礼や文化は世界的に分布しているが、クマの霊を送る儀礼は北太平洋沿岸の諸民族に特徴的で、なかでもアイヌのクマ送り儀礼は山で殺したクマを送るだけでなく、捕えた子グマを飼ってから送る儀礼もあり、最も発達している。クマ（エゾヒグマ）猟は日常的な狩猟ではなく、その成功はアイヌ男性の誇りである。現実には、猟の成功は動物の行動や生態の熟知、毒矢の毒の調合技術、弓・槍・罠使用の技術、体力や勇気、運などが複合して結果になる。口承文芸の中の思想では、人間と動物の良好な関係によると説かれている。

獲物となったクマを送る際の祈り言葉は、猟時の状況によって異なることもあるが、人間からの供物を土産に持ってまっすぐにカムイのくにに帰るようにと言い聞かせるものである。クマ送り以外の祭儀のときにも、山の神であるクマへ祈るが、それは、「火の神の伝言を犬がもっていったら（熊猟のとき、犬が吠えること）、おだやかに招待をうける（人間に獲られること）ように、一族に諭してください」[27]ということで、殺したクマたちが人間に危害を及ぼすことがないようにというクマへの宥《なだ》めである。

これらのことから、クマへの儀礼はクマの再生や獲物としての再来を願うためというよりは、クマとのトラブルを防止するために行われるのではないのかと考えられる。飼いグマ送り儀礼で、殺したばかりの子グマに向かって祈るのは「これまでお育てしたけれども長くは恐れ多い。親元へ帰るのだから、怒らず、まっすぐに行きなさい」ということなのである。[2] 人間を襲った悪いクマの場合は、地下の世界に送る儀礼を行って罰する。

シマフクロウは現在では道東に百数十羽が生息する稀少な鳥であるが、かつては全道に生息していた。道東におけるこの鳥の丁重な送り儀礼が知られている。シマフクロウには羽や肉の実用性がないからか、狩猟対象ではなかった。コタンコㇿカムイ〈集落をもつカムイ〉とされ、位の高いカムイである。その理由は、留鳥でテリトリーが人間のコタンと重なるからとも、夜行性のため闇でも集落を守ると見なされるからともいわれ、人里との関係が密であるらしい。

エゾフクロウはクマの居所を教えてくれるとして猟師に重要視され、シカやサケが山川に満ちあふれるように差配するカムイ（後述の狩猟の女神のこと）は鳥だと考えられるふしもある。また鳥は、魚を獲る時期やさまざまな自然の情報を教える。

小鳥までもが、特別な力をもっていると見なされればカムイとして信仰され、狩猟の対象ではなくても死体を見つけたときは簡単にでも送り儀礼を行う。それは鳥という資源の再生を期待してのことではなく、カムイとして尊ばれる生き物への人間の礼儀であり、その仲間が引き続き人間のために狩猟や採集の役に立ってくれるようにするための行為である。それはすべてのカムイの送りに共通する意義である。

カムイを飼う行為

カムイに対してアイヌの人々は敬虔である。子グマを飼うことは最も有名だが、シマフクロウやワシ、キツネなども飼うことがあった。いずれも格の高い神々である。そのようなカムイを身近において飼うとはどういうことなのだろうか。アイヌ語では動物に対して使う「飼う」という語彙はなく、人間と同様に「育てる、養う」と表現する。

口承文芸の中で子グマは養父母を必ず「人間のお父さん、お母さん」とよぶ（一例は⑿の七三頁）。子グマは大切に育てられ、供物をたくさんもらって親グマたちの暮らすカムイの世界に帰り、親グマは供物で酒宴を主催することによってカムイの世界での栄誉を得て、子どもの養父母に感謝し、彼らを見守る。つまり、人間界で養った子グマを送る意味は、その家系の人々が、育て送った特定のクマの系統との関係を密にすることである。クマは水源の山に住むカムイで、アイヌはその流域で親族の集団を作っている。クマ送りの祝祭には親族集団が集まり、クマに象徴される山川の自然のシステムの一員であることを認識し、その流域の生態系の中で生きることと、クマとの関係の継承を確認していく機会であった。それはクマに率られる生態系の狩猟の幸に恵まれることなのである。口承文芸からはクマと人間の関係が汲みとれる。そのようなクマ儀礼の目的や意義は、近代にはアイヌ社会の破壊により意味を成さなくなってわかりにくくなっている。

カムイを養ったら、適当な時期を見計らって必ず送り儀礼が行われる。それまでの間は、手許におくことによってカムイの恩恵を確実に得るようにする意味があったと考えられる。ワシを養っていたのは、ワシに病気除けの力があるためだという。[23] だが、もし養っているうちに死ぬような事故でも起きれば、たいへんなことになるわけだからそれは賭けでもある。リスクが大きくてもカムイを養うのは、人間がそれだけ危機を感じていたということなのではないだろうか。

二　飢饉の物語

シカやサケの不猟・不漁

肉や毛皮という実利面で最も重要だったのがエゾシカである。しかし、ふつうはシカをカムイと見なした儀礼を行わない。また、シカは神謡の主人公にもならない。しかし、獲ってきたシカを家に運び入れるときには、カムイを家に迎えるときに使う窓から入れるし、恵まれた獲物への礼儀は欠かさない。サケも同様である。シカとサケは主食の地位を占めていた（第一巻コラム3参照）ので、飢饉とはそれらの不猟・不漁のことであった。狩猟の女神の神謡では「人間界が飢饉になって食糧が尽き、最後の材料で作った酒を供えられて飢饉を知らされた私は神々をよんで酒宴を開き、鹿主の神と魚主の神がシカやサケに対する人間の扱いを憤っていたのをなだめ、シカやサケのタネ（鱗や毛とも）をばらまくとか、シカやサケが入っている袋を開けるなどしてそれらを人間界に降ろした。人間は私に感謝した。（梗概）」と語る（「イヌサ・イヌサ」[11]、神謡74[12]、(5)五〜一二頁）。シカやサケはそうやって人間界に恵まれるという考えである。

では、神が憤るシカやサケに対する人間の扱いとはどういうことかというと、シカは毛皮だけとって後は粗末に扱い、サケは神聖なイナウでなく朽木で叩くことであるとい

＊1　サケ自体が語っているかのような例外的な神謡があるが、そこでもサケがいなくなった原因は鎌による捕殺である。

う（同上）[*1]。飢饉は、人間の傲慢な行為によって起きたのであり、それはあまりに大量に獲れた（獲った）ゆえに起きた油断だったと考えられるが、乱獲の戒めはないのである。

サケの溯上は誰が支配するか

人間が主人公の散文のこういう物語がある。「私はウサクマイ（現在の千歳市内）に住んでいる。ある夜、キツネの文句を夢で聞いた。人間が捕ったサケの中から勝手に一匹もらって食べたことで人間から神々に訴えられて、恐ろしい国へ追放の罰を受けそうなのは不当である。サケは石狩川の川口を司る神夫婦がサケを食べる生き物すべてが十分食べられるように数を決めてくれているのだ。キツネはそう訴えた。これを聞いた私はキツネが正しいと思い、キツネを貶めた人に賠償と謝罪をさせ、神々も追放をやめた。サケでもシカでも、すべての動物が分け合って食べるもので人間だけでのものではない」というあらすじである[(8)(9)]。これは「キツネのチャランケ」と題され、食料を野生動物とも分かち合うアイヌの自然倫理を示したものとして、アイヌの民話集をはじめ絵本としても広く読まれている有名な話で、英訳されて中学校の英語の教科書にも採用された[(4)]。チャランケとはアイヌ語で「談判」「異議申し立て」を意味する。

ほぼ同じ内容の物語はキツネが語る神謡にもある。キツネの言い分はやはり「鮭をシコツにたくさんいるようにしたのは人間ではない。石狩川の河口の瀬の夫婦神が石狩川に来させた魚である。ソロバン上で、紙の上で、数えられて川ごとに入ってきた魚だ」[(10)]という。

また別の同様の神謡にも「魚を司る神が魚をたくさんに殖やすとそれを私たちのところへ寄せる神として、支笏《シコツ》川（千歳《チトセ》川）の水源の神が別にあるはずである。支笏川の水源には大きな湖（支笏湖）がある。その沼にいるえらい兄弟神がよこす魚であるからあり余るほどこの人間の国に魚が群来するのであって、人間なんかが増やしている魚でもないのに私の悪い一族が魚を食べたからとオキクルミが怒って追放するというなら行ってやろう」とあり、憤慨している（⑫、神謡25）。オキクルミとは人間側に立つ人文神である。サケの溯上についての考え方が出ている。

キツネが人間の捕った魚を少し盗むという行為はいつでもどこでもあって、ふつうは許容されていたはずで、それが特に問題となった場合にキツネを地獄に追放するという話になるのだろう。いずれの物語にも表面的には人間の食糧危機は語られていないが、サケの溯上が少ないという異常な状況が想定できる。

シコツすなわち千歳川は特にサケの優良な漁場であったし、ウサクマイには一八八八（明治二一）年、サケの孵化場が建設された（本巻第6章参照）。カムイが帳場に座ってサケの数を差配しているかのような表現は、場所請負制下のサケの交易場（会所）、もしくは近代の孵化場の事務所が連想されているのかもしれない。それはともかく、サケの溯上はカムイの指図によって決まると考えられている。キツネに権利を語らせるのは〝自然の権利〟的な考え方だが、神謡の結末は、キツネはカムイとして人間を守護する務めなのに投げやりになったことをオキクルミに諭されて、本来の務めに復帰するのである。キツネは人間に異変を知らせたり、航海の安全を見守ったりすると言われ、逆に、鳴いて騒ぐと暴風が起きるなどと言われる。すなわち、キツネがサケを盗んだことを人間が怒り、神々も人間に頼まれてキツネを追放しようとしてキツネの人間への恩恵が断絶されようとし、その危機が救われたこの物語は、自然のバランスが崩れて回復したストーリーなのである。[*2] 背景には環境や社会の変化があると考えられる。流布している「キツネのチャランケ」の趣旨である、人間も野生動物と食料を分け合って生きるという本来は言わずもがなの教訓は、人間が自然の仕組みに基づく動物の行為を許容しない倫理をもつようになった変化を是正する物語といえるだろう。なお、以下にとりあげるものも含めて、歴史的事実として回復されたかどうかは無関係である。理想的な解決方法が物語となるのである。

カワシンジュガイの物語

カワシンジュガイについて次の五種の神謡がある。

①日照りが続いたため沼貝が苦しんでいると、サマユンクル（オキクルミに対し、ネガティブな役回りで登場する相棒）の妻は踏み潰していってしまい、オキクルミの妻は冷たい水に入れてくれた。沼貝はサマユンク

＊2　石狩でサケを盗んだキツネの神謡で、サケの溯上を差配する神々のことにはふれずに、キツネが洪水を起こし、謝罪した人間に祭られるようになった由来に趣旨が傾いた「キツネのチャランケ」もある（http://www.geocities.jp/yuuji_kokuba/ainugo/kyousitu/kitune.html）。これもまた危機と回復を語っている。

ルの妻のアワを枯らし、オキクルミの妻のアワを豊作にした。沼貝のおかげでそうなったことを知った人間は沼貝の殻でアワを収穫することになった。(18)(19)

②沼貝が陸で泣いていて、オキキリミは踏み潰していってしまい、サマイエクルは川の中へ入れてくれた。沼貝はオキキリミの村に飢饉をはびこらせ、サマイエクルの村にシカやサケをどっさり与えた。(17)

③洪水に流された沼貝が陸にあがり、陽にさらされて苦しんでいた。助けてくれたオキクルミの村にはサケがたくさん遡るようにし、サマユンクルの村には魚が入らないようにした。(14)

④カラス貝が水に流されて野原の真ん中にいて、片側は土で腐り、片側は日光で焼かれて死にそうになっていた。そこに先に来た人は「道にいるなんて化け物だ」と言ってまたいで行ってしまった。後日来た人は「かわいそうに野原の真ん中にいる」と言って川へ下りて祭壇を作りイナウの中においてくれた。後者にはオスとメスの大グマ二〇頭ずつ、前者にはテン二〇匹だけを計らった。(7)

⑤大水で野原に流された沼貝が日にさらされて苦しんでいると、先に来た女がまたいでいったが、後に来た女は沼に入れてくれた。後者を見守ってやったが、前者は没落させた。(7)

アイヌは実際にアワやヒエの収穫を沼貝の殻を使って穂摘みで行い、それは女性の労働とされている。①はその由来を語った形になっているが、②③と考え合わせると、本質は飢饉の問題である。また、②では理由は不明だが、沼貝の災難は洪水や日照りのためである。④⑤では小さな貝に対する思いやりが幸福を招いたという趣旨にみえるが、①〜③の変化形であることは確かである。

ところでこれらの貝はカワシンジュガイのことで、ふつう沼貝、カラス貝と言われているが、ヌマガイ・カラスガイとは別種である。しかし、同じように食用や穂摘み具に使われたらしく、カワシンジュガイは沼と川では形態が変化するという。川にいるのを川貝、沼にいるのを沼貝ということもある。カワシンジュガイは、氷河時代に日本列島に来て水温二〇度以下の川で生き残った。カワシンジュガイの幼生は、一〜二か月間サケ科の魚を宿主として川の上流に生息する。②③がカワシンジュガイをサケの溯上と関連づけて語っているのは連鎖を経験的に知っていたということだろうか。

まじないとして、雨が降らないで川に遡るマスが少ないときは、川の中に立てられた股木の上にカワシンジュガイをのせて「川に帰りたかったら雨を降らせて、ここまで水をよんで帰りな」などといって、雨乞いをさせたという。[14] 降水量の少なさによるマスの溯上の不振の解消を、カワシンジュガイに託しているのである。このように口承文芸に民俗慣行と並行する情報が含まれている例はいろいろある。伝承は生活に沿った指針であった。この貝は食用にもなったが、この貝自体が食料なのに大切に扱わなかったために飢饉になったという趣旨ではない。ある動植物の個別の種と人間の関係ではなく、より大きな連鎖としての、自然に対する人間の礼儀を語っている。

山菜の恵み

山菜の利用（第一巻コラム3参照）にあたっての教訓を語っている物語をみてみよう。「私は夫と貧乏な暮らしをしていたが、ある日カシワの木の下に座っていると、カラスの会話が聞こえる。「私の村には善い精神をもった立派なオタサムびと（筆者注：オタサム村の長）がいるが、今年どういうわけか病気になって今や死にそうなほど悪くなったので、人間も神々も悲しんでいる」と山から来たカラスが言うと、海から来たカラスはこう言った。「オタサムびとの妻は①とてもよく働く女で、木原にあるオオウバユリは全部、小さいものでも全部掘ってせっせと背負って帰っていたが、（木原には）②木原を守る姥が食べるべきものも全部ある。③そのため木原の姥が怒ってそのオタサムびとを病気にしたのだ」。カラスたちはどうにかしようと話し合って「木原の姥をなだめるとオタサムびとはよくなるだろう」と海から来たカラスが言うと「そうだろうな」と山から来たカラスが言ったことを私は聞いて（中略）病気のオタサムびとの家に行く。家の女あるじは村の隅々から若者が集まると④「神様をなだめてくれないかい」と言うと、若者たちはイナウを削って「木原の姥が鎮まるように」と何度も言いながら祈って詫びていると病人はやっと眼が覚めた。私はお礼に着物をたくさんもらって裕福になり、神々に感謝した。⑤これからの人々はオオウバユリでも何でも少し残して山を下りて、全部掘ったらいけないのだよということを物語りして亡くなった」[15]（あらすじ）

一読すると、妻がオオウバユリを採り尽くしたために食糧を奪われたカムイ（木原の姥）が祟って夫が病気になったという出来事を語り、そういうことをしてはいけないという教訓になっている。しかし、なぜ妻自身でなく夫が病気になるのか？「私」は物語の中の語り手で貧乏人の妻だが、オタサムびとの妻が語るのではなく、なぜ彼女を介した語りなのか。そういう疑問が起きないだろうか。この物語は、主人公は貧乏人の妻であり、彼女がカラスのカムイの声を聞きとって（このことは彼女が神に認められてそのように仕向けられたのだと聞き手は了解している）裕福になって年老いたというライフストーリーなのであり、⑤の教訓は二次的な形成である。

この話は一九八〇年に語られたが、このとき伝承者自身は全部掘ってしまうとカムイが怒るということに重きをおいていたのかもしれない。同じ語り手が一九六五年にも同じ話を語っている。そちらは村おさの娘が行為者で、村おさが病気になる。山菜は複数の種類に及び、蓄えてあった山菜を木原の主に返して詫びるのだが教訓はない。[25]

①オタサムびとの妻は「働き者」と表現されている。これは皮肉ではなく、原語はarikiki〈一生懸命やる、精を出す〉である。そこにあるだけ採ること自体は悪とは評価されていない。収穫されるべきものが豊かであるのは理想的、それを余さず採るのはむしろ美徳であるという表現になっている。②これだけ見ると怒りの理由は自分の食べ物をとられたからのように見える。しかし木原の姥は山菜類の自生地である木原（湿地の疎林）の精霊である。この具象は鳥であるともザンバラ髪の魔物とも言われる。木原の姥の反応は、直接的な自分の食べ物の問題ではなく、木原という場にかかわる生態的連鎖を代表していると解釈できる。カラスたちはたんにお節介なのではなく、自分たちの問題でもあるから解決に向けて「どうにかしよう」となるのである。③オタサムという名は繁栄した理想郷の象徴である。オタサムびとは英雄としても立派な人間の代表としても語られる。行為者本人ではなくコタンの長である夫が病気になったのはコタンの災いということになる。前掲のキツネの物語でもキツネを罵った行為者本人ではない長老らしき人物が語り手になっていた。ある人物の自然に対する行為は地域の問題となっている。なお、④妻が謝罪するのではなく若者たちに謝罪を依頼するのは、カムイに捧げるイナウという木幣の製作や儀礼は男性でなければ執行できないからである。

また、同じような物語がある。「私は父母と三人で貧乏な暮らしをしていた。コタンの女たちは野草を皆採ってしまって私を貧乏人の娘だといじめる。ある日村長の妻が亡くなったと聞いてお悔やみに行き、泣いていると自在鉤など家の中のカムイ（道具もカムイと称されることがある）たちが次々に病気のわけを尋ね合い、薬の小鍋の神が「女主人は野草を大量に採って貯め込み、村の女たちも山野を往来して皆採ってしまって貧しい人たちは食べることができず飢え死にしそうだ。女主人は野草を腐らせて捨てるので、地上に食べ物を降ろす天の女神が怒って懲らしめた」と言うのを聞く。神の意のままに女たちに野草を入れる袋を作らせ上流に行くと小さな湿地に出たが野草は生えていない。さらに行くと家の中にギョウジャニンニク、オオウバユリ、ヒメザゼンソウ、ヤチブキの四人の女神がいて「この世で人間だけでなくカムイも生い立っていくのである。村長の妻は冬に食糧のないときに貧者に分け与えることもせず、火のカムイにあげもせず腐らせて捨てる。私たちは天からこの世に降ろされた野草の姉妹で、野草たちの根源である」と告げて消える。私は野草を入れる袋四つに野草の魂を込めて人間界に広がっていくようにと祈って次々と投げて先ほどの湿地にも投げて村に戻る。女主人を生き返らせて家に帰っていると迎えが来る。村長の息子の妻となり、立派な暮らしをしている」。[26]

この物語は先のとは異なって、コタンの女性たちを指導して山菜を採って貯め込んだ村おさの妻自身が罰せられ、主人公はその命を助けて裕福になったという。ここでは、リーダーとして分配せず腐らせて、野草に人間の食料となる務めを全うさせないことが問題になっている。最後に現代の語り手は「食べ物を貯めこみ出し惜しみしてはならない。貧乏人に悪口を言ってもならない、運が悪くて貧乏であっても、心根がよければ立派な人物の暮らしができるようになるのだから」とつけ加え、自身の関心を述べている。

三　資源利用と儀礼的行為

危機の理由

山菜をめぐる物語にも、乱獲という「非賢明な利用」による飢饉という状況は語られない。食料となる山菜を根こそぎ採れば次の年に生えないから、自然資源利用の倫理に反する行為であるという話ではない。シカやサケが獲れないことの理由も、やはり乱獲ではない。それは、獲物となったシカやサケの処理にあたって人間が礼儀を欠いたことに求められている。カワシンジュガイの物語も礼儀を語っている。

単刀直入な飢饉の理由は、人為というよりむしろ魔神の行為になっていて、川水や山上にクルミの毒気を充満させて動物の命を奪う物語、海底にすむ飢饉魔のしわざという物語、悪神が人間の村の繁栄をねたんで食糧の魂を奪う物語もある（⑫神謡51）。

そして、山菜採取行為で罰を受けた理由も、根こそぎ採ったことやひとり占めしたこととはかぎらないとすれば共通することは、やはり儀礼の欠如であったと考えられる。そこで、儀礼の意味がクローズアップされてくる。

カムイとともに生きる目的

食糧の持続可能な確保、すなわち飢饉の回避は、カムイ（自然）と利害をともにする。カムイは人間から食料を贈られることによってカムイの世界でカムイとしての面目が立つと考えられている。食糧の獲得は「お互いに食べなきゃならん、人間ばかり食べるんでない、フチアペ（huci ape火の神）さ食べらすためにやるもんだってフチ（huci おばあさん）たちはよくいったもんだけども」（⑴一一頁）であるという。聞きとりの断片なのでわかりにくいが、実際に炉の火のカムイに酒やご馳走を分けるのである。火の神は祖先やすべてのカムイたちにつながる仲介者である。それでカムイたちは恩を感じて贈り主の人間を守護するという。一九世紀後半に生まれたフチたちは日常会話でもそのことを語り、口承文芸の末尾はそのことを子孫へ伝言して閉じられ、再び危機のないように永遠に繰り返されるはずであった。結局は人間にとって子孫の存続という目的があったのである。アイヌが理想とする自然と人間の関係は、人間による持続可能な自然利用ではなくて、人間が自然と良好な関係を保つことによって両者が持続していくことなのである。

ストーリーを成り立たせている基盤は、自然のものをとって生きるという人間の行為と自然との相克である。多くの神謡や説話の主題がそれである。大きな沼に住んでいたカムイは、蒲を刈りに来る（あるいはヤチブキを採りに来る）[3]人間に怒りを覚える。対するオキクルミはこう言う。「人間というものは蒲を刈っては苫を編み、生活しているのである」（⑫神謡42）。山奥のエゾマツにすむ巨大なフリ鳥は、野草を採りに来る人間を殺して食べていた。オキクルミは「人間は自分の口を養うものではないのか。お前は人間を殺して食って人間もカムイも生存できなくしているから、懲らしめる」と言った（⑫神謡63）。このように、人間は自然に生えるものを採って生活してゆく生き物であることを、オキクルミの口を借りて主張しているのである。それに対し、人間の営為に自然が脅威を感じると、アイヌは考えている。

湿地とアイヌ文化

あらためて北海道の自然の特徴をみると、湿地が多いことがあげられる。全国の湿地面積の八六%が北海道にある。開発の歴史が浅いことや地理的、気候的条件から、本州では数少ない平野部の湿原が比較的よく残されている。湿原の中には渡り鳥などの重要な中継地、繁殖地、または越冬地であるところや、氷河期の遺存種として、ユーラシア大陸と隔離された動植物の生息・生育環境となっているものもある（北海道湿原保全マスタープラン）。この一〇〇年間に北海道の湿地の六〇%が失われ、道央部ではほぼ消滅したそうだ（国土地理院湖沼湿原調査）。一九世紀までの河川の屈曲、湖沼の多さ、湿原の広大さは、現在の姿からはほど遠い。湿地というと、じめじめした嫌なイメージがあるが、昼なお暗い森に覆われた原生自然の中で、湿地はむしろ明るい景観である。

いつの頃のことを指しているのか不明だが、人間が堕落したために、オキクルミはアイヌの国を去ってしまったと近代のアイヌ古老は考え、それを神謡に叙述した。オキクルミの妹（あるいは妻）が懐かしんだ風景は「沙流川の流れてゆく川筋が白々とさやかに見え、小さい河内や大きな河内が列なり続いて、小さい木原大きい木原が入り混じって見え、茅の原は丘べに茂り、薄の原は水際に茂り…川端に茂る林の様は、柳の林は水際に茂り榛の林は丘べに茂る」⑿神謡86、三八七頁）というものであり、アイヌの原風景、心象風景は沙流川（日高地方）に限らず、このようなものだったと想像される。この木原や湿原にはさまざまな有用植物や動物が生息していた。

コタンは低い河岸段丘上にあったから、コタンの近くの木原や湿原は日常的に利用する資源の供給地であった。アワやヒエの栽培は氾濫原で営まれた。だから先にあげたような物語の数々が生まれるのである。伝統的アイヌ文化では泥炭を利用したり排水して農地にするような利用は行わなかったので、北海道の広大な湿地では目に見える文化的景観は形成されなかったが、北海道の先住民としてのアイヌ文化における湿地の役割は大きい。英雄叙事詩の主人公がシヌタㇷ゚カウンクㇽ〈大なる湿地（＝川の屈曲部）の上の人〉とよばれ、その居城が大湿地の崖上にあるとされるのも象徴的である。湿地の賢明な利用に関するラムサール条約の一隅をアイヌ文化における自然・人間関係が照らす可能性もあるように思われる。

儀礼と賢明な利用

自然は変化・変動する。人間は現実にそれに対応して生きていかねばならない。だが、人間が自然の脅威に対抗することはできない。できるのは、その能力や脅威、すなわちカムイを怒らせないようにし、できれば味方につけて、良好な関係を保つことである。それが認識されるのは自然から受ける危難に遭ったときである。アイヌの口承文芸において、自然との関係が危機と解決を語ることであるのは、アイヌの生存の危機が歴史上にそれほどあったということにほかならない。

口承文芸は自然（＝カムイ）・人間関係の相克と調整の表現であると考えられる。カムイとの調整は儀礼という形で現実に行われた。口頭伝承も儀礼も、持続的な資源利用にとって科学的な有効性とは無関係な次元の行為である。女性労働である山菜採取にちなんで語られた女性のライフストーリーにおいて、彼女たちは村おさやその妻を救命して幸福になったが、その方法は木原の姥への謝罪や野草の生命力の回復の呪的行為であった。実際に、オオウバユリを採取したら、その場で「来年もたくさん生やしなさい」という意味の呪的な言葉とともに葉をばらまく行為が行われている。

ギョウジャニンニクの葉っぱをバラ撒いて「魂を返す」と祈ったり、食べた魚のあごの骨を集めておいて川や湖に返したりする再生祈願は慣習として行われた。飢饉を招いた慣習破りという設定は、一網打尽の漁では一匹一匹のサケの頭を叩くことはできないし、大量の毛皮を得るべくシカを捌く状況では悠長な手順を踏むことはできないので、そういう変化が物語の背景にあったと考えるべきかもしれない。歴史上、場所請負制下の資源利用によりアイヌは生態的基盤を失い、従属していったという面はある。[6] 重要なのは、まさにそういう時代の渦中でエコシステムの問題点を語る伝承が生み出され、継承されてきたことである。

先に記した、自然との関係を語る口承文芸の本来的な意味に教訓が付加されるように変化したのは、この一〇〇年間に起きたことであろう。

アイヌ伝統社会の環境ガバナンス

眼には見えないところで作用している命の継承や鳥や植物のたてる音が言葉になることが身のまわりで語られる生活環境が、自然と一体で生きる前提である。そういった生活の中で、共同体の盛衰を左右する自然との関係の責任を一人ひとりが自覚することが必要とされた。山に入ったり川で漁をしたり、アワを栽培したりする経験によって先祖の言い伝えの真実味を感じて自然との一体の暮らしが持続していけるのであった。自然自体が絶対であるから、トラブルの解決法は自然の声を聞くことに尽きる。そのようなガバナンスのあり方を口承文芸が示している。

カムイの世界には、人間とのトラブルを調整する役割を担う者がいることになっている。それは、たとえばシカやサケに不敬をはたらいた人間たちを怒っているカムイの機嫌をとるカムイの存在である。そのカムイは人間に所業の不適切さを教え、人間はそのカムイに感謝する。実際に、戸外に設けられた祭壇には狩猟のカムイとして祭られている。シカやサケの不漁と回復に対する解釈がそこにはあり、不漁の原因が人為によるものであってもカムイによる仲裁がなければ解決しないものである。つまり、自然界の意思によって解決するのであり、自然自体がガバナンスとして機能しているといえる。そしてカムイとの関係は、アイヌ一人ひとりや、親族集団の範囲を単位として結ばれ、それより広い環境ガバナンスはほとんど必要がなかった。しかし、一九世紀には資源の利用をめぐって利害が衝突し、一八三七（天保八）年には利別川の漁猟権をめぐり十勝アイヌと網走アイヌが、一八五六（安政三）年には西別川の漁猟権をめぐり根室アイヌと釧路アイヌが争論を行った。アイヌ社会内部で解決できない場合は、場所請負商人や松前藩、幕府の調停が行われるしくみであった。アイヌ社会の漁猟に関する秩序は、日本の経済システムの蝦夷地の位置づけに組み込まれていた。生業の変化で自然との直接の関係が薄れた状況では、古典的なアイヌ文化の倫理とはずれが生じる。アイヌ個人の文化の継承は別にして、コタンが地域の生態に結びついた自然との関係は成立しえなくなったからである。

そして伝統的社会は、川の流域を中心とした生態系に基盤をもっているのであり、人間の存続というのは人類ではなく、自らの家系のことであった。何をカムイとして拝礼するかは、家系や個人によっても違う部分がある。地域集団ごとの自然との関係や民俗は、アイヌ全体をみるとき、アイヌ文化の中の多様性として把握される。今後、生物の多様性や地域の生態系が保全されるとしても、ひとつのアイヌ文化として画一化されれば、自然と人間の関係もおおまかにとらえられることになる。そういうときにはアイヌ文化は自然を大切にするという、非の打ちどころのないテーゼがひとり歩きするだろう。しかし本来の生態を基盤にしたアイヌ文化の自然・人間関係は復活できない。この章では、一八、一九世紀の歴史の中で形成されたアイヌの資源利用の倫理は、カムイへの儀礼の有無の問題であることを明らかにした。それは非現実的で非科学的なことだろうか？　アイヌ文化の自然観から学び、将来に生かすべきことは、一人ひとりが自然の力を認め、その声を聞き警告を受けとることである。そのことが自然や環境について、科学に基づいた自然・人間関係の構築にも寄与する可能性があるだろう。

第2部

資源認識の変化――乱獲から持続可能な利用へ

第4章　北の水産資源・森林資源の利用とその認識
―ニシン漁場における薪利用との関連から―

田島佳也

はじめに

いまでこそニシンは幻の魚となったが、一九五五年頃までは北海道で獲れ、その製品の身欠ニシンや塩カズノコはいつでも目にする、豊富な私たちの身近な安価な食べ物であった。昔は掃いて捨てるほど多くニシンが獲れたが、それがいつしか国内で獲れなくなり、国産のカズノコも、一時はお歳暮の高価な贈答品としてデパートに並ぶ貴重品にさえなった。

ニシンは、以前より庶民の口に入りにくくなってから久しいが、近年の日本の経済力上昇や円高もあり、商社や水産物輸入業者・加工業者がロシアや北欧からカズノコを輸入して売るようになり、買いやすくなった。現在でも、食材としてのニシンは輸入ニシンに頼っているが、近年ではニシン資源の回復で、ときどき沿岸で漁獲できるようになったものの、その漁獲高は昔日に比べると問題にならないくらい微々たるものである（表1参照）。魚体は小さく、身欠ニシンに加工できるほどには獲れていない。大量に漁獲されていた昔日には、身欠ニシンは日持ちのよい安価なタンパク源として、主に山間部の山稼ぎ、鉱山や炭鉱の人々の需要に支えられて製造が盛んであった。

とはいえ、漁獲ニシンの用途の歴史を振り返ると、漁獲量に比して食料品としてのニシンの役割はむしろ低かったといってよい。イワシと同じである。ニシンの漁獲高が飛躍的に伸びて、価格的にもイワシより相対的にニシンが安価になるまで、そのイワシは日本の農業、とりわけ中世末から近畿・四国地方などで発展してきた菜種作や綿作、藍作、煙草作などの商業的農業の重要な肥料であった。イワ

表１　明治３～19年における春鰊漁獲高と推定鰊肥高・薪数・立木数（(5)による）

年代	漁獲高（石）	代価（円）	推定肥料化鰊高（石）	使用推定薪数（敷）	推定立木数
明治４年（1871）	277,584	1,107,598	242,886	19,431	1,017,791
明治８年（1875）	492,997	1,942,665	431,372	34,510	1,807,623
明治12年（1879）	764,244	4,627,974	668,713	53,497	2,802,173
明治16年（1883）	734,677	3,290,434	642,842	51,427	2,693,767
明治20年（1887）	666,093	3,602,251	582,831	46,627	2,442,296
年平均	587,119	2,914,184	513,729	41,098	2,152,730

北海道庁内務部水産課『北海道水産予察報告』（明治25年発行）の鰊製品調べによると、明治22年の鰊産出高の87.5％が肥料化されている。この割合から単純に類推すると、11,157,980石が肥料化されたと考えられる。この肥料化に使われた薪も、単純に100石当たり８敷（約８kg）必要とするといわれた(19)こととから算出した。

シ肥は最初、干イワシが中心であったが、商業的農業が畿内や三河などにも拡大していくにともない、干イワシより肥効のよいイワシ〆粕《しめかす》が用いられるようになった。しかし、一八世紀末以降、イワシの三大漁撈地たる千葉の九十九里浜、四国の宇和島、九州の佐伯などでイワシの漁獲高が減少し、イワシ〆粕生産が落ち込むようになると、その減少したイワシ〆粕に代わる廉価な、かつ肥効のよい肥料として干ニシンやニシン〆粕が注目されるようになった。そして綿作や茶作、桑作、タバコ作、柑橘作などの商業的作物栽培、後には稲作にも使用された。

なぜ、廉価であったかというと、アイヌや出稼ぎ漁者を低賃金で「略奪的」に酷使した商人請負の漁業（松前藩への運上金の支払いによる場所請負漁業で、請負人は近江商人など本州商人）が一八世紀以降、松前地に近い蝦夷地から奥地蝦夷地へと展開し、この間、不漁による損失も見られたものの、低コストによる漁獲高増と干ニシンやニシン〆粕の生産増を維持しえたことにある。その操業形態は基本的に、明治以降も変わらず、ニシン〆粕は高い声価を維持した。一九世紀末になると、肥料として低価格の満州産大豆粕が輸入され普及してくると、ニシン〆粕もひところの勢いをなくするが、それでも需要は多く、ニシン漁は依然、北海道で重要な位置を占めた。昭和三〇年代に、ニシンが産卵のために春、藻の繁茂する岩場海岸に押し寄せる群来《くき》が見られなくなるまで、それは続いた。[21][22][23]

薪も、ニシン〆粕生産に歩調を合わせて盛んに生産・消費された。当然、漁場の近くから薪材が多く、しかも萌芽更新できないほどに伐採された。それが枯渇すると、他の薪生産地からその供給を仰いだ。しかし、その供給も困難になってくると、ニシン〆粕生産の重要性と薪確保の問題や、薪材・山林伐採の弊害（森林の荒廃化）がたびたび指摘され、警鐘も鳴らされるようになった。遅きに失したが、その実態も明らかにされてきた。だが、新たな代替燃料として石炭が登場し、その使用が進むと、またより確かには沿岸へのニシンの群来が途絶えると、薪やその供給地の森林に対する関心も失せていった。しかし、人間の営為の後には、事実として荒廃した無残な禿山が残された。

現在、また地球温暖化対策として森林に対する関心が高まっているが、あらためて、禿山や荒廃した森林の存在には人間のどのような過去の営為が刻印されてきているのかを、省みて確認することも意味があろう。そこから学ぶべきことが多くあるはずである。そこで、ここではニシン漁において薪がどの程度消費されてきたか、できるだけ実態に迫り、そこからあらためて当時の人々の森林資源の利用とその認識について再考し、教訓を学びとることにしたい。

一　近代北海道のニシン漁とニシン〆粕生産

ニシン漁

春告魚とも言われるニシンの漁期は、春一〜三月である。曇天日に、産卵のために岩礁沿岸の波打ち際の藻に回遊してくる。これを群来《くき》とよぶが、群来は旧暦の三月節・春土用・土用後の三期がある。それぞれ走りニシン、中ニシン、後ニシンとよび、ニシン漁はその回遊ニシンを網を建てて捕獲するのである。魚群の多さは、ニシンに鯡の異体字が当てられたことからでも理解できる。また、当時、寒冷地による農業技術の未発達、農業人口の僅少さ、未開拓地の多さなど自然的社会的諸条件に規定されていた北海道に生活する人々にとって、ニシンは単なる魚ではなく、道外諸県の米穀と同じぐらい重要な産物であった。まさに幕末に軍艦奉行、外国奉行を務め、一八六三（慶応三）年にフランスにも派遣された栗本鋤雲《くりもとじょうん》が「箱舘叢記」に記したように、「蝦地一半青魚を以て生命と為すに近けれは多く漁獲する年には貧富を論せす一般に歳計裕饒皆欣々然として喜色あ」り、それゆえ北海道は「米塩多く輸入し、布帛も亦優を告け、内地の豊歉《ほうけん》に関係せす、別に天地を為す」(10)所でもあった。

そのような北海道で、ニシンは磯船(二人乗り)や保津船(三~四人乗り)などのニシン船を使い、数十放の刺網(一放は幅五尺、長さ八尺の網五枚を結んだ網)で漁獲したが、一八世紀末の凶漁を契機に、笊網や建網(明治期以降は角網、行成網)などの大型定置網が採用されるようになった。これは群来ニシンを身網で誘導し、稚魚・成魚を問わず一網打尽に漁獲する漁法であり、漁獲の拡大につながったが、資源保護の観点からは障害をなす網であった。それに引き換え、従来からの刺網は産卵後の魚を対象に獲る網で、網目の大小により捕獲が小魚や稚魚に及ばない利点をもっていて、結果的に資源保護に結びついた。

この刺網漁に比して、多くの資金と漁夫を要する建網漁は、ひとたび網にニシンが載ると、大量に漁獲できた。*1 近世期~明治中頃まで、おおよそ建網一カ統経営には、雇い漁夫が一五~二〇人、必要ニシン船が六~八艘、運搬・加工に携わる漁夫が数百人要したという。刺網でも四〇放を経営するには、雇い漁夫が四人必要であった。(29) 水産業が唯一の産業と言われた時代の北海道のなかでも、ニシン漁獲高は水産高の七〇%弱を占め、このニシン漁業は北海道の富源そのものであった。(11)

ニシン〆粕生産

漁獲ニシンは身欠ニシンやカズノコ(数子、鯑)、白子(精嚢)、笹目(鰓)、胴ニシン(身欠ニシンの製造後に残った骨や頭部)、カズノコ粕、〆粕(ニシン粕)、魚油などに製造された。身欠ニシンやカズノコと魚油以外は、肥料である。白子や笹目、胴ニシンは干ニシン肥にされた。ニシン肥の主成分比は、約九割方が窒素肥料分である。

では、ニシンの漁獲高はどのくらいあったのか。記録には精粗があるが、天保年間(一八三〇~一八四三)のニシン漁獲高は一五万四〇〇〇石、一八五四(安政元)年になると二四万石余に増え、明治に入って飛躍的に増大した。一八七一(明治四)年の二七万石強(一一〇万七五九八円)から、一八七六(明治九)年の七六万石、一八八二(明治一五)年の九八万石、一八八八(明治二一)年の九〇万石余(四二四万三五〇六円)と増えている。(5) ちなみに、生ニシンに換算すると、一〇〇石は二万貫、約三五万尾である、と言われることから、明治二一年は、なんと三一億五〇〇〇万尾あまりも水揚げしたことになる。しかも、北海道庁

図１　ニシン加工の様子（写真／余市水産博物館　大正時代奥寺漁場）
上：畚でニシンを運ぶ
下：ニシンを搾るための圧搾器

内務部水産課の調査によると、明治二三年のニシン漁獲高のほぼ八七・五％が肥料にされたという。[(2)] この肥料化に胴ニシンなどが加わっているかどうか、詳しくは知りえないが、これまで言われてきたように、漁獲ニシンの九〇％が肥料化されていた[(3)]と考えれば、この数値は〆粕だけとみてほぼ間違いない、と思われる。

ニシン〆粕はほとんど、中ニシンと後ニシンから製造された。製造はまず、海岸に設置されたニシンを茹でる大きな鋳物釜に、七、八分目くらい海水を入れて沸騰させ、漁獲ニシンの一時保管庫たる廊下から畚《もっこ》で運び、釜に入れ、ときどき釜箆《へら》でかき回し、約一時間半煮る。煮熟したニシンを小タモですくい、圧搾器の搾筒に移し入れ、その上を莚蓋《むしろぶた》と筒蓋で覆い、筒枕を載せ、搾木《さくぎ》へ綱をかけ、手梃をもって轆轤《ろくろ》を回転させて圧搾する。そうすれば、魚油と海水からなる窄汁《しぼりじる》が筒流しから槽内（「アチゴウ」）に流れ注ぎ、搾り終わる。しばらくすると、搾り汁の海水と魚油は分離する。魚油は灯油として販売し、あるいは作業番屋

＊1　ニシン漁業やニシン〆粕など一般的な事項については、北海道水産部漁業調整課（一九五七）『北海道漁業史』第一編第三、四章、第二編第三章、北水協会編（一九七七）『北海道漁業志稿』（国書刊行会）六三頁以下、北海道庁編（一九三七）『新撰北海道史』第二巻通説一第四編第一六章、第五編一一章と(21)～(23)を合わせて参照されたい。

などで灯油や調理などに使った。筒状になっている搾粕はそのまま漁夫二人が担い棒に担ぎ、干場に運んだ。[3] 建網四ヶ統分のニシン粕を干すには一万坪の広場が必要だったと言われることから、[13][25] 広大な干場が必要であった。だが、ニシンが群来る漁場の多くは断崖下近くにあったことから、干場はだいたい、崖の上などに造られた。担い棒で粕玉を担ぎ干場へ運ぶ漁夫にとっては重労働であった。漁夫は運んだ〆粕玉を干場の木製の台、あるいは散布した大鋸屑の上に、あるいは地上に、転覆させて粕玉を置き、やや外面が乾いた頃の粕玉を見計らって包丁で切断するか、あるいは唐鍬（エビリ）で砕いて一玉を二五枚ばかりの莚《むしろ》の上に散布する。それを約三日間天日で乾かしたのち一か所にまとめ、莚か苫《とま》で覆って雨露を防ぎ、あるいは粕庫に入れて周囲を莚で囲み、湿気を防ぐ。五〜七日間貯蔵すれば湿気は蒸散したという。〆粕はこのようにして製品化された。

出荷に際しては二〇貫目、あるいは二五貫目の俵装（竪《たて》一本という）にされた。もっとも、こうした規格化は北海道の三県（札幌県・函館県・根室県）時代（明治一五〜一八年）になってから進んだが、それまでは俵装が一定せず、二七、八貫目という搬送業者泣かせの大俵装も、後々まで姿を消すことはなかったという。[3]

図２　改良ニシン釜（写真／岩内町郷土館蔵）

〆粕製造ニシン釜

しかも、大俵には乾燥不十分なニシン〆粕が混入し、北海道から本州各地への長時間にわたる船便や鉄道輸送中に俵内で発酵し、悪臭を放ち、腐敗することも多く、干場における〆粕の乾燥のよし悪しが品質にも影響した。とはいえ、野外での天日乾燥に頼らざるをえなかった当時は、天候にも農作業の肥料需要期にも制約されて、いきおい不十分な乾燥のまま出荷する事態を多く生み出した。改善の余地は少なかったのである。

　しかし、こうした制約条件の中でニシン〆粕製造の効率化とコスト低減は重要な課題であった。特に、〆粕を製造するニシン釜は薪を大量に消費することから、薪の消費量軽減を実現する熱効率のよい釜の改良が課題であった。しかも、幕末から道南海岸地帯ではニシン〆粕製造にともなう薪材の枯渇が目に見えて著しくなり、薪材確保の困難と価格高騰も進行していた。

　ニシン釜の改良試験は開拓使時代から始められた。官主導によるアメリカ製水圧器の試用や北水協会による圧搾器改良である[(4)(6)(30)]。圧搾法の改良は海外からの技術導入によって梃子《てこ》式から螺旋《らせん》（キリン）式に変えられた。窄胴《さくどう》の蓋を押し下げて圧搾する螺旋式は、梃子を利用した従来からの圧搾の梃子式の性能を上回り、圧搾の強化によって、以前よりもニシン〆粕に含まれる水分の除去がより多くできた。

　螺旋式はニシン〆粕乾燥の短縮や品位の向上、労働時間の短縮につながったが、さらに圧搾機の支柱除去、螺旋軸の窄胴中央への移動、中央敷台への螺旋軸固定などの改良が加えられた[＊2]。これによって〆粕の品質向上が進み、価格上昇に貢献した。

　改良釜は何よりも〆粕一〇〇石の製造に、薪が従来の半分の量七敷半（一敷は約八キログラム）に軽減できたといわれる[＊3]。とはいえ、現実には明治三〇年代でも改良圧搾器の導入は進まなかった。それは「目下改良竈ヲ用フル者ハ僅ニ一二名ニ過キス、蓋シ改良竈ノ行ハレサル所以ハ、経験ニ乏シキ雇夫等其加減ニ苦シミ、遂ニ之ヲ嫌[(8)]」ったからと言われる。この状況下では薪材の多用は止まず、年々欠乏を告げ、価格も騰貴した。改良竈の導入は遅々として進まず、大正期になっても水分除去の不完全なニシン〆粕を蔓延させることになり、相変わらず腐敗リスクの高い粕大俵も作られ続けた[(31)]。

　それでもニシン〆粕はよく売れた。ときには極端な不漁に見舞われ、ニシン〆粕生産が減じたこともあったが、明治以降、昭和八年頃まではニシン漁獲高は一〇万石以上を

＊2　会田理人（二〇〇六）「ニシン窄粕圧搾器の改良」『鰊漁場から見た北海道の近現代史　鰊場親方青山家資料の分析をとおして』（北海道開拓記念館研究報告第一九号）一三九～一四一頁。なお、改良ニシン窄粕圧搾器については、本書第4章を参照されたい。

推移した（表1）。

二　近代の春ニシン漁獲高と使用薪・伐採木材数の推定

表1は明治四～一九年までの三年ごとの北海道における春ニシン漁獲高と、その春ニシンが〆粕にされる際に必要とされる薪量を推定し、さらにその推定薪量から立木をどの位伐採したのかを推定したものである。

薪量そのものは「敷」や「棚」という助数詞であらわされる。木々の太さ、高さが一本一本それぞれ異なることが当然であっても、薪量はおよそ何本ぐらいの木を伐採して調達されたのであろうか。あえて概算を試みた。[*4] まず、前出の『北海道水産予察報告』（明治二五年発行）にみる明治二二年のニシン産出高は七五万六四〇五石で、その肥料化は八七・五％であった。

ニシン肥には笹目（鰓《えら》）や身欠きニシン取り除いた後の胴ニシン（羽ニシンともいう）、白子、目切れニシン（干しニシン製造中に頭が切れ、落下して腐ったもの）などの種類があるが、そのすべてが〆粕であったと見なすと、表1の明治四年の約二七・八万石のニシンからは二四・三万石あまりの〆粕が、同一二年の七六・四万石のニシンからは六六・九万石の〆粕が、同一六年の七三・五万石のニシンからは六四万石弱の〆粕が生産されたと推定される。

また、ニシン〆粕の生産にはニシン一〇〇石あたり薪材が八敷（約八キログラム。積雪期に薪を切出し、使用するのでおそらく生木状態だったと思われる）を必要とした[19]と言われることから推算すると、薪数はそれぞれ明治四年には一万九四三一敷、同一二年には五万三四九七敷、同一六年には五万一四二七敷であった。薪材使用量が多い。

もっとも、この「敷」（明治以降は「棚」ともいう）とは薪材量を表す層積の単位である。曲りくねり、太さも大きさも一定ではない木々を一本ずつ計測することを材積というが、薪材などは一本ごとに材積を計算するのが非効率なため、小径木を一定の枠に積み重ね（棚積み）、丸太間の空間を含めて計算する。これを層積という。[17] 単位は敷、あるいは棚である。ただ、棚積みすると木材間に生じる空間も含まれるため、実際の材積、すなわち実積は棚積の六～七割ぐらいに相当するという。[7][18] その棚積とても地方や時代によって異なり、明治後期、北海道庁では縦二尺五寸（一尺は約三〇センチメートル）、横（幅）六尺、高さ五尺の七五立方尺を一棚と決めたが、増毛など西海岸では縦二尺×

表1の立木数はこの一〇〇立方尺の棚積みを根拠に、たとえば当時、割りやすく、薪材によく利用された落葉広葉
横一〇尺×高さ五尺＝一〇〇立方尺（二・七立方メートル）の長方形の棚が一般的であった。*5

＊3　「北海道需用材積概察調書」田中壌（一九〇二）「避寒遊記」『北海道山林会年報』第一巻第三号八頁（北海道林業会仮事務所）。北海道（一九五三）『北海道山林史』四五九頁（北海道）によると、田中壌は軽川造林会社に勤め、唐松の造林を鼓舞して回ったという。なお、敷とは薪の単位。薪一敷は約八キログラムという(19)。なお、明治二九年（一八九六）北海道の西海岸地方では改良竈を使用すると、魚粕一〇〇石の製造に対して、薪およそ七棚を使用したという。一棚は巾五尺、横六尺、長二尺五寸である。しかし、改良窯の使用は「百中の一二に過ぎす」状態であったが、普通窯では改良窯の二倍、およそ一五棚の薪を消費したという。「北海道の森林と将来の樹木供給」『大日本山林会報』一六七号五九～六二頁（大日本山林会事務所　一八九六年）。

＊4　「敷」や「棚」という耳慣れない助数詞の薪量は、実際の木々を何本ぐらい伐採して数えられるのかを、概算にとどまるが、ミズナラの樹林を例として試算してみた。まず、中島廣吉による北海道を四区に分けた「林区一覧図」（『林種及び林区別北海道立木幹材積表』（興林会北海道支部叢書第三輯　一七頁））によると、北海道西海岸に成立していた樹林は、道内の最も樹高の低い四林区に位置づけられており、樹林を構成する樹木の高さはおよそ九メートル、直径が九～一二センチメートルのミズナラであろうと推測される。北海道西海岸で使われていた棚積は、縦二尺×横一〇尺×高さ五尺の直方体形をしており、その体積は一〇〇立方尺（二・七八六立方メートル）であった（本多靜六著（一九四〇）『最新改訂　森林家必携』（林野弘済会　一九四〇年　七五七頁　明治三七年初版））。この棚に薪を積む場合、多少の空隙が生じるので、棚の体積である一〇〇立方尺よりは薪の体積は少なくなる。実積計数票によると丸太の直径が九～一二センチメートルの場合には、一〇〇立方尺の多安易載る薪の体制は六九・二八里歩法尺（一・八七立方メートル）と産出できる。ところで、中島の前掲論文の「濶葉樹立木材積表」によると、高さ九メートルで直径が直径が九～一二センチメートルのミズナラの材積は〇・〇五一立方メートルであり、小枝や葉などが薪にはならないことから歩留まりを七〇％と仮定すると、一本のミズナラから〇・〇三五七立方メートルの薪が採れる。以上から、ひと棚（一〇〇立方尺）に薪を満載するには、一・八七立方メートルを一本あたりの〇・〇三五七立方メートルで除すと五二・三八本、すなわち五二～三本くらいのミズナラ立木を伐採することが必要であったと概算できた。

＊5　「北海道林業会報」第一巻第二号二七～二八頁（北海道林業会仮事務所　一九〇四年）。池田福寿『林業必携』も同様(25)。なお増毛では一本の薪は末口六寸の正三角形である。一般的に、「三方六」と言われた。

表1　明治22年（1889）の北海道西海岸の鰊漁獲高と推定〆粕高・立木数(2)

郡名	鰊漁獲高（石）	漁獲高の割合（%）	推定〆粕高（石）	使用推定薪数（敷）	推定立木数（本）	立木の地域別割合
松前	13,907	2	12,169	973	50,991	2
檜山	31,503	4	27,565	2205	115,509	4
爾志	50,324	7	44,034	3523	184,518	7
久遠	19,172	3	16,776	1342	70,296	3
奥尻	8,703	1	7,615	609	31,910	1
太櫓	5,453	1	4,771	382	19,994	1
瀬棚	9,916	1	8,677	694	36,358	1
島牧	26,175	4	22,903	1832	95,973	3
寿都	29,939	4	26,197	2096	109,774	4
歌棄	16,841	2	14,736	1179	61,749	2
磯谷	13,442	2	11,762	941	49,286	2
岩内	27,958	4	24,463	1957	102,511	4
古宇	28,361	4	24,816	1985	103,988	4
積丹	15,277	2	13,367	1069	56,015	2
美国	28,791	4	25,192	2015	105,565	4
古平	24,823	3	21,720	1738	91,016	3
余市	32,477	4	28,417	2273	119,080	4
忍路	26,559	4	23,239	1859	97,381	4
高島	21,761	3	19,041	1523	79,789	3
小樽	25,809	3	22,583	1807	94,631	3
厚田	27,688	4	24,227	1938	101,521	4
濱益	35,864	5	31,381	2510	131,499	5
増毛	49,684	7	43,474	3478	182,171	7
留萌	49,072	6	42,938	3435	179,927	6
苫前	48,969	6	42,848	3428	179,550	6
利尻	45,047	6	39,416	3153	165,169	6
礼文	26,272	4	22,988	1839	96,329	3
宗谷	16,618	2	14,541	1163	60,932	2
合計	756,405	102	661,856	52,946	2,773,432	100
1場所平均	27,015		23,638	1,891	99,053	4

樹林のミズナラで、しかも胸高直径が一一センチメートル、樹高が九メートルの立木を想定して推算した。推算によると、一棚（敷）に約五二～五三本のミズナラの薪が収まることになる。この数値からもう一度、薪材にした推定立木数を表1で確認すると、明治四年には約一〇二万本、同一二年には二八〇万本、同二〇年にも二四四万本余となる。北海道では春ニシン漁の〆粕生産だけで年平均二一五万本強もの木々を伐採し消費していたことになるのである。しかも、後に見るように、当時はまだ、薪材植樹はそれほど積極的ではなく、伐採・消費の進む趨勢に圧倒されていた感があった。

では、西海岸のニシン漁撈地のどこの地域でニシンの生産高が多く、ニシン〆粕製造に際してどのくらいの薪を使ったのかを次に確認しておこう。表2は表1と同様の手続きを経て作成した。表2をみると、西海岸のニシン場は松前から宗谷まで二八か所、その明治二二年の漁獲高は七五万六四〇五石であった。一場所平均二万七〇〇〇石余である。西海岸で最も漁獲高が多かったのは爾志郡の五万石余であり、次の増毛郡から利尻郡にかけた地域が明治二〇年代には五万石弱のニシン場として栄えていたことがわかる。当然、薪材消費量も三四〇〇余敷と多い。表1で行った手続きにしたがって胸高直径一二センチメートル、樹高九メートルの立木に換算すれば、一八万本前後の立木の伐採・使用に及んだことになる。

爾志郡が主にどこから薪材を入手していたのかは不明である。隣接の久遠郡では北部一帯に山脈を有する平田内村から平田内川の水運などを通じて供給を受けていたことから、同じく平田内村からの供給か、あるいは当時、一般的だった地元の官林払下げによって薪材を賄っていた可能性がある。寿都は薪を黒松内から、古宇郡では炭を堀株村から、岩内や古宇・積丹では主に余市・小樽・石狩地方から薪炭を、その余市では赤井川村からもその供給を受けていた。しかもこの余市の例から見るように、地産薪炭の供給は地元ニシン場の需要に拘束されるものではなく、市場価格の変動に敏感な薪炭商の動向によって、すなわち薪炭の売買価格に折合がつかなければ、ほかの地域やニシン場に転売された。薪炭材利用の最も多かった増毛郡から利尻郡にかけた地域については不明である。ただ、増毛の隣、浜益《はまます》郡茂生村付近には鬱蒼とした山林もあったとあるが、ニシン漁の盛大化にともない、伐採し尽くし、その結果、薪材は以前より高価になったと言われる。(9)

三　官庁による植樹奨励—薪材を例に—

石炭の普及以前、北海道においてはひとりニシン〆粕生産のみが薪材を使い、森林を酷伐したわけではない。石炭・石油の発見とその使用以前にあって、人間の日常生活に薪炭が燃料として欠くべからざるものとしてあったのは、周知の事実である。薪炭だけではない。人類は建築用材や生活・加工用材を無自覚的に、ときには自覚的に伐り荒らしてきた歴史をもつ。それは今でも形を変えて続いている。

北海道では、明治以降の入植による定住と耕地開発（開拓）の進展とともに森林伐採が内陸部にまで浸透していった。加えて、鉄道枕木の伐採やその輸出企業、マッチ企業、パルプ産業などの進出による伐採によっても、それは加速された。

北海道の歴史を振り返ると、一八世紀初頭まで木材伐採は自由放任の状況であったといってよい。材木の伐採を、「山は誰と申候わけも無之、材木入用次第心儘に伐採、地頭えも納、商にも仕候由」と、松前藩も規制をしなかったからである。当時、藩自体の支配・経営も蝦夷地には強く及んでおらず、この時期までは西海岸の松前から熊石の地にかけて上ノ国目名《めな》山、椴川《とどかわ》山、古櫃《ふるひつ》山、豊部内《とよべない》山、田沢山を藩直轄の「御山七山」に指定し、それら山林経営を藩庫の主な財源にしていた。山々には七木と言われた檜・椴松・蝦夷松・桂・ホウ・シコロ・センや、その他にもツガ・サワラ・杉・ブナ・ナラ・楓などの針葉樹や濶葉樹の美林が繁茂していた。これらは藩内の地元の山師が伐採の権利を得た運上山であった。「御山七山」が本州の山師にも開放されるのは一六七八（延宝六）年以降である。

これ以降、藩の許可を得た他国の山師の請負伐採が進み、一八世紀に濫伐・盗伐が横行した。しかもこの間に、主に杣《そま》や入山者の不注意から諸山に山火事が発生し、過半の立木焼失を招いた。藩では濫伐・盗伐に対する監視を強化し、山役人と山師の癒着・不正の横行を取り締り、森林資源の保護のために苗木などの植樹義務づけの施策をしたが、森林資源に財政収入を頼っていた藩自らが森林伐採の運上請負を継続し、森林資源の枯渇を招いた。藩では保護政策を打ち出し、順次留山《とめやま》（山々の木々禁伐）を実施し、一七七〇（明和七）年に「御山七山」全山を留山とした。だが、たびたび藩財政の窮乏に直面した藩ではその都度、留山解除（明け山）を行い、松前地の森林資源の復興は果たされなかった。

森林伐採の趨勢は、ニシン漁業の隆盛によっても松前地や蝦夷地の主に西海岸部で展開されていくことになった。特に、藩への運上金の支払いを対価に蝦夷地での漁業を請け負い経営した場所請負商人（ほとんどが本州の商人）の進出によって、場所請負漁業（ニシン、サケ、コンブ、ナマコ、アワビなどの各種漁業）が発展した。蝦夷地場所のアイヌを酷使し、道南・北東北の漁民を雇って経営されたそのニシン漁業は、一八世紀末には日本屈指の漁業に発展した。ニシン漁業は最初、身欠ニシンやカズノコの製造を主にし、その際生じる白子や鰓《えら》（笹目《ささめ》）、鱗、落下した身欠きニシンなどは田畑の肥料として南部・津軽から中国や近江地方に広く売りさばかれた。特に、畿内・中国・四国から尾張・三河にかけての綿作・菜種作・タバコ作・藍作の肥料に使う農家からの評判をよび、需要が高まった。

一九世紀に入り、松前地で不漁になると、松前地や北東北の漁民らによる西蝦夷地への出稼ぎニシン（追いニシン）漁業が盛んになり、西蝦夷地でのニシン漁業も盛んになった。大坂にニシン肥を扱う松前物問屋が生まれ、販路が拡大したこともニシン漁業を後押しする大きな要因となり、より肥効のよいニシン〆粕の生産も盛んになった。その使用も拡大を続け、「米穀半ば蝦夷地より出産すべし」（馬場正通「辺策発蒙」）とまでいわれる状況となり、明治以降はその生産が増加していった。[24]

だが、こうした傾向が強まれば強まるほど、〆粕製造にともなう薪材の伐採が進んだ。伐採は海岸部の魚付林などの沿岸林から行われていった。だが、〆粕生産だけに薪などの木材が必要だったわけではない。操業に必要なニシン船やその船の付属品（櫂、船舷の早擢《さっかい》）、操業網につける付属部品の浮子（アバ）や浮標、建築物の倉庫や廊下（ニシン貯蔵庫）、干場の木架とそれに架けられた早切《さきり》（身欠ニシンを干すための細い横棒。棹）など、多くの諸施設・諸道具が木から作られていた。漁民が寝泊まりする番屋もそうである。しかも、これらの施設・諸道具・漁具がただ材木であればよいというわけではない。浮子《あば》や浮標は海上に浮かび、目視できるものでなければ意味がない。したがって、それには軽い桐や椴松が使われた。

漁船も建造部位によって木材の特性が利用された。たとえば、磯船の船底には桂（カツラ）や刺楸《セン》（栓・ハリギリ・ニセケヤキ）、舳には桧（アスナロ）や椴（トドマツ）、竜骨にはL字形の楢（ミズナラ）や栓、甲板には杉や桧、早切には椴松や唐松《カラマツ》、漁具であるタモやポンタには楢、梻《やちだも》、魚箱には楡や槭《イタヤ》（イタヤカエデ）が利用された。[26] もちろん、これらは薪材のように毎年消費されるわけではなく、木材のもつ耐朽性や使用頻度による耐久性によって更新された。ただ、残念ながら、使用者によるその一般的な耐朽性や使用頻度による耐久性の具体的記録は今のところ見出せず、漁業者の経営帳簿の博捜と分析を待つしかないであろう。

いずれにしろ、森林資源の枯渇が木材建築物や船材・船具、木架や早切などの加工諸施設や諸道具の調達を、また薪材の不足がニシン〆粕生産を困難にしつつあった。先に指摘したように、すでに一八世紀には、松前藩によって松前地での桧伐採が禁じられた。丸太や早切用の木々、雑木さえも伐採が許可制になり、あるいは禁じられた。木々を痛める剥皮も禁止した。藩の通達にもかかわらず、箱館近辺の知内からの東海海岸通りでは一九世紀初め、ニシンやイワシの〆粕生産のための燃料に利用されたと推測されるが、年々木を伐り荒らし、その結果、海岸村から一里余も禿山になったという。[1]

明治以降、海岸沿いの諸村の後背山の木々の減少から、みるみる禿山になっていく姿は北海道西海岸でも顕著に見られるようになった。それというのも、そこには次のような事態に立ち至っていたのである。すなわち「材木の伐採を人民に放任して政府は顧ミるに遑あらさるとによりて、該地の大半ハ頓に暴伐を極め、（略）其尤甚たしきに至りてハ一郡中を留めさるの地方も」[28]出現していたのである。それに危機感を抱いた明治政府は、藩政時代の林政方針を踏襲することとし、木々の伐採を禁じた。一八六九（明治二）年には薪の他国移出も不可とした。宗谷支庁では同五年に伐木役規則を定め、薪一〇敷五〇銭、早切一〇〇本五〇銭を徴収するなどの規制（同九年廃止）を行い、山林の保全を画策した。明治六年になると、「山林仮規則」（函館支庁第六六号布達）を制定して山林伐採を規制するとともに、〆粕製造薪や鍛冶炭の確保、椎茸採取、樺剥のために植樹奨励に転じた。[1][27]

古宇郡植樹組合の設立と植樹

開拓使のよびかけに遅れること、北海道庁設立の前年の一八八五（明治一八）年に、ニシン粕生産が盛んであった積丹半島東海岸の中ほどにある古宇郡でも、近年の薪不足から植樹組合を設立して植樹活動を行い、薪材の確保を目指すことになった。

古宇郡の地は「山岳重畳」し、「無数の小山相連続せるを以て道庁も之れか道路開鑿に着手せさる程」の険しい地勢であった。山々や断崖絶壁が海に迫り、海に接する平地も狭小であった。それでも郡内各村海岸は「漁利には富」[31]み、しかも「鯡粕の産所中最も有名なる地方なれば年々材木薪炭の需用夥しく」、その欠乏からくる植樹の必要に迫られたのである。その事情と当時の漁民たちの意識は、古宇郡の植樹組合設立を讃える次の大日本山林会特別会員梁田政輔の賛辞に明らかに見てとれる。[33]

（前略）嘗て森林の蒼翳たるが為めに気候順を失はす、水流涸溢土砂崩潰の憂なく、吾人が縁りて以て衣食する所の漁業を利益したるは吾人の曾て能く識る所なり、然り而て吾人が此地に移住せしよりこのかた日月尚浅く、偏へに衣食にのみ汲々し、更に山林の何たるを顧みるに暇なかりしが、爾来本郡漁業の頓に隆盛を致したるより方今此貴重森林の衰状を呈出したる、今更驚くに耐へたるものあり、豈啻《あにただ》前途木材薪炭の匱乏のみならんや、此時に当りて吾人が樹木の培養保護を怠り、百般の需用尚ほ在来の山林に仰き、暴伐濫用自から安んするに於ては森林已に前陳の状あり、吾人何を以て恒産を保たん、吾人何を以て子孫を栄しめん（後略）

趣旨書には当時の漁民たちが日々の「衣食にのみ汲々し、更に山林の何たるを顧みる」ことも、暇もなく、「蒼翳たる」森林の存在を前にして「暴伐濫用」の限りを尽くし、材木薪炭の欠乏を来しつつあることを指摘し、今まで自然の恵みを当然視し、その濫用を意識化することなく生活してきた漁民たちの行動に警鐘を鳴らす梁田の危機感が述べられている。と同時に、遅まきながら森林の育成と保護への取組みを積極的に評価している。

古宇郡では一八九四（明治二七）年になると、官林区域内の立木、枝葉、雑木が払い下げられているが、[32]一九〇四年頃までは薪炭用に余市の山林が供給され、この頃から石炭の使用も見られるようになった。ただ、一部にまだ山林の荒廃が残っていたものの、「古宇山林の量多きは言ふに非ず」[12]と言われるまでに回復したようである。

幕末、松前藩の植樹要請

植樹は明治になって勧められたわけではなかった。松前藩では森林資源の衰退に対して、蝦夷地にも植樹を半ば強制したこともあった。忍路・高島場所では植樹を一八六五（慶応元）～一八六八（明治元）年にわたって場所請負人西川伝右衛門に命じている。[20][34]

慶応三年正月廿一日

一、一昨丑年も御用所ヨリ御達しニ相成、猶又旧冬厳敷被仰付候諸苗木種等松前表へ急度注文致し、当卯年是非是非植付方手配可致様再度御達しニ相成候、殆ト当惑、色々訳がら申上候而も御聞届ニ不相成、依而当年ハ杉苗丈注文仕、近々諸木苗木種等注文可仕趣押テ願上、漸々御聞済ニ相成候間則別紙之通願上候、毎度御迷惑之段重々察上候得共何卒御手配、秋中迠御差下し無被下度此段幾重にも願上候

これは西川家文書「主用留」に綴り込まれている文書で

ある。これによると、少なくとも慶応元年頃から、松前藩は西川に松前城下へ苗木を注文して植樹をするよう命じていたことがわかる。というのも、当時、「小樽、高島、
等の各郡は漁村に欠く可らさる魚附林までも既に一本を留めざる有様[33]」であり、〆粕生産にも住民の生活にも支障をきたす事態になりつつあったからである。

少なくとも小樽場所以南の他場所も、直面する状況は同様であったに違いないが、当時の小樽、高島、忍路場所の請負経営を司る支配人らは「色々訳がら申」し、植樹に消極的であった。それに対して、藩では「是非是非、植付方手配可致様再度御達」と、下手にでてまでの植樹要請を行っている。それというのも前年には場所請負人たちに新規の薪諸伐木役を課し、植樹の負担を強いているからである。高島場所では藩の要請を入れて、松前の西川本店へ苗木を注文している。一八六七（慶応三）年は松苗木一五〇〇本である。前年には杉や赤楊（ハンノキ＝榿）の苗木と植樹人夫の飯糧一〇〇〇俵（四斗入れ）を発注している。しかし、藩の場所詰合役人より急かされている植樹の現場である場所からは「先便ニて御注文申上置候植木苗木、此節も相下り候哉」との書簡が送られていることから、松前の西川本店では藩の要請に積極的ではなかったことがうかがえる。西川の消極的姿勢もあって、忍路から小樽にかけての海岸はいうに及ばず、山路の四里もことごとく禿山となった。それは明治になっても改善されず、高島郡内の樹木が欠乏し、西川家が小樽内川の最寄りの伐木を、小樽郡役所に懇請していることでも知られる。[14]

札幌県による植樹推進

半ば強制であれ、植樹が推進されたことは間違いなく、一八八五（明治一八）年になると、札幌県地理課山林係の調査にもとづき、小樽・高島両郡の三か所で植樹が行われた。樹種はアカ松、クロ松、江州産扁柏《ひらかしわ》、能州産と熊野産の大杉、梧栢で、樹木代は二四円一五銭であった。東京の下谷区北稲荷町の種商・川田利八店から購入された樹種である。これに箱代・荷づくり費・共同運輸会社汽船便の運賃を加えると、総額二五円一〇銭であった。この植樹には杉苗木一〇万本の荷造りや運搬費、それに総勢一六〇〇人を見込む植えつけに携わる人夫賃などが、山林保護費予算として計上されている。その経費額だけでも、六六五円に上っている。[35][36] 記録がなく、植樹の成果は知りえないが、高価な事業になったことは疑いないであろう。

北海道庁では苗穂事業も各地に展開させている。一八九

三（明治二六）年には高島郡にも苗穂を設け、苗木を養生し、以降、郡内の手宮で落葉マツなど苗木一九五万余本、祝津で同じく二一万六一二〇本、高島で色丹マツほか落葉マツなど五万八二〇〇余本を得ている。[37]

むすびに代えて

漁民を含め、人々は無自覚な森林伐採を反省して植樹に取り組み出したが、実は森林資源に最も打撃を与えたのは、人間の不注意が引き起こした山火事であった。その事情は長文にわたるために紹介しなかったが、先に掲げた一八八五年の古宇郡植樹組合の設立を讃えた梁田政輔の賛辞の中にも、述べられていた。[33]それによると、ニシン漁場では漁業のために雇った青森南部地方の出稼ぎ漁夫を杣夫としてあて、彼らに漁船用縄材の榀皮剥き取りをさせる習慣があったが、彼らは彼らで榀皮を採取するときに、次のような習慣があったという。一つは藪蚊を追い払うために、榀皮を採取する足場で襤褸屑《ぼろくず》に火を点じること、二つには榀木の外皮を剥ぎとりやすくするために火をかけること、三つは熊を恐れて火をたくこと、四つは昼食時に焚いた焚き火を消し忘れること、などである。また、にわか杣夫のおおむねこうした行為で山火事が多発し、山の荒廃を招いたという。杣夫仕事に未経験、かつ不慣れな雇われ漁民たち自らが起こした火事といっても過言ではなかった。ニシン漁場では未経験、不慣れが斟酌《しんしゃく》されることはほとんどなかったといわれ、そうであれば、山火事はニシン場経営者が自ら招いたものであった。

その山火事による損害がいかに甚大であったか、林業関係者は欧州との比較などを通じて調査と対策をたびたび訴えているが、その一つに、北海道での山火事の損害額を、一九〇一（明治三四）年の統計からはじき出している報告がある。[38]それによると、官林の損害面積は四万九六四一町歩余、その材積は用材三九万八〇六六尺〆余、薪炭材は三九万五一七四棚余であったという。その損害額は一八万二一八五円余に上る。これは同年度の本州全体の山火事の損害額より多く、損害面積からみても本州の一五倍であったという。しかも、焼き払われた材木全体を薪としてみれば、当時の札幌の住民八三三一戸がおよそ五九年間使える試算になるという。また、その損害額は当時の本道全体の営業税一六万二五三九円余より多く、また十勝だけの山火事の損害額四万七〇九四円余だけでさえも、当時の北海道の地租総額四万三七三四円余を凌いだと言われる。

このほかに、漸次市街地化を遂げつつあった小樽でも、山火事が起こるのが常で、強烈な風に煽られた一八六六（慶応二）年の山火事の場合は、被害が町場までおよび、焼失家屋も五三軒に達したという。一九〇三（明治三六）年、同三七年にも相次いで大火災が多発し、前者の焼失家屋が七五〇戸、後者の羅災家屋も二四〇〇戸余と、木造建築からなる家屋の類焼を数々招いた。[15] その結果、火事と家屋再建による木材資源を多く消失することになった。

北海道の山林荒廃は、人災そのものであったと言える。当時にあっては、いまだ自然を敬い、自然に真摯に向き合う人々の姿を、そこに垣間見ることさえできない。人々の自然に対する奢りから、自然が漁民たちに、いや北海道で暮す人々の前に立ちはだかったのが、薪炭不足である。それでも、ニシン漁をやめるわけにはいかなかった。そのための準備として漁船、櫓櫂や浮子（アバ）・浮標などの漁具、ニシンを干すための木架や早切などの加工用木品、倉庫や廊下、番屋などの建築物、〆粕炊き用の薪炭など、木品の確保と保全は必要不可欠である。

高島や小樽のニシン漁業者は、幕末・明治以降も、雑木や早切を何百本、薪何百敷、角材何石と、役所に申請して伐木をしている。[20] 道庁の勧業課山林係でも、炭焼き用の林木払い下げを頻繁に認可している。[39] だが、このとき、同じ道庁の地理課山林係では先にも触れたように、伐木抑制と植樹に腐心していたのである。どちらも最終的な伐木願書の差出先は、札幌県令調所廣丈である。しかし、実際の実務裁許者はそれぞれの地域の戸長であった。管見の限り、札幌県令からの疑義や禁止などを通知した直接の差戻し文書は見つかっていない。ここに戸長による現地での利害を優先せざるをえなかった道庁の立場が暗示されているが、それにしても、道庁内においても、部局によるチグハグな行政指導が行われていたことを知りえる。そこには、生活のために目先の漁業資源・森林資源を追い求める漁業経営者や漁民たちの姿が見て取れるだけでなく、北海道庁においても、明確な漁業資源・森林資源に対する総合的統一的な政策を立案・遂行できなかったことを知る。森林資源の非賢明な利用に委ねた結果が、後のニシンの去就をもたらした一因であったに違いなく、この貴重な教訓は生かされなかったのである。

謝辞

表1の概算にあたっては、北海道美唄市にある北海道林業試験場の桜井謙氏から石狩森づくりセンターの竹本諭、同大上野裕治の両氏をご紹介いただき、立木推算の教えを

受けた。また、西川伝右衛門家文書「主用留」については、小樽市朝里町在住の白浜和彦氏の助言による。記して感謝を申し上げます。

第5章　北海道の開拓と森林伐採
—明治二〇年代までの後志地方の状況を中心に—

三浦泰之

はじめに

現在、北海道には自然公園として、阿寒など六か所の国立公園[*1]と、網走など五か所の国定公園[*2]、厚岸など一二か所の道立自然公園[*3]がある。奇岩がそびえ立つ海岸風景、広大な湿原風景、トドマツ・エゾマツ林が広がる湖畔や山岳の風景などからは、〝豊かで雄大な北海道の自然〟というイメージが生まれ、そうしたイメージは広く流布している。

しかし、その一見〝豊か〟に見える北海道の自然には、さまざまな歴史と人間の営為が刻みこまれ、現在に至っている。ここで、一枚の写真を紹介しよう（図1）。

撮影年代は明治四四（一九一一）年六月で、場所は上川地方、旭川近郊の近文原野の一角である。当時、この場所には、旧松江藩主家筋の伯爵松平直亮《まつだいらなおあき》が開いた華族農場である松平農場が所在していた。松平家は、明治二七（一八九四）年に近文原野におよそ一九〇〇町歩の未開地の貸し下げを受け、農場を開設した。その後、徐々に「開拓」が進み、大正二（一九一三）年には、水田七二〇町歩余、

＊1　阿寒、大雪山、支笏洞爺、知床、利尻礼文サロベツ、釧路湿原の六か所。

＊2　網走、大沼、ニセコ積丹小樽海岸、日高山脈襟裳、暑寒別天売焼尻の五か所。

＊3　厚岸、富良野芦別、檜山、恵山、野付風蓮、松前矢越、北オホーツク、野幌森林公園、狩場茂津多、朱鞠内、天塩岳、斜里岳の一二か所。

図１　無数の切株が残る水田風景
明治44（1911）年６月撮影　北海道開拓記念館所蔵内田家写真アルバムより

畑一九七町歩余、牧草地八五町歩余、三四三戸の小作人を抱える大農場となっている。この写真は、いまだ「開拓」の途上にあった松平農場における水田風景である。田植えをして間もない時期と考えられる。注目されるのは、水田の中に無数の切り株が残っていることである。松平家が土地の貸し下げを受けた近文原野の一角は樹林地で、開設当初の松平農場は〝伐木農場〟とよばれるほどであった。重労働などの苦難の末にそのような樹林地を伐木・開墾して水田を開いても、大きな切り株を根こそぎ抜く作業は非常に困難で、そのために、水田の中に切り株が残るという奇妙な風景が生まれたのである。

明治以降、急速に進展した北海道の「開拓」は、原生林を伐採して宅地や農耕地にすることから始められたと言っても過言ではない。この写真は、そうした歴史の一端を雄弁に物語っている。

ここで、明治以降、昭和戦前期までの北海道における人口の推移について簡単に眺めておきたい。富国強兵的な観点から北海道の「開拓」を重要視した明治新政府は明治二（一八六九）年に開拓使を設置したが、その翌年の明治三（一八七〇）年の人口は、統計上、六万六六一八人である。この頃は、先住民族であるアイヌ民族以外の人々、いわゆる

「和人」の人口の多くは、江戸時代に「和人地」とよばれていた道南部（現在の渡島《おしま》半島のあたり）に集中していた。その後、行政的な中心地として札幌の都市建設が始められたことで、まず札幌とその近郊の「開拓」が進んだ。やがて、道内全域で農耕適地の調査が行われ、本州以南からの移住者が土地を取得するための制度が整えられていくにつれて、明治二〇年代以降、「開拓」は道内全域へと本格的に広がっていった。明治二〇（一八八七）年に三二万人余までに増えた人口は、明治三四（一九〇一）年には一〇〇万人、大正六（一九一七）年には二〇〇万人、昭和一〇（一九三五）年には三〇〇万人を超えるなど、急激に増加した。この過程の中で、数多くの市街地や農村が生まれ、その反面、数多くの原生林が伐採された。江戸時代以前の北海道の自然景観は、明治以降、大きく変容したのである。現在、〝豊かで雄大な北海道の自然〟というイメージを生む大きな理由の一つである原生林は、「開拓」の歴史の中で伐採を免れた森林と言える。農耕に不向きな土地であった場合、樹木を伐採しても搬出する手段がなかった場合、保安林制度や自然保護運動の中で守られてきた場合など、その理由はさまざまに考えられよう。

以上のような、掠奪的に映る森林資源の利用が行われてきた「開拓」の歴史を念頭におくと、明治以降の北海道における森林と人間の営為とのかかわりの諸相を理解することは、現代社会における自然と人間とのかかわりをめぐる問題を考えるうえで、有益であると考えられる。このような観点からの研究としては、すでに、俵浩三氏などによる業績がある。たとえば、俵氏の近著『北海道・緑の環境史』[(5)]では、北海道の「開拓」と森林伐採をめぐる問題、北海道における自然保護運動の歩みなどが、従来の研究を踏まえつつ、概略的に論じられている。

そこで、本稿では、大きな流れについては俵氏などの業績を参照していただくとして、できるだけ具体的な事例の紹介に努めたい。対象とした時期は、明治一〇年代から明治二〇年代、本格的な内陸部への「開拓」が始まりつつあった頃までである。その時代において、①北海道の自然、特に森林の状況はどのように記録されているのか、②森林と人間（特に「和人」）の営為との関係はどのように記録されているのか、③その関係性に問題は生じていなかったのか、④問題が生じていたとすれば、行政の側はその問題をどのように認識し、解決しようとしていたのかについて、具体的に探ってみたいと考えている。

一　明治一〇年代の札幌県管内における森林の状況と木材需要

明治一〇年代における北海道内の森林の状況を木材需要との関係から概観できる文献の一つに、明治一五（一八八二）年に刊行された『札幌県勧業課第一回年報』(3)（以下、『第一回年報』と省略）がある。

先にも記したように、新政府は、明治二年に開拓使を設置して、北海道の「開拓」を本格的に進めようとした。そして、明治五（一八七二）年から、総額一〇〇〇万円の予算をあてる、いわゆる「開拓使十年計画」が始まり、「開拓」のための基盤整備などが進められた。その「開拓使十年計画」が一段落したことなどにより、明治一五年に開拓使が廃止されると、北海道は、行政的に札幌県、函館県、根室県の三県に分割された（図2）。そのうち、札幌県は道央から道北にかけての地域、当時の国名では、後志《しりべし》国の一部、石狩国、天塩《てしお》国、北見国の一部、十勝国、日高国、胆振《いぶり》国を管轄した。『第一回年報』は、札幌県が取り組んだ勧業政策に関する報告書であり、本稿にかかわる記事は「山林」の項に収められている。明治一五年は、札幌県がおかれて間もない時期であり、内容には、多分に開拓使による調査成果も盛り込まれている。

そこでまず、『第一回年報』に拠りつつ、明治一〇年代における札幌県管内の森林の状況と木材需要の関係について眺めることから始めてみたい。なお、『第一回年報』の「山林」の項では、最初に総論が述べられ、次いで管内の国別に具体的な状況が概観されている。以下では、それぞれの内容について、現代語訳した要約文を基本に、適宜原文を引用しつつ、紹介する。文中の「　」で括った箇所は、原文の記載の引用を示している。樹種については、漢字で記載されていることが多く、なかには正確に比定することの難しい場合もあるが、原文に付されているルビなどをもとに比定し、（　）で括った。なお、樹種の比定は『第一回年報』所収の「山林木種表」のほか、主として『北海道樹木志料』(4)に拠った。

①総論

札幌県管内に生える樹種の中で、最も「有用」なのは「喬木」、つまり丈の高い木では「白檜」（トドマツ）、「蝦夷松」（エゾマツ）、「柫」（ヤチダモ）、「桂」（カツラ）、「楡」（アカダモ）、「楢」（ナラの類）、「刺楸」（センノキ・ハリギリ）、「槭樹」（イタヤカエデ）、「黄蘗」（シコロ・キハダ）、「櫰槐」（イヌエンジュ）、「水松」（オンコ・イチイ）、「槲」（カシワ）、「栗」

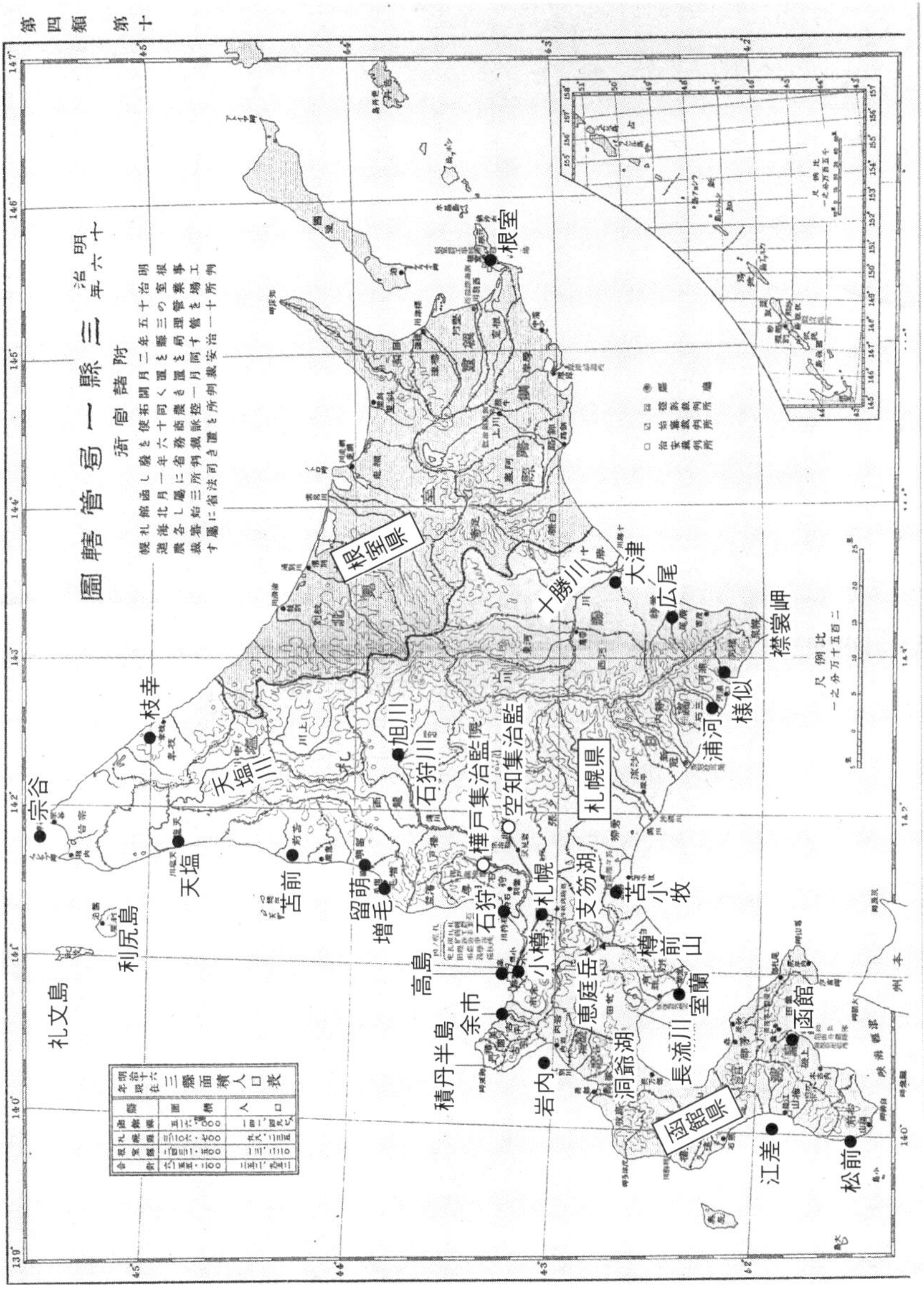

図２　明治16年当時の札幌県・函館県・根室県の地域区分及び関連地名

『北海道史　附録　地図』（北海道庁、1918年）所収の地図より作成

（クリ）、「桜」（サクラの類）、「胡桃」（オニグルミ）、「白楊」（ドロノキ）、「赤楊」（ハンノキ）、「水楊」（ハコヤナギ・ヤマナラシ）、「シウリ」（シウリザクラ）、「カタスギ」（アズキナシ）、「樺木」（カバノキの類）、「橡」（トチノキ）、「槏」（ブナ）、「菩提樹」（シナノキ、オオバボダイジュ）、「女真」（ミズキ）など、「灌木」、つまり丈の低い木では「サビタ」（ノリウツギ）、「ヱリマキ」（ツリバナ）、「ヤマウルシ」（ヤマウルシ）、「トリキシバ」（オオバクロモジ）、「ナマイ」（ムラサキシキブ）などである。これらの樹木は、いたるところに「雑生」しているが、気候の寒暖や「地味ノ肥瘠」によって一様ではない。

「白檜」、「蝦夷松」の二樹は、「山腹以上」に成長し、北部に最も多いが、二樹の間にも差がある。「白檜」は「小山」あるいは「高山ノ中腹」に位置を占め、「蝦夷松」は「中腹以上」に成長している。札幌の近傍より東南の海辺や、平地には「蝦夷松」を見ないが、北見国宗谷の近傍にいたれば「海浜平地」に「森々」としているのを見る。この二樹は、十勝国あるいは根室県管内の根室国より石狩国の東北部を経て、天塩国、北見国にいたる諸山に最も多い。「沃饒《よくじょう》ノ深層地」に成長しているのは「長大」で「純林」が多く、「伐採ノ便」もある。「工事」が容易な「木質」なので、建築上最も欠かすことのできない「良樹」である。

「楢」、「桂」、「楡」、「柫」などの多くは、「深山」あるいは平地で「地味」が豊かな土地でなければ「良大」の材を得ることはできない。胆振国有珠《うす》郡の長流《おさる》川や白老《しらおい》郡の敷生川の上流には「桂」の「純林」がある。「胡桃」は、主に川沿いの「沃土」に成長するので、石狩川や十勝国の大津川の沿岸などに多い。

「水松」、「櫰槐」、「桑」（ヤマグワ）、「黄蘗」、「山漆」（ヤマウルシ）、「桃葉」（エリマキ・ツリバナ）、「衛矛」（エリマキ・ツリバナの一種）などは「材質佳美」であるが、量が多くないので、わずかに「屋内ノ装飾及小細工ノ用」に供されるのみである。

ヤナギ科の樹木は、通常、河岸や「火山石」があって、地味が「甚タ瘠悪《せきあく》」の土地に多い。「水楊」、「赤楊」は河岸や湿地に多く、「白楊」は「火山等ノ如キ砂土」に成長している。札幌県管内では、胆振国勇払郡に比較的多く見るが、「純林」は有珠郡の長流川の河畔や、有珠山の麓でなければ見ることはできない。

カバノキ科の樹木は「地味農業ニ適セサル地ヲ好ム」ので、「真樺」（ウダイカンバ）や「白樺」（シラカンバ）は、後志国と胆振国より日高国にいたる「高山」の、海面よりおよそ一〇〇〇尺以上のところ、「他樹」が次第に「稀疎」になるにつれて「繁茂」し、「樺樹帯」を成している。

札幌県管内は「雨露ノ量」が多く、産出する木材は「水分ノ多量」を含み、かつ「夏期ノ生長其度ヲ充分セサルニ冷気早ク至リ、木理ノ不熟ナル乾裂伸縮」を免れない。しかし、県下で産出する木材に「不良ノ評説ヲ附スル」のは、「木質ノ不良」ではなく、伐採後の乾燥法がよろしくないことが原因である。

札幌県管内では、家屋の建築に「土石」を使用することが少ないために、「営繕用材」の需要が多く、かつ「気候寒冷ナル地方」では「日用薪炭」の需要もまた多い。これに加えて、「海産絞粕《しめかす》」や「煎海鼠《いりこ》其他種々ノ用」に木材を消費することも多く、漁業者も「林相変遷」に「大関係」を有している。

西部、すなわち後志国の半ば、石狩国、天塩国、北見国の半ばは、西北に海があり、地形は「高起」し、気候は寒冷である。東部、すなわち胆振国の半ば、日高国、十勝国は東南に海があり、地形は「緩慢」で比較的温暖である。よって、地形や気候をもってすれば、西部は東部に及ばないが、「海産ノ多寡、利益ノ厚薄」を比べると、東部ははるかに西部に及ばない。西部は「沿海ノ大半」に「村落人家」が連なっているが、東部は「沃壌数里ノ間」ほとんど「人煙ヲ見サル所」がある。また、西部の主な海産物はニシンで、東部は昆布であり、西部は、海産物の加工に「多数ノ薪材」を要する。そればかりでなく、西部の中央部には小樽港があり、その近傍は「人家稠密《ちゅうみつ》」し、海運の便「頓《とみ》ニ開け、「木材ノ用途」は年々多くなり、ついに「方今ノ如キ、林相衰退ノ状」を呈するようになった。その一方で、東部は、「天然海運ノ利」に乏しく、「陸路ノ便」もいまだ整備されていないので、戸口は「西部」のように「蕃殖」しておらず、林相はなお「旧観」を残している。

②後志国

いずれも日本海に面した岩内、古宇《ふるう》、積丹《しゃこたん》、美国《びくに》、古《ふる》平《びら》、余市、忍路《おしょろ》、高島、小樽の九郡から成る。各郡の背後には山が広がり、いまだ木材の需要を欠くには至っていない。しかし、この地方はニシン漁が盛んに行われており、ニシン〆粕製造のための薪材や漁具、その他のための用材として、すでに「山林ノ大半ヲ禿伐《とくばつ》」し、最近では「漸ク林相ノ衰態」が顕れてきた。そのなかでも余市郡の林相は比較的豊かであり、「用材」を他からの供給に頼っていないが、次第に「他郡ノ仰ク所」となり、「今日ノ富モ亦永遠ヲ期ス」ことはできない状況である。

③石狩国

日本海に面した石狩、厚田、浜益の三郡、石狩川流域の札幌、夕張、樺戸、雨竜、空知、上川の六郡と札幌区から成る。石狩、厚田、浜益の三郡は、戸口が増えて漁業者が多く、山林には「往々濫伐荒廃」しつつあるところもあるが、後志国の各郡に比べると雲泥の差で、八割ほどは「天然ノ林相ヲ保存」している。

石狩川の中上流域に広がる夕張、樺戸、雨竜、空知、上川の五郡は、平地も多く土地は肥沃である。しかし、近年になってようやく、樺戸・空知の二つの集治監（監獄）がおかれ、幌内炭鉱の開発が始められたという状況で、一〇里から二〇、三〇里の間にアイヌの集落が点在するのみであり、山林は「総テ天然ノ形相」を変えてはいない。

明治二（一八六九）年に北海道の首都として都市建設が始められた札幌区では、年々「木材及薪炭」の需要が増え、林相で「旧観」を残しているところはまれであるが、「林相衰廃」とは言えない状況にあるのは、山林の樹種が豊かであることと、開拓使が設置されて以降、「樹林保護」に努めて、札幌市街に隣接する山林を「特別官林」の名をもって「濫伐」を防いできたことによる。

④天塩国

日本海に面した増毛、留萌《るもい》、苫前《とままえ》、天塩の四郡、内陸部の中川、上川の二郡から成る。増毛、留萌、苫前の三郡は「漁業繁盛ノ地」で集落が連なっているが、天塩、中川、上川の三郡はアイヌの他、いまだ「移住ノ人民ナク」、天塩郡の沿海には一〇数里の間、わずかに二、三の旅宿が点在するのみである。

天塩国の林相は「漁業ノ厚薄」によって異なる。増毛、留萌の二郡は「漸ク山林ノ荒廃」が顕れ、苫前郡も「多少、此状」を呈しており、日常の木材需要に「少シク欠乏ヲ訴フルノ地方」がないわけではない。しかし、天塩、中川、上川の三郡は「依然トシテ旧観」を残し、とりわけ天塩川の流域には「佳林」が多く、「椴松」（トドマツ）、「蝦夷松」が「森鬱《しんうつ》」として「満山蒼緑ノ色」がある。ただ、天塩国は陸運、海運の便が悪く、特に冬期間は交通が途絶してしまうので、豊かな森林を「利用スルノ術」がないことが惜しまれる。

⑤北見国

北海道最北端の岬を含む宗谷郡、オホーツク海に面した枝幸《えさし》郡、日本海に浮かぶ離島である利尻、礼文の二郡から成る。「運輸ノ不便」は天塩国と「伯仲」している。しかし、「林相ノ翳欝《えいうつ》」は大いに他より勝れており、多く「蝦夷松」を産する。「蝦夷松」は「最モ冱寒《ごかん》ノ地ヲ好ム」ので、石狩国以南では「高山」に登らなければ常に見ることはできないが、天塩国苫前郡より北では海浜に沿って生え、宗谷郡猿払《さるふつ》あたりの海岸で根室地方からオホーツク海沿いに広がっている「椴松」林と「相会シ」、沿岸一〇里ほどの一大森林を成している。北見国は移住者は「甚タ稀」で漁業も盛んではないので、将来、「林相ノ荒廃」を現すとしても甚だしいことにはならないであろう。

⑥十勝国

太平洋に面した広尾、当縁《とうぶち》、十勝の三郡、内陸部の河西、河東、中川の三郡から成る。当縁郡以南より広尾郡の全域にかけては、高く険しい山岳が連なり、山林の樹種は日高国幌泉《ほろいずみ》郡・様似《さまに》郡と同じである。当縁郡以北は、十勝川流域に近づくにつれて地形がなだらかになり、河口部の大津地方（十勝郡）では視界が開けて山岳を見ない。河西、河東、中川の三郡は、広々とした「沃野」が広がり、気候風土もよく、樹木の成長も勝れている。樹種も多く、林相の素晴らしさは石狩国と同じである。

この地方は総じて「海運ノ利」に乏しいために、移住者もいまだ多くはなく、「伐木」も少ない。現在の状況からすれば、林相は「旧観」を変えていないと言えるであろう。

⑦日高国

いずれも太平洋に面した沙流《さる》、新冠《にいかっぷ》、静内《しずない》、三石《みついし》、浦河、様似、幌泉の七郡から成る。林相は七郡ともに等しく、「大ナル衰状」を呈してはいないが、幌泉地方（襟裳岬周辺）のように海岸に突出して平地に乏しいところでは、すでに沿岸の樹木を「伐尽シテ」漁業その他に「多少ノ影響ナシ」とは言えない。樹種は各地方とも「大同小異」で、とりわけ「五鬚松」（ゴヨウマツ）は様似郡に産出し、幌泉郡にかけての山中に多い。また、「石南木」（シャクナゲ）は幌泉郡猿留地方に多く産出し、大きな木では「目通周囲」尺余（約三〇センチ）に及んでいる。「椴松」は山じゅう、至る所に生えているが、特に襟裳岬から十勝国との境界に連なる山々の頂上部分に「繁生」している。

⑧胆振国

太平洋に面した虻田、有珠、室蘭、幌別、白老、勇払の六郡、内陸部の千歳郡から成る。白老、千歳の二郡は、ともに「噴火山」である樽前山、恵庭岳の麓に接して、「蝦夷松」、「椴松」が最も多い。とりわけ千歳郡の支笏《しこつ》湖の周囲一〇数里の林相は「無辺」の「蝦夷松」が「密生」して、「樹質」も勝れている。かつ、千歳郡の島松村、漁村《いざり》の間の山々も「良好ノ樹木」に富んでいる。白老郡もまた、樽前山と白老岳に隣接する山中には針葉樹が少なくないが、千歳郡には遠く及ばない。しかし、白老郡の社台《しゃだい》村、敷生《しきふ》村などの「渓谷」では素晴らしい「桂樹」（カツラ）を産出し、林相は美しい。

勇払郡は半ば樽前山の麓に広がり、半ば夕張郡の諸山に連なって、地形は平坦であり、厚真《あつま》村、鵡川《むかわ》村の川沿いには「桂」、「黄桐」（不明）などの良樹を多く産出する。

虻田、有珠、室蘭、幌別の四郡は、樹種・林相ともにその他の三郡と大差ないが、近年、移住者が増加して「伐採ノ数」が比較的多く、運輸の便がよい地方では林相を変えている。「漁業ノ多寡《たか》」によって状況が異なり、勇払郡では、苫小牧村以南ではイワシ漁のためにおおむね林相を「傷損」し、苫小牧村以東では「尚ホ旧観」を残している。

以上の記録から、北海道の「開拓」、特に内陸部への「農業開拓」が本格化していない明治一〇年代における札幌県管内の林相は、総じて豊かであったことがわかる。概略的な内容ではあるが、地形や気候などに応じて植生の多様な原生林が広がっていた様子がうかがえよう。

その一方で、「林相衰退ノ状」を示していた地域もあったことは注目される。まず、第一の理由としては、寒冷な気候のために日常生活における薪や炭の需要が多いこと、家屋建築用材としての需要も少なくなかったことがあげられる。この点に関しては、北海道の中心地として明治二年に都市建設が始まった札幌（石狩国）や、港湾都市として経済的に成長しつつあった小樽（後志国）の周辺が特に顕著であった。しかし、それ以上に重要と考えられるのは、第二の理由、つまり漁業とのかかわりである。札幌県管内の日本海側の地域、後志国、石狩国、天塩国の南部では、春のニシン漁が盛んであり、江戸時代後期以来、徐々に定住する和人も増え、漁業集落が生まれていた。大量に漁獲されたニシンの大部分は、「〆粕」とよばれる肥料に加工され、本州方面へ出荷されていた。漁船や漁具の製造に木材が使用されることはもちろんであるが、〆粕を製造するために大量の薪が必要とされたのである。そのために、後志国、石狩国、天塩国南部の沿岸部は「林相衰退ノ状」を示していた。それは、後志国にて、特に顕著であった。なお、胆振国勇払郡に関する記述で、苫小牧村以南ではイワシ漁のためにおおむね林相を「傷損」し、とあるのは、ニシンと同じく、イワシによる〆粕製造の影響と考えられる。

ここで、明治一六（一八八三）年とその翌年の札幌県管内における「官林」からの木材の払下げ状況をまとめた表（表1）を眺めておこう。開拓使は、明治九（一八七六）年一一月公布の「北海道地券発行条例」などにより近代的な土地制度を整えていったが、そのなかで大部分の山林は官有地とされた。明治一一（一八七八）年一〇月公布の「森林監護仮条例」では、「官林」を一等から三等に区分している。つまり、一等官林は「良樹森列シテ運輸ノ便ナル者」、二等官林は「良樹森列スト雖、町歩狭少、運輸不便ノ者」、三等官林は「薪炭山及其他雑林」である。(2) また、その他に「水源涵養、土砂止並頽雪止、土地ノ風致ヲ装飾スル者風除、国郡町村ノ境界ヲ表スル者、川河ノ両岸、魚附場、船舶ノ目標トナル者、道路並木ノ代用ヲナス者」については、「禁伐林」の区分を設定した（もっとも、どの場所を「禁伐林」に編入するかなどの具体的な内容については、後の調査による部分が大きかったと思われる）。そして、官林からの木材の払下げについての制度を整え、盗伐を防ぐための「山林監守人」の制度なども設けた。開拓使の廃止後、これらの制度的な大枠は、札幌県にも引き継がれた。つまり、この表は、札幌県が認可をして官林から払い下げられた木材量の概況を示している（ただし、炭のための木材の払下げについては省略した）。

表からは、①北海道の中心地として都市建設が進み、人口が増えつつあった「札幌区・札幌郡」で用材、薪材ともに払下げ量がとび抜けて多いこと、②後志国を筆頭に、石狩国、天塩国（特に南部の増毛・留萌・苫前の三郡）において用材、薪材の払下げ量が多いことがわかる。明治一七（一八八四）年の漁民戸数（この数値は、海漁に従事する漁民の戸数を指す）と比べてみると、その量の多さは、漁業、特にニシン漁が盛んであった地域に対応している。また、後志国の中でも、用材、薪材ともに余市郡の払下げ量が突出しているのは、『第一回年報』で、余市郡の林相は比較的豊かで「用材」を他からの供給に頼っていないと指摘されているような状況が反映されているのであろう。小樽郡、高島郡、忍路郡など、余市郡よりも漁民数の多い地域は、この余市郡をはじめとして、他の郡から用材や薪材の供給を頼っていたことが推測される。

それでは次に、もう少しミクロな視点で、後志国管内に

日高国	沙流郡	1075.83	0.60	1926	1.29	677.727	0.31	1047.2	0.80	85	0.38
	静内郡	1214.536	0.67	3255	2.19	1579.996	0.73	896.1	0.68	408	1.83
	三石郡	644.952	0.36	729.2	0.49	293.413	0.14	169	0.13	436	1.96
	浦河郡	3461.637	1.92	2309.5	1.55	3261.046	1.51	1294.3	0.99	1016	4.56
	様似郡	1707.517	0.95	957.5	0.64	1975.769	0.92	873	0.67	613	2.75
	幌泉郡	2007.234	1.11	2252.2	1.51	2817.042	1.30	1827	1.40	155	0.70
	新冠郡	71.988	0.04	929	0.62	284.029	0.13	198	0.15	50	0.22
	小　計		5.64		8.31		5.04		4.82		12.39
十勝国	広尾郡	1214.112	0.67	1096	0.74	2764.642	1.28	766.5	0.59	103	0.46
	当縁郡	250.845	0.14	35	0.02	345.848	0.16	100	0.08	10	0.04
	十勝郡	1889.212	1.05	447	0.30	873.436	0.40	305	0.23	6	0.03
	中川郡	1.2	0.00	25	0.02	1100.951	0.51	546	0.42	—	
	河西郡	—		—		—		—		—	
	河東郡	—		—		—		—		—	
	上川郡	—		—		—		—		—	
	小　計		1.86		1.08		2.36		1.31		0.53
天塩国	増毛郡	5704.993	3.16	7283.24	4.90	7084.389	3.28	9425.42	7.20	884	3.97
	留萌郡	10910.534	6.05	9194.49	6.18	12504.492	5.79	12421.35	9.49	595	2.67
	苫前郡	5910.311	3.28	5480.68	3.68	8244.186	3.82	6978.93	5.33	382	1.71
	天塩郡	139.851	0.08	25	0.02	—		25	0.02	95	0.43
	中川郡	—		—		—		—		—	
	上川郡	—		—		—		—		—	
	小　計		12.56		14.78		12.89		22.05		8.77
北見国	宗谷郡	1556.794	0.86	1870.4	1.26	1880.645	0.87	2030.3	1.55	8	0.04
	枝幸郡	615.156	0.34	720.06	0.48	852.598	0.39	1675.57	1.28	13	0.06
	礼文郡	1222.938	0.68	2172.6	1.46	2888.306	1.34	4370.75	3.34	38	0.17
	利尻郡	1690.665	0.94	5140.7	3.46	3381.579	1.57	5138.88	3.93	577	2.59
	小　計		2.82		6.66		4.17		10.10		2.85
総計		180436.094		148739.11		215915.723		130845.54		22295	

※出典：『札幌県勧業課第二回年報』（札幌県、1885 年）、『札幌県勧業課第三回年報』（北海道庁、1886 年）
※「炭用」の数値は省略した。また、上記の数は「枯用材」「枯薪用」の分も合算した数値。
※単位の「石」は、1尺角×長さ1丈（10 尺）の木材量を、「敷」は縦5尺×横6尺×長さ2尺5寸に積んだ木材量のこと。
※%の産出は筆者による。四捨五入のため、合計が合わない箇所がある。

表１　札幌県管内における「立木払下げ」 ―「用材」と「薪用」―

		明治16(1883)年				明治17(1884)年					
		用材(石)	割合(%)	薪用(敷)	割合(%)	用材(石)	割合(%)	薪用(敷)	割合(%)	漁民戸数	割合(%)
石狩国	札幌区・札幌郡	35968.807	19.93	1213.13	0.82	41586.684	19.26	436.83	0.33	—	
	樺戸郡	—		—		—		—		—	
	空知郡	3913.446	2.17	—		782.25	0.36	—		—	
	夕張郡	—		—		—		—		—	
	雨竜郡	—		—		—		—		—	
	上川郡	—		—		—		—		—	
	石狩郡	2930.573	1.62	8235.96	5.54	4017.687	1.86	6098.17	4.66	44	0.20
	厚田郡	4984.163	2.76	6218.76	4.18	8359.669	3.87	6234.1	4.76	334	1.50
	浜益郡	5064.135	2.81	5191.84	3.49	7305.283	3.38	6361.66	4.86	1000	4.49
	小　計		29.30		14.02		28.74		14.62		6.18
後志国	小樽郡	3427.837	1.90	6526.84	4.39	7140.112	3.31	4319.68	3.30	3471	15.57
	高島郡	—		—		—		—		2999	13.45
	忍路郡	391.179	0.22	1896.86	1.28	335.188	0.16	1590.04	1.22	1807	8.10
	余市郡	26734.16	14.82	30166.56	20.28	36369.675	16.84	14741.24	11.27	1518	6.81
	古平郡	6156.33	3.41	7498.57	5.04	8184.816	3.79	7567.53	5.78	695	3.12
	美国郡	3269.017	1.81	4574.02	3.08	3927.114	1.82	3769.91	2.88	1154	5.18
	積丹郡	5527.377	3.06	8167.24	5.49	6775.623	3.14	9124.39	6.97	941	4.22
	岩内郡	18307.938	10.15	9180	6.17	18899.13	8.75	8531.63	6.52	1435	6.44
	古宇郡	9908.106	5.49	9333	6.27	4626.208	2.14	3919.59	3.00	1066	4.78
	小　計		40.86		52.00		39.95		40.94		67.67
胆振国	有珠郡	2130.792	1.18	832.7	0.56	955.027	0.44	1634.3	1.25	121	0.54
	虻田郡	3493.501	1.94	728.5	0.49	3420.576	1.58	2479.67	1.90	14	0.06
	室蘭郡	763.028	0.42	138	0.09	71.076	0.03	717	0.55	168	0.75
	幌別郡	638.451	0.35	195.8	0.13	665.016	0.31	713.5	0.55	22	0.01
	千歳郡	3904.864	2.16	626	0.42	6952.418	3.22	348.5	0.27	—	
	白老郡	410.979	0.23	781	0.53	938.594	0.43	938.5	0.72	2	0.01
	勇払郡	1221.106	0.68	1385.76	0.93	1793.483	0.83	1231	0.94	30	0.13
	小　計		6.96		3.15		6.85		6.16		1.60

おける官林の様子を眺めておきたい。取り上げるのは、高島郡の高島官林と余市郡の畚部《ふごっぺ》官林の事例である。使用する史料は、明治一〇年代前半における開拓使による山林調査の概況をまとめた『明治十四年後志国各郡官林風土略記』[*4]である。

まず、高島官林については、「昔年ハ天与ノ樹木」が「森立」していたが、「濫伐ノ弊」と「野火」（山火事）のために「稚木」までも焼き尽くし、いまでは「一樹モ見ルコトナク、唯一面雑草繁茂シ、牛馬ノ飼料ニ供スルノミ」であるという。高島郡内には、小樽の周辺で市街地化が進んでいた色内《いろない》町、手宮《てみや》町があり、また、後志国内で有数のニシン漁村であった高島村、祝津《しゅくつ》村があった。「日用薪炭ノ需要」や「鰊〆粕」を焚くための「薪材」の需要が「夥多《かた》」であったが、「郡中一材ヲ得ルアタハス」、遠く石狩国の石狩郡、厚田郡方面からの供給に頼っているという現状が報告されている。

次に、畚部官林については、比較的林相は豊かで、小樽郡との境界にある「松倉山」は、「樹木ハ善良ナラサレトモ薪炭材多ハ此辺ヨリ伐採シ、小樽、忍路両郡ノ需用ニ供」しているという。しかし、海岸部に近い「連山」は「往年樹木森立セシモ、濫伐ノ弊ト、屢《しばしば》ハ野火ノ為メ」に荒廃が進んでいる、という現状が報告されている。そして、この「濫伐」と「野火」の原因に関する考察もある。「濫伐」については、①「余市ヲ始メ最寄村々」は漁業（ニシン漁）が盛んであり、「人民繁殖、漁業盛ナル」にしたがって需要が増えていること、②しかし、もともと「天然樹木」が豊かな土地で、かつ「人民」の多くは定住の観念に乏しい移住者であることから、「樹木」が「貴重」であることを悟っていないこと、③ニシン漁業家は、漁期になると漁夫を雇い入れて、必要な木材の伐採に従事させるが、伐木に関しては素人であるために、「一材」を得るために「数樹」を倒したり、「薪炭」材として使用するのにもかかわらず「良樹」を伐採したりしていること、④煩雑な「官林」からの木材払下げの手続きを厭《いと》い、「盗伐」を繰り返していることが理由としてあげられている。また、「野火」については、伐木のために山中に入った際に焚き火をしたり、煙草の吸い殻を投げ捨てたりすることが主な理由としてあげられている。

つまり、森林の荒廃の原因として、行政当局は、漁業のための木材需要が多いことは別にすると、北海道は森林資源が豊富であり、いくら伐採してもかまわないという観念が一般に広がっていたことと、いまだ北海道への定住観念のない移住者により漁業や伐木が行われていることによる森林への愛着の薄さ、加えて、伐木作業に従事する人々に伐木に関する専門的な知識が欠如していることを特に問題視していたことがわかる。また、先にも記したように、開拓使の時期以降、官林での「濫伐」、もしくは「盗伐」や「野火」を防ぐための「山林監守人」の設置など、森林保護に関する制度が整えられてきたが、木材の払下げのための手続きの煩雑さや、わずかな「山林監守人」の配置では監視が行き届かなかったことなどによって、それはあまり有効に機能していなかったのである。

以上、明治一〇年代の札幌県における森林の状況と人間（特に「和人」）の営為とのかかわりについて眺めてきた。札幌県管内においては、内陸部への「農業開拓」が本格化していなかった時期でもあり、おおむね豊かな林相が保たれていたこと、しかしながら市街地化や漁業集落化が進み、ニシン漁が盛んに行われていた地域、特に後志国では、行政当局にとって森林の荒廃が問題視されるような状況が生じていたことが知られる。そして、それへの対策は、いまだ不十分な内容であった。

*4　北海道立文書館所蔵開拓使文書簿書Ａ4-122

なお、本稿では詳しく記すことはできないが、江戸時代の「和人地」では松前、函館、江差などの市街地化した港町があり、漁業活動（日本海側ではニシン漁）も盛んであった函館県管内では、札幌県管内以上に山林の荒廃が問題視されていた。また、根室県管内では、道東の港町・漁業基地として市街地化が進んでいた根室などを除けば、札幌県管内に比べて、森林の荒廃は進んではいなかった。

二　明治二〇年代後半における北海道庁の実務担当者の問題認識

明治一九（一八八六）年、政府は、明治一五年より続いていた三県の制度を廃止して、新たに北海道庁を設置した。北海道庁は、内陸部への本格的な「農業開拓」を進展させるための政策の一つとして、明治一九年より殖民地選定事業に着手した。これは、道内全域にわたり、農耕や牧畜に適した土地を選ぶ作業である。そして、その後、選んだ「殖民地」を民間に払い下げるために土地に区画割を施す作業「殖民地区画測設事業」を進めた。これは、農耕地として払下げを予定した土地ばかりではなく、市街地や防風林地、堤防敷地の設定も行うなど、いわば地域社会の設計図を描く事業であった。また、明治一九年六月には「北海道土地払下規則」を公布するなど、本州以南の農民や資本家が土地を取得するための制度も合わせて整えていった。このような一連の政策的な背景に加えて、全国的な社会不況のもとで北海道への移住熱や投機熱が高まっていたこともあいまって、明治二〇年代以降、内陸部への本格的な「農業開拓」が進展したのである。このことは、言い換えれば、「殖民地」として移住者や資本家に貸し下げられた（払い下げられた）土地（原野や山林）において、原生林の大規模な伐採が行われるようになる時代の到来であった。

そのような時代が訪れつつあった明治二〇年代後半、北海道の森林の現状と、それをめぐる問題はどのように認識されていたのであろうか。ここでは、北海道庁の実務担当者であった河野常吉《こうのつねきち》が記した意見書から探ってみたい。北海道庁は、「開拓」政策を進めていくための基礎的な資料を得るために、明治二九（一八九六）年から道内各地の「殖民地」の沿革と現状についての調査を始めた。河野は北海道庁の「事業手」として、その調査に中心的な役割を果たした人物であり、北海道庁が進めていた政策や道内各地の現状に精通していた。

「明治二十九年調査北海道森林経営策」[*5]と題された河野の意見書は、大きく二章に分かれており、第一章では北海道の森林をめぐる現状と問題点が、第二章では予算措置も含めた具体的な森林施策案が記されている。以下に、その内容を、現状や問題点にかかわる部分を中心にして簡単にまとめた。

森林行政の不備　開拓使の設置以来、「森林事務取扱ニ関スル機関ヲ設ケ、専ラ森林護育ノ事」を司ってきたが、全般的に草創期であり、森林行政の優先順位は低かった。また、その背景には、為政者の側にも「殆ント無尽ニ均シキノ森林」、北海道の森林資源は無尽蔵であるという意識があった。しかし、「移民ハ日ニ月ニ増加シ、土木ニ工業ニ漁業ニ鉱業ニ其他凡百ノ進歩繁昌」は「開拓創造ノ時」とは事情が異なっている。それにもかかわらず、森林経営に関する全体的なビジョンが欠けていることは大きな問題である。すでに「移民」に「開放」した「森林原野」や、「濫伐」や「火災」により完全に荒廃してしまった山林などは別にしても、将来的な木材の需要量を見据えて、「本道ニ於ケル森林中、将来林地トシテ保続ヲ要スルモノト、殖民地トシテ移民ニ与フヘキ土地」の区別をつける必要がある。

北海道の森林観　いまだ北海道の森林資源が豊かであるなどという「妄説」が世間に広まっている。「移住セル農民ハ巨木良材ヲ見ルコト、殆《ほと》ント塵芥《じんかい》ノ如ク」で「暴伐」を繰り返している。道庁から貸し付けを受けた土地の払下げを受けるためには早く開墾を成功させなくてならないし、伐採した樹木について別に「利用ノ途ヲ求ムル」余裕がないことは仕方がない。しかし、地方の現場で行政に携わる郡役所や戸長役場までそのような「俗習」に慣れてしまい、「拓殖及産業上万般ノ便益ヲ計ル」ことには熱心であるが、「森林護育ノ事」には熱心ではなく、森林経営の「国家的性質」を理解していないことは問題である。

森林荒廃の現状　道内の西海岸一帯は「樹木欠乏」し、その内陸部は「山林荒廃シ、稍々《やや》深山ニ至ルモ良材ノ欠乏、若クハ諸種樹林ノ疎立ニ至リタル」状況にある。「従来森林ニ富ムノ土地ト称セラレタル」石狩国でさえも、大量の「公共又ハ営業用材」を一か所で得ることは難しくなっている。世間で言われている「無尽ノ森林ナルモノハ」その「実」を失っている。たとえば、小樽港におけるトドマツの角材（「尺角」）一本の相場は明治一〇（一八七七）年には五五銭であったが、明治二八（一八九五）年には一円五三銭まで騰貴している。小樽港には、石狩国のほぼ全域や後志国の数郡で伐採された木材が集まり、かつ移民の増加でその量が増えているにもかかわらず、相場が騰貴しているのは「良材ヲ産スル森林」が「附近」にないことが大きな原因である。

伐木上の問題点　森林荒廃の原因は、森林行政の不備による面が大きいが、「本道ノ習慣」もその一因である。それは、「伐木専職」ではない「伐木夫」が作業に従事していることである。農業に従事する者は「樹木ヲ見ルコト塵芥」の如くであり、沿岸地方でも伐木には「漁期ニ際シ臨時府県各地ヨリ募集スル所謂漁場人夫ナルモノ」が従事している。払下げを許可された樹木であると否とを問わず、「伐採シ易キモノヲ撰択シ、縦横伐採」するなどしている。「本道森林ノ作業」は、「一官林一定ノ区域ヲ定メ、中ニ就キ伐期ニ達セル樹木ノ一半ヲ撰択伐採シ、他ノ一半ヲ残置シ、之ヲ繁殖ノ元資トシ間帰年ニ至リ、再ヒ此法ヲ以テ択伐シ得ヘキ森林ヲ形成スル」という「択伐法」に拠らなければならない。しかし、「皆伐」してしまうと、森林の生

＊5　北海道立図書館所蔵河野常吉資料194-Ko-628

育の速度が遅いこともあって、回復がきわめて困難となってしまう。また、「誤伐」や「盗伐」を防ぐことができない、伐木許可に関する実地検査の制度にも不備が多い。

農業移民への影響　農業移民の居家は、移住当初「土地ノ開墾ニ従事スルノ間」は「皆所謂、小屋掛ナルモノニシテ、小丸太及笹等ノ類ヲ以テ縫構」するのみであり、「漸ク成墾」すれば「家屋」を建築する。しかし、周辺の樹木は「暴伐」や「薪炭用」に消費されてしまい、「一ノ用材」もない。そのために、家屋建築に必要な木材や、今後の生活のための薪炭材は、すべて「官林或ハ御料林」に供給を仰がなければならない。しかし、「此時ニ当リ、樹木ヲ供給スルニ足ルヘキ森林ハ既ニ深奥ノ地ニ僻在シ、出材ノ困難ト、価格ノ高貴」によって「彼等農民ノ家屋建築及日用ヲシテ容易ナラシメス」という状況も生まれている。これは「農業経済上」重大な問題であり、「本道将来ノ発展上、決シテ軽々ニ看過スヘキ」ではない。

産業への影響と保安林　「水源ヲ涵養シ、土砂ヲ扞止《かんし》シ、暴風ヲ過止シ、水産ヲ保護スル等」すでに「保存林」の設置がある。しかし、「保存林」は、多くの場合、単独で機能するのではなく、「他ノ普通ノ森林ノ補助」により初めて機能する。たとえば、北海道のように「降雨区域ノ大ナル土地」では、「全地皆保存林」と考えなければならない。北海道では「水源涵養」が特に重要である。府県一般と比べると、「河川ニヨリ物貨ヲ運搬スルノ便多」く、「宜ク之ヲ利用シテ、以テ、将来農産物及其他物貨運搬ノ用ニ供」する必要があり、「河川ノ水量ヲ保続スルニ必要ナル森林ノ保育ヲ要」しなければならない。また、森林の荒廃は、沿岸地方では、直接的には「魚粕製造ニ要スル薪材ノ欠乏」をもたらし、間接的には「招魚林ノ荒廃」を招く。「招魚林ノ荒廃」は、「本道唯一ノ物産タルヘキ魚粕製造及魚類ノ群来ト二消長ヲ与フルモノニシテ」、その善し悪しは「実ニ本道ノ生産上興廃ノ途ヲ分ツヘキ至重ノ事」である。

以上、明治二九年に河野常吉が記した意見書について、その概要を眺めてきた。河野は、明治二〇年代後半における森林の荒廃状況を強い危機感をもって受け止めていたことがわかる。先に記した明治一〇年代とのかかわりで言えば、北海道は森林資源が豊富であるというイメージの流布や、伐木作業に素人が従事することによる弊害などは、依然、変わらない問題として意識されていた。明治一〇年代との違いでは、内陸部への「農業開拓」のある程度の進展により、農業移民の「暴伐」など、新たな問題がクローズアップされてきたことである。

　また、いわゆる「賢明な利用」という観点からすれば、意見書の中で、「択伐法」のように持続可能な森林資源の利用が模索されている点や、「全地皆保存林」のように交通・運輸や漁業活動に資する目的のもと、広い視野での森林保全の必要性が訴えられている点は注目される。河野は、明治三五（一九〇二）年とその翌年にも北海道庁長官にあてて意見書を提出している。そこでは、「開拓」行政に携わっている役人の腐敗、投機目的で土地を取得する「山師」のせいで農地や牧場、山林が荒廃している現状などに警鐘を鳴らし、「本道の農業は天然の地味を荒らしつつあるのみ。牧畜業は天然の草を荒らしつつあるのみ。天然の良林は不経済に伐り荒らされ、河海の魚類も漸次減少の傾向あり。年々掠奪して補充せず、また憂うべきにあらずや」とも指摘している。[5] ここでも持続可能な資源の利用が強く意識されていたのである。

おわりに

　大正五（一九一六）年三月、北海道庁は、北海道庁林務課の編纂による『林業調査書』を刊行した。「森林ノ増殖」という章の緒論に「区町村ニ必要ナル用材林及薪炭林ノ造成ヲ計ルコト」と題された次のような一文がある（原文の引用箇所は「　」で括り、適宜、現代語訳した）。

　北海道は「拓殖ノ初期」には「全面蓊鬱《おううつ》タル森林」で覆われ、「開拓ノ実ハ先ヅ森林ヲ撲滅スルニアリ」という「誤謬」や、「到ル所随意ニ木材ニ対スル慾望」を満たすことができた結果、森林を「保存スルノ念」が薄かったことと、「森林ノ保続的経営ハ、長年月ノ後ニ其効果ヲ認メ得べキモノ」で保存に対する「必要ニ迫ラ」れなかったことにより、「森林ニ関スル注意」が「薄弱」になり、ついに「農林ノ限界ヲ乱」し、知らず知らずのうちに「森林ヲ破壊ノ極ニ達」せしめ、「木材不足」を来たし、また、「絶対的林地」に展開した「農牧業」は「収穫」が少なく、あるいは「経営ノ困難」のために「存続」することができず、まま凶作に陥り、ついに「荒廃不毛ノ地」に変わってしまい、「国土ノ生産力ヲ減退セシムルモノ」が少なくなかった。よって、ここに「本道ノ猶未ダ開拓ノ道程ニアルヲ以テ、我国木材消費額ト森林面積トノ関係ヲ調査シ、本道森林面積ノ要存置範囲ヲ究メ、更ニ本道内木材需給ノ状況ヲ明ニシ、各地方共ニ将来増殖ノ必要ヲ講究」する必要がある。

大正五年は、河野の意見書から二〇年後、内陸部への「農業開拓」が本格的に進展していた時期である。この一文からは、すでに河野が強い危機感をもって記していた、木材利用と森林保護のバランスの問題は結局解決されないままときが推移した、もしくは、問題がさらに拡大したという印象を覚える。文末に記されている「本道森林面積ノ要存置範囲」や「本道内木材需給ノ状況ヲ明らか」にする作業は、河野の意見書の中でも重要な課題として指摘されていた事項である。もっとも、『林業報告書』は、緒論にあるような問題意識のもと、この当時に北海道庁が取り組んだ事業の報告書であり、「保安林ノ設定」、「森林経営思想ノ普及」(①「林産製造ノ指導」、②「造林事業指導」、③「樹苗下付」、④「魚付林補助」、⑤「区町村有林施業指導」、⑥「小学校樹栽林設定指導」、⑦「造林補助」、⑧「将来ノ指導方法種類及規程」、⑨「将来ニ於ケル指導機関」)、「植栽樹種選定」、「苗圃事業」などの章立てで、その取り組み内容が報告されている。大正期に、北海道の林業政策は、それまでの掠奪的な林業への反省をふまえて、育てる林業へと転換したと言われる。(5)『林業報告書』には、そのような過渡期的な状況が反映されているのである。

とはいえ、「開拓」の進展の中で、原生林が掠奪的に伐採され、掠奪的な森林資源の利用が行われてきたという事実は重い。現代社会において〝豊かで雄大な〟と広くイメージされている北海道の自然を眺める際、このような歴史にも思いをめぐらすことは大切であろう。

しかし、その一方で、〝豊かで雄大な〟とイメージされるような自然が残ってきたことも、また事実である。本稿では詳しく記すことはできなかったが、そこにも、さまざまな人々の営為が刻まれてきた。たとえば、筆者が勤務する北海道開拓記念館の周囲には、およそ二〇〇〇ヘクタールに及ぶ道立自然公園の野幌森林公園が広がっている。札幌・江別・北広島の三市にまたがり、孤立した都市近郊林としては全国有数の規模を誇り、その多くが失われてしまった石狩低地帯の原生物相を残す貴重な森林と評価されている。夏には森林散策、冬には歩くスキーを楽しむ人々も多く、身近な自然体験型のレクリエーションの場としても親しまれている。

この野幌森林公園の自然が守られてきた歴史をひもとくと、その端緒にはある移民団体による保存運動があった。明治二〇年代初めに新潟県から現在の江別市に移住した

「北越殖民社」とよばれる団体である。明治三〇年代初めに、北海道庁が野幌の森林を周辺町村に対して基本財産として分割・払い下げようとした出来事があった。そのことで、森林が伐採されて荒廃することを恐れた北越殖民社の指導者関矢孫左衛門は、道庁当局に対して繰り返し陳情を重ね、その方針を撤回させた。野幌の森林は、北越殖民社の人々にとって、水田耕作を行ううえでの水源涵養林としてきわめて重要と考えられていたのである。(5)そして、その運動には、北越殖民社の人々が郷里である越後国の農村で培ってきた森林に対する考え方も反映されていると推測される。(6)

明治以降の北海道における森林と人間（特に「和人」）の営為とのかかわりの歴史は、大局的に見ると、掠奪的な森林資源の利用が行われてきた歴史と言い換えることができる側面が強い。しかし、そのなかにあって、さまざまな形で森林保護にかかわってきた人々の営為があったことも、忘れてはならないであろう。

第6章　北海道で魚を増やす三つの方法
―「人工孵化」・「種川制度」・「魚付林」―

麓　慎一

はじめに

北海道の人々と自然の関係を、自然の利用という点から考察する。人間による自然の利用といっても、それは地域や時代によって異なっており、一様に議論することはできない。この章では、北海道における人々の漁業資源の利用の問題を、その保全も含めて検討する。特に明治時代の前期を中心に検討を進めるが、それはこの時期が、漁業資源の「利用」から、「利用と保全」という、いわゆる持続可能な漁業資源の活用を求められる時代にさしかかっていたからである。

　この利用と保全という北海道の人々の漁業資源に対する新たな取り組みは、その枯渇に対する懸念から始められることになった。この枯渇に対する取り組みは、おおよそ「人工孵化」・「種川《たねかわ》制度」・「魚付林《うおつきりん》」という三つの方法に分けることができる。これらの方法の導入の経過や成果を考えることで、この時期における北海道の人々と自然――漁業資源――の関係の特徴を明らかにする。

　最初にこの三つの方法について確認する。「人工孵化」とは、魚の繁殖を自然の交尾に委ねるのではなく、採卵し受精させた卵を孵化器などを用いて稚魚にし、繁殖を促す方法である。「種川制度」とは、魚が繁殖する河川において種魚の遡上や産卵を妨害する行為を法令や規則によって禁止するとともに、自然の障害物なども除去して、その繁殖を保護する方法である。この「種川制度」は、本州では江戸時代から主に鮭の繁殖のために使われていた。「魚付林」とは、海岸・湖岸・川岸などに植えつけられた主にクロマツなどの林のことを指し、魚の好む暗所を作り出すとともに、森林が風波を防いで水温を安定させ、さらには餌となる水中の微生物の増加を促進する効果があった。

北海道では明治時代の前半にこのような三つの方法が魚を増やすための方法として採用され、実施された。しかし、これらの方法がすべて成功したわけではなかった。なぜ期待した効果が得られなかったのかという点に留意しながら、北海道の人々の漁業資源の利用と保全の特徴を明らかにしたい。

一 「人工孵化」の導入

北海道庁技師の伊藤一隆《いとうかずたか》は、アメリカ合衆国の「人工孵化」事業を北海道に導入した人物である。伊藤一隆は、一八五九（安政六）年三月に東京で平野彌十郎《ひらのやじゅうろう》の四男として生まれる。札幌農学校を卒業後、一八八〇（明治一三）年三月に水産技師として開拓使に奉職する。一八九二（明治二五）年一一月に北海道庁を「非職」となり帝国水産株式会社の「相談役囑託」となり、一八九五（明治二八）年一月に依願退職する。伊藤は、開拓使と北海道庁において一貫して水産事業の中心的地位にあった。

彼が、北海道に「人工孵化」事業を導入し発展させたことについては、すでに多くの研究がある。ここでは、彼がアメリカ合衆国の「人工孵化」事業の導入のために派遣された時代状況と、その導入が北海道における漁業資源の「利用と保全」に果たした役割を中心に考察する。

伊藤をアメリカ合衆国に派遣したのは北海道庁長官の岩村通俊《いわむらみちとし》であった。岩村は、一八八六（明治一九）年七月に総理大臣伊藤博文に提出した「属官米国へ派遣之義伺」と題する上申書の中で、北海道の漁業の現状と伊藤のアメリカ合衆国への派遣について次のように述べている。

北海道は、海と川に恵まれ魚の繁殖に適した地域であるが、さらに漁獲高を増やすには、魚粕《ぎょかす》（魚から油をとった後のかす）や魚油の製造法を改良して品質を向上させるとともに、漁船を改良して遠海の漁業も行えるようにする必要がある。特に「水族保護ノ制ヲ設テ其蕃殖ヲ謀」る必要があり、そのために伊藤一隆を一年間アメリカ合衆国に派遣する必要がある。

岩村は、候補者として推薦した伊藤一隆は一八八〇年に札幌農学校を卒業して以来、一貫して水産事業に従事し、北海道の漁業に精通していると述べてアメリカ合衆国の漁業視察に最適の人物である、と評している。

この上申は受け入れられ、伊藤一隆は調査のために渡米することになる。彼は、次の三点について主に調査を指示された。第一は、水産肥料としてのニシンの絞粕《しめかす》・魚油とサケおよびタラによる食用品の製造方法である。第二は、漁業の方法と捕った魚の陸揚げ方法である。第三は、魚苗《ぎょびょう》（幼魚・稚魚）による人工繁殖方法と水産保護に関する方法である。ここでは北海道における自然の「利用と保全」という点から第三の点に注目する。

伊藤は一八八六年八月二〇日に札幌を出発し、九月三〇日にはアメリカ合衆国のサンフランシスコに到着し、漁業調査を開始する。この調査の内容は、帰国後に『米国漁業調査復命書』（一八九〇年六月）と題してまとめられた。ここでは、伊藤の漁業調査の内容だけでなく、それが北海道の漁業資源の「利用と保全」にどのように生かされたのかという点に留意して分析を進める。それゆえ、先の『北米漁業調査復命書』に加えて、「北水協会」という団体が出していた雑誌「北水協会報告」も素材にして、この問題を考えることにしたい。

「北水協会」とは、一八八四（明治一七）年一月に伊藤らが中心になって北海道の水産業を発展させるために設立した団体である。一八八四年一月の「北水協会創立の主意」で、伊藤たちは、新しい漁業の開発が行われない一方で、サケやマスの濫獲により漁業資源が減少している現状と捕獲したサケやニシンの加工が粗悪である点を北海道における水産業の問題点としてあげている。これらの点を改良して北海道の水産業を発展させるために「北水協会」を設立した、とその設立理由を記している。伊藤は、アメリカ合衆国における調査の内容を「北水協会報告」でいち早く伝えるとともに、北海道の漁業に対する自説を公表している。「北水協会報告」の中から伊藤の「人工孵化」事業に対する考えが分かる論説を紹介する。

伊藤は、「人工孵化法の利」（「北水協会報告」一九号）と題する論説の中で、密漁が盛んになり「取締法」を設けて「看守」をおいただけではサケの繁殖を維持することはできないと懸念を表明し、サケが著しく減少する前に「人工孵化」法によって繁殖を行う必要があると指摘する。これまでの法と罰則による規制では北海道の漁業資源――サケ――を保全できない、と伊藤は考えたのである。

さらに、伊藤は、一八八八（明治二一）年五月の「本道に鮭魚人工孵化場の設立を望む」（「北水協会報告」三五号）と題する講演の中でサケ漁と「人工孵化」の関係について次のように述べている。「水産取締規則」の発布は魚の繁殖を企図した法令であり、このような法令による漁業規制は淡水魚を繁殖させるのに最も有効な方法の一つであるが、十分なものではない。この点は欧米各国の状況からしても明らかである。

たとえば、アメリカ合衆国のコロンビア川ではサケ漁に対して厳格なルールを作ってサケを保護したにもかかわらず、近年においては著しく減少している。「開明」国であるアメリカ合衆国でさえこのような状況なのだから、北海道の「鮭種川」の周辺に居住しているのは知識のない人たちであり、漁業の禁令を理解することはできない。また「種川の保護」を行うためには、「看守」をおいて厳格な「取締法」を実施する必要があるが、北海道の多くの河川に「看守」をおくことも、実際には困難である。

伊藤は「取締法」による「種川」の保護は、現実には困難であるととらえていたようである。そこで伊藤は「人工孵化」法を奨励するのである。

さらに、アメリカ合衆国での漁業調査をふまえて伊藤は、サケの「人工孵化」法の有効性とその北海道への適用について次のように指摘する。まず「人工孵化」法の有効性についてアメリカ水産委員長ベヤードの魚の減少した河川において、その残魚を保護するために多額の公金を使うよりは、多量に捕獲しても枯渇しないように施策すべきであり、この点で「人工孵化」法は失費が少なく収益を得ることができる、という考えを紹介した上で、彼によって展開されているアメリカ合衆国の「人工孵化」法を北海道に導入する有効性を主張する。

さらに、アメリカ合衆国の「人工孵化」法の北海道への導入にあたっては、二つの点で改善が必要であると指摘する。第一は、サケの品種の改良である。サケは缶詰に加工することで最も利益を得ることができるのに、北海道のサケは劣等で缶詰に加工しても需要が少ない、と伊藤はとらえていた。この点を改善するためには、缶詰に適した米国の優良品種のサケを北海道の河川に移植する必要があると提起する。第二は、「人工孵化場」の設置方法である。北海道の各河川に「人工孵化場」を設置するのは費用と熟練した技術者の確保という点から考えて困難であった。そこで適切な場所に「人工孵化場」を設置し、それを拡張して将来的には「中央孵化場」と位置づける。ここからサケ卵をそれぞれの「種川」に設置した「小孵化場」に運搬して放流する。この「小孵化場」は各地域の漁業組合が管理して、「中央孵化場」の維持費も各漁業組合が拠出する。

このようにアメリカ合衆国で実施されていた「人工孵化」事業を北海道の河川で実施するために二つの改良点を示し

た。伊藤は、論説の最後にこの「中央孵化場」を設置する場所について「千歳川を以て親魚捕獲卵子分送等に最も便利なり」と、千歳川をあげている。実際、一八八八年には「千歳孵化場」がこの川に設置されることになる。図1は一八八八年一月の「北水協会報告」四二号に掲載された「孵化場」である。

この計画は、その後どのように展開したのだろうか。この北海道のサケ漁をとりまく状況を、「北水協会」の札幌会員藤森信吉《ふじもりしんきち》が、「千歳鮭魚人工孵化場」と題して「北水協会報告」第四二号に掲載した記事から確認する。藤森は次のように指摘する。サケ漁は北海道における著名な物産であり、一八八七（明治二〇）年の漁獲高は、一二万三〇〇〇石にものぼり、その価格は七二万四〇〇〇円になった。このサケの資源を永遠に維持することが北海道にとって最も必要なことである。開拓使が設置されてから「蕃殖保護」の方法を設けて「種川」の保護政策を実施し、夜間の漁業や有害な漁具の使用を禁止するなどの規制を実施してきた。また、重要な河川については「看守」人をおいて取締りも行った。しかし、近年サケが減少しているのは明白である。その減少の原因はサケの減少を顧みることなく捕獲し続けてきたからである。また「種川」においてさえも濫獲が行われており、取締りなどの規制によってだけではサケを増やすことはできない。さらに「看守」人を北海道の河川に配置したとしても効果を期待できない。それゆえ、法令による規制だけでなく「人工孵化」による繁殖が必要となった。アメリカ合衆国に派遣された「北水協会」会頭の伊藤一隆によって鮭の「人工孵化」法が伝えられ、一八八八年に千歳郡烏柵舞《うさくまい》村に「中央孵化場」が設置されて事業が開始された。およそ二〇〇万粒の採卵が行われ、五つの河川に「民設孵化場」を設けて、二〇万粒ずつ分与され

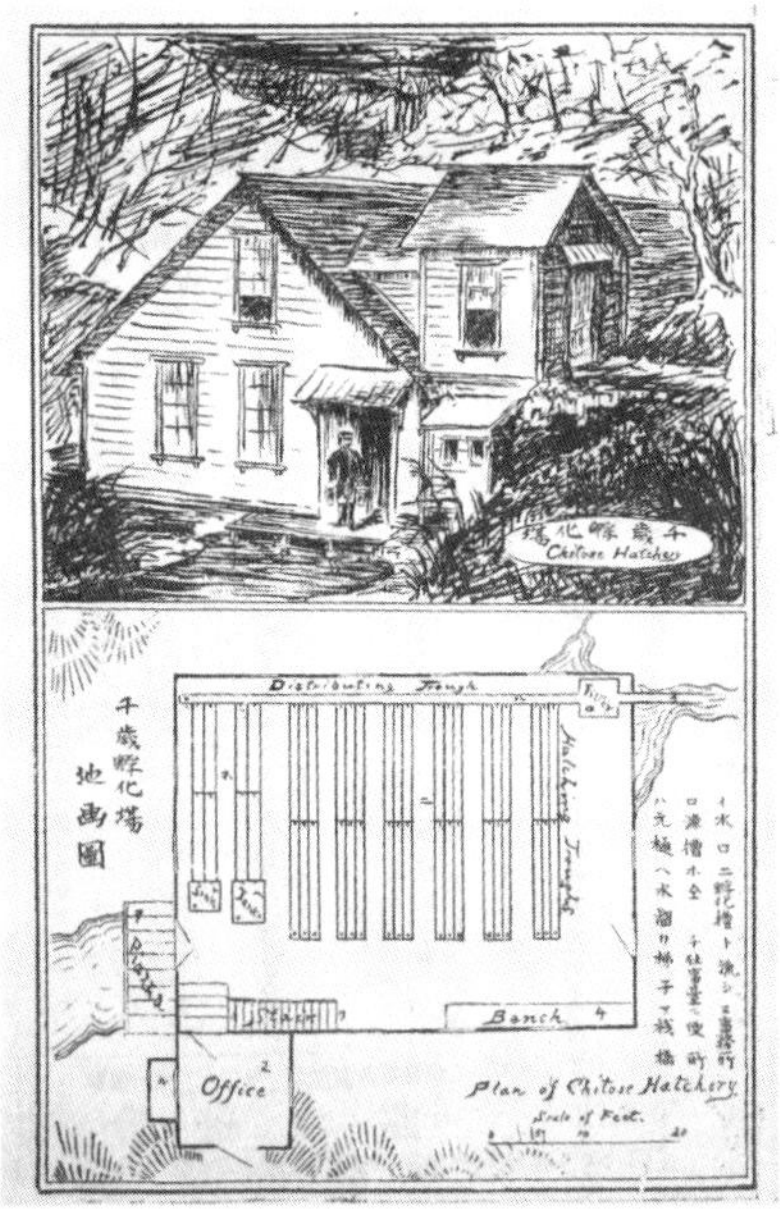

図1　千歳孵化場

て、「孵化」試験が行われた。残りの一〇〇万粒については石狩川の支流に放流する計画も立てられた。「人工孵化」法は、産卵期における漁業の禁止や天然孵化法よりも「失費」が少なく、数倍の効力があり、各所に孵化場が設置される計画も立てられるようになった。

藤森は、このように北海道におけるサケ漁の現状と伊藤の提言によって実施された千歳川の「中央孵化場」を中心とした「人工孵化場」の北海道における導入の様子をまとめている。

「人工孵化」法によるサケの繁殖、という方法は北海道を近代化のための「実験場」として欧米の最新技術の導入と試作の場とみなすイメージと合致しており、従来も注目されてきた。人間による自然の利用という観点から考えたとき、「人工孵化」法はまさに直接的な人為の介入による自然の利用と評価できる。この直接的な人為の介入は、それまでの漁業政策の限界に対する認識とそれを克服する手段として導入されたようである。それは、「人工孵化」法を導入する際に、克服すべき漁業政策として「種川制度」を批判していたことから推定できる。そこで、この批判の対象になっていた「種川制度」を次に検討する。

二　「種川制度」

「人工孵化」法の導入を求める「北水協会報告」の論説は、掠奪的な漁業資源の利用を批判していた。この批判は「種川制度」にも向けられていた。最初に、この「種川制度」の北海道における導入の経過を先学によりながらまとめておきたい。

「種川」とは主に江戸時代、河川に漁業制限などを加えてサケの産卵や稚魚を保護して増殖を図る方法であった。それを北海道のサケの増殖方法として導入したのが開拓使であった。開拓使は、新潟の三面川に役人を派遣して「種川制度」を学び、それを導入した。一八七九（明治一二）年一一月に遊楽川において「鮭漁種育場」が設けられ、北海道における本格的な「種川制度」が開始された。

北海道の各地に「種川」が設置されたが、サケの「産卵場」の保全は達成できずに減少するばかりであった。その理由は、主に「密漁」だった。この「密漁」問題を千歳川を事例に検討する。千歳川は、支笏湖をその源流とし、石狩川に注ぐ北海道のサケ漁にとって最も重要な河川の一つだった。千歳川は、不漁により一八七九年に「禁漁場」となり、一八八六年に千歳橋から上流の烏柵舞村までと近隣の支流が鮭漁の「産卵場」に指定され、密漁を禁止するとともに監視のための「看守」が配置され、サケの溯上と産卵が保護され、「種川」としての整備が進められた。しかし、この対策は、大きな問題を惹起することになった。

この問題を素材にして北海道における「種川制度」がなぜうまく機能しなかったのかを考えてみたい。最初に千歳郡の状況を確認する。一八八七年の「千歳川漁業概況」によれば、千歳郡には原籍がある者と居留の者を合わせ、およそ二四〇戸の家があった。このうち、アイヌ民族は六三戸であった。漁村（明治一九年五月に六五戸が渡航）と千歳村（明治一七年五月に三二戸が渡航）への移住人を除けば「馬車追」・「旅人宿」さらには「雑夫」と称される仕事に従事している人が多くいた。

しかし、彼らの多くは実際にはこの川のサケを捕って生活を維持していた。それゆえに、彼らの多くは千歳川の川沿いに居住していた。一八八六年に禁漁が実施されたことで、彼らは困窮する。農業によって得る収入よりも、溯上してくるサケを捕獲して生活する方が容易だったので、「従来の慣行」となっていたサケの捕獲を厳しく禁じれば、住民の生活は成り立たなかった。その一方で彼らを農業に転職させるのも容易なことではなかった。しかし、取締りを緩めれば石狩川のサケが減少することは明らかだった。地域住民の生活の維持か、サケの減少かという板ばさみの中に「禁漁」による「種川」の維持を前提とした「種川制度」はおかれていたのである。

「種川制度」は地域住民が禁漁の時期や地域を遵守する意志がなければ基本的に成り立たない制度だった。また、たとえその意志があったとしても「密漁」（法が制定されるまでは「密漁」ではないのであるが）を生活の糧としている人たちに「禁漁」を前提とした「種川制度」を遵守させることは困難だった。監視のために「看守人」を配置したとしても、広大で多数の河川が流れている北海道においてすべての河川の「密漁」を監視することは容易なことではなかった。

長い慣習と相互の規制を前提に作られた本州の漁業資源を保全するための「種川制度」を、多数の居留民を地域の構成員として抱え、なおかつサケを生活の糧としていた人々が住む千歳川周辺では、その機能を発揮することは難しかったようである。その意味で、伊藤一隆がアメリカ水産委員長ベヤードの、大量に捕獲しても枯渇する憂いのない方法――「人工孵化」法――に着眼したのも理解できる。

「種川制度」から「人工孵化」法への転換は、漁業資源の「利用と保全」のための人為的な介入の強化ととらえることができる。ここで確認しておきたいのは、「人工孵化」法が単にアメリカ合衆国における最先端の漁業資源の「利用と保全」方法だったから導入されたというだけでなく、従来の「種川制度」が北海道という地域社会に合致しにくい方策だったという点である。実は、この北海道の地域社会の特質の問題は、別の形でも漁業資源の「利用と保全」に対する政策を規定することになった。

三 「魚付林」と森林保護

札幌県は、一八八四年一〇月、水産についての意見を「北水協会」に諮問した。この諮問に応えて「北水協会」の「水産談話会」は、水産資源の減少の原因と、その回復策を協議した。特に、この会議ではアワビやニシンなどの減少が問題になった。ここで注目したいのはニシンの減少の原因として海岸における樹木の伐採が指摘されたことである。

古宇《ふるう》地方の代表者であった西宮利三郎は、古宇地方は近年、樹木の伐採と建網の増加のためにニシンが減少した、とその現状を述べ海岸に植林して「魚付場」（「魚付林」）を設ける必要性を主張した。会頭の伊藤も、「山林を海浜に仕立、魚附林を設くることは最も蕃殖に肝要なり」（「北水協会報告」第一号）と、ニシンの繁殖に「魚付林」が必要であると明言しており、すでにニシンの繁殖のために森林――「魚付林」――が必要であると理解されていたことがわかる。

さらに一八八七年三月一九日に開催された「北水協会」の月例会議で、「森林の栄枯は漁業上に如何なる関係を有するや」（「北水協会報告」第二一号）と題して「魚付林」に関する本格的な議論が行われた。札幌の野原萬喜は、かつて自分がいた古宇地方の「群来《くき》村」（北海道後志管内古平町）を事例に森林と漁業の関係について次のように解説した。魚が暗所を好むという習性から森林は漁業に有益である。「群来村」はかつて森林が鬱蒼としていて海面にその影が映り、ニシンが多く来ていたので「群来」（「群来」とは、春に産卵のためにニシンなどの大群が海岸に押し寄せることを意味する）という言葉が村名になった。かつては村名として借用されるほどに多かったニシンが減少したのは、森林の伐採が原因である。

さらに野原は、森林がニシンなどの海洋に棲息する魚類との関連だけでなく、サケやマスとも深い関連があると考えていた。サケやマスは、清水を好んで溯上し産卵するので、森林が枯渇すれば魚苗の生育を妨げるだけでなく、土砂も河川に流れ込み清水を混濁させるので、サケやマスの繁殖にも「魚付林」は重要であると主張した。野原は、このように森林と魚類の繁殖の密接な関係について発言したうえで、漁業には薪材や漁具のためにも森林が必要不可欠であるとも指摘している。

　さらに、この「北水協会」の月例会議における森林と漁業の関係についての議論で注目したいのは、北海道や本州における事例が多数あげられて議論されていることである。たとえば、北海道の襟裳岬では官有林であった時期には森林が生い茂っていたが、森林が払い下げられて濫伐が始まり、魚が減少したことが報告されている。本州では、加賀地方におけるマグロ漁の事例があげられ、森林伐採により薄漁となったため植林が計画されたことなどが報告された。

　この「北水協会」の議論から、森林と漁業に密接な関係がある、と認識されていたことは確認できた。しかし、どのように森林を保護するのか、という点になると必ずしも明確な方針が打ち出されたわけではなかった。この点を次に検討する。

　「北水協会」の月例会議で「魚付林」について発言した札幌の野原は、森林の濫伐を矯正することが難しいことを認めたうえで、伐採に対して厳しい罰則を設けたとしても違反者が出てくることを示唆し、具体策として燃料となる薪材の伐採を削減するために石炭を利用することと、森林を一村ないしは数村で共有管理することで濫伐を防止するという案を示した。この森林の保全についての二つの方策についてさらに検討する。二つ目の森林の村落による共有管理という点から検討する。

　森林の管理についての会議（「水産談話会」）が、一八八九（明治二二）年八月七日、札幌農学校の演武場で開催された。「北水協会」会頭の伊藤は、ここで漁業と森林の問題を議題として提起した。具体的には、漁業を活発にするためには森林を各地域の郡、ないしは村の共有にする必要があるか、否かという議題だった。この議題について石狩選出の畠山清太郎《はたけやませいたろう》は、森林を保護するというのは「魚付林を造成」するのか、それとも漁業に必要な薪材を採るためなのか、と議事に入る前に、その提案理由を明確にするように求めた。

　これに対してこの発議者であった岩内の武藤清兵衛《むとうせいべい》は、

その提案理由を次のように説明した。森林保護は、燃料のための薪材の確保だけでなく、新しい漁具を作るためにも必要であるし、魚が繁殖するために必要な活力を維持するためにも必要である。しかし、濫伐によって海岸沿いの山々は禿山になっており、消雪降雨の際にはその禿山から泥土が河海に流れ込んで海草を枯らし、さらには魚の産卵場も失われてしまい、魚影を見ることもできなくなった。このように状況を説明したうえで、武藤は従来の官庁による森林取締の有効性を問題にし、森林保護を漁業との関係から適切に実施するために地域によって森林を管理する方法――共有財産化――が必要であると提起した。

まず、問題になったのは現行の森林の取締法が、伐採に対して厳しい制限を科していて、たとえ伐採許可が出たとしても、その手続きが煩瑣で時間がかかることだった。その一方で、すでに森林が枯渇している実態が次々と報告され、問題の深刻さが浮き彫りになった。忍路《おしょろ》地方では、森林が枯渇して近隣で材木を獲得できない状況になっていたし、積丹地方でも森林が枯渇し有志によって植林が行われていることが報告された。しかし、一方で地域における森林の共有管理に反対する代表者も多くいた。森林に対する「取締法」を緩やかにして森林を共有で管理することは即座に濫伐を招来する、というのがその意見の趣旨であった。

特に岩内の武藤清兵衛は、次のように指摘して森林の共有管理の問題点を指摘した。北海道の漁民は「内地」(本州)の人たちに比べて団結力に乏しい。団結力が強くないのに森林を共有化することは、森林の保護を推進しない。本州から移住してきた人たちによって形成されつつあった地域社会は、いまだ強固な団結力を有していないので、森林管理を地域(郡・村)に委任しても、その保全は困難であると武藤は主張したのである。

想起したいのは、北海道における森林管理の困難さを理解している武藤が、地域による森林管理の方策を提起している点である。すなわち、武藤は北海道における地域社会の団結力の脆弱性を理解していたにもかかわらず、森林を地域で共有管理する――その際に厳格な取締法も必要であると述べているが――と提案しており、この提案が必ずしも森林の保護の見地からのみ提案されていたのではなかったことが推定できる。

この点からもう一度、「水産談話会」の議事を見直すと、発議者の武藤が、森林は燃料のための薪材や新しい漁具の作製のために必要である、と述べていたことが注目される。さらに爾志《にし》地域の荒井幸作《あらいこうさく》は、爾志郡でも漁期が近づくと材木の払い下げを出願するものが数百人にも及ぶにもかかわらず、払い下げのために必要な検査を担当する林務官は三人から五人程度しかいないため、伐採の許可を得るために時間を要して多大の損害を被っている、と主張している。森林の、地域における管理という議論は森林保護による漁業資源の保全の必要性から提起されたというよりは、漁業に必要な薪材や材木の確保という点から主張されていたようである。このことは、「水産談話会」が結論として、森林と漁業が緊密な関係を有しているので森林を保護するのは当然であるが、現行の「山林取締規則」は不便であり、その改正を北海道庁に要請すると決議したことが、それを裏づけている。すなわち、「水産談話会」は、森林の伐採をより簡便に行えるように北海道庁に求めたのである。森林――「魚付林」――が漁業資源の保全に必要であることは理解されていたものの、森林の共有管理の要請は、薪材や材木の確保の容易さから求められていたのである。

四　鰊の改良竈

　森林保護のための方策の一つとして考えられていた燃料の薪材から石炭への転換という点を次に検討する。北海道の鰊漁場において薪材はニシンの絞粕を作るニシン竈《かまど》の燃料として多量に消費されていた。「北水協会報告」第一七号に掲載された「改良竈」と題する記事は、北海道の漁民が使っているニシン釜の竈は、不完全で多くの薪材を使うにもかかわらず、時間がかかり「森林を濫伐し、薪炭の欠乏を告ぐるの状」と、森林破壊を招く原因の一つであると指摘する。そこで、効率のよい改良竈が考案されることになったのである。改良竈は、一八八五（明治一八）年に函館県で宇都宮三郎《うつのみやさぶろう》が発明し、渡島《おしま》や後志《しりべし》などで試用されることになった。この改良竈は、薪材と石炭を併用することで従来よりも沸騰速度が速く、使用する薪材も三分の一程度ですむなど多くの利点があった。

　実際に「鰊絞粕改良竈」がどのようなものであり、その普及がどのように進んだのかを紹介する。

　図2は「北水協会報告」三二六号（明治二一年六月）に掲載された「鰊絞粕改良竈」の図である。この「解説」には次のように書かれている。この竈は函館県が寿都《すっつ》や歌棄《おたすつ》などで試験を行い、好結果を得た。一八八六年七月には島牧《しままき》郡などでもこの竈が八〇個ほど設置することが計画された。さらに一八八七年六月には函館区役所の援助により著名な漁業家栖原角兵衛が天塩国の留萌でこの竈の試験を行

い、増毛・留萌・鬼鹿・苫前などの漁場でも二〇〇個ほどが設置されることになった。「解説」によれば、効率の高い改良竈の導入が急速に普及していったような印象を受ける。

さらに、この改良竈の普及の状況を詳しく考察する。この改良竈の製造を請け負ったのは有江金太郎《ありえきんたろう》という人物であった。有江は、函館地蔵町に「有江工場」を設立して「本道鰊絞粕改良同圧搾機械製造　元祖」と銘打ってこの改良竈を製造していた。この改良竈の試験を行った栖原角兵衛は、改良竈に対する評価を「証明書」と題して、「北水協会報告」二六号（明治二一年七月）に掲載している。この「証明書」は、一八八七年に天塩国の留萌で試験が実施され、その結果が良好であったので栖原が所有する漁場はすべてこの改良竈に替えられた、とその導入の経過を伝えている。

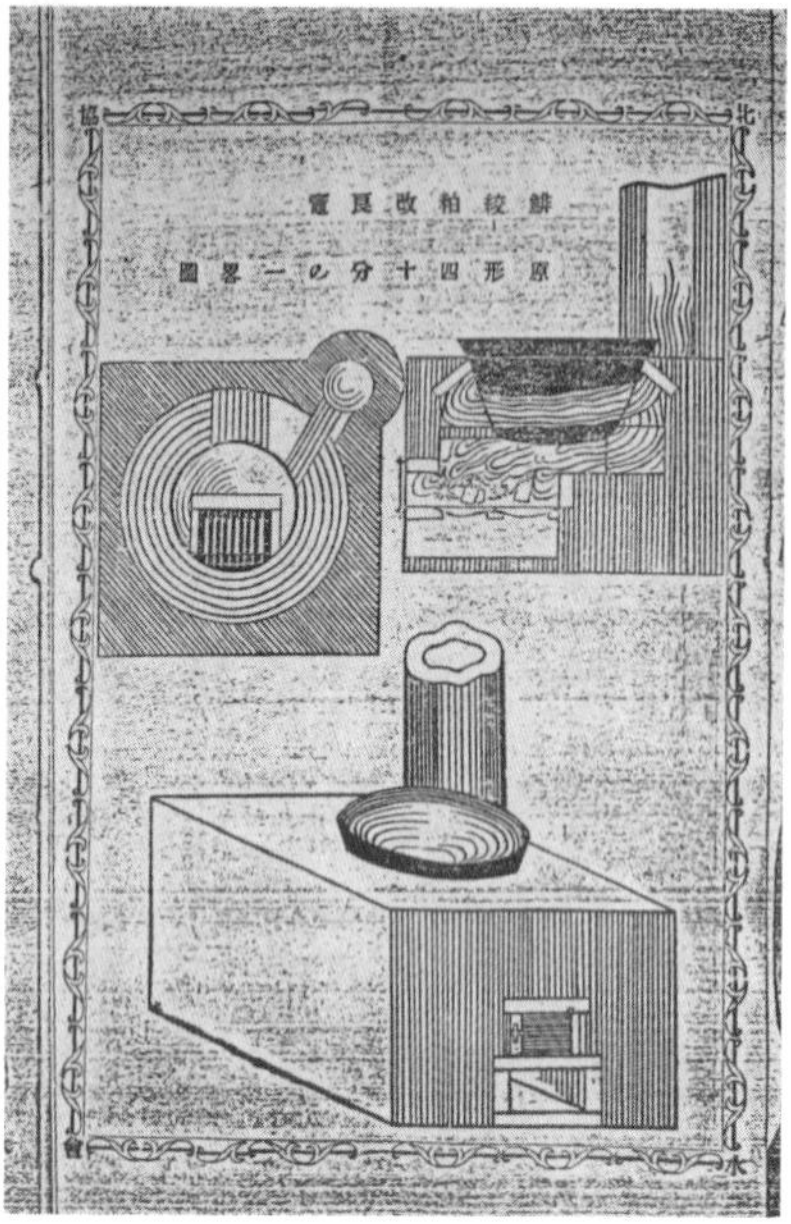

図２　鯡絞粕改良竈

当初、改良竈の薪材の消費量は旧来の竈に対して一〇分の六であったが、これは改良竈を使用する漁夫たちがまだ不慣れで必要以上に薪材を投入したためであり、漁夫がこの改良竈に慣れたならば、三分の一程度の薪材で足りるであろうと予想されている。沸騰する時間も早いので一日に一竈で一〇個の釜を炊き上げることができ、さらに従来の竈よりも釜に火が平均的にあたるため、良質の絞粕ができるなどの利点もあった。製造元の有江は、この栖原の「証明書」を掲載したうえで、改良竈を使用することが個人の利益となるだけでなく、「山林を保護し国利を為す」と、その利用がもたらす意義を宣伝している（「北水協会報告」第三六号）。

しかし、当初、この改良竈は漁場では容易には受け入れられなかったようである。この点を「北水協会」員斎藤承明の「留萌郡鬼鹿《おにしか》天登雁《てんとかり》両漁村の概況」（「北水協会報告」第二九号）を素材に考察する。効率性や森林資源の保全という観点から考えれば、従来よりも少ない量の薪材によって絞粕と魚油を得ることができる改良竈は、すぐさま導入され急速に普及すると予想されるところであるが、斎藤によれば、この改良竈の普及が阻害された理由は、次のような点にあった。

第一は、熱気の問題である。改良竈は、旧来の竈に比べて熱気が外に漏れる量が少なかった。これは竈としての効率が高いことの証左である。しかし実際には、暖気が外に出ないと漁夫たちは竈で暖をとることができず、寒さをしのぐことができなかったのである。第二は、手間の問題である。改良竈は、釜の沸騰が従来よりも早かった。しかし、その一方で改良竈に使用する薪材を小さく裁断しなければならなかった。手間がかかるため、その作業を強いられる漁夫たちは改良竈を嫌がったのである。第三は、改良竈の効率にあった。漁夫たちは改良竈の効率のよさを嫌がった。なぜなら、改良竈の効率がよいために休憩する時間が短くなってしまったからである。第四は、改良竈が従来よりも燃料として利用する薪材が少量で済むという点であった。ニシン漁のために漁夫を雇用する雇主たちは、雇用契約後、漁夫に漁業が始まるまで薪材の伐採の仕事を与えていた。しかし、改良竈が導入されて薪材の伐採量が減少するので、雇用契約を結んでから実際に漁業が開始されるまで多くの漁夫を遊ばせておくことになった。

このように森林資源の保全のために改良竈が有効であると認識されながらも、それを導入し定着させるためには、漁場での慣習や雇用契約の見直しなど、いろいろな変更が必要となったのである。

五　「人工孵化」の有効性

明治前半期における漁業資源の利用と保全のあり方を検討した。北海道において漁業資源の枯渇が懸念される状況になったとき、それを保全し回復するために「人工孵化」・「種川制度」・「魚付林」の三つの方策が試みられた。現代に生きる私たちは、北海道の千歳川における鮭鱒孵化場に象徴されるような「人工孵化」事業が漁業資源を回復する唯一の方法であると考えがちである。

しかし、これまで検討したように、北海道における漁業資源の「利用と保全」は、決して最初から「人工孵化」法が選択されていたわけではなかった。確かに、欧米の技術導入による漁業資源の拡大は、北海道が明治初期の欧米技術の導入の役割を果たしてきた通説に合致しており、受け入れやすいであろう。本章では、「種川制度」や「魚付林」

といった漁業資源の利用と保全を念頭においた方法が、なにゆえに北海道ではうまくいかなかったのか、という点に着目した。ここに北海道で魚を増やす方法の特質があると予想したからである。

「種川制度」についていえば、地域社会が「種川」を保全するという考えを共有することができなかった点に失敗の要因があったようである。それは千歳川の事例で見たように生活の中に「密漁」が組み込まれており、単に取締りや規制といった方法だけでは解決できるものではなかった。

「魚付林」についていえば、それ自体が漁業にとって重要である、ということは、「北水協会」の記録からもわかるように、すでに明治二〇年代の初頭には漁業者たちの共通認識になっていた。しかし、この段階では「魚付林」の保護と拡張という方向性は見出されなかった。「北水協会」の決議は、山林に関する「取締規則」を改定して、漁民がより簡便に木材を伐採できるように求めていた。また、この問題との関連で、薪材が少なくてすむ改良竈の導入においても、単に効率という点からだけでは、その導入や定着が容易には進まないことも理解することができた。その導入と定着のためには、改良竈をめぐる社会的環境の整備も必要だったのである。

社会的規制を必要とする漁業資源の保全方法は、多分に地域社会の相互の規制とも関連していた。さらに資源保護という政策は、生活の維持や慣習の尊重といった点についても考慮して展開されなければ実りのある結果を得られなかったという点を確認しておきたい。この点で、「人工孵化」事業による漁業資源の増産は、社会的規制が未成熟で社会的規範が脆弱な北海道においても、それを阻害する要因が少なく、成功する可能性の高い方策だったのである。

〔付記〕本稿の作成のための資料調査に際して、財団法人北水協会常務理事塩田健二氏には資料調査に際して特段の配慮をいただきました。記して感謝します。

コラム1　北の魚つきの森

会田理人

北海道の雄大な海や河川を眺める時、山や森林を歩く時、海と森林を結びつけて考える人はどれだけいるだろうか。牧場で家畜と接する時、森林伐採地を眺めた時、その牧場や森林伐採地と付近の養殖場とが河川・地下水を介してつながっていることに想いをめぐらさずにはいられない。

ここでは、河川を介した海と森とのつながりや沿岸域の環境・生態の回復をキーワードとして、漁業関係者が北海道で展開している植樹運動を紹介したい。

海と森林を結びつける思想は決して新しいものではない。かつて、日本では海と森林とが密接なつながりを持つと考えられていた。たとえば明治維新前の幕藩政期においては、海岸の森林を伐採すると魚が獲れなくなり、逆に森林が生い茂っていると漁獲が増える、したがって、沿岸域の森林を伐採してはならない、育てなければならないというように。このような森林のことを、「魚附（付）林」、「魚寄林」、「魚蔭林」などとよび、諸藩が厳しく伐採などを禁止して森林の保護、管理、育成などに努めた。[11][14][15] 明治維新後もこの「魚付」という観念だけは生き続け、北海道においても一八七八（明治一一）年の開拓使布達「森林監護仮条例」のなかで、水源涵養や「魚附場」などの目的にある森林は伐採が禁じられた。翌年に出された「北海道山林原野調査仮条例」においても、雑木であっても「魚附場」などの目的にあるものは伐採が禁止されている。[16] 具体的効果の検証は別として、このような森林思想が生き続いているのは確かである。

漁業関係者が率先して木を植えるようになったのは、水産資源の回復を目指してである。北海道内において沿岸漁業や栽培漁業の比重が増すなかで、孵化・放流事業や資源管理が重要な意味を持つことは言うまでもない。それと同時に、沿岸域の環境保全が大きな問題である。沿岸水域の環境をいかに良好な状態で維持して水産資源を確保するかは、地元漁業協同組合、水産業関係者の課題となっている。[10]これは今現在の課題であると同時に、子孫の世代のことも考えた長期的な視野を必要とする課題でもある。環境・水産資源維持の課題に直面するなかで、沿岸部やその流域河川の水質保全、ひいてはその周辺の森林保全が重要であるという認識から、道内の自治体や漁業協同組合などが中心となって植樹運動が展開されている。この運動のキーワードが「魚つき林」である。

北海道えりも岬国有林の緑化事業と「魚つき林」育成の植樹運動

「漁師が木を植える」と聞いて、テレビ番組でも紹介された北海道のえりも岬を連想する読者も多いだろう。ここの実践例は、沿岸環境の保全と水産資源との関連性を考えるうえでも特徴的な事例である。[12][13]

北海道えりも町は北海道の中央部を貫く日高山脈の南端に位置する。緑化事業の歴史は古く、浦河営林署（現、日高南部森林管理署浦河事務所）が中心となって一九五三（昭和二八）年から事業を進めている。

そもそも、なぜえりも岬は荒廃してしまったのか。端的に言えば、明治以降の開拓の歴史の中で、地元住民による森林の伐採が続いた一方で、伐採地への植樹が行われなかった結果である。開拓民にとって、木材は最も入手しやすい燃料であり、建築材であり、さまざまな道具類を作るための材料となるなど、人々が生活・生産をするうえで不可欠。

しかし、あまりにも無計画な土地利用（森林利用）だった。魚粕製造や家庭用の燃料として木の根まで掘り起こしてしまったうえに、一度荒廃してしまうと、強風地域であるためになかなか森林回復が進まないという事情もあった。イナゴの大発生という自然災害もあったが、岬荒廃の基本的な要因は人為的なものと言わざるを得ない。[3]

えりも岬周辺の砂地化が広がった結果、砂が飛び、海も砂・泥で赤く濁る現象が続く。生活環境の劣悪化だけでなく、魚・海藻の水揚げ高が激減してしまう。この悪循環を断ち切るべく、営林署主導のもと飛砂を防ぐために地元住民が苗木を植え始めたのである。岬東側沿岸（百人浜）の国有林約四二一ヘクタールのうち、荒廃地約一九二ヘクタールが緑地化対象地とされた。試行錯誤を繰り返しながら二〇〇四(平成一六)年度末までに荒廃地の約八四%にあたる一六二ヘクタールの緑化事業を終了した。[9]この間に、一九九四(平成六)年にえりも岬国有林は「魚つき保安林」に指定されている。

えりも岬国有林の緑化作業は「公共事業」であり、営林署が地元の住民を作業員(賃金労働者)として一戸につき一人の条件で採用した。また、草本緑化と木本緑化という二つの段階を経て緑化が進められた。風が強く、砂が飛び交うえりも岬では、荒れ地にいきなり苗木を植えるのではなく、まず牧草の種を播いて草地を作って砂が飛ぶのを防ぎ、それから苗木を植える方法が採用された。この草本緑化で威力を発揮したのが、独特の「えりも式緑化工法」とよばれる方法である。これは「雑海藻」(ゴタ)を肥料として活用するものであるが、襟裳治山事業所が雑海藻を買い集めることにしたため、地元住民にとっては現金収入にもなった。半世紀以上にわたる緑化事業を支えたエネルギーの源として、このような経済的背景も見落とすことはできない。[3][4][5][7]

しかし何よりも、砂地むき出しの荒廃地を草地化し、苗木を植え続け根づかせた結果、砂が飛ばなくなったことが大きい。海への砂・泥の流入が抑えられ、品質の悪い「泥コンブ」がなくなったのだ。沿岸環境の改善により、地域社会と地域の人々の生活が劇的に変化したことを示す顕著な例といえよう。

緑化事業を担ったのはえりも岬に住む漁師とその家族であり、生業や生活の感覚を共有できる人々であった。えりも岬における緑化事業の進展にともない、「えりも岬の緑を守る会」が組織された。えりも町岬地区の住民を中心に、地元漁業協同組合、森林組合、自治会などが構成メンバーとなり、植樹祭への参加の他、「えりもイキイキ森林づくり」事業として育樹(枝打ち)活動を行うなど、事業を展開している。また、中学・高校の環境一貫教育の実践を目的として地元中学校・高校と連携・協力を図っている。数十年にもわたる緑化事業の過程と結果は、魚つき林育成を目的とする植樹運動を考える際にさまざまな教訓を示している。

お魚殖やす植樹運動

道内では「魚つき林」に関連した特徴的な運動も展開されている。それは、一九八八(昭和六三)年、漁業協同組合に所属する女性たちが始めた植樹運動である。「お魚殖やす植樹運動」と命名されたその運動は、北海道漁協女性部連絡協議会（当時は北海道漁協婦人部連絡協議会）が一九八八年に創立三〇周年を迎えるにあたり、記念事業として始められたものである。[8]

たとえば、北海道東部太平洋側に位置する厚岸町。厚岸漁業協同組合女性部は一九八八年から植樹運動に取り組む。一九九五（平成七）年までの八年間に約七〇〇〇本の植樹を行ってきた。きっかけは、一九八四（昭和五九）年に厚岸湖内において、養殖カキが大量に斃死したこと。しかも斃死の原因は不明のままだった。

それ以来、組合としても湖内の水質調査の実施や、漁業者による湖内の清掃作業の実践など、漁場環境の保全に努めている。婦人部（女性部）の取り組みも、森づくりを通した環境保全活動の一翼を担っている。一九九六（平成八）年からは「厚岸町有林野分収林設定条例」に基づき、「分収林」契約を町と漁協女性部（当時は婦人部）が結んだうえで「分収林」での植樹を行っている。契約期間は一九九六年から六〇年間で、さらに三〇年間の契約延長が可能。契約満了後は女性部八割・町二割で成果（利益）を「分収」する内容となっている。一九九六年から一九九八（平成一〇）年までの間に一・五ヘクタールの面積に、主にミズナラ、シラカバ、ヤチダモなど七五〇〇本の植樹を完了させた。また、一九九八年からは厚岸漁協が当事者となって分収林契約を町と結び、漁協全体で植樹運動を実施している。[6]

サロマ湖を取り囲む三市町（北見市常呂町、佐呂間町、湧別町）に存在する漁協女性部の植樹運動やサロマ湖養殖漁業協同組合の取り組みも特徴的である。サロマ湖は広くて波も静か。養殖事業に適した湖であるが、その反面地形が閉鎖的である。湖自体や流入河川、周辺地域の無計画な開発、あるいは限界を超える過度の養殖事業がサロマ湖の環境破壊・資源減少につながり、最終的には漁協組合員の生活を脅かすことになるという危機感が環境保全活動の根底にはある。

過去において常呂川の水質問題、サロマ湖の赤潮問題やホタテの大量斃死、内陸部でのパルプ・でんぷん工場からの排水問題など、直接・間接にサロマ湖の環境保全に大きな影響を与えた問題は、環境問題について三漁協組合員の自覚を強く促すことになる。[17][18] 周辺漁協の狙いは、漁業経営を支える重要な生産基盤であるサロマ湖を大切にしながら永続的利用を図ることにあり、漁場環境並びに水産資源を包括的かつ適切に管理することに向けられている。

以上のような漁協女性部などによる運動の背景には、①遠洋・沖合漁業から沿岸・養殖漁業への転換期にあり、生産を増やすための方策を思案していたこと、②開発行為が海、河川、湖沼に対して限界に達するほど繰り返され、海などの生産物に深刻な影響を与えていたこと、③農・林・漁などの協同組合が手を組んで事態の打開ができないか模索をしていたことがあげられている。[19,20] 漁協女性部の運動全体として、二〇〇八年三月までに約八三万本の植樹を実施している。財政的にも苦しいなか、地味ではあるが根気強い努力が続けられている。[1,2]

運動の意義を考える

魚つき林が魚類などに与える具体的な影響の全体像に関しては、科学的にはまだ解明されていない。しかし、魚つき林育成を目的とする運動の意義を考えることは決して無意味ではない。なぜなら、海と森林を結びつけるものとして、漁業・林業関係者が蓄積・伝承してきた経験知に再び注目することは、そのような経験知や伝承を次世代に伝えていく手段、つまり環境教育の方法を構築することにつながる。そのような環境教育の実践の場においてこそ、賢明な資源の利用について考え、後世にその意味を伝えていくことが可能になるからである。人々が日常の暮らしや生業のなかでいかに環境とかかわってきたか、あるいはかかわっていくのか、その複雑な結びつきを理解するためには、前の世代から次の世代へと引き継ぐべき(引き継いできた)ものを理解する必要があろう。現在、魚つき林育成を目的とした植樹運動が各地で展開されている北海道は、上述のような経験知や伝承を読みとり、賢明な資源の利用を考えるうえで好個の場所なのである。

第7章　スケトウダラ漁に生きる漁師たちの知恵と工夫
—積丹半島以南の比較を通して—

中野　泰

はじめに

資源の持続的な利用は、今日地球規模で提唱され、その必要性は日増しに高まっている。日本列島の地域に注目し、この問題を歴史的に考察しようとする場合、その対象となるのは、おそらく伝統的な村社会であろう。伝統的な村社会は、資源をとり尽くさず、平等、かつ、持続的に利用していると想定され、近年は、「里山」、「里海」、「里川」といった言葉から、伝統的な村社会が肯定的に見直されつつある。

学術的な表現や行政の用いる用語としてもそのイメージに連なるものは少なくない。たとえば、コモンズ、あるいは資源管理型、日本での伝統的な資源利用のあり方を「なわばり」の観点から評価した例などを見出すことができる。[2] 村社会が伝統的に資源を持続的に利用している例は、トルコ、アメリカ、ヴァヌアツなどにもみられる。[6][19][23]

ところで、村社会は本当に資源を持続的に利用する歴史をたどってきたのだろうか。あるいは、今現在、その持続的利用の可能性を有しているのであろうか。そうだとすれば、それはどのような意味においてだろうか。

本章では漁村を基盤とする漁業を検討する。日本の漁業権は、近世の漁村における慣行的漁業権を母体に築き上げられ、その詳細な取り決めは世界的に注目されている。[33] 北海道の場合、ニシン漁業が長らく支配的な地位にあり、急激な資源枯渇に至った歴史がある。この特異性は北海道の水産資源をめぐる村社会の対応にも特徴的なものがあった可能性を示唆している。本章は、日本列島における人と自然とのかかわりを漁業に見出し、その多様性に本州と異なるその性格を位置づけることを試みる。

近世中期以降、ニシン漁は場所請負制のもと、西南北海道を北上しつつ発展した。高い生産性を示したニシン漁がかげりを見せるのは明治末以降であった。以後急速に減少し、事実上、昭和初期に資源枯渇によってニシン漁は姿を消した。

タラ目タラ科のスケトウダラ（*Theragra chalcogramma*）

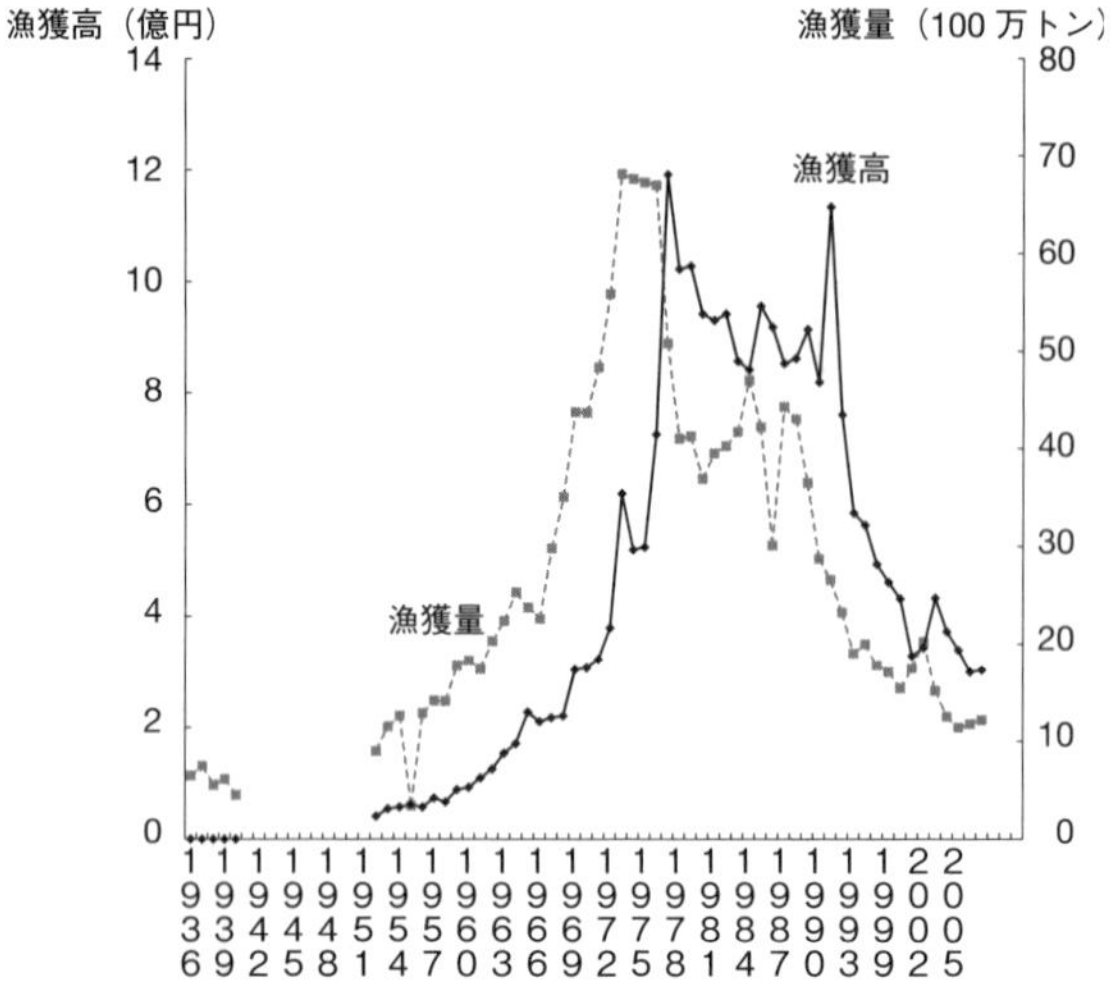

図１　北海道スケトウダラ漁獲高（『北海道漁業現勢』『北海道水産現勢』による）

は、北太平洋から日本海まで広く分布し、産卵期には沿岸域へ寄る。ニシン漁に雇われていた漁業者は、当初、生計の足しにタラ漁を行っていた。タラ漁の技術は新潟を発祥とし、出稼ぎ漁民によって日本海を北上していった。北海道のスケトウダラ漁は一八九九（明治三二）年、江差の中川幸蔵《なかがわこうぞう》によって始められた。[14] ニシンの枯渇にともなって代替漁業の一つとなったタラ漁は、後にスケトウダラにとって替わられた。大正時代、植民地化された朝鮮半島へスケトウダラの販路が開け、重要性を増した。[10] 明太魚やタラコの原料としてスケトウダラは盛んに輸出され、大正（一九一二～二五）から昭和（一九二六～八八）初めに漁業の最盛期を迎え、一九二八（昭和三）年に許可漁業に指定された。西南北海道の多くの漁民は、日本海側からの出稼ぎ民であったが、スケトウダラ漁の隆盛にともなって、その多くが定住していった。

スケトウダラ漁は第二次世界大戦中に資源減少もあって低迷するが、昭和四〇年代に冷凍すり身技術が開発され、魚群の回復傾向とあいまって再び最盛期を迎える。この頃、領海二〇〇海里問題のために、多くの漁船が沿岸漁業へ回帰し、漁場の狭隘化とともに、資源減少に拍車がかかった。以後、漁獲量は急減して現在に至る

（図1）。北海道のスケトウダラ漁業は、明治末から現在までの百年ほどの歴史しかないが、その存在は注視され、総漁獲可能量（Total Allowable Catch: TAC）制度の対象の一つに設定されている。

　本章では、積丹半島以南の二地域（岩内・檜山）のスケトウダラ漁を取り上げ、対比する。二つの地域のそれは自主的な「資源管理型漁業」と認められているが、一方は資源の枯渇を、他方は持続性を現在示している。両地域の異なる性格は、北海道における水産資源の「賢明な利用」について、何を教えてくれるのであろうか。以下で検討していこう。

一　スケトウダラ漁の技術と工夫

岩内湾のスケトウダラ漁

　岩内郡岩内町はタラコでよく知られている。明治末に始まるスケソウダラ漁へ最盛期には一五〇の漁船が従事し、人口の半分がスケソウダラにかかわる仕事に携わっていたという。

　スケトウダラは棄てるところのない魚と言われる。一九三三（昭和八）年の場合、鮮魚のほか、製造水産物は、素乾明太魚、塩乾の開スケソ、棒スケソ、塩蔵スケソ、スケソ子、スケソ粕、スケソ油、スケソ桜（身を味醂・醤油に漬けたもの）、親子漬（身を酢でしめ、卵と漬けたもの）、粕漬、蒲鉾、ノシスケソ、スケソ肝油の一三品に及ぶ。朝鮮への輸出用塩蔵品も含めると、スケトウダラ加工品の総額は製造水産物総額の約七九％を占める。[*1] 加工は、漁獲した晩に始まる。頭を切り落とし、スケコなどを腹から出し、塩と紅で着色し、樽に漬ける。一九七〇（昭和四五）年頃まで漁家では自家加工を行っていた。肝臓は肝油工場（漁業協同組合自営）で、頭は専門業者が魚粕に加工し、運搬は農家が馬車をひき、冬稼ぎとしていた。大漁時には子どもも加工の手伝いをし、お菓子を得た。

　一月一一日は船霊《ふなだま》様の日である。漁に出ず、船にお供えをし、船主の家でスケトウダラ漁にかかわる者を招き、食事、酒などを振る舞い、乗組員には祝儀も渡す。スケトウダラ漁は、このように岩内という地域社会の生活リズムを体現する一つの文化でもあった。

＊1　昭和八年岩内郡水産関係一覧表（『岩内の水産』（発行年不詳））による。

岩内湾《いわなり》はスケトウダラ漁の漁場（スケトバという）である。特に九〇尋（一尋とは広げた両手の端から端の長さを表す。転じて約一・八メートルの長さ）ほどの海深は産卵場であるだけでなく、他の魚の棲息場としても知られ、その好漁場を漁師は「ナカノモン」と通称している。

スケトウダラ漁は今までどのように行われてきたのか。スケトバは広さにかぎりがあり、すべての漁船が同じように利用できるわけではなかった。岩内では船主船頭はみな岩内漁業協同組合の組合員であるが、スケトウダラ同業者は、独自に「スケトウダラ延縄協議会」を設け、操業していた。多いときは五船団を編成し、籤《くじ》で各漁船の所属船団を決めた。同時操業できるのは三船団までで、残る二船団はその後か、他の漁場へ移動して操業する決まりであった。

入漁には序列が設けられ、スケトバへ入漁する三船団の漁船は日ごとに異なる漁場を平等に利用した。漁場に全船が整うと一斉に操業が開始される。スケトバでは魚群の大小に合わせて、縄を折り返して延縄《はえなわ》を行った（後述）。潮流の向き、強さ、潮の層などを考慮し、シオカミから縄を入れていく。縄をどこから、どの程度まで折り返すかについてもとり決められていた。入漁する漁船は、漁船の人員数や延縄の漁具などにおいても、平等な条件下で操業するようとり決められていた。縄の長さ、縄や針の数、餌なども統一されていたのである。違反があれば統制部の役員が罰金を徴収した。[*2]

技術への高い関心

スケトバに入漁できるのは三船団だけであるが、入漁できない二船団は必ずしも不運ではない。なぜなら、順番待ちをしないのであれば自由だからである。他の漁場（神恵内《かもえない》・寿都場《すっつ》）へ出かけ、スケトバの漁船よりも多い漁獲をあげることもできたのである。

初心者の船頭を「パイパイ」というパイパイの船頭は、船主組織のなかでは、雑用を担うなど見習いに位置づけられた。経験が乏しく山あての「山（ヤマ）」も十分にわからないため、パイパイの船頭は役員船になることはできなかった。船団操業において、基準となる役員の漁船（標準船や基準船という）は、正確な位置で自分の漁船を操縦する必要がある。船頭は陸地のヤマの形を重ね合わせて、その位置をつかむ（図2）。基準船は中心的指標（ヤマ）となる片石と二ツ山に各々の船を操縦して位置を合わせ、一般の船は基準船を基準に自船を操縦し、適切な位置につけ、西北西に延縄する。こうした操船を行う一人前の船頭になるためには最低一〇年を要するという。オス魚よりも深いところにいると認められるメス魚を漁獲するためにも、潮流を的確に把握し、適切な深さに針を落とさなければならないからである。
　川村富蔵氏（大正一二年生まれ）がパイパイの頃、先輩H氏からヤマを教わった。延縄の縄待ちをしている際、わざわざ船を潮流に流し、元の位置まで船を戻すことによってヤマを教えてもらった。酒一升を買ってお礼をしたという。H氏は意図的に船団操業を離脱し、スケトバ以外の漁場へ行くことを好む船頭だった。他の漁船が出港した後、他船の動向を見定め出発するものだった。川村氏をはじめ、H氏を慕う船頭は、よくH氏からヤマをはじめ漁業技術を学んだという。

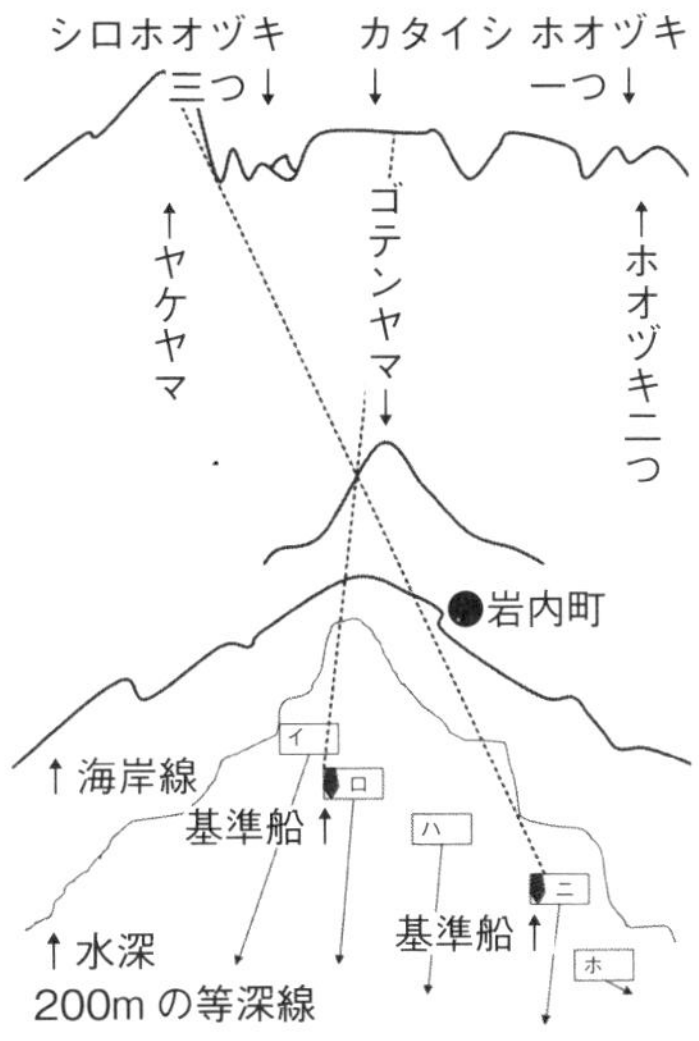

図２　岩内湾のスケトバ漁場とヤマアテイ船団・ホ船団はスケトバ漁場の外へ行き操業する。

　スケトバは、スケトウダラの産卵場所が位置するナカノモンを主とする漁場であり、総体的によい条件下にあった。にもかかわらず、岩内の船頭は、それ以外の漁場での漁獲の多さを船頭の技術によると意識していた。この認識は、それだけ船頭同士の技術と、その結果である漁獲高の多さへの関心が高かったことを示しているだろう。

資源減少と漁業者の対応

　スケトウダラの漁獲量は、大正時代から急上昇し、第二次世界大戦中に大幅な減少はあるが、緩やかな弧を描いて平成以降急減する（図３）。減少の翳《かげ》りは、昭和三〇年代、四〇年代、六〇年代とあり、そのピークは第二次大戦中と

＊2　本稿の漁場利用の制度や組織の記述は、口述資料の他、主として、岩内の事例では船団議事録（昭和四七年～平成五年）に、檜山の事例では、檜山すけとうだら延縄漁業協議会関係資料（昭和五一年～平成一八年）に依拠している。

一九九〇（平成二）年にある。漁船数も漁獲量に応じた推移を示す。着業船の最多は一九五三（昭和二八）年（二〇四隻、他地区船を含む）、許可漁船の最多は一九六〇、六一（昭和三五、六）年（一三八隻）であり、昭和四〇年代末、昭和六〇年代中盤に急減する。

これら不漁の要因は多々あると思われるが、一つの有力なものに一九八九年に運転が開始された泊原子力発電所の存在があげられよう。泊は、岩内に隣々接する村である。発電所から排出される温排水は、岩内湾に注ぎ込み、海水温の上昇が問題視されている。[*3]

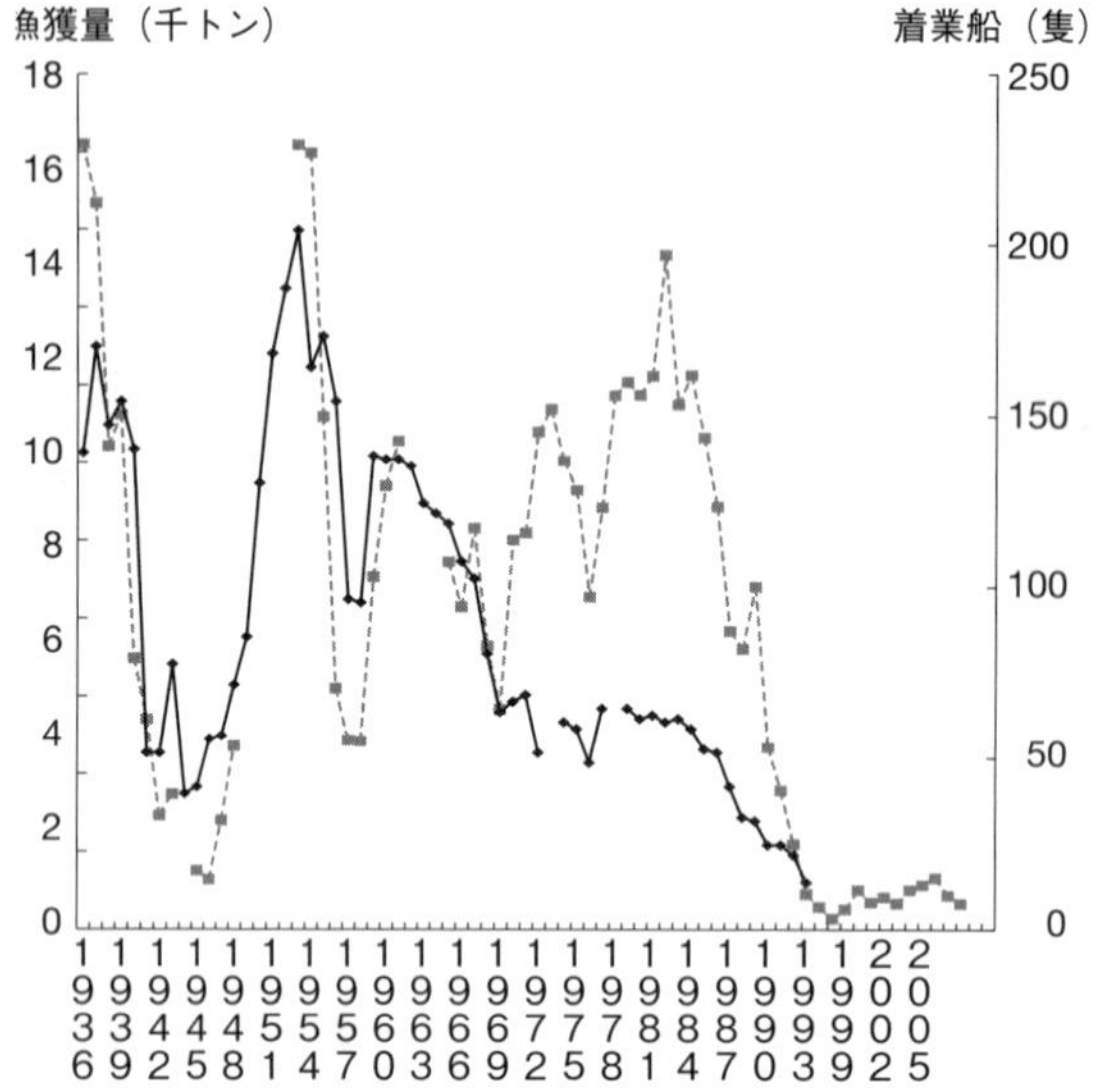

図３　岩内のスケトウダラ延縄漁の漁獲高と着業船（『北海道漁業現勢』『北海道水産現勢』による）

スケトウダラの漁場は、古くは一斉スタートで先着順に利用していたという。第二次世界大戦中については記録がなく不詳だが、昭和四〇年代と六〇年代の変化にともない、船団数は昭和四〇年前後に五から四、そして三へ減少した。[*4] 最盛期の船団での漁場利用は日ごとに三つのレベル（大回転、中回転、小回転）で位置を変えた。

操業規則の違反は、一九七八（昭和五三）年を頂点に以後は減少する（違反内容は縄の枚数、針の個数、操業の場）。他方で、船団が定める縄の枚数、針の数はともに昭和五〇年代半ばから六〇年代にかけて増加する。

並行して、昭和五〇年頃、魚の分布が狭まり、持参した縄が余ってしまう状況が頻繁に生じた。これに対応し、魚群の大小に合わせた形で縄を折り返す協定がとり決められた。それまでは、狭い漁場であるため、特定方向へ一直線に延縄をしなければならなかったが、これを機に魚の分布範囲に合わせて余った縄を折り返すようになった。漁獲高の急激な減少を目前に、いっそうの乱獲に走り、漁船数も減少したのである。最盛期には二百隻を超えたスケトウダラ漁船はわずか五隻に減り、多くの漁師が他の漁業や他の生業へ転換した。

第二七福生丸の船主船頭山崎政雄氏(昭和八年生まれ)に、現在のスケトウダラ漁について聞いた。平成に入った頃、「スケソなんか商売やればもう駄目だぞ」と言われていた。まわりの漁師の多くは、スケソ漁を商売として続けていくことに将来性がないと認めていたのである。しかし、半信半疑で「これが魚なのかな」と自問自答していたという。長く経験して来たので魚の生態を分かっているつもりでいたので、魚は減少するばかりではなく、いずれ増えるのではないかと思っていた。そうして山崎氏が「細々」と継続してきたところ、魚群探知機を見ながらスケトウダラの分布の変化、つまり、魚が「だんだん下がっていく」傾向に気づいた。そこで山崎氏は「おい、こりゃ変だぞ」「やってみるか」と親しい船頭との間で意見を交換し、意を決した。深い海溝部にいるスケトウダラの漁獲を試みたのである。その結果、魚体が大きく、卵の熟したスケトウダラばかり釣れた。一九九三(平成五)年のことである。[*5] この試みを機に、山崎氏は深い海溝部のスケトウダラを狙う新たな「技術を身につけ」、漁を継続した。一九九八(平成一〇)年を前後し、少しずつ魚も戻ってきて現在に至っていると

＊3　実際、一九九六年には「環境影響調査に係わる諸問題」について、関係漁業者との事前協議等が慎重に進められていた(岩内町漁業協同組合『平成8年度業務報告書』)。泊原発運転の懸案は岩内の漁業者において大きく、かつ、反対運動が激しかったが、生産者だけに限らず、反対運動は、住民や知識人にも広がっていた⒁⒅。なお、この点については、第13章も参照のこと。

＊4　船団の隻数を確認できる資料は断片的にしか残されていないが、船団議事録によれば昭和五四年の隻数は五一隻を数えた。

＊5　この背景に原発の補償策がある。具体的には、原発を推進した通産省系列の事業が、この新たな漁場開発を支えていた。平成六年度には通産省の「電源地域産業育成支援補助事業」として、「新日本海漁業振興特別対策事業」が行われ、岩内郡漁業協同組合、岩内町建設経済部水産農林課、後志南部地区水産技術普及指導所、北海道原子力環境センター、北海道中央水産試験場、そして北海道大学水産学部の協力により、新漁場の試験操業も行われている。山崎氏は、通産省系列の「電源地域」の振興支援に一定程度支えられていることは御自覚されているようであった。そうした状況を彼なりに受け止め、生きていく方策の現れが、現在のスケソウタラ漁ということではないかと思われる。

いう。

今日も船団（岩内五隻と他地域一隻の計六隻）を編成し、以下のように漁場を利用している。漁場は、おおよそ、寿都場、岩内のスケトバ、寿都場の南へと順に変わる。同じスケトバ内では日にちごとに漁船の位置を変え、平等に利用する。漁期内の海深の推移は、一一月から一月にかけて、一〇〇尋から二四〇尋、三〇〇尋と深くし、四〇間（百六〇枚）の縄を三回に折り返して延縄する。岩内のナカノモンには一月を過ぎると入漁しない。卵の状態がよくなく、乱獲を避けるためでもあるという。

以上の苦労を振り返り、山崎氏は「多少でも残っていればね、必ず資源っていうのは増えてくるよ」と話す。

「資源管理」型漁業という評価

岩内のスケトウダラ漁は、昭和五〇年代後半から平成にかけて「資源管理」型漁業と脚光を浴びる。[13][39] 漁場の輪番利用やプール方式が注目されたのである。プール方式とは、隣り合う船同士の縄がからまった際、揚縄を協働して行い、漁獲を折半することである。[*6] 一方で、その方式の問題点も指摘されていた。たとえば、宮澤晴彦は、集団的操業方式（回転式の漁場利用やプール制）が狭隘な漁場・資源を前提とし、「自然的・技術的制約に対して受動的に対応する一形態」にとどまっており、「資源管理」「資源培養」といった「積極的・能動的概念」を内包していないという。[25] つまり、資源枯渇などの自然の諸条件や、容易に取り替えのきかない技術的環境へ受動的に対応するにとどまり、養殖などを行い、積極的に資源の「培養」をはかるものではないという。

実際、「資源培養」という点では、水産試験場の勧めで、岩内では一九五二、五三（昭和二七、八）年頃、洋上でスケトウダラのメスから採卵し、オスの精子をかけ、海中に放流する試みが行われたが、持続しなかった。また、平成の初めに、水産庁の事業として、資源調査に基づく漁業管理事業の推進が図られたが、十分に進められなかった。推進者側によれば、これは岩内船頭の高いプライドによるためだと言われる。岩内の漁師は、自らの知識や経験を信じ、スケトウダラ漁の長い歴史と高い漁獲量とを誇ってきたため、非漁業者の知見に頼らなかったのである。

岩内の「資源管理」型漁業の内実と実践との間にはこのようにギャップがある。この意味については後に検討しよう。ここまでで岩内の試みを位置づけると以下のようになろう。岩内の漁業組織は、狭い漁場を安全に運用し、効率的に漁獲量をあげるため秩序を設けてきた。船頭の知識と技術は、漁場の優劣の差違を越えて高く評価されていた。にもかかわらず、急激な資源減少に直面した。その意味で、持続的資源利用に対する岩内の村社会的な取り組みには限界が認められると言えよう。

二 「資源管理」型漁業の導入

檜山地方のスケトウダラ漁では、熊石（二海郡八雲《やぐも》町）、乙部《おとべ》（爾志《にし》郡乙部町）、豊浜《とよはま》（同郡同町）の三地区が協議会組織を作り、同じ漁場を利用し、操業隻数の制限、期間や漁具の規制、禁漁区の設定などの「資源管理」を行っている。では、その母体組織たる協議会が「資源管理」を導入する経緯はいかなるもので、その効果はどのようなものであろうか。

出稼ぎ漁業の経験

「資源管理」が導入される動機の一つに出稼ぎ漁業があった。檜山地域の漁業組織は集落単位の小規模なものだった。集落によってはその組織すらない場合もあった。漁業者は地先海面で細々と操業し、必要に応じて、隣接する集落の漁業組織に依存していた。

スケトウダラ漁場の中心を「ワゴンナカ」といい、熊石の相沼《あいぬま》集落に面した相沼湾にあった。そこへは相沼と隣接集落が優先的に入漁していた。当初は集落の前浜を中心とする慣行的漁業権が認められていたが、一九五一〜五二（昭和二六〜二八）年、前浜の資源が減少し、特に一九五三（昭和二七）年は皆無となり、漁民の生活は逼迫した。豊浜地区の場合、活路を開くため、漁業協同組合により北の海の試験操業が行われ、以後、礼文島へ冬季間の出稼ぎ漁業（一九五六〜一九六九（昭和三一〜四四）年）へ通うこととなった。

出稼ぎ漁業の根拠地は礼文島の香深《かぶか》であった。そこで多い時には豊浜の漁船二七艘が操業した。香深の漁業者からは「豊浜が来てスケソみんな獲られてしまう」と排斥された。交渉によって香深のニシン場の親方から米、味噌をもらって仕込み制度（漁業者が、漁の開始に際して、親方か

＊6 プール方式は割り勘とも称された。悪天候時に船団単位でも行われ（昭和五六年〜）、共同縄と称し、経営の合理化として注目された(11)。

ら現金を借り入れると同時に漁期中に必要な食料などの必要な物資を受けること）のもとで入漁した。スケソ一尾に対してスケコ、肝油、タチ（精嚢）はいくらと値決めをし、親方の取り分はその値決の三割ほどだった。一九六一、六二（昭和三六、七）年頃、香深の漁業協同組合が窓口になり、入漁の手数料を払って操業するようになった。この海域には、他地域の漁業者も操業に来た。天候不順な時には了解を得ずに入漁するため、トラブルも多く発生した。豊浜船団では懲罰委員会を設け、組織内の問題に対処した。

豊浜から礼文へは、男は直接船で、女や子どもは荷物を押しながら陸路函館経由で通った。番屋の生活は、他家族の間に布一枚の仕切りしかなく、床は筵一枚で、窓から入った雪が布団の上につく状態だった。沖から戻ると魚の加工を行い、縄を整理し、針を補充し、餌もかけ、準備する。船頭の妻が食事を賄った。幼い子どもと高齢者は豊浜の家に残し、学齢期の子どもは転校手続きを済ませてから、連れて行った。

出稼ぎ漁家の子どもの思いは、以下のように学校の文集に記されていたという。「お母さん盲腸になればいい、行かなければ正月一緒に過ごせる」。正月を両親と過ごせない子どもの気持ちは漁師夫婦の心を強く揺さぶり、出稼ぎ漁の辛苦は今もって地域に語られている。

昭和四〇年代に入ると、豊浜前浜の資源も回復してきた。礼文への出稼ぎ漁は一四年の歳月に終止符を打った。

広域的組織の形成

出稼ぎ漁に行かず、地元に残った漁業者は細々と漁を続け、回復してきた前浜のスケトウダラ漁の中心的担い手となった。他方で、出稼や他の漁業から戻った者も多くなった。当時は一斉スタートによる先着順の漁場利用であったため、漁船同士のトラブルも頻発した。狭隘化する漁場の秩序を維持する必要に迫られ、一九七八（昭和五三）年、上ノ国《かみのくに》、江差《えさし》、爾志《にし》、久遠《くどう》、瀬棚《せたな》地区を母体に「檜山《ひやま》スケトウダラ延縄協議会」が成立した。熊石と豊浜、乙部の三地区はその下部に爾志海区部会を組織した。協議会では統制部を設け、漁具の統一、違反操業の監視の他、漁場（岡、上、下）を三地区の船団が輪番で利用することにした（図4）。新規参入の場合、その漁船は既存の船団が操業を行った後に利用した（二番縄と称する）。各地区には二番縄や三番縄の船団が存在し、漁場は序列的に利用されていた。

昭和五〇年代末、再び漁獲量が減り、資源減少を憂えた協議会幹部は、スケトウダラの生態を研究する前田辰昭《まえだたつあき》氏

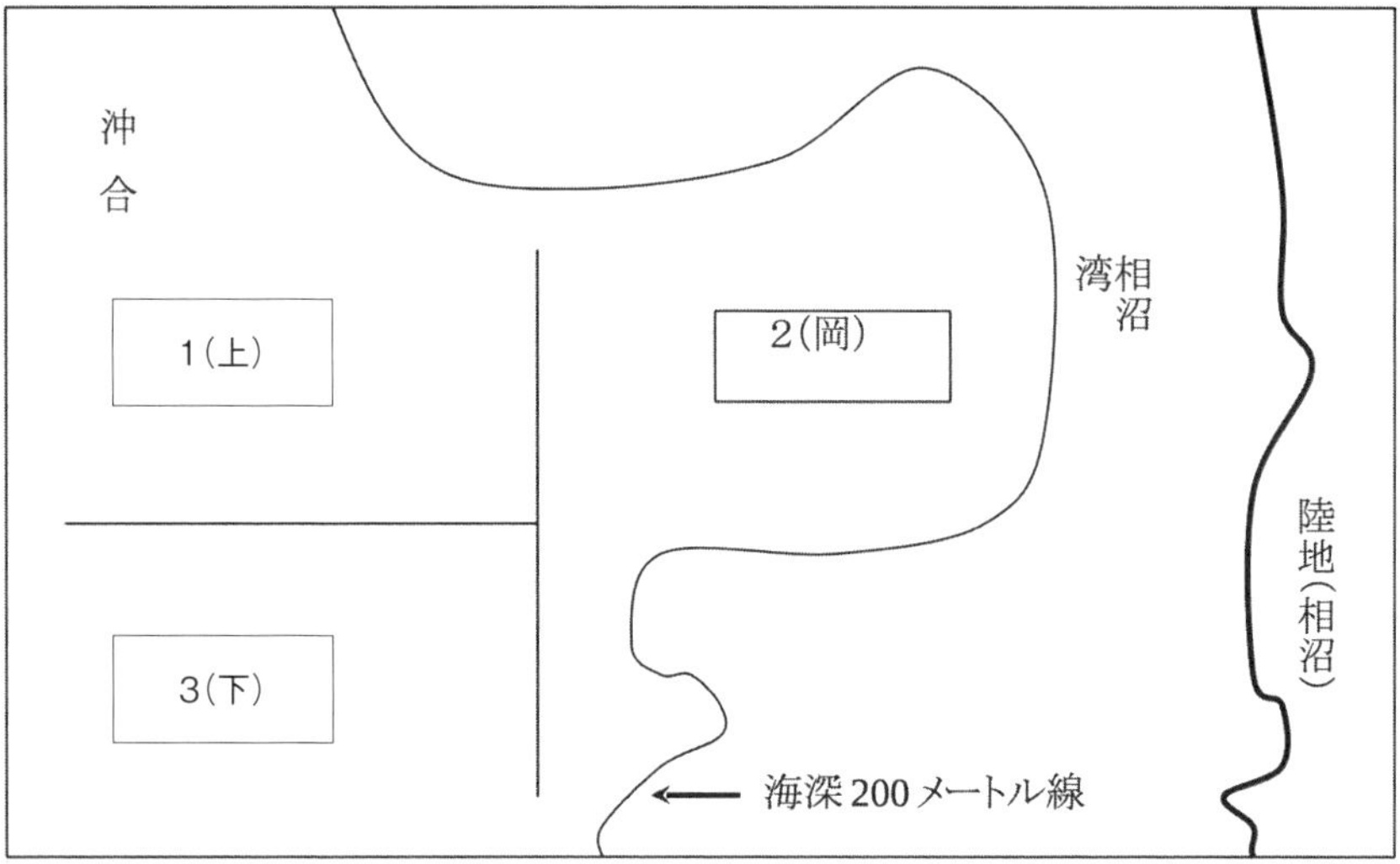

図４　爾志海区漁場利用概念図

(当時北海道大学水産学部教授)に対策の協力を依頼した。前田氏は、科学的見地からスケトウダラ漁で①漁船を増やさない、②縄数を増やさない、③漁期限定の禁漁三条件を提案し、協議会はこの条件で漁民たちから協力をとりつけた。これが爾志海区における「資源管理」推進の一つの契機となった。

協議会は研究機関との連携や資源調査(標識放流)を行った。主漁場がスケトウダラの産卵場であり、[21] 爾志海区部会は産卵場である湾内の距岸二マイルまでの漁場を禁漁区とし、自主的に漁業規制を始めた。加えて、操業後、港へ帰港する途次、各漁船でスケトウダラの卵に精子をかけ、禁漁区の海に流すなど人工授精や放流を始め、科学的な知識や試みが採用されていった。また、ミズコ（製品に適した真子、あるいは成熟卵よりも水分が多い過熟卵）の率が一定の基準を超えると漁期を終了させ、スケトウダラの分布や産卵期に漁期を合わせるようになった。

「資源管理」型漁業の評価と実際

檜山スケトウダラ延縄漁協議会は「海づくり大会」の「大会会長賞」（資源管理型漁業部門）を受賞した（一九九七年第一七回）。その受賞理由書によると、当地漁業には五

図５　爾志海区総会の風景

点の特徴、①漁期の制限、②隻数の制限、③漁法・漁具の制限、④餌料の制限、⑤輪番制の導入がある。檜山地方では、「グループ操業による秩序ある漁場利用制度の確立と併せ、資源に対する漁獲圧力を軽減するため、操業隻数の制限、操業期間の短縮、持ち込み漁具の制限などの各種規制措置を取決め、漁業者自ら率先してスケトウダラ延縄漁業の資源管理を実践」しているとされ、その漁獲高が一九八六年以後上昇に転じ、安定性を保っている点を評価している。

前田氏も、①指導者、②組織、③科学者との約束遵守、④枯渇経験の四点が効果的であったとする。これら評価の直接的な対象は、爾志海区の試みである。「資源管理」型漁業の観点に立てば、爾志海区の事例は、共同体漁業を管理漁業へ転換させるうえで、漁業者自身の強い意志（これは資源枯渇の経験を母体としていよう）と組織、指導者の存在が肝要であったことを教えてくれる（図５）。現在も、漁業者は韓国への輸出やコスト削減だけでなく、漁業協同組合を通じた中間業者との連携により、付加価値の増大による価格上昇に努めている。[12]

しかし、漁獲量は減少傾向にある（図６）。近年は、成功裡と思われた爾志海区の試みにも問題が認められる。第一に、伝統的な休漁（船霊様の日）の慣行が禁漁区の設定

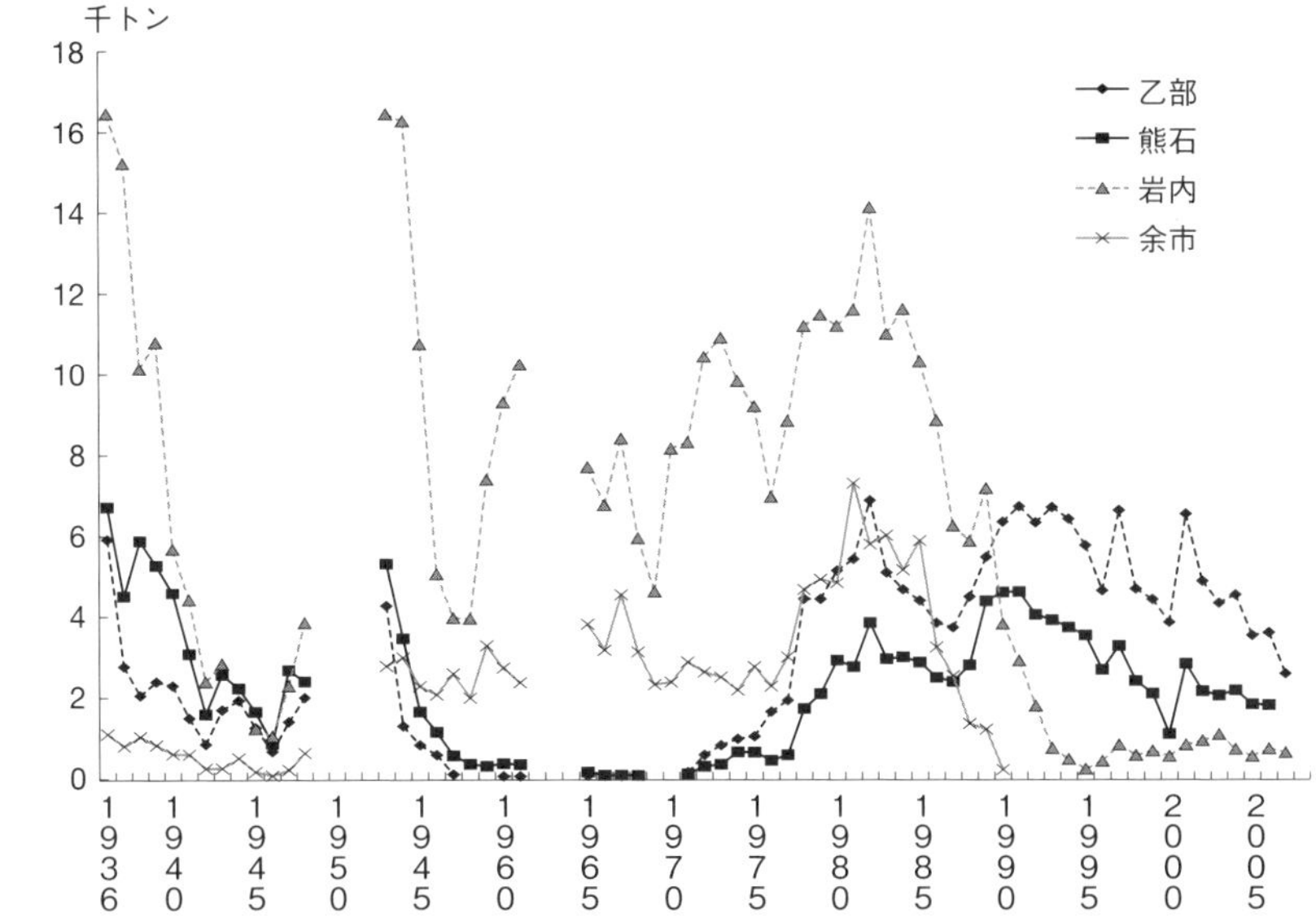

図６　スケトウダラ漁獲高（積丹半島以南）（『北海道漁業現勢』『北海道水産現勢』による）

に先駆けてすたれ、操業が行われるようになった（一九八二（昭和五七）年〜）。第二に、縄の数量が増加し（一九八八（昭和六三）年〜）、一九九八（平成一〇）年に最多を記録した。第三に、漁場利用の不平等が、漁船の規模と関連し、依然として解消されていない。[28] 第四に、禁漁区への再入漁が起きている（二〇〇四（平成一六）年〜）。「資源管理」を導入した爾志海区におけるこれらの現象を、どのように考えたらよいのであろうか。

漁業者の共同性と競争意識

協議会の形成過程を例に考えてみよう。組織形成の過程で指導力を発揮した役員には三地区の中でも豊浜地区出身者の比重が高かった。従来、前浜漁場を優先的に利用していたのは熊石地区の相沼であった。爾志海区協議会の形成によって、その優先権が熊石以外の豊浜と乙部に開放された。漁業者の競争意識により、漁場利用の特権性が劣位にあった漁業者へ開放されたと見なされる。昭和六〇年代の漁場利用の変化も同様である。禁漁区を設けることと並行し、その外側で平等な利用を開始した。この頃、魚の分布は広がっていたこともあり、二番縄、三番縄漁船の不満を解消するために、漁船を一直線に並ばせ、序列のない利用方法が考案されたのである。[*7]

共同体的取り組みには二面性がある。一つは、他の漁業者が漁獲をあげるなら自分もあげたいという競争意識の発露が、他者の突出を抑制するため、平等化となって現れる点である。漁場利用に認められる平等化は資源の持続的利用が第一の目的でなく、競争意識の裏返しなのである。

爾志海区における協議会の組織化や漁場利用の変化の背後には、主として劣位な漁業者たちによる優先的な漁場利用慣行の解消をめぐる交渉と、それが再分配されるプロセスがある。おそらく、このような背後関係は、岩内にも程度の差こそあれ存在したであろう。漁業者においては、必ずしも資源の維持管理が第一義とされず、自らの操業条件を改善することが念頭におかれていると考えられる。

次に重要な点は漁業者の立場が一様でない点だ。禁漁区への入漁問題を例に考えてみよう。爾志海区では一九九七（平成九）年以降、漁獲量は急減し、二〇〇一（平成一三）年にややもち直すも、再び下降している。これを背景として、禁漁区へ入漁する違反が現れ、協議会では、操業に関する「統制規定」を改定し（平成一四年度）、船団責任として一〇万円の罰金を課した。しかし、漁獲の減少は止まらず、一部漁船から入漁要請もあり、二〇〇四（平成一六）年度に「魚の分布」状況に応じて暫定的に利用することを決し、翌年、一一月中の使用は認め、状況によって一二、一月の使用を止めることとし、現在に至る。しかし、若手漁業者の一部は、将来のために禁漁区を維持すべきだと主張している。各々の姿勢は単一ではない。「資源管理」型漁業の背後には、村社会的競争意識とともに、持続的利用を重視する意識が錯雑と存在しており、その内実は単純ではないのである。

三 「賢明な利用」

北海道の漁村は、水産資源を追い求めて移動し、定住することによって形成されてきた。漁民は、ニシンが枯渇すれば、タラを、さらにはスケトウダラをその代替漁業とすることで生計をたて、百年ほどの間にその漁獲技術を深化させ、地域文化を形成してきた。

北海道のスケトウダラ延縄漁は、近世・近代期における本州のタラ延縄漁と異なり、固定的な漁業権（株）が希薄である。[*8][(34)] 漁業許可を得た同業者間で、地先集落の者であるかどうか、あるいは、着業が早かったかどうかなどの基準を設け、操業の有利さを競っている。自主的な漁場利用協定には競い合いの性格が潜んでいるのである。

岩内と爾志海区の二つの事例は、一方で、懲罰を発動する「資源管理」の組織的母体を有する点で共通するが、他方で、「資源管理」型漁業の観点に立てば、資源枯渇を導き失敗した岩内と、持続的に利用し続けている爾志海区と正反対に評価できよう。そもそも、漁業組織としては、大きな改変のなかった岩内と、集落レベルの共同性を超えて組織された爾志海区のそれと村社会のレベルが相違する。資源状況や社会経済的な地域背景のもとで、各々独自の展開を示していると言える。この点は、「資源管理」型漁業やコモンズ論が、村社会を単純化してとらえてきた問題点を照射するうえで重要な問いかけをしていると考えられる。この二つの事例がどのような位相にあるのか、これら資源の管理や利用に関する理論を批判的に検討しつつ、位置づけていこう。

「資源管理漁業」論

「資源管理漁業」とは昭和五〇年代に登場してきた考え方である。昭和六〇年代以降、水産庁や全国漁業協同組合連合会などもこれを事業として推奨、展開した。この背後には、二〇〇海里体制の定着、及び設備の近代化による沿岸漁業の漁獲努力の増加があり、漁獲量の減少に対し、資

＊7　この変革に活躍した者は二番縄船団に属する役員であり、研究機関による協力の推進にも力を入れていた。このうちA（豊浜）は大型船による日本海マス漁から転業する際、新たに小型船を購入して二番縄に加入した。Aは山に植林すれば水産資源が再生産されると考え、はたらきかけていたという。礼文へ出稼ぎに行く頃まで、豊浜集落の周辺は生活用に樹木を利用し、採取の規制はまったくなく、すべて禿山であったという。植林の試みは、小学校によるもの（大正時代から散発的）、水不足解消を目的とする豊浜自治会によるもの（昭和三〇～四〇年代、町有地三〇ヘクタール）、北海道「北の魚つきの森」事業の一環として漁業協同組合の婦人部によるもの（平成一四年～）などが断続的にあるが、目的や組織的連関はなく、徹底されていない。

＊8　桜田勝徳は、越後出雲崎などにおける鱈場漁場の利用を検討し、鱈場の用益慣行は、一つの漁浦全体が「部落総有的な形で入会用益」するのでなく、「鱈船株」という一部の漁業者の特権としてあって、それが近世における漁業税（船役銀）と関係すると指摘する。桜田は、このような特権的な用益権が近代法に取り込まれ、専用漁業権という特殊な位置につながったという(34)。

源や漁業を管理する必要性が意識されていた背景がある。漁業経済学者は各地に、自主的な管理を進める組織が存在することを明らかにし、「資源管理漁業」の理論化を進めた。(12)

長谷川彰によると、資源管理漁業の形態は五類型に分けられる（表１）。(11) 長谷川の類型に照らすと、二地区の事例はともに①の漁場管理型に該当するが、爾志海区には④再生産資源管理型や⑤栽培資源管理型の要素もある。しかし、二地区の①漁場管理型の内実は、漁船隻数や規模の制限、漁具、操業区域や漁期の規制のいずれをとっても漸次変動している。特に、漁期以外はいずれも増加の方向にあり、モデルにかなっていない。二つの事例がモデルと乖離している点はいかに位置づけられるであろうか。

表１　資源管理型漁業の類型（(11)より著者が作成）

	類型	内容
1	漁場管理型	輪採制、保護区の設定、操業秩序の改善
2	魚価維持型	生産調整による価格向上
3	加入資源管理型	卓越年級群の分散的利用による資源の有効利用
4	再生産資源管理型	産卵親魚の保護による再生産関係の確保など
5	栽培資源管理型	放流種苗の保護による放流効果の増大など

「資源管理漁業」の理論的特徴は、漁業行為の数値化に基づくモデル論として案出されている点にある。たとえば、それは、漁獲（努力）量、魚価関数によって漁業総収入を算出し、そこから変動費を差し引き、純利益を割り出し、次回の漁期が始まる際の資源量を推定するというものである。この考え方は、条件が整えば、ある種の漁業の操業指針の一つとして参考になる。しかし、漁獲量に影響を与える因子の数は無数に存在する。これら因子の存在は、「資源管理漁業」の考え方では、モデルの有効性を軽減する厄介な存在と認められている。その厄介さ加減はそれら因子をして「不合理漁獲」とまで表現するところに認められる。(37) すなわち、このような因子数を限定して作られたモデルの有効性は、現実とかけ離れ、問題が多いのである。*9

スケトウダラの二地区の事例は、宮澤が指摘しているように、事実上、漁業者間の経営格差の問題を無視することができないことを示している。漁場利用のとり決めには歴史的背景があり、平等化の背後には立場を異とする各漁業者の多様な競争意識がある。「資源管理漁業」は、数値化にもとづく経済学的モデルとして漁業行為を把握する枠組みに依拠しているため、「不合理漁獲」＝「排除」すべき対象として一方的によける傾向がある。二地区の例は、このような地域社会の歴史を背景とする漁業者の経験、社会関係や生活文化の多様さに配慮する必要性を示していると言えよう。

コモンズ論

コモンズ論も、同時期に、軍拡競争、人口や汚染問題、海洋資源の枯渇などの地球規模の環境悪化を背景に提唱された。(10) ハーディンは、共同の牧草地に牛を放牧する者の中から特定の者が、さらに牛を増やして利益を増加させた場合、他の者も同様に牛を増やして放牧するため、狭隘化と採草機能の低下により共有地は崩壊する。これを「コモンズの悲劇」と表現し、共有地は私有化あるいは国有化すべきとした。この極端な提唱は多くの議論をよんだ。

その議論は多岐にわたるが、特徴の一つは、伝統的村社会においては資源の持続的利用に成功しているという例が、人類学を中心に明らかにされた点にある。(22) また、二つ目はこれにともない、在地社会の慣行的資源利用が注目され、資源管理に政策的に応用できるものと議論されていく点だ。後者の政策的応用論は、漁業資源管理の議論と類似するので、ここでは詳論を避けよう。*10

前者のハーディン批判は、結果的に、在地社会の資源利用が多様に存在することを明らかにした。その発見は、資源の利用のとらえ方が、地域社会における生活文化の総体にかかわることを重視する人類学的な社会観とかかわっている。たとえば、ポナム人（パプア・ニューギニア）における海洋資源の利用は、彼ら独自の生態観と同時に、名誉と信頼を重視する社会関係と深く関係する。名誉と信頼を維持するために、資源は節約されるのではなく、積極的に利用される。一見、これは資源利用の失敗例のようにとらえられるが、資源の排他的利用や参入制限はこのようなポ

＊9　宮澤によれば、①資源量や漁獲量を規定する因子は、漁業行為だけでなく、環境要因など多数にわたり、把握困難であること、②漁獲物の価格は、漁獲量の関数として扱えず、外的な多くの因子に左右され、法則化が困難であること、③費用関数も、漁船や地域間の差異を無視できず、算定困難であること。以上の点から、一定の限界をふまえた判断材料として用いるべきものであり、このモデルに依拠して管理方針を定めることには問題がある他、漁業者側の合意を前提とした管理・規制経営条件（モデル枠外）の折り合わせが必要だという(26)。

ナム人の社会文化の文脈に則って理解すべきもので、そこに資源の持続的利用を見出すのは西欧人の独善的な文化観に基づく解釈にすぎないのであるという。(7)

人類学的研究は、相対主義的な立場に基づき、社会の複合的有機的連関性を重視することで、資源のみをとり上げ、その成功度を議論することには意味がないこと、資源利用の成功や失敗というとらえ方自体が、そもそも特定の価値観に基づいたものであることを示した。コモンズ論は、成功や失敗という観点が、どのような立場にもとづくのかによって大きく異なるのである。

北海道のスケトウダラ漁はどう位置づけられるだろうか。岩内と爾志海区の二つの事例は政策的応用論で掲げられた持続的資源利用の条件を、おおよそみな兼ね備えていると考えられる。だが、各々の事例を持続的資源利用の成功例ととらえるか、それとも、失敗例ととらえるかはそもそも困難である。スケトウダラにかかわるセクターは、ワシントン条約、水産庁、商社、漁業協同組合、個々の漁業者など、多様に存在している。成功や失敗という判断自体、一定の基準に則った価値観を前提にしていると言える。むしろ、問題は、コモンズ論では同じような条件下にある両地区で、異なる相貌がなぜ生じているのかにあると考えられるのではないだろうか。

そこで、相対主義的観点に沿って考えてみよう。たとえば、岩内では漁師の技術が尊重されるゆえに、持続的利用よりも、資源を多く利用する文化であったと位置づけることになる。爾志海区においても岩内と類似する文化が認められるが、相違する点も認められる。たとえば、この地区においては資源維持管理の試みを導入し、それを拒否した岩内と対照的な対応をしている。また、資源管理の対応も変転しており単純でないのである。このような差異や変化へ答えていくことがコモンズ論には求められているのである。

「伝統的村社会」観を越えて

コモンズ論の問題は、「社会」のとらえ方に関する二点に認められる。すなわち、社会内を均質的にとらえてきた点と、社会の外側との連関性を捨象してきた点である。

スケトウダラ漁業組織内の同業者同士の関係は一様でない。資源に対する立場には、漁業への従事歴にもとづく差異や装備の差異なども存在するからだ。この差異は、スケトウダラ漁とそれを秩序づけてきた歴史的形成過程をひも解いて説明する必要がある。

スケトウダラ漁は、該当する漁村に居住する漁業者がみな行っていたわけではない。漁業許可を得た漁業者が中心となって漁業組織を形成し、自主的に秩序を作り上げているのである。しかも、岩内と爾志海区の間では、スケトウダラ漁の漁業組織の歴史と性格が異なっている。岩内の場合は湾に面した町場を背景に、岩内の漁業者で組織された。そして、隣接する泊などの古宇地区の集落や寿都の漁業者の入漁は、平成の資源枯渇を迎えるまで従属的なもので、大きな変化がなかった。

爾志海区の場合、個々の漁師による操業から、集落レベルの漁業組織が形成され、さらに資源枯渇後に、それを超えた広域の連合組織が作られた。組織化の過程で、集落レベルの優先的操業の権利の多くは解消され、平等化が進んだが、解消は完全なものではなく、操業をめぐる非平等性（差異）が残され、今に堆積している。コモンズ論から北海道のスケトウダラ延縄漁をとらえる場合、許可漁業制度に則った漁業組織内の歴史的社会的差異にいっそうの配慮が必要なのである。

二点目は、スケトウダラ漁業組織は、集落、地域社会内の閉鎖的完結体でない点である。スケトウダラ漁業組織の外側との連関性は多面的に認められる。一つは、すでに見てきたように、研究機関の協力である。爾志海区においては、この協力を得ることで資源の維持管理へ組織的に対応することが可能になった。その対応の契機として、資源枯渇を体験した経験が大きな意味をもっていた点は軽視できない。地域社会の特異な歴史背景も深くかかわっている証

＊10　政治科学者のE・オストロムは、世界各地の事例を基に仮説の有効性を検証し、共有資源が持続的に利用される上で欠かせない条件を抽出する(28)。それは①明確な境界と構成員資格、②規則の一致（占有者、地域）、③集合的選択の領域、④監視、⑤段階的制裁、⑥紛争解決機構、⑦組織化への認識された権利、⑧入れ子状の多層構造、の八点である(29)。これらの条件は、水産政策の研究者が共有資源の制度を分析する際の参照枠ともなっている(32)。だが、彼女は、共有資源の制度分析は、その内外の変数を特定の状況下のものとして把握する必要も説き、外的影響を限りなく少なく見積もった型に基点をおき、失敗した事例―その多くは沿岸漁業―を中間的形態とするが、外的影響を大きく受けた後者の変数や、前者と後者の間の関係性を検討していない。在地の慣行に知見を得る資源管理政策的観点は、外部からの複雑多岐にわたる変数を排除した共有資源の純粋な運用を重視する仮説的な枠組みに偏するきらいがある(29)。

左と言えよう。
スケトウダラ漁業は産業として行われており、商業的連関性も当然にある。スケトウダラの販路は韓国へも開拓され、国際経済を背景に変動している。[(1)など] さらに爾志海区部会では、研究機関の助言により終漁期を早めたが、TAC制の導入以後、漁獲量が割当額に至らないと翌年以降の割当額が低く設定されると考え、終了期を引き延ばすことも行っている。爾志海区のスケトウダラ漁は、社会、文化的側面と連関した漁業組織に基づく一社会内の閉鎖的生業行為にとどまるのではなく、このような地域社会の外側から受ける経済的、社会的影響によっても規定されているのである。
コモンズ論においてコミュニティと「外部」とのかかわりは近年注目されているが、[(18)] 在地の知見へ注目して、ハーディン批判を行う研究や、資源管理政策へ応用しようとするコモンズ論では「社会」のとらえ方が、伝統的な村社会像に偏してきた。この視角は、誰もが同じように行動する匿名個人の集合体として、また、完結した閉鎖的社会としてそれを描き、コミュニティの積極性を強調する。そこでは社会関係の多元性、歴史性は考慮されず、資源に対する平等性が持続的利用と解釈される。結果、漁村が内包する競争的意識を捨象し、その外側とのかかわりや変動も認識の外に追いやる傾向がある。[*11]
スケトウダラ漁の事例においては、共有資源を占有する者は、その者が属している社会の文化観を背景に資源を利用しつつ、その利用の仕方は、漁業組織外とのかかわりを通じて、時とともに移り変わる。漁業者は、組織の外側から有用と思われるものを種々選択し、組織内の社会関係に応じて吸収し、各々の姿勢でスケトウダラ漁を営んでいるのである。

四 「賢明な利用」とはなにか

「資源管理」型漁業の前提には、対象把握は数値で換算・予測が可能であるという合理主義的経済観が、政策論やハーディン批判として展開するコモンズ論の前提には、対象を閉鎖的で完結した有機的統合体に比するという機能主義的社会観が認められる。[(4)(16)(20)(22)] 純粋なモデルの構築を目指し、調和的な関係を論じようとするそれらの性格には生態学的システム論を加えることもできよう。そこにある視角は、調和的、均衡的な生物・社会観、攪乱要素を排除した非歴史主義観といえる。[(35)など] しかし、現実の漁業や資源の性格はこのような予定調和的なものではない。資源の「賢明な利用」は、「伝統的村社会」観の落とし穴を避けて考えていかねばならない。建設的な問題提起を行うためには、いったい何が必要なのだろうか。

第一に、漁業者の行為を経済だけに限らず、その生活文化総体に視点をおいて考察することが求められる。スケトウダラ延縄漁は、家族、地域社会、信仰などの民俗文化と一連のものであるからだ。確かに、岩内の事例は、生物多様性を第一とする立場に立った場合に避けなければならない状況を現出しているし、その現状は「資源管理」型漁業のイメージにそぐわない。しかし、漁業者個人にとってそれは一つの適応であり、「賢明な利用」の一形態である。山崎氏が延縄を続けるのも、優先的漁業権の確保や他の資源の開発にかかわっているからである。それは、自らの経験的知識や方法を信じ、資源枯渇の多寡に応じて魚種・漁法を選択する漁業者の生き方だからである。このような相対主義的姿勢は担保される必要がある。

第二は、「村社会」を柔軟に把握する必要である。爾志海区の事例からは、「資源管理」を導入する組織の中にも力関係がはたらいていることがわかった。力ある者によって導入されたやり方も、時と場合によって緊張を強いられ、新たなものに置き換えられる。漁業者間の取り決めは、その都度更新され、変容し続けている。組織内においては、各々の目的に向けて常に力がせめぎ合っているのである。スケトウダラ漁の形成へ参与する者たちの時期や状況は異なっており、堆積された歴史を背景に、各々の取り組む姿

＊11　提唱から四〇年以上経った今日、コモンズ論の問題性は多角的に指摘されつつある。たとえば、グローバル・コモンズやローカル・コモンズ、あるいは資源の重層的な管理をめぐるガバナンスの議論などである(17)(24)(27)。しかし、外部との「協治」は論じられても、資本主義を背景とする経済的連関性や規定性への配慮は積極的に議論されているとはいえない。インドネシアのサシの事例をとり上げた研究は、コモンズ論における伝統的社会観の問題性を説得力を持って指摘していた。サシとは監視、監視することを原義とする言葉であり、実際の漁場利用をも指し示す。禁漁期間を設ける仕方は、本来、精霊や祖先による禁忌と見なされ、サシは資源を持続的に利用している好例だと報告される(3)。しかし、サシの表現は多様であるだけでなく、特定の文脈内においても多元的である。何よりも、サシの漁期設定は、共同体内でなされるというよりも、むしろ商人の動向によって決定されているのである(30)。

勢も多様なのである。

第三に、村社会がその外部といかに接合しているかを対象化する必要がある。村社会は閉鎖的な完結体ではない。漁業者の協定は、スケトウダラの魚価や燃油価格、研究機関、さらにはＴＡＣ制度[*12]などにより、変動するだけでなく、大きく規制されている。漁業者は、村社会の外部から科学知識、政治権力、経済的ネットワークなどさまざまな手だてを活用する。村社会の生産者へ議論を限定し、資源の持続的利用の問題が、村社会の生産者レベルで解決できると考えてはならないのである。[*13]さまざまな関係性や位相において、外部をいかに利用し、意味づけるのかととらえる必要がある。

本章では、北海道の事例から、政策や科学的知識と、地方社会の経験的知識や文化とがからみ合い、変動している姿を浮き彫りにし、漁業者に視点をおいて、集団個人間の競合や交渉のダイナミクスを、共同体的枠の外側にも関連づけて対象化する必要性を説いた。

重要な点は、スケトウダラ漁には、個別の歴史地域的背景があり、統一的な処方箋はないということだ。「バラ色の色眼鏡」をかけて見出す「魔法（の薬）」はないのである。[4][30]むしろ、それらが培ってきた歴史と特性に沿った個性ある取り組みを的確に認識し、その認識を前提に冷静な対処を施していく行為を持続していくことこそ「賢明」なのではないだろうか。

＊12　資源減少が懸念される魚種に対して、総漁獲可能量を定め、それ以上の漁獲を制限する制度である。

＊13　鳥瞰すれば、スケトウダラ資源の先決問題は、効率的技術に依拠した大規模な生産手段を抑制することにあろう。多くの延縄漁業者は大規模な漁獲行為（沖底曳網）に警鐘を鳴らしている。岩内の延縄漁師によれば沖底曳網による漁獲は、沖底曳網漁船「三隻の一日の操業漁獲が延縄による一年間の漁獲を上回る」ほどだからである。沿岸域の小規模生産者が一〇年先駆けて始めた自主的漁業管理と比すると、ＴＡＣ制の導入を待って始まった沖底曳網漁の規制は遅きに逸していた。ガバナンスの大きな課題と言えよう。

第3部

奄美・沖縄の人間―自然関係史
価値あるものの濫獲・絶滅への道

第8章　考古学からみた奄美のヤコウガイ消費
—先史人は賢明な消費者であったか—

木下尚子

はじめに

今からおよそ六三〇〇年前の縄文時代前期、沖縄では海底に成長し始めたサンゴ礁が切れ切れの低い堤防を作りながら、浅海を作りつつあった。[3][5][2] これにともない、サンゴ堤防の複雑な切れこみに強い波を好む生物たちが生息し、現在の食料資源の基本ができあがっていった。ヤコウガイはこうした環境を好む大型巻貝である。六三〇〇年前の沖縄本島の人々はこの環境変化を見逃さなかった。当時の遺跡である沖縄本島の野国《のぐに》貝塚群B地点（嘉手納《かでな》町）[7]や新城《あらぐすく》下原《しちゃばる》第二遺跡（宜野湾《ぎのわん》市・北谷《ちゃたん》町）[4]で、捕獲されたヤコウガイが見つかっている。人々のヤコウガイ捕獲は、サンゴ礁の形成とともにきわめて早い頃に始まったと言える。

奄美大島でも縄文時代中期・後期から九世紀に至るまで、多くのヤコウガイが捕獲されてきた。ここでは奄美大島と喜界島の古代の遺跡で発掘されたヤコウガイを通して、奄美地域の先史人がヤコウガイをどのように捕獲し消費してきたのかを復元してみたい。ここから人と自然のかかわりの一例を理解しようとするのが、本章の目的である。

一　ヤコウガイという貝

ヤコウガイ*Turbo*（*Turbo*）*marmoratus* Linnaeus,1758はサザエの仲間（リュウテンサザエ科）に分類される最大の巻貝で、殻の径は一八センチメートル前後、大きな個体では二一センチメートルに及ぶ（図1～5）。その特徴は以下のようにまとめられる。[17][21]

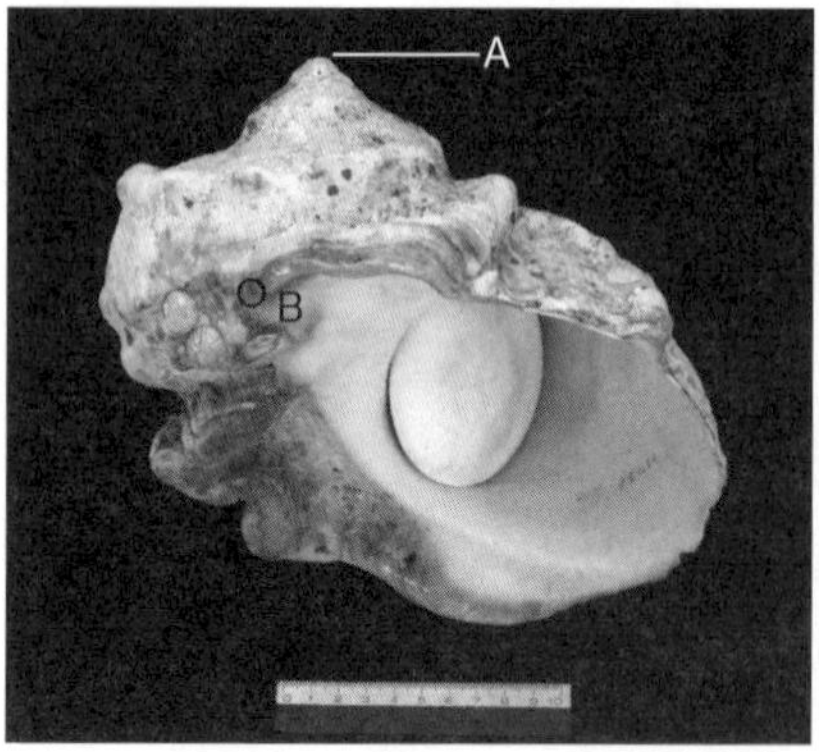

図１　ヤコウガイ（蓋の入った状態）A：殻頂　B：セ点
（喜界島 2007 年採取　殻の重さ 1838 g　蓋の重さ 232 g　最大径 21.2 cm）

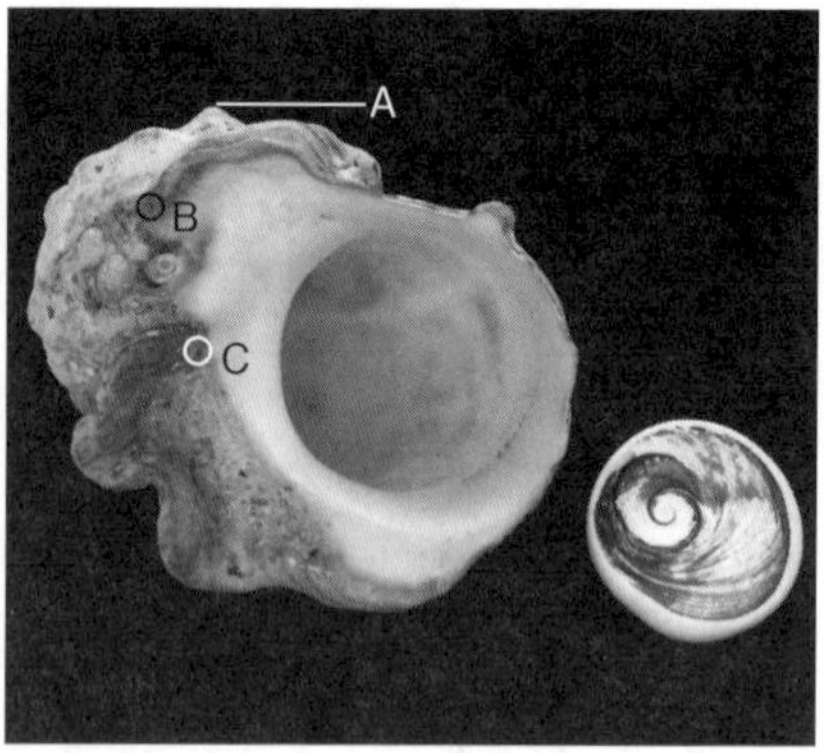

図２　ヤコウガイ　貝殻と蓋
C：臍孔（ヘソ）

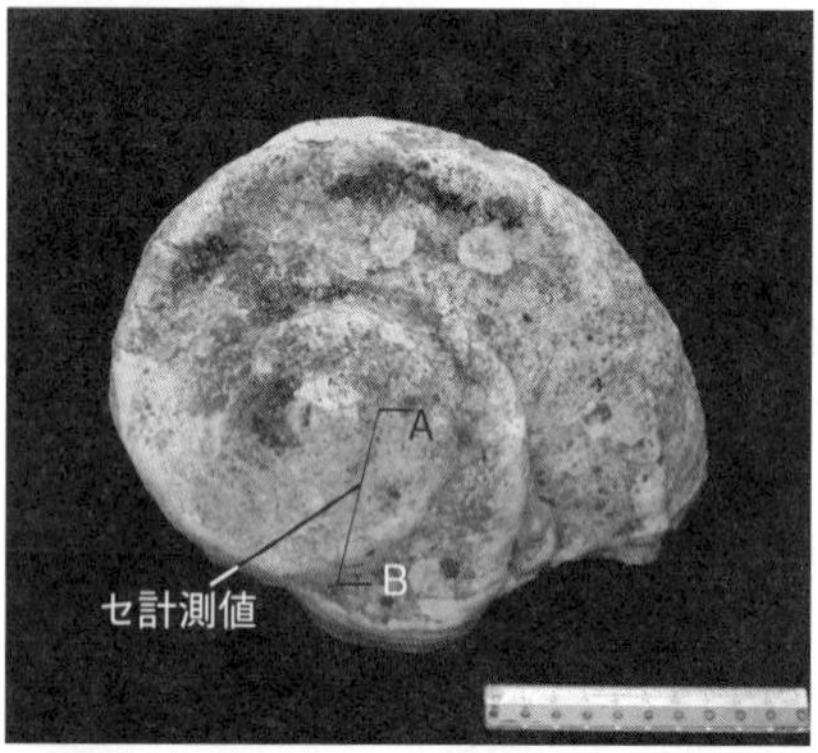

図３　ヤコウガイを真上から見る
A（殻頂）とB（セ点）を結んだ距離がセ計測値

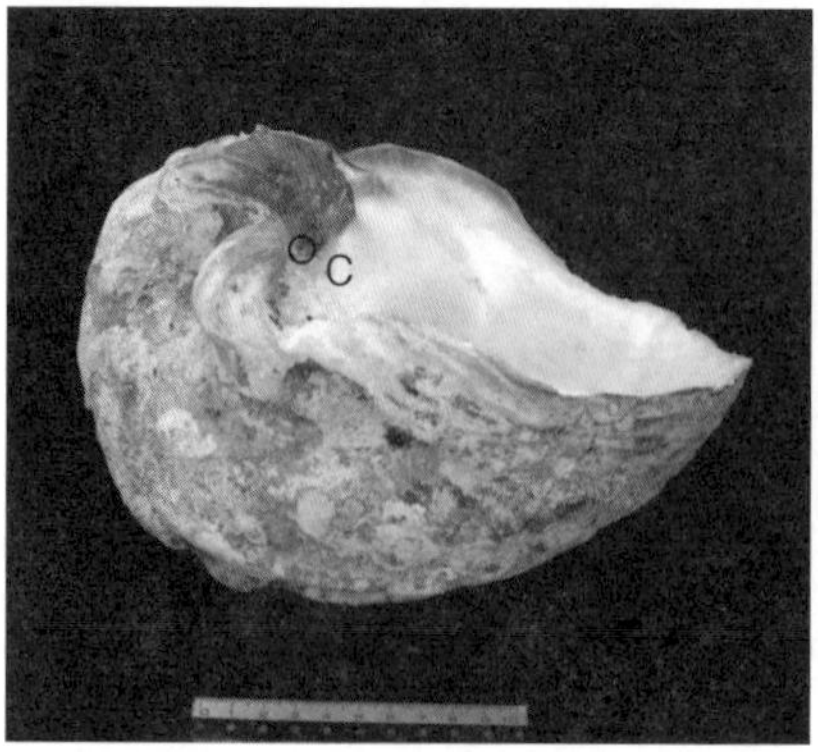

図４　ヤコウガイを真下から見る

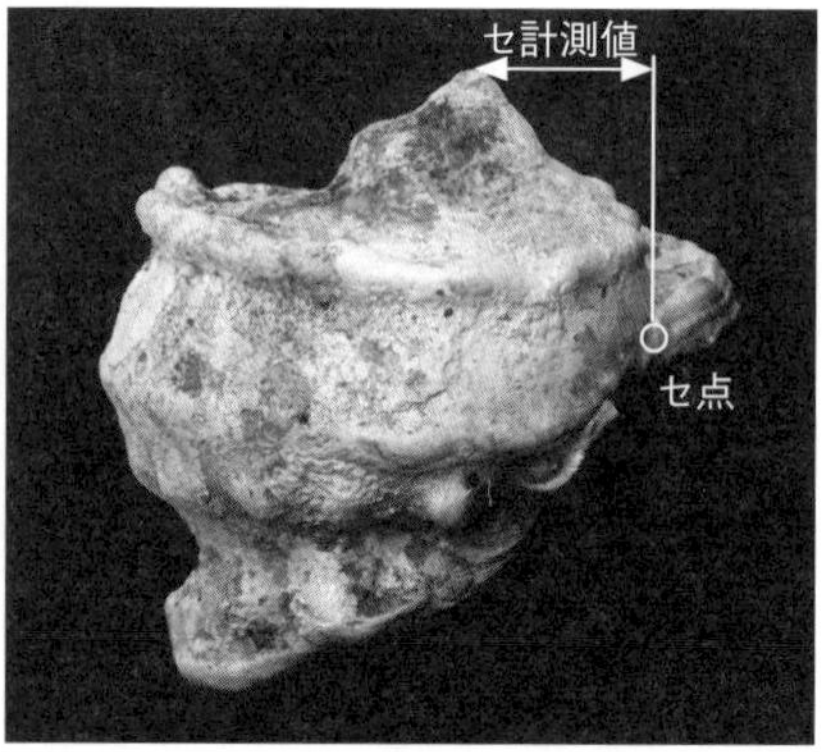

図５　ヤコウガイを真横から見る

・ヤコウガイは、種子島以南の、サンゴ礁の発達した熱帯海域に広くすむ。
・殻の開口部は広く、ほぼ円形。
・蓋（ヘタ）は円形に近い楕円形で、外側の表面は白く平滑。
・雌雄の別がある。
・幼貝は丸く光沢があるが、成長とともに三〜四本の太い筋（螺肋《らろく》）を持ち、ここに大型の瘤《こぶ》（結節）を突出させる。
・サンゴ礁の、外面に面した波あたりの強い礁斜面にすむ。
・テングサ類・オゴノリ類・イバラノリ類などの紅藻類を餌とする。
・小型の個体はサンゴ礁の浅い部分に、大型の個体は水深五〜一〇メートルの部分に生息する。

水深五メートルというのは、足ヒレのない素潜りで簡単に到達できる深さではない。さらにヤコウガイは波の打ちつけるリーフの外側に生息している。捕獲には大きな危険がともなう。奄美大島北部東海岸のヤコウガイについて、考古学者の中山清美氏はこの捕獲を専門とする漁師に聞き、また自ら潜水して調べ、以下のことをまとめている。[11]

・東海岸[*1]において、ヤコウガイ成貝は地元でシィバナとよばれるサンゴ礁の海側の高まりの先端部の下に生息し、海底に巨大なサンゴ塊の見られる白砂地帯に多い。大型のヤコウガイは水深七〜八メートルのところで捕獲できるが、以前は水深四〜五メートルの海でもよく獲れていたという。大型でなければ水深二〜三メートルのところで獲れる。
・ヤコウガイ成貝はサンゴ礁の陰の部分に、岩に近い色をして貼りついているので見つけにくい。しかし海藻を求めて這った跡があり、これを見出せば捕獲は容易。

サンゴ礁を総合的に研究する渡久地健氏は、地元への聞き取り調査から奄美大島西海岸に見られる海底地形とヤコウガイの生態の同様の関係を見事に描き出している。[20] 氏によると西海岸でもヤコウガイはリーフの海側の斜面に多くすむという。また夜には、リーフの溝や穴からアオガイとよばれるヤコウガイの若貝や生まれて間もない緑色の稚貝があがってくるのだという（図6）。

＊1　笠利町土盛および宇宿沖。

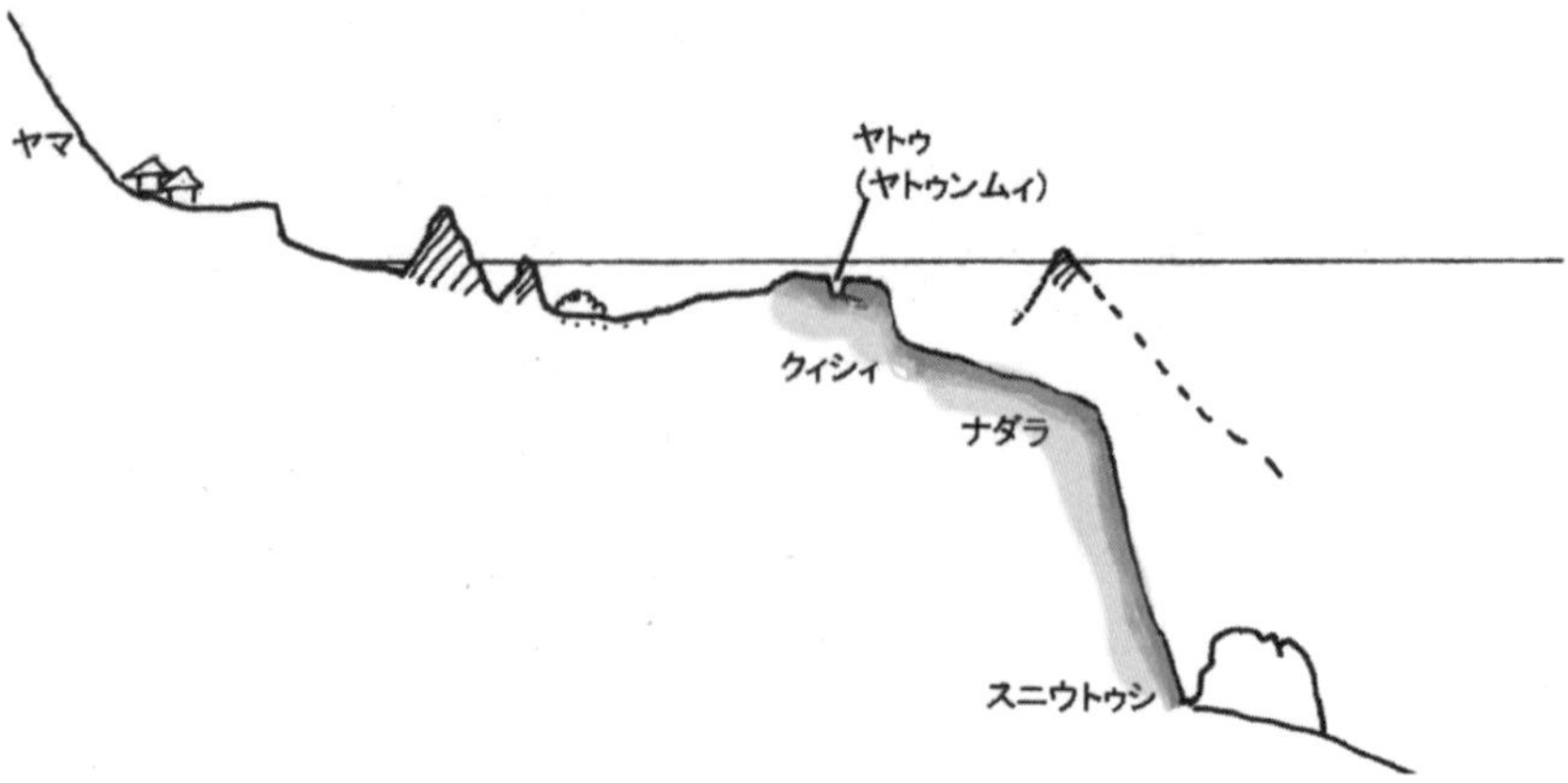

図６　ヤコウガイの生息場所（奄美大島大和村の場合）
は集落から海に至る地形の断面を示す模式図。色を塗った場所がヤコウガイの生息地。
ヤトゥには稚貝・幼貝が、ナダラ・スニウトゥシには成貝が生息する
（⒇　p.74 図４をもとに作成）

以上からヤコウガイがサンゴ礁という特徴的な地形に深くかかわって生きていること、大きなものほど深い海にすみ、大型貝の捕獲は潜水しなければならなかったこと、[*2]捕獲は容易でなく、生態の理解にもとづくコツが必要であったこと、小さな貝は夜、容易に捕獲できたことがわかる。ヤコウガイの大きさは、その捕獲の難易度を示していると言えそうである。

二　ヤコウガイの大きさを復元する方法

過去の人々がヤコウガイをどのように消費していたかを知るためには、遺跡にどれほどの大きさの貝殻がどれくらい残っているかを調べる必要がある。しかし遺跡に残されるヤコウガイは中身の取り出しのために、あるいは匙などを作るために殻が割られていて、ほとんどは破片である（図７・８）。これらから貝殻本来の大きさと個体数を知るにはどうしたらよいだろう。

ヤコウガイを眺めながら私が考えたのは、一つの貝殻に一か所しかない部分の長さからヤコウガイの全体の最大幅（殻径）を割り出すというとても平凡な方法である。そのためにはあらかじめその部位と殻径の関係を調べ、二つの

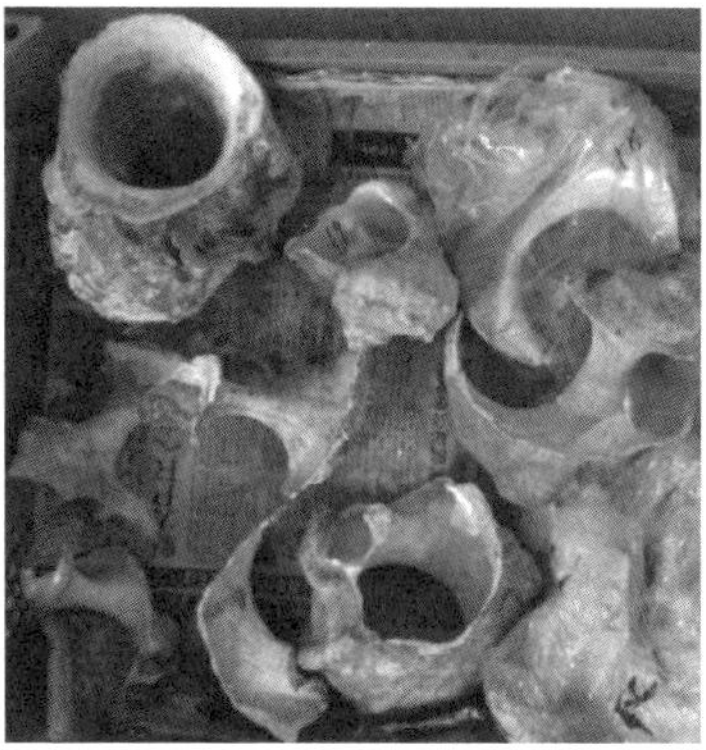

図7　遺跡出土のヤコウガイ

図8　遺跡出土のヤコウガイ破片

長さの間に一定の相関関係が成立していることを確認しておかねばならない。この他に蓋を使う方法もある。蓋も一個体の貝殻に一個しかないので、個体数を知るのに便利だし、この大きさから貝殻の大きさを復元することができるだろう。試行錯誤の末、私は殻と蓋の両方についてそれぞれに殻径との相関（回帰式）を求めることにした。遺跡によっては蓋の方が殻よりたくさん残っていたり、その逆であったりするので、両方を使えるようにしておくのがよいと思ったからである。以下に大きさの復元のために行った実際の作業を説明しよう。少しややこしいけれど、少しおつきあいいただきたい。

殻の一部から殻径を復元するために選んだ部位は、ヤコウガイの殻口の上部である。私は、外側の体層端部が殻口上端で一つ奥の体層に接する部分（以下セ点）[*3]に注目し、この点と殻軸の中心線との距離を、殻径復元のための部位とした（以下セ計測値　図1）。この部位を選んだのは、ここがヤコウガイ貝殻では比較的頑丈で残りがよく、求める

＊2　大和村国直の漁師は、以前トカラ列島の宝島で潜水せずに一定の大きさのヤコウガイが獲れたという。渡久地健氏の教示による。こうした事実にも注意しておく必要があるだろう。

＊3　この部分について表現する貝類学の用語を見つけられず、「接点」の意味で仮に「セ点」とした。

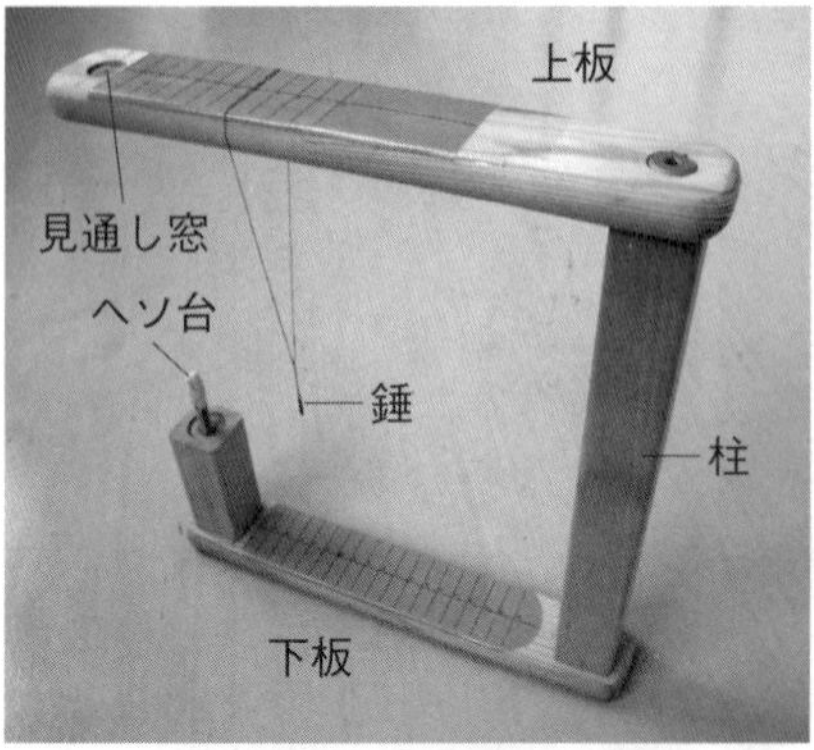

図 9　ヤコウガイ計測装置

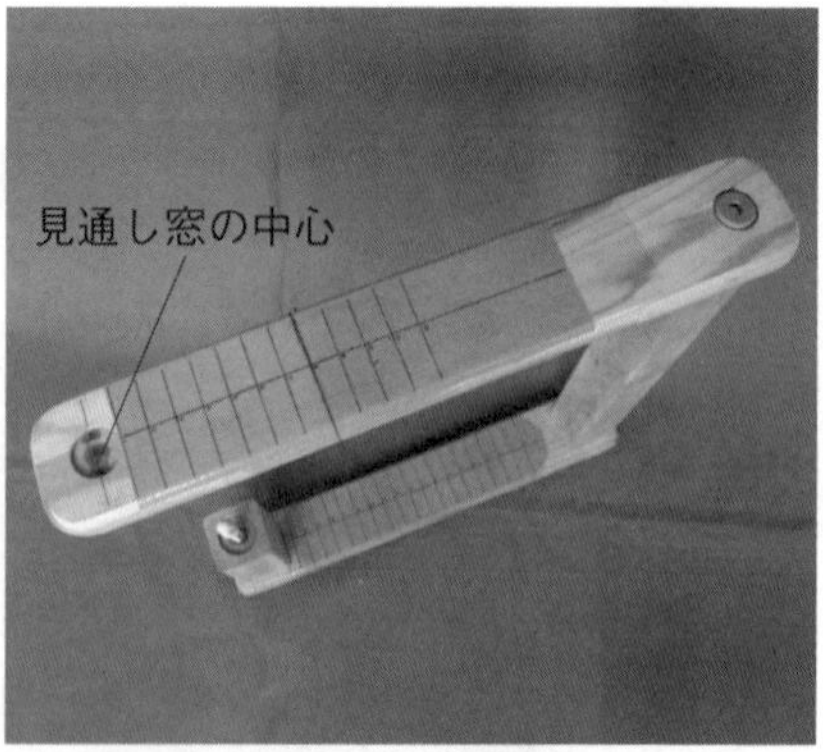

図 10　セ計測値を示す目盛り

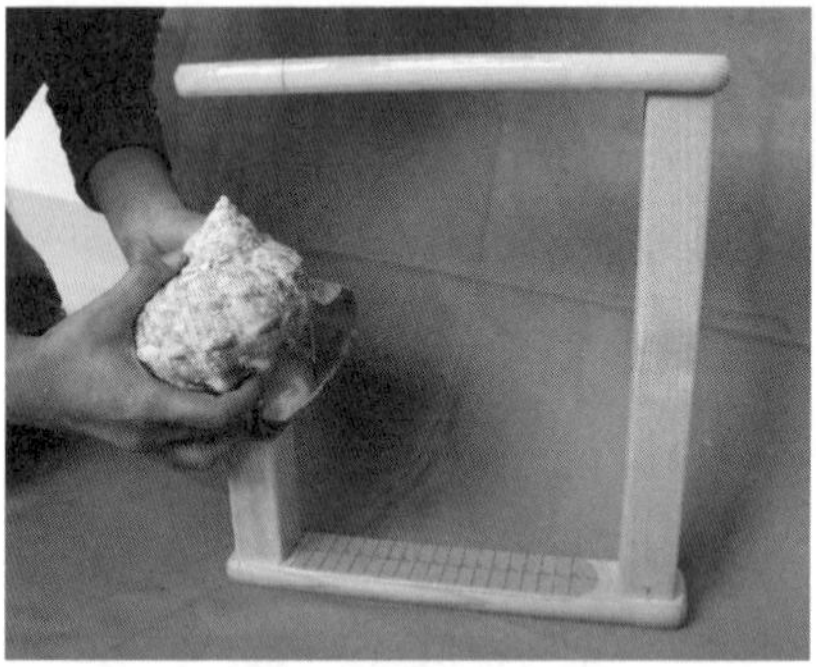

図 11-1　セ計測値の計測
ヘソ台にヤコウガイのヘソを載せ、見通し窓の中心がヤコウガイの殻頂に重なるよう、貝殻の位置を調整する。

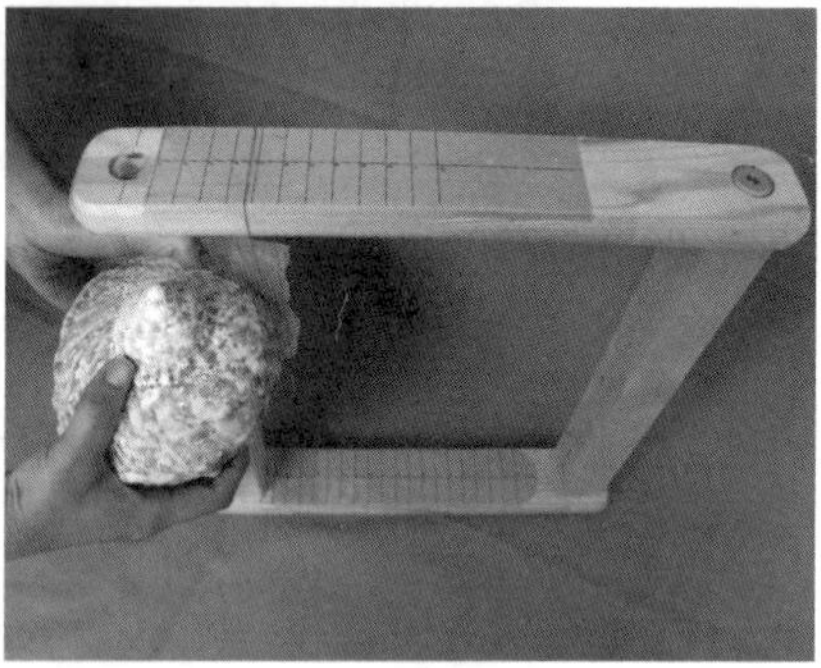

図 11-2 セ計測値の計測
上板の錘の糸がセ点に接するように糸を移動させ、上板の数値を読む。

図 12　殻径の計測
下板の柱に寄せてヤコウガイを置き、ヘソ台側の最大値を読む。

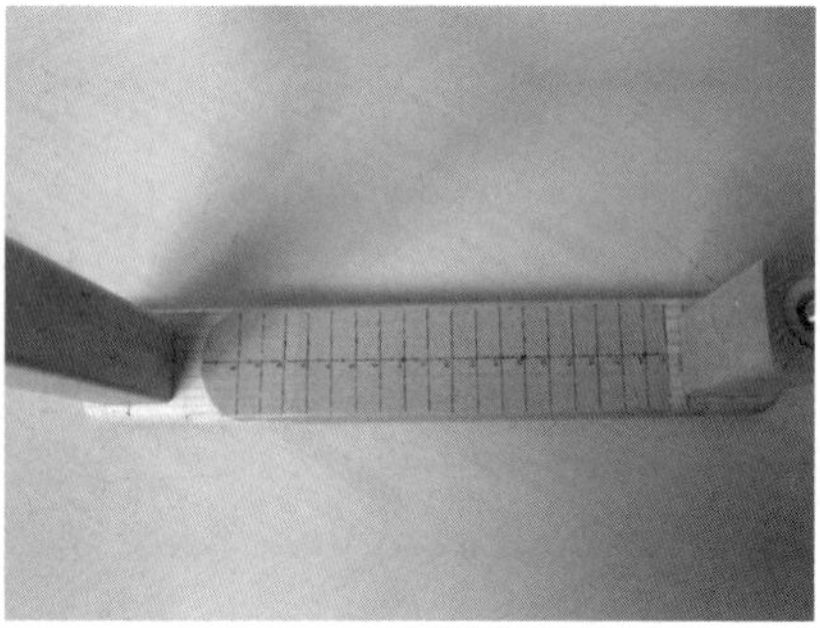

図 13　下板の目盛り
柱側からヘソ台に向かって 21.5 cm までを刻む。

一点を特定しやすいからである。そこでセ計測値と殻径の長さについてヤコウガイの完全な個体で調べたところ、高い相関のあることがわかった。(6) 両者の関係を示す回帰式を求め、これにもとづいて殻径の復元を行うことにした。計測を進めるなかで、セ計測値を測るための簡単な装置を作成した（図9〜13）。

この作業の初めに、私は琉球列島各地の大小の現生貝を計測し、これをもとにセ計測値から殻径を求める回帰式を求めた。復元作業のなかで、試しにこれを遺跡出土の完全なヤコウガイに当てはめて殻径復元の精度をみた（つまり完全なヤコウガイにおいて、セ計測値から回帰式によって求めた殻径と実際の殻径を比べた）。その結果、誤差が認められたので、これを少なくするために回帰式の根拠となる現生貝の個体例数を増やしたが、誤差は思うように減少しなかった。(6) これは時期・生息環境の異なる現生貝を使うこと自体に問題があるのだろうと思い、殻径復元をするその遺跡で出土した完全なヤコウガイをもとに回帰式をあらためて求めた。これで同様に復元の精度を見たところ、誤差は大幅に減少した。このことから殻径復元の回帰式を、当該遺跡において求めることに方法を変更した。ただこれは遺跡で多くの完全なヤコウガイが出土しているところでのみ可能な方法である。完全なヤコウガイの出土数が少なく、遺跡で独自に回帰式を求められない場合は、近い時期か近い距離にある遺跡の回帰式を援用することにした。

次に、蓋の大きさをもとにした殻径の復元について述べよう。最大径と殻径の間にも高い相関が認められた。(6) この方法では、現生貝のデータを使わざるをえない。遺跡では殻と蓋がばらばらに出土するため、殻と蓋の本来の組み合わせを復元できないからである。今回は奄美大島産のヤコウガイ五四個にもとづく回帰式を求めた。

三　遺跡出土ヤコウガイの大きさ復元

以上の準備をし、遺跡ごとにヤコウガイの大きさを調べた。*4 遺跡には完全な形のヤコウガイも残るので、それについてはそのまま殻径を測った。*5 破損したヤコウガイについ

＊4　下山田Ⅱ遺跡・長浜金久Ⅰ遺跡は鹿児島県立埋蔵文化財センター所蔵資料、宇宿小学校校内遺跡・安良川遺跡・マツノト遺跡は笠利町立歴史民俗資料館所蔵資料、フワガネク遺跡は奄美市立奄美博物館所蔵資料、先山遺跡は喜界町教育委員会所蔵資料によっている。

ヤコウガイ個体数	時期	土器型式	^{14}C 年代※
73	縄文時代 中～後期	面縄前庭式 嘉徳1式等	
99	縄文時代 後期～晩期	宇宿下層式 宇宿上層式	
1125	兼久式期 古い方	兼久式	CalAD420 ～ 650 CalAD410 ～ 650 CalAD240 ～ 620
914	兼久式期 古い方	兼久式期	CalAD450 ～ 640 CalAD530 ～ 650 CalAD530 ～ 650 CalAD440 ～ 640 CalAD390 ～ 600
134	兼久式期 中頃	兼久式	CalAD575 ～ 770
63		兼久式	
523	兼久式期 新しい方	兼久式	CalAD660 ～ 780
224	兼久式期 終末期	兼久式	CalAD830 ～ 890

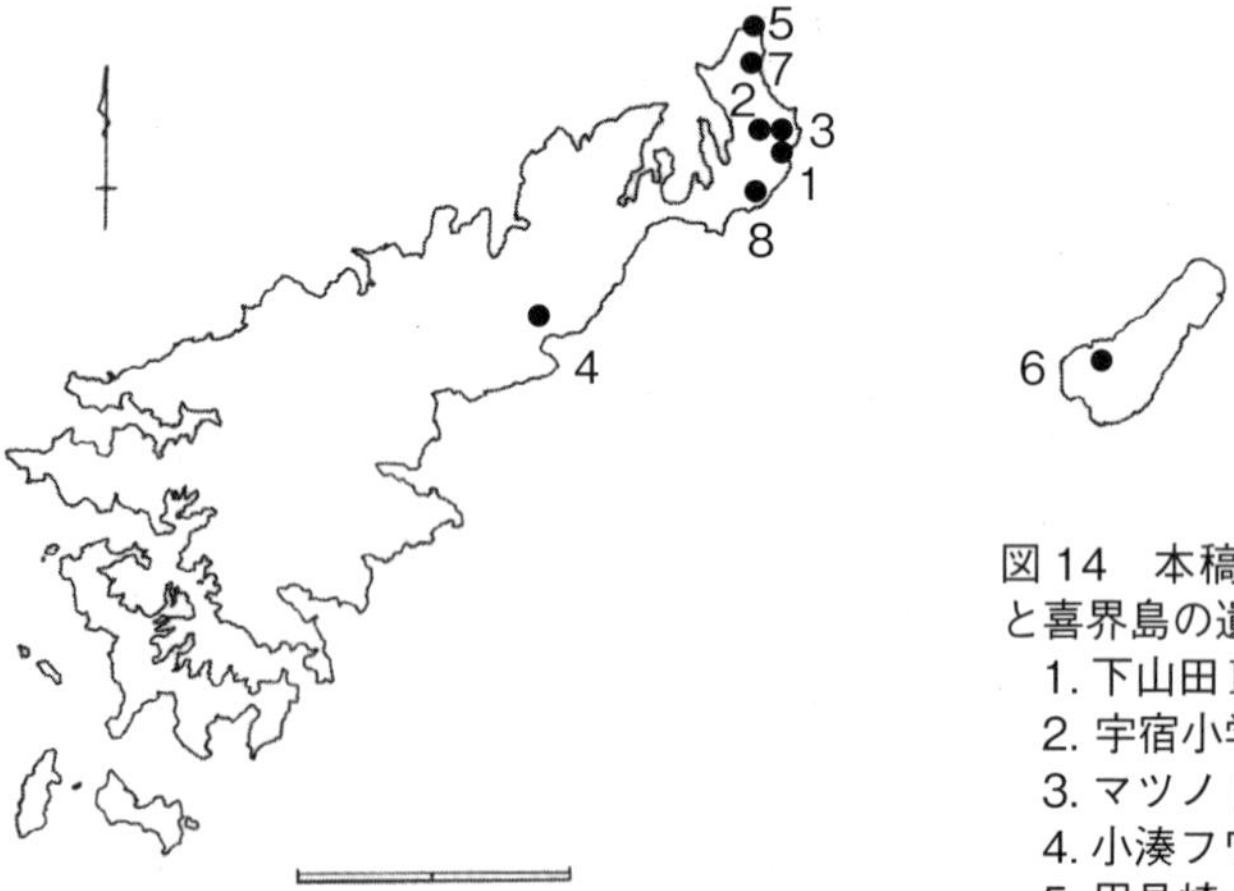

図14　本稿にかかわる奄美大島と喜界島の遺跡
1. 下山田Ⅱ
2. 宇宿小学校構内
3. マツノト
4. 小湊フワガネク
5. 用見崎
6. 先山
7. 安良川
8. 長浜金久Ⅰ

表1　分析対象遺跡一覧（3155個）

遺跡名	所在地（鹿児島県）	遺跡の種類	調査面積
1 下山田Ⅱ	奄美市笠利町万屋	生活跡	800 m^2
2 宇宿小学校		生活跡	1000 m^2
3 マツノト（第1文化層　古層）	奄美市笠利町土盛	生活跡	440 m^2
4 小湊フワガネク（第一次・第二次調査）	奄美市小湊	生活跡・貝器製作跡	563.5 m^2
5 用見崎（3層）	奄美市笠利町用	生活跡	100 m^2
6 先山	大島郡喜界町	生活跡	54.3 m^2
7 安良川		生活跡	198 m^2
8 長浜金久Ⅰ（19層）	奄美市笠利町和野	生活跡	265 m^2

※長浜金久Ⅰのみ貝殻により、他は炭化材による測定

ては可能な限りセ計測値を求めた。計測したヤコウガイは、奄美大島七遺跡・喜界島一遺跡で、貝殻二三七六個、蓋二一四五個、合計四五二一個（延べ数）である。調査した遺跡名（図14）についての情報を表1にまとめた。

四　奄美地域のヤコウガイ消費

　ヤコウガイの大きさを復元した遺跡は、奄美地域の八遺跡で、縄文時代併行期が二、古墳時代〜古代併行期が六遺跡である。この間弥生時代併行期が欠落しているのは、ヤコウガイを多くともなうこの時期の遺跡が見つかっていないためである。

　奄美地域でヤコウガイが多く残されるのは六世紀から九世紀で、考古学で兼久《かねく》式期とよばれる時期である。兼久式土器は奄美地域独自の土器で、その変化を論じる編年研究(19)(10)(11)が進み、兼久

＊5　ヤコウガイの殻口を下にして水平に置き、殻口端部と反対側の体層に直角定規をあて、その最大の値を殻径とした。蓋は、分厚い方（図2蓋の左下）を上にして置き、渦の中心を通る横方向の線で最大の長さを計測した。

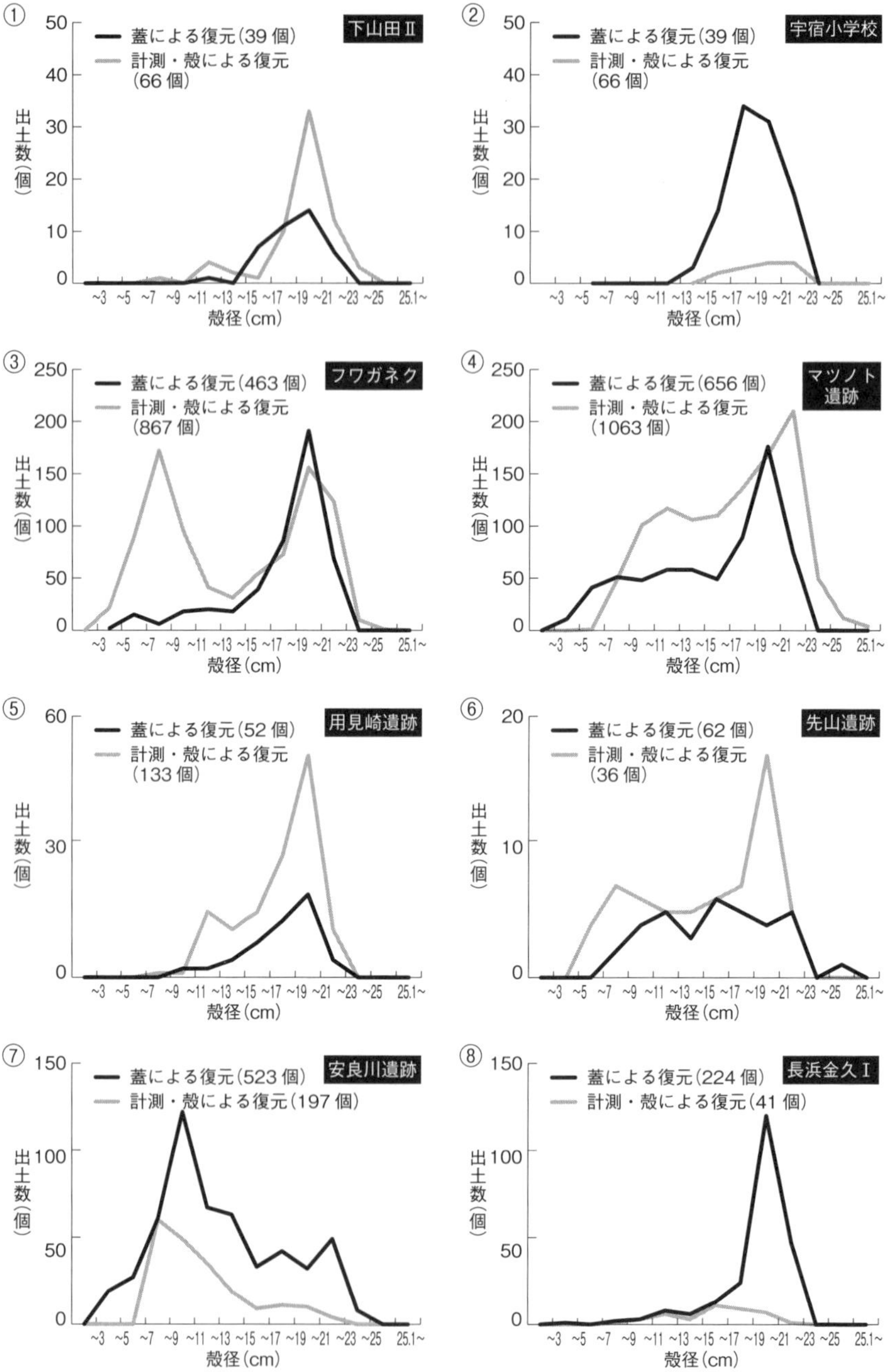

図 15　奄美地域の遺跡出土ヤコウガイの大きさ分布

式期内の新旧がわかってきている。兼久式期を過ぎるとヤコウガイを残す遺跡はほとんど見られなくなる。

　ヤコウガイの大きさを、殻からの復元値と蓋からの復元値を二センチメートルごとに区切って整理し、グラフにまとめた[*6]（図15①〜⑧）。このグラフを見ながら、古い時期の遺跡から順にヤコウガイの捕獲・消費状況をみていこう。

①と②は縄文時代である。①の下山田Ⅱでは蓋による復元数（以下殻復元数）も殻による復元数（以下殻復元数）も殻径が一七・一〜一九センチメートルのところでピークを示している。蓋復元数が殻復元数より多いのは、中身の肉に最後までついている蓋が、殻よりも遺跡に運ばれる機会が多いからだろう[*7]。②はこれより時期のくだる宇宿《うしゅく》貝塚のものである。殻のデータが少ないので蓋による復元径でみると、①と同様殻径が一七・一〜一九センチメートルのところでピークを示している。縄文時代の二例から、遺跡にはヤコウガイの蓋が殻より多く残されること、人々が大型[*8]のヤコウガイを意図的に捕獲していたことがわかる。早い頃に、サンゴ礁の波の荒い海域で数メートルも潜水してヤコウガイを捕獲していたことは驚きである。ヤコウガイがすぐれた食糧であったためであろう。

　次に六〜七世紀の例を見よう。③のマツノト遺跡では、殻復元数のピークが蓋復元数のピークを上回っている。このことは、遺跡で食べられたヤコウガイより多くの殻が遺跡に残されていることを意味する。また殻復元数では殻径一九・一〜二一センチメートルの超大型ヤコウガイが捕獲のピークを示している。小型・中型のヤコウガイもかなり捕獲されていて、あらゆる大きさのヤコウガイを捕獲しようとしている状況をうかがうことができる。この状況は一

＊6　殻による復元の中には、完全な貝殻から測った殻径の値も反映されている。

＊7　ヤコウガイを遺跡に運ぶ途中で、重い殻を除外して搬入した可能性もある。サンゴ礁の礁原にはときどき敲石などの石器が見つかるが、こうした作業の痕跡と見ることもできる(1)。

＊8　ヤコウガイ殻径の分布頻度にもとづき、以下のように分類した。大型：殻径一七・一センチメートル以上のヤコウガイ（殻径一九・一センチメートル以上を超大型とする）、小型：殻径九・〇センチメートル以下のヤコウガイ、中型：大型と小型の中間の大きさのヤコウガイ

表2　奄美地域のヤコウガイ出土状況一覧

時期		大きさのピーク（cm）	小型貝の捕獲	出土頻度（個 /m^2）	蓋と殻の関係	対応する図番号
縄文時代中期〜晩期		17.1 〜 19	ほとんどなし	0.1	蓋が多い	①②
兼久式期	1	19.1 〜 21	多い	1.6 〜 2.6	殻が多い	③④
	2	17.1 〜 19	多い	1.3		⑤
	3	7.1 〜 9	多い	2.6	蓋が多い	⑦
	4	17.1 〜 19	ほとんどなし	0.8		⑧

定の大きさを狙ってヤコウガイを捕獲していた縄文時代とかなり異なっている。

④のフワガネク遺跡はマツノト遺跡とほぼ同じ時期の遺跡である。ここでは蓋復元数のピークが一七・一〜一九センチメートルに、殻復元数のピークが一七・一〜一九センチメートルと五・一〜七センチメートルに見られ、特徴的である。幼貝の貝殻を遺跡に多く持ち込んでいることがわかる。

⑤の用見崎《ようみさき》遺跡は③・④よりもやや遅い時期の遺跡である。捕獲されたヤコウガイの殻径ピークは一七・一〜一九センチメートルにあり、他と同じであるが殻復元数が蓋復元数を大きく上回っている。多くの貝殻が遺跡に集められている状況がわかる。⑥の先山遺跡でもこの状況は変わらない。[*9] ところが⑦の安良川《あらごう》遺跡になると状況が一変する。大きさのピークが七・一〜一九センチメートルの小型貝の位置に移動し、すべての大きさにおいて蓋復元数が殻復元数をしのいでいる。これは、貝殻を遺跡に持ち込まずに身だけ持ち込むという縄文人のスタイルに近い。⑧はさらに時代が下った長浜金久Ⅰ遺跡の例であるが、ヤコウガイの大きさのピークが一七・一〜一九センチメートルに戻っている。

五　捕獲圧

奄美地域のヤコウガイの捕獲実態はやや複雑である。これを表2に整理してみた。出土頻度は、出土個体数を発掘調査面積で割ったもので、ここに新たに加えた。兼久式期については古い方から1〜4に便宜的に分けた。表2にしたがってみていこう。

大きさのピークをみると、ほとんどが殻径一七・一〜一九センチメートルあるいはこれ以上の大きさに捕獲のピークをもっている。人々がこれら大型ヤコウガイを目指して潜水し捕獲していたことがわかる。ヤコウガイについてはこの大きさの成貝の捕獲が普通だったと見られる。しかし兼久式期3において、ピークは約一〇センチメートル減少している。これについて、殻径九センチメートル以下の小型貝の捕獲に注目すると、縄文時代と兼久式期4を除いて、兼久式期の人々がこれらを多く捕獲していることに気づく。小型貝は浅海で多数を容易に捕獲できることが知られているので、このようにして捕獲したのだろう。

ここで表の出土頻度を見てほしい。縄文時代には〇・一個/平方メートルだったものが兼久式期には急増している。兼久式期には大量のヤコウガイが継続的に捕獲されていたことがうかがえるのである。[*10]その中で小型貝も多く獲られ続けていたのであるから、これが捕獲圧となってヤコウガイ資源の涸渇が表面化した可能性は高い。兼久式期3の安良川の例はこうしたことに起因するのではないだろうか。

六　非効率的な貝殻の集積

ここで蓋と殻の数の関係をみてみよう。ヤコウガイは殻と蓋が一対一なので、本来同数が遺跡に残ることが期待されるが、実際には蓋が多い。その理由はさまざまであろうが、要するに食べた数がそのまま遺跡に残っている状況と見てよい。縄文時代の遺跡における残存状態がこれをよく示している。ところが兼久式期では食べた数より多い殻が遺跡に残っている。これをどう考えたらよいだろうか。

図16は殻径の分布において、実際に殻径を計測できた貝殻(つまりほぼ完全な貝殻)とセ計測値から復元した貝殻(破片)の関係を遺跡ごとに示したものである。縄文時代では完全な貝殻は見られずほとんどが破片であったが、兼久式期には多くの完全な貝殻が残されている。またマツノト・フワガネク遺跡では超大型の貝殻も多い。兼久式期には完全な形のヤコウガイ貝殻が、超大型を含みつつ、大小の区別なく遺跡に集められていたと言えそうである。

＊9　先山遺跡の資料は、複数のトレンチ調査によるものであるため、所属時期を厳密には明らかにしえない。
＊10　ヤコウガイ大量出土遺跡とよばれている(19)。

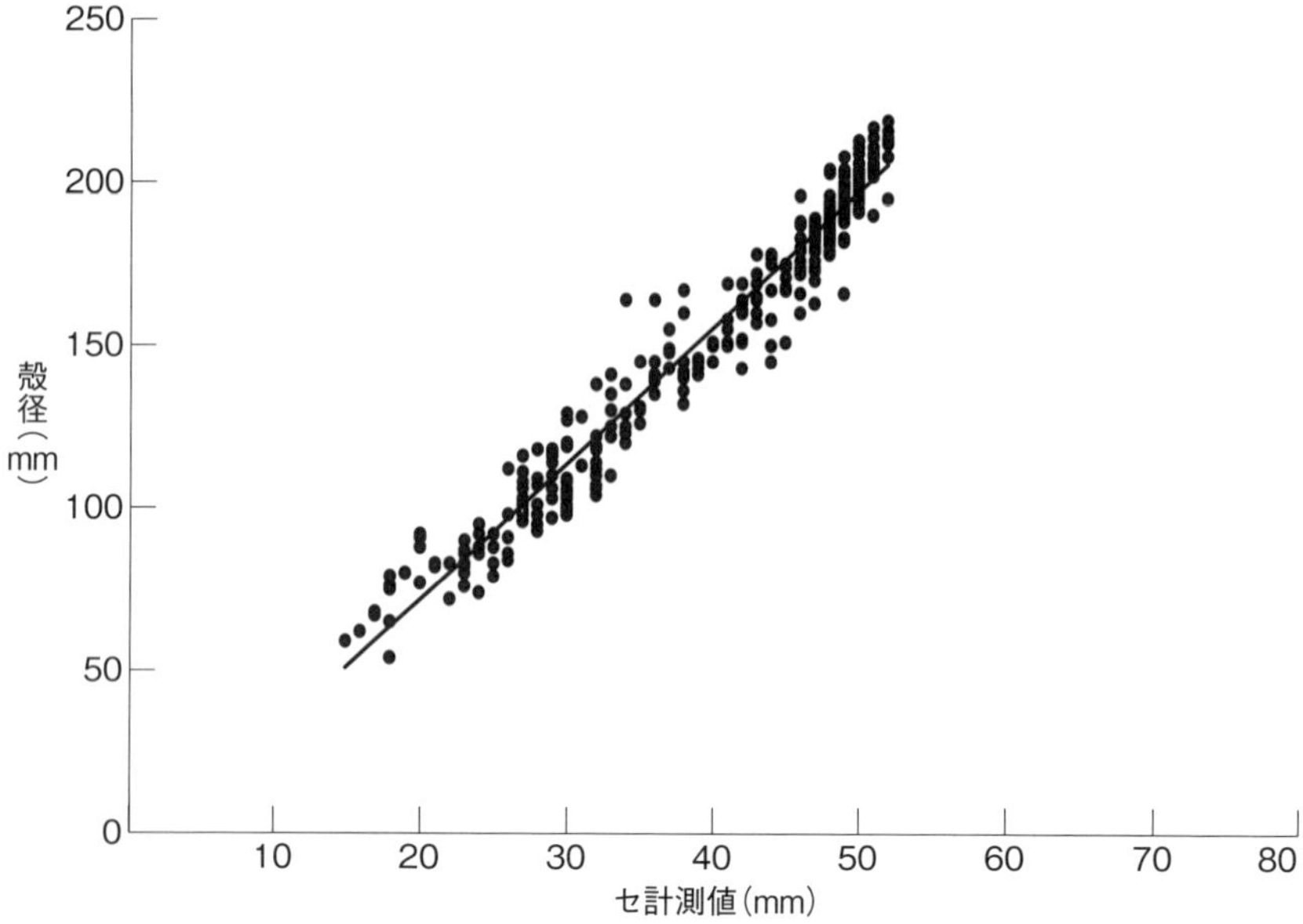

図 16　ヤコウガイのセ計測値と殻径（マツノト遺跡 369 個）

以上から、兼久式期にヤコウガイの貝殻自体に何らかの価値が生まれていたのではないかという予測が生まれる。これについては、七世紀には日本本土で容器や螺鈿《らでん》素材としてヤコウガイの需要があり、琉球列島のヤコウガイが使われていたとする考えや、[19]開元通宝《かいげんつうほう》の分布をヒントにして、その消費地を螺鈿工芸の発展していた中国（唐）に想定する考えが出されている。ただいずれも消費地との対応に具体性を欠く部分があって議論は半ばである。歴史背景いかんにかかわらず、兼久式期の人々があらゆる大きさのヤコウガイ貝殻を捕獲し、完全な形の貝殻を遺跡に集めていたという事実は認めてよいだろう。当時の奄美人たちが、貝殻の確保を目指して限りない回数の潜水を行っていたこと、資源の涸渇を顧みず幼貝・稚貝を大量に捕獲していたことも事実である。[*11] 背後に「何らかの文化的圧力」の存在を考えざるを得ないのである。

一方、これほどの数のヤコウガイ殻が遺跡に残されているという事実は、島の外にあったと想定される需要にもかかわらず、その多くが生産地に取り残されてしまったということでもある。この行為に何らかの経済効率上の意味があったとしても、最終的にそれはきわめて効率の悪い結果に終わったということであろう。

七　賢明ではなかった消費

九世紀後半、ヤコウガイが「夜久貝」として平安時代前期（九世紀）編とされる『儀式』「践祚大嘗祭儀中《せんそだいじょうさいぎちゅう》」に登場する頃には、琉球列島産のヤコウガイが日本本土で消費されていたことがわかる。実際、屋久島でヤコウガイは多く産しないのだが、「夜久」に代表される琉球列島からもたらされる貝殻という認識がこのようによばせたのだろう。

その後一一世紀後半から一二世紀、貴族社会に浄土思想が流行すると、光り輝く阿弥陀極楽浄土表現するために、阿弥陀佛をまつる室内の天蓋や柱の装飾として金とヤコウガイ螺鈿がさかんに消費されるようになる。この様子は宇治の平等院や中尊寺金色堂の荘厳の様子からうかがい知ることができる[12][13][8]。本土の需要を満たすために大量のヤコウガイが琉球列島から北に運ばれたと見られ、これをヤコウガイ交易とよんでいる。

こうした本格的なヤコウガイ交易の前史において、奄美の人々が完全な貝殻の確保のためにヤコウガイをあたかも蕩尽《とうじん》したような一時期が存在したことは重要である。私は、縄文時代以降サンゴ礁の海に接してヤコウガイなどの海の幸を享受してきた人々が、ヤコウガイの資源保全に無知であったとは思えないが、遺跡のデータは一時的であれ、資源の枯渇を招いたことを伝えている。兼久式期における一連のヤコウガイ消費は、何らかの人為の圧力の前に、人々が一時的にでも自然の資源を使い果たし一時的な破壊に及んでしまったことを示している。これは、先史奄美人が必ずしも常に賢明な消費者ではなかったことの一例と言えるのではないだろうか。幸い資源はまもなく回復しているので、奄美地域の人々は本土との間で、これ以後本格化するヤコウガイ交易に参加したと見られる。その貝交易に、果たして兼久式期の苦い経験は生かされただろうか。

長浜金久Ⅰのグラフはこれに対応する時期の消費である。このグラフからその行為を読みとれるかどうかについては、今後同じ時期のデータを集積して検討する必要があるだろう。同じ時期の沖縄地域との比較も必要であろう。

＊11　ヤコウガイは第一義的には食糧であるから、肉を消費した後の貝殻の利用ということになる。この点は西野望氏が別の主張をしている[15]。

「何らかの文化的圧力」の内容は何かのか、これに島人はどう対応してきたのか、そこからの教訓は生かされてきたのか、考古学ではなかなか難しい問題であるが、それほど遠い課題でもないように思う。

第9章　ジュゴンの乱獲と絶滅の歴史

当山昌直

はじめに

昔、琉球の海には童話に出てくる人魚のような動物がいた。下半身は魚のように尾びれがあるが、上半身は人間に似るという。人々はそれを奄美・沖縄地域ではザン、ザンヌイユ、アカングヮイユ、宮古地域ではヨナタマ、八重山地域ではザン、ザヌなどと称していた。この人魚と言われているのがジュゴン*Dugong dugon*である。学名はマレー語系のよび方にちなんでおり、和名も学名のよび方をあてている。ジュゴンは海牛目ジュゴン科に属し、その主な分布は、紅海、インド洋、太平洋の熱帯から亜熱帯海域に生息し、琉球がその北限にあたる。黒潮に乗って、九州や本州への漂流したと思われる例もある。現在、確実に定着していると思われるのは沖縄島だけであり、奄美諸島、宮古諸島、八重山諸島からの定着確認情報はない。

しかし、過去の記録を見ると琉球の海、特に沖縄島周辺、宮古島周辺、石垣島と西表島、およびその間の海域には今以上にジュゴンが生息していたようである。なかでも石垣島と西表島間の海域には数百頭以上がすんでいたと思われるが、今ではその面影もない。

図1　ジュゴン
（鳥羽水族館にて筆者撮影）

なぜだろうか。その大きな原因は乱獲である。乱獲が絶滅または絶滅状態に追い込んだのである。

ここでは、絶滅状態に行き着いた一事例として八重山を中心に歴史資料などを用いながら考えてみたい。

一　出土したジュゴン骨が語る

昔、ジュゴンが琉球各地にいたということはどのようにしてわかるだろうか。その答えの一つが先史時代から近世までの遺跡から見つかったジュゴンの骨にある。

盛本勲氏によると、ジュゴン骨を出土した遺跡は本州一、九州一、種子島一、奄美諸島五、沖縄諸島八六、宮古諸島八、八重山諸島一二遺跡以上が知られているという。[9][10]沖縄諸島域が圧倒的多数を占めているのは数字を見ても明らかである。では、昔の宮古・八重山諸島域はジュゴンが少なかったのだろうか。このことについては、盛本は次の二つの要因を考えている。

一、宮古・八重山諸島域は、沖縄諸島域に比して、発掘調査件数が少ないとともに、調査規模が狭小である。

二、動物考古学の基礎資料となる動物遺体に対する力点などの弱さなどから生じる資料の未報告、および正確な種同定がなされていない。

つまり、今後の発掘や調査次第ではもっと増える可能性

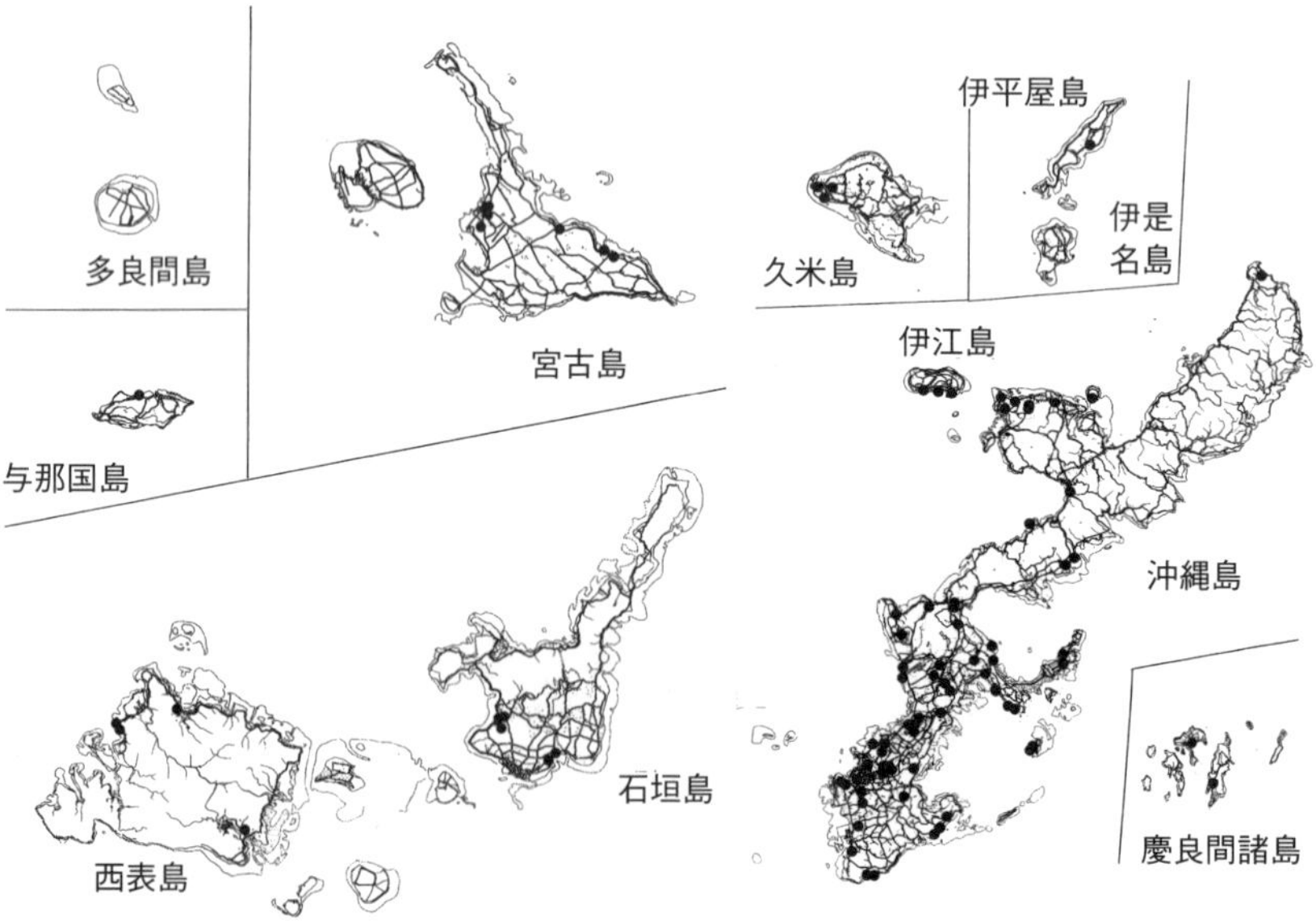

図２　遺跡から出土したジュゴン骨の分布（(9)(10)をもとに作成）

大というのである。

　盛本は、沖縄諸島域では、北は国頭村宇座浜貝塚B地点、西は久米島町清水貝塚および大原貝塚群A地点、東は与那城町宮城島シヌグ堂遺跡および高嶺遺跡と出土していることから、ほぼ全域において分布していたと考えている。時期的な出土状況としては、沖縄諸島域の嘉手納町野国貝塚群B地点（縄文前期併行）例が最も古く、以後近世期までの遺跡で連綿と出土している。(10)

　しかし、ジュゴン遺存骨を利用した骨製品の出土も遺跡の中には含まれている。骨製品の場合は、出土したからといって必ずしもそこにジュゴンが生息していたという証拠にはならない。島内の、または離れた島との交易、またはかの島に住む人からのプレゼントされた骨製品の飾り、ということもありえるのである。奄美諸島の五か所のうち、奄美大島では骨出土が二か所、徳之島・沖永良部島・与論島では骨製品として出土している。盛本が指摘するように、さらに多くの発掘や調査をすれば骨出土がまだ確認されるかもしれないが、北限に近い奄美諸島では宮古・八重山諸島に比較して絶対数が少ないからだと思われる。

二　伝承とジュゴン

神話や神事

沖縄島本部半島の北に古宇利《こうり》島というちょうど饅頭のような形をした島がある。ここに伝えられる創世神話は、沖縄人発祥の物語としてよく知られており、この中にジュゴンが出てくる。伊波普猷が記した「琉球の神話」には次のように記されている。(1)

　むかしむかし古宇利島（運天港《うんてんこう》の入り口にある小さい島）に男の子と女の子が現われた。二人は裸体でいたが、まだこれを愧《は》ずるという気は起こらなかった。そして毎日天から落ちて来る餅を食って、無邪気に暮らしていたが、餅の食い残しを貯えるという分別が出るや否や、餅の供給が止まったのである。〈略〉彼らはこれから労働の苦を嘗めなければならなかった。そして朝な夕な磯打際にウマグルなどをあさって、玉の緒を繋いでいたが、ある時海馬の交尾するのを見て、男女交媾の道を知った。二人は漸く裸体の愧ずべきを悟り、クバの葉で陰部を隠すようになった。今日の沖縄三十六島の住民はこの二人の子孫であるとのことだ。

伊波は、隣の婆さんから聞いたと記しているが、方言がほとんどない。ジュゴンの方言としてザンなどのよび方が考えられるが、おそらくこれらの方言を「海馬」と記したのかもしれない。いずれにせよ、ここで重要なのは創世神話にジュゴンが出ているということである。

神事に出てくる古謡（神歌）の中にもジュゴンが登場する事例が沖縄島の大宜味村《おおぎみそん》にある。郷土研究家の島袋源七は、「大宜味城のウンガミ」（『山原の土俗』）でうたわれる「オモイ」を紹介している。次にその部分を紹介しよう。

〈前文略〉
遊ぶ吾身《ワミ》の
ねらがみ（海神や）
じゃんの口ど取ゆる（海馬の口を取る、即ち海馬に乗って行くの意）
イトミハヤメリ

内容は、遊びを終えたニライカナイの神がジュゴンともに海へ帰るというものである。

このように、神話や神歌の中にもジュゴンが出てくるということは、ジュゴンが普通の動物とは異なり、神とかかわった神聖な動物であったことが理解される。

津波とジュゴン

次に畏敬の対象として、宮古諸島の伊良部島と八重山諸島の黒島の事例を紹介しよう。

一七四八年に記された『宮古旧記』の中にジュゴンが出てくる。以下、稲村賢敷『宮古島旧記並史歌集解』より引用する。

昔、伊良部島の下地村の漁夫がヨナタマという魚を釣った。この魚は人面魚体であり、よくもの言ったという。漁夫は、珍しい魚なので食べようと思い、炭をおこして乾かしはじめた。その夜寝静まると隣家の子どもが伊良部島へいこうと泣き出した。心配した母親は、その子を抱き、外へ出て行った。すると、「ヨナタマ、ヨナタマ、何で帰るのが遅いのか」と聞えてきた。炭の上にいる魚が「私はいま網の上であぶられています。早く、犀（津波）をやって下さい」と答えた。この会話を聞いた母親は、伊良部島へ行き、村びとへ伝えた。そして、翌朝下地村へ戻った。すると、村

中残らず、洗い流されていたという

ジュゴンに関する伝承については、沖縄島中部域を中心に聞きとり調査をしている前田一舟氏が前記のことも含めて報告した資料がある。(11) 前田によると、このような津波の口碑は、先島諸島で広く伝えられ、沖縄島の中部域や伊平屋島でも、ジュゴンを獲ると津波がやってくるという。また、このようにジュゴンには、南島の人々の誕生にかかわる「創世神話」と「物言う魚」の側面が伝えられているとし、村人にとって海の神であるが、とてもおそれ多い存在でもあったという。

古歌謡中のジュゴン

奄美沖縄の古歌謡は、『南島歌謡大成　全五巻』（角川書店）に収められ、その中の第四巻にあたる「八重山篇」の中から「ざん」に関する歌謡を抜き出して分析をした小野まさ子氏の報告がある。(13) 小野によると、該当する歌謡は次の九点とされている。

「ざん」の登場する歌謡

1	ざんがみや誦言《ゆんぐとぅ》	石垣島川平村	ユングトゥ	123頁
2	川端《かーばた》かーれー	石垣島川平村	ユングトゥ	124頁
3	崎枝《さきえだ》の儒艮《ざん》亀《かみ》	石垣島大川村	ユングトゥ	125頁
4	ざんぬゆんぐとぅ	竹富島	ユングトゥ	145頁
5	鳩間生《う》まりじらば	石垣島白保村	ジラバ	234頁
6	南さこだじらま	小浜島	ジラバ	249頁
7	鳩間ぶなぴとぅゆんた	鳩間島	ユンタ	402〜403頁
8	はとぅままり	竹富島	ユンタ	436〜437頁
9	ざんとぅりぃゆんた	新城島	ユンタ	450〜451頁

小野は、これらの歌謡を次の三つのグループに分けている。

一、ジュゴンが浜に寄ってきた、この情報をうけて、浜へ走り、捕らえて食べた、食べたら殴られたという内容（1〜5、8）。

二、ジュゴンの夫婦とウミガメの夫婦を対で謡っているという内容（5、7〜9）。

三、女性の容姿を形容する表現内容（6）。

一については、浜に寄ってきたジュゴンが食の対象になっていることが注目される。二については、ジュゴンとウミガメの関係を記しているわけだが、これは海草類（アマモなど）を食するアオウミガメとすれば、餌が類似のものになっているという生態的な特徴が関係していると言えそうである。このジュゴンとウミガメの関係については、沖縄島中部域における聞きとりの事例にも出てくるという（前田一舟、私信）。三についてはここでは特に触れない。

「ざんがみゃ誦言《ゆんぐとぅ》」（石垣島川平村）の内容を対語訳とともに記す。

崎枝ぬ東ぬ　名蔵ぬ西たんが
　崎枝村の東方の　名蔵村の西方に
ざんか　みやまぬ　ゆうりんどぅ
　儒艮が漂着しているよ
聴だる耳や　ぱらなー　足ぬ走り
　聴いた耳は走らず　足が走り
走ったる足や取らなー　手ぬ取り
　走った足は取らず　手が取り
取ったる手や　食はなー　口ぬ食い
　捕えた手は食わず　口が食べ
食ふだる口や　すんぐらるなー　なーにぬすんぐられー
　食べた口は殴られず　背中が殴られ
すんぐらりだなーねー　泣な口ぬ泣き
　殴られた背中は泣かず　口が泣き
目とぅ鼻とぅ　すぶっとぅ　なったゆーしぃさり
　目と鼻とがびっしょりとなりましたよと申し上げます

小野は、八重山の生活に深くかかわる古歌謡の中に「ザン」が多く謡われていることから、なじみのある動物であったとしている。[13]

さて、八重山のジュゴンは、なじみのある動物だったということだが、それだけ多く生息していたことが考えられる。また、八重山では食の対象にもなっていたが、沖縄島の伝承などには食べたという事例があまり見られず、むしろ畏敬の念が強いように思われる。このような意味で、沖縄島と八重山とでは、ジュゴンに対する接し方が若干異なっていると考えられる。

三　近世琉球の史料に見るジュゴン

近世琉球（沖縄の歴史の中では一六〇九年から一八七九年の時期を近世琉球と時期区分している）、八重山から租税としてジュゴンの肉（皮）が首里王府へ納められていて、新城島《あらぐすじま》だけにその捕獲が認められていた。新城島では、捕獲されたジュゴンの頭骨は島の御嶽に奉納され、豊漁の感謝をしたという。

八重山史料に見るジュゴン

八重山におけるジュゴンの関連史料として、一七六八年にまとめられた『与世山親方八重山島規模帳《よせやまうえーかたやえやまきもちょう》』と一八五七年の『翁長親方八重山島規模帳《おながうえーかたやえやまきもちょう》』がある。規模帳は、近世期に行政上の案件を条書体にまとめ首里王府の名で布達された文書の一種で、規則・範例・おきて（掟）の意味があったという。王府の規則集のようなものである。

『与世山親方八重山島規模帳』には次のように記されている。

> 新城村之儀、諸役人ゟ海馬并亀抔毎度所望入有之、所之痛ニ相成由候間、向後御用之外所望入可召留事

【解釈文】新城村は諸役人からジュゴンならびにカメなどをいつも所望され、村の悩みとなっているので、今後御用のほかは、所望することを禁ずる。

（石垣市総務部市史編纂室編『石垣市史叢書2』一九九二より）

親方は、検使として王府から派遣された行政監察官のことで、その代表者にあたる。新城敏男氏は規模帳の解題の中で次のように述べている。(16)

> 検使一行八名は一七六七年三月二一日に那覇を出帆し、二七日に宮古島着、宮古の視察を終えて、検使一行五名（三名は多良間島に向かい行方不明（遭難）とされている）は一二月五日には石垣入りし、翌日から調査を始めている。一七六八年一月一六日からは八重山の各離島の調査を行い、同年の六月には八重山を出帆し、那覇へ戻っている。つまり、与世山親方が八重山の状況を視察して、帰任後にその結果を王府首脳に報告し、一七六八年一二月に首里王府の名で八重山の在番・頭に布達したということである。

「海馬」の謎

さて、この文書から何が読みとれるかというと、まずジュゴンのことを「海馬」と記しているのに注目される。それより古い「海馬」の記録としては、冊封使《さっぽうし》による記録で、一七二一年の徐葆光《じょほうこう》『中山伝信録《ちゅうざんでんしんろく》』、一七五七年の周《しゅう》煌《こう》『琉球国志略《りゅうきゅうこくしりゃく》』がある。『中山伝信録』では次のように記している。

〈海馬〉馬ノ首魚ノ身無レ鱗。肉如レ豕ノ。頗難シレ得。得ル者ハ先以進ムレ王ニ。

（沖縄県立図書館編『徐葆光　中山伝信録　下』一九七七より）

海馬《じゅごん》　首は馬のようで、体は魚のようだが鱗はなく、肉は豚のようである。大そう得がたいもので、つかまえるとまず国王に捧げる。

（原田禹雄訳注『完訳「中山伝信録」』一九八二より）

「海馬《かいば》」を『大漢和辞典』で引くと「①海産小魚の名。たつのおとしご。頭は馬に似、直立して遊泳する。水馬。〈後略〉②海獣の名。せいうち。體長丈餘に達し、灰蒼色で脊鰭なし、肉は食用となる」と記されており、ジュゴンの名称は出てこない。次に『広辞苑（第五版）』で引くと「①（sea-horseの訳語）、ア．セイウチおよびトドの別称。イ．タツノオトシゴの別称。②ジュゴンの誤称。〈後略〉」とある。つまり、日本語の「海馬」はセイウチやトドまたはタツノオトシゴの英語名を訳したもので、「海馬」を「ジュゴン」とするのは間違いということになっている。

それでは、中国からの使者、徐葆光はなぜ海馬としたのだろうか。

一四二四年から一八六七年までの琉球王国の外交文書を収録した『歴代宝案《れきだいほうあん》』に海馬が記されている。中国明朝の皇帝から琉球国中山王あての一四二八年の文書中にある（原典は漢文）。

皇帝より国王尚巴志へ、頒賜の勅諭と目録
（一四二八、一〇、一三）

皇帝、琉球国中山王尚巴志に勅諭す。
王、能く天道に敬順し、朝廷に遵事す。〈中略〉

頒賜

国王

〈略〉

羅

織金胸背麒麟紅一匹

織金胸背海馬青一匹

〈略〉

（沖縄県立図書館史料編集室編『歴代宝案　訳注本第一冊』一九九四より）

『歴代宝案　訳注本第一冊』では、「海馬」の注の中で「伝説上の動物。海の中におり、馬に似て早く走るという。武官の九品にこの紋様が用いられる」と説明している。伝説上の動物「海馬」が描かれた羅（薄く織った絹布）などを琉球国王に賜るということのようである。つまり、ここでいう「海馬」は「麒麟」と同様に伝説上の動物ということである。

図３　空想上の動物「海馬」
（三才圖繪より）

そもそも、中国からの使者にとっては、ジュゴンに接する機会は本国においても皆無に等しいこと、および当時の沖縄でも得がたいものなので実物は見ていないと想像される。紡錘形をしたジュゴンの体型を見たら、馬の首に似たとは記さないはずである。

ところで、琉球から離れた江戸では、一七一九年に新井白石が『南島志《なんとうし》』の中で海馬について次のように記している。

亦名二海馬一。馬首魚身。皮厚而青。其肉如レ鹿。人常且啖レ之。

（新井白石『南島志　巻下　物産』より）

内容を見ると、『中山伝信録』の海馬の項と類似する。新井白石は一七一〇年と一四年に琉球使節と面談し、日本・中国の文献を参考にして本書を執筆したとされているので、当時から「馬首魚身」といったような形態的な認識が一般的に存在していたと考えられる。徐葆光もそれを踏襲したということが考えられる。おそらく、ジュゴンを意味する「海馬」が一七世紀以前の琉球関係史料にも記されていると考えられ、それが冊封使録に「海馬」と記されることになったと思われる。徐葆光の『中山伝信録』より古い新井白石の『南島志』は、琉球使節と面談し執筆したとされていることから、当時の琉球の知識人は「海馬」を使用していたことを裏づけているものと考えられる。

『沖縄節用集』に見る「海馬」

京都大学文学部所蔵「節用集《せつようしゅう》残欠」について、池宮[2]は、本土中近世に広布した「節用集」とはまったく異なるものと断ったうえで、近世沖縄人によって編集されたと思われる本資料を『沖縄節用集』と名づけ、翻字した内容を紹介している。高橋・高橋編[19]は、この京大蔵「節用集残欠」の研究成果をまとめ、本資料を『琉球和名集』*1と称することを提言している。報告書には『沖縄節用集』の影印本文、翻字本文、札記などが掲載されている。その資料中の語彙に「海馬」とあり、「ザン」とフリガナがふられていることが確認される。つまり、海馬をザンとよんでいたのである。

『沖縄節用集』について、高橋・高橋[20]は、報告書の序言の中で「多くは近世の琉球文化に関する語彙」としながら、「室町の古辞書の影響を考えなければ説明がつかない」とし、さらに「その経緯を証明するのは容易ではない」と記している。

高橋・高橋[21]は、報告書の札記の中で「海馬」について次のように説明している。「（略）「海馬」はタツノオトシゴを指すほか、アシカ、セイウチ等の海獣を指す。『天正四年本新撰類聚往来』に「海馬《アシカ》」、『易林本節用集』に「海馬《アジカ》」とある。ジュゴンの北限は奄美大島であり、沖縄近海に棲む海獣として、ザンをあてたものか」。当然のことながら、「海馬」の意味として、大漢和辞典や広辞苑と同じくタツノオトシゴ、アシカなどをあげている。そして、室町時代までさかのぼれる古辞書類にアシカとふられた「海馬」があることを紹介していることには注目される。

ところが、高橋[18]は「海馬」の説明としてタツノオトシゴとしている。高橋[18]が引用した『重修政和経史証類備用本草《じゅうしゅうせいわけいししょうるいびようほんぞう》』には「虫形若馬形」「頭如馬形」の文字が確認される。また、高橋[18]の中で、「海馬」の詳しい記述があると紹介されている『重訂本草綱目啓蒙《じゅうていほんぞうこうもくけいもう》』*2を調べたところ「海馬」はカイバ、リュウグウノウマ、タツノオトシゴなどとよばれ、次のような記述があった。「（略）海馬ハ海礒ノ藻中ニ多シ。又漁網中ニモマジリ入。頭馬ノ如ク、身ハ蝦ノ如ク、蝎ノ如シ。背傴僂《タカク》シテ稜アリ。節多シ。尾ハ石竜子《トカゲ》ニ似テミナ内ニ巻曲ス。（略）」。この海馬の記述は、形態や生態から見ても明らかにタツノオトシゴ類を指している。

次に、高橋[18]は、古辞書・往来物で「あしか」の表記を見ていくと、「海馬」は一つも見られず、「葦鹿」や「海鹿」が多かったとしている。

高橋[18]の研究からもわかるように、『天正四年本新撰類聚往来』や『易林本節用集』では「海馬」を「アシカ」「アジカ」と称しているが、他の古辞書類では「アシカ」は別ものであって、「海馬」をタツノオトシゴ類としているのが多く見られるのである。つまり、アシカとタツノオトシゴというそれぞれ別の動物分類群ではあるが、「海馬」のよび方などにおいて、中世時代から若干の混乱が見られたということになろう。

「海馬」の検討

沖縄や八重山ではザンとよばれるジュゴンではあるが、近世琉球史料には「海馬」と記されている。一方、中国における「海馬」は空想上の動物になっているが、徐葆光『中山伝信録』などの冊封使録にはジュゴンのことが「海馬」と記されている。しかし、記述を見ると馬の首に似ると記されており、形態的な間違いが認められる。同様に、『中山伝信録』より古い『南島志』にも「海馬」が記されているが「馬首」など『中山伝信録』と似たような表現が存在する。このことについては、徐葆光や新井白石が参考にした古い辞書に「海馬」のことが記されていたのではないかという可能性を考えたい。

その可能性を裏づけるものが『沖縄節用集』であろう。高橋・高橋[20]は、『沖縄節用集』は室町期の古辞書類の影響を考えなければ説明がつかない、としている。したがって、このような古辞書が一七世紀以前に琉球へ入ってきて、『沖縄節用集』のような和名集が作られるきっかけになったと考えることができる。『中山伝信禄』『南島志』の「馬首」とした部分は、中近世の古辞書にある「タツノオトシゴ」の部分を混同したことが原因だとする考え方も成り立つかもしれない。逆に、そのことは琉球の「海馬」が本土の古辞書の影響を受けたという証拠にもなるだろう。

＊1　高橋・高橋編[22]は、琉球の「節用集」のことを、文献の分類から見て「節用集」ではなく「和名集」に属すると見るべきとしている。筆者は、原典の名称を残すことが妥当と思われるので、暫定的に『沖縄節用集』と称しておく。

＊2　小野蘭山（一九九一）『本草綱目啓蒙三』東洋文庫五四〇頁、平凡社.

琉球には古くから「ザン」などと方言でよばれており、むしろ、「ザン」という方言に「海馬《アシカ》」という漢字をあてたと考えるべきだろう。このことについては、『天正四年本新撰類聚往来』に「海馬」と記されていることもあり、(18)アシカとジュゴンという海棲哺乳類として共通するところから琉球のジュゴンに「海馬」をあてたということも考えられる。

これまで、いろいろな可能性について検討してみたが、まだ推定の域を出ることはない。今後、さらに多くの史料を参考にしながら検討していくことが望まれる。

捕獲

『与世山親方八重山島規模帳』には、もう一つ注目すべき内容がある。新城村が御用物としてジュゴンを捕獲していることである。八重山史料に詳しい得能壽美氏によると、ジュゴンは、与世山親方のときから王府へ献上する「御用」の品となったのか、それ以前から「御用」の品として上納していたのかは、この文言からは決定できないとし、新城島の人々がジュゴンやカメを捕獲していたことは、与世山以前からのことであるのは確かであるようである。そして、捕獲するということは、島の人々もそれを食べていた。そして、八重山の役人がわざわざほしがるというのは、役人はやはり「食べた」のであろうという。(25)

次に、一八五七年に記された『翁長親方八重山島規模帳』の中から、ジュゴンの部分を見てみよう。

御用物海馬之儀、新城村ニ限り手形入候付、脇々江所望渡被召留置候処其守無之、余計有之節ハ所望いたし候故、年々右捕得方ニ付、多人数長々手隙を費及迷惑候由如何之儀候条、以来御法通屹与所望渡差留、余計分ハ在番・頭印紙を以格護申付、後日之御用相違候様可致取締事

御用物のジュゴンは、新城村にかぎり手形を出し、他所から所望しても譲渡は禁じられているが守られていない。余分があるときは希望者へ渡しているので、年々その捕獲に多人数の手を長期に使い迷惑しているというが、どんなものであろうか。以後は規則のとおり他所への譲渡は禁じ、余分は在番・頭の印紙によって確保を申しつけ、後日の御用に当てるよう取り締まること。

御用海馬調達方之儀、新城村請持申付、年々右取得方ニ付多分人足を費及難儀候間、代上被仰付度申出候処、右代夫

之儀往年定代被召立置候付、今更代上ハ難申付、一往島方迄ニ而壱斤ニ付四人完相重、所望《遺》夫ニ而引合方申付候間、左様可相心得事

御用物のジュゴンの調達は、新城村の受持ちと申しつけてあるが、年々その捕獲に大勢の人足を使い難儀なので交代させて欲しいと申し出たところ、交代については先年定期の交代を定めたので今更代えるのは難しいが、一応島の内では一斤を四人で分担し、所遺夫に引き合いさせるので、そのように心得ること。

（石垣市史総務部市史編集室『石垣市史叢書7』一九九四より）

与世山親方から約一〇〇年後の翁長親方の時代でも相変わらず、ほしがる人がいたのである。御用物以外の余分なものを譲渡しないで、次の御用物として保存するようにということのようである。

一見何事もないように見える文書ではあるが、「年々その捕獲に大勢の人足を使い」という文書に注目したい。つまり、個体数の減少によって捕獲が困難になっていることを意味していると考えられる。御用物以外に、ほしがる人に譲渡するほど捕獲していたということが想像され、必要以上に捕獲したことが個体数減少につながったものと考えられる。王府では、譲渡をやめて余分なものは保存するように指導したようだが、ジュゴンの肉をほしがる人は相変わらず多く、新城島のみに捕獲が限定されていたとはいえ、それが捕獲の増加につながっていたものと考えられる。

食材

金城[9]は、沖縄の肉食文化について史的考察を行い、その変遷と背景について報告している。この中で、先史時代の貝塚、遺跡から出土する動物遺骸からイノシシとジュゴンについて注目し、沖縄から八重山までの共通した食料であったと推察している。これは、食文化の一つにジュゴンが含まれていたということになるのだが、その後、家畜が登場し、豚などの食材に移行したことにより、食材としてのジュゴンの影が薄れたのかもしれない。

近世琉球の八重山においては、王府は御用物以外の譲渡はやめるように指導していた。このようななかで、一九世紀に書かれた宮良殿内《みやらどぅんち》（八重山の頭職）の行事の献立メニューにジュゴンが含まれており、鉋《かんな》で削った皮の汁物が記されている。[4]この史料により、現地でも食材としてかぎられた行事などに利用していたことがわかる。

次に、首里王府に納められたジュゴンはどのように利用していたのかが、金城[3][5]の報告から見えてくる。

金城[9]によると、中国からの冊封使に支給した食料のメニューの中にジュゴンの肉（塩漬）三〇斤、脂身肉（干肉）一八六斤とある（原典は『琉球冠船記録《りゅうきゅうかんせんきろく》』）。これは、王府に納められたジュゴンは冊封使が琉球に滞在したときに使われたことと、食材には鉋で削る干肉（皮）だけではなく塩漬肉も含まれていたことがわかる。

中国からの使者の冊封使一行は、総勢数百名で、およそ半年間沖縄に滞在する。その中のかぎられた役職の使者にジュゴンの皮や肉が支給された（振る舞われた）としても相当量が消費されたものと考えられる。また、金城[3]は、薩摩の島津候へもジュゴンが献上され、高輪邸の宴席にも海馬料理が供されていることを報告している。

他、鈴木[17]によると、妊婦には、ジュゴンの肉（皮）を鉋で削った汁を飲ませるとよいと記されている。このことから、庶民の間ではジュゴンの肉（皮）が珍重であったことがうかがえる。

食材としてのジュゴンは、現地でも消費され、また王府においては、冊封使の宴席用や薩摩への献上、さらに一般にも利用されることにより、多くの肉（皮）が必要であったことが想像される。

王府関連の文書

現在、ジュゴンの名称として「儒艮」という漢字があるが、近世琉球の史料にはこの漢字は使われておらず、「海馬」という名称が出てくる。方言では「ザン」などとよばれているが、史料の中では「海馬」になっているのである。つまり、庶民のよび方と王府の文書とが一致しないということになる。

海馬が出てくる史料としては、近世琉球の史料に詳しい小野まさ子氏によると、冊封使による記録が徐葆光『中山伝信録』、周煌『琉球国史略』、李鼎元《りていげん》『使琉球記《しりゅうきゅうき》』の三点、また八重山の古文書である『与世山親方規模帳』、『翁長親方規模帳』、『万書付集《よろずかきつけしゅう》』、『富川親方八重山島仕上世座例帳《とみかわうぇーかたやえやまじましのぼせざれいちょう》』、『八重山島諸物代付帳』など数点である。ところが、戦災で多くの古文書が焼失したとはいえ、残っている王府関連の史料、首里・那覇・久米などの家譜史料、沖縄島周辺の地方文書には、現在のところ見ることはできないという[14]。

そこで、沖縄の歴史研究における基本文献の一つである『球陽《きゅうよう》』の中からジュゴンに関する記述が出てこないか調べてみた。『球陽』は、近世琉球の政治・外交・経済・文化から地方行政・天地万物の状況・異変現象など網羅しており、ジュゴンの記述も期待される。原文は漢文であるが、読み下し文になっている球陽研究会編(6)を利用した。

キーワードは、儒艮、海馬、犀、ザンなどが考えられるが、探しても記述が見つからない。そこで、「獣」で調べると、海獣に関するものとして次の三件が見出された。

一六九八年（尚貞三〇）

［尚貞王］三十年、異獣、海より出でて馬歯山外礁に坐す。渡嘉敷郡訯理及び横目など、海浜を巡視するに、忽ち異獣、海中より出でて黒島外礁に坐居するを見る。其の獣の身体、黒犢に似て、面と耳目とは豚の如し。四脚指間に、幕蹼有り。而して眼毛及び髪は倶に是れ潔白にして、長さ五六寸許り、尾は直竪して長さ一尺許り、周囲三寸余の大なり。吼声牛の如く、蹲坐すること犬に似たり。訯理など、大いに之れを怪しみ驚き、回りて邑長に告ぐ。翌日大いに衆民を催して倶に往きて之れを見るに、其の逃去する所を知らず。

一八五一年（尚泰四年）

本年、久志郡安部・嘉陽両村境界の夫理治密崎の浜に、一獣の流来する有り。此の年、該浜に一獣の流来する有り。其の面・目・口歯は犬に似て鬚有り。其の腹の両辺に羽二有り、其の尾の両傍に羽二有りて、羽ごとに各爪五有り。其の尾は猫の尾に似て耳顋無し。其の色は淡白、其の毛は細密にして各処に黒色の団点有り。其の身、長さ三尺許り囲二尺五寸許りなり。

一八七四年（尚泰二七）

本年、知念郡下志喜屋村の浜辺に異獣一口有り。此の年、知念郡下志喜屋村の浜辺に、異獣一口有り。村民其の獣を捕得す。其の身は長さ六尺許り・重さ一百五十斤なり。面は兎に似て耳は小、髪は白く虎に似、鬚の長さ六七寸許り。体は犬に似、色は鼠に似たり。足羽の様の如き者四有りて以て好走を為す。尾は維れ小、声は、豚に似、形は海獺に類す。

驚いたことに、これはジュゴンではなくて、アシカなどの鰭脚類に属する海棲哺乳類のようである。形態や色彩などからそれがうかがわれる。鰭脚類が沖縄で発見されるのであれば、近代から現代の新聞などにも出てくるはずだが、これまで確認されていない。近世琉球において、鰭脚類と思われる動物が目撃されていたわけで注目される。

さて、きわめてまれにしか見られない海棲哺乳類の記録は残っていたわけだが、ジュゴンに相当する記録が見あたらない。首里王府関連の史料などにジュゴン関係の記事が出てこないことは前出の前田や小野も指摘している。ジュゴンの目撃や捕獲などの事例は鰭脚類のように少なくはないはずである。それでは、沖縄島周辺でも普通に見られたから記録に残らなかったのだろうか。しかし、普通に見られたにせよ、何らかの話題があってもよいはずである。公用の文書にあまり書けないような理由があったのだろうか。

このことについて、前田は、ジュゴンはあまり語ってはいけない神なのかもしれないと説明している。[7]

四　近代統計資料に見るジュゴン

沖縄県統計書

かつて、八重山には二〇〇頭以上のジュゴンが生息していた。一八八七（明治二〇）年、琉球藩を廃し、沖縄県を設置する命令が出された。これにより、数百年続いた琉球王国は滅亡した。琉球王国の捕獲制限により保護されてきたジュゴンが、王国崩壊の後、保護システムの機能を失い、乱獲の対象になってしまった。そして、ジュゴンは明治から大正にかけての数十年で八重山の海から姿を消した。

明治から大正までの「沖縄県統計書」[12]には、市場に出されたジュゴンの頭数や価格などが記されている。沖縄県統計書は、明治三七年までは頭数と価格（一部は頭数のみ）で記されているが、明治三八年からは価格と重量で示されている。この沖縄県統計書（以下統計書と略する）をもとにジュゴンについて分析した研究には、宇仁義和氏のすぐれた研究がある。[23]宇仁は、統計書の欠落や不備の部分を調べ、近代沖縄県におけるジュゴンの全体像、ジュゴン減少の原因を明らかにした点でジュゴン研究に大きな寄与をした。

宇仁氏の研究

宇仁の作業概要は次のとおりである。明治三七年以前の価格資料を分析して明治三八年以降の頭数を算出して示した。統計書の欠落により、明治三〇、三二は、明治三三年の統計書の合計頭数を補填している（沖縄・宮古・八重山の頭数は埋められていない）。また、明治四〇〜四二年は、大正二年の統計書の価格から頭数を割り出し、補填している。ただし、沖縄諸島、宮古諸島、八重山諸島によって単価が異なるので、八重山を最大値にした場合の数値のみを入れている。その結果、宇仁は、沖縄県のジュゴン個体群の減少要因は、一八九四〜一九〇四（明治二七〜三七）年の一一年間に少なくとも一七〇頭、一八九四〜一九一六（明治二七〜大正五）年の二三年間に推定三〇〇個体前後以上を捕獲したことによると推測している。

個体数の再検証

さて、八重山のジュゴンに注目してみよう。宇仁は、少なく見積もって一四六頭、多くて二〇七頭と推定している。この数値には明治三〇、三二年のデータは反映されていない。そこで、八重山の個体群についてさらに詳しく検討するため、再度現存する戦前の沖縄県統計書（明治一三、一六、二三〜二九、三一、三三〜昭和一〇年：一〇年以降は省略）について調査した。

明治一三年と一六年の統計書には、ジュゴンの情報は含まれていない。現存する次の明治二三年から初めてジュゴンの記述が見られる。糸満の兼城間切で、漁場名は島尻近海、採捕の水産名として「海馬」があげられている。この糸満の資料が明治二六年まで続いているが数量の記述はない。同二六年以降から統計資料に「海馬」の数量の記述が登場するが、統計資料の中には八重山郡のみで、前記の糸満は含まれていない。

次に、宇仁が示した頭数について、今回の検討により新たに加え、または修正した項目を記す。

明治二六年の統計書にジュゴンの重量がある。宇仁の方法で個体数を算出した。

明治三一年は、輿那城間切平安座浦は価格が二四とだけ記され、頭数が欠けている、明治三三年に記されている三一年の資料は合計頭数が一三となっている。価格の他に頭数の「三」が抜けていたと考えられるので、追加して記した。

明治三〇、三二年の数値は、明治三七年までの沖縄、宮古、八重山の捕獲比率をもとにおよその数値を入れた。

大正二年の統計書には、欠落している明治四〇年から四二年の価格と重量の県全体の合計値が示されている。明治四〇年は、価格一四〇円、重量三四〇〇斤、四一年は一一一円、三七〇〇斤、四二年は一五七円、三九五〇斤となっている。明治四〇年のみ宮古郡で二〇円、四〇〇斤と記されているだけで、県全体の合計数値の各郡ごとの数値が不明になっている。そこで、明治三八年から大正五年まで（明治四〇〜四二年を除く）の沖縄島、宮古、八重山郡の一〇〇斤あたりの単価の平均を算出したところ、およそ沖縄諸

表1　沖縄県におけるジュゴンの捕獲頭数（⒇をもとに資料を加えて作成）

西暦（和暦）	沖縄諸島	宮古諸島	八重山諸島	合計
1893(明治26)	—	—	**2**	**2**
1894(明治27)	—	7	24	31
1895(明治28)	2	—	14	16
1896(明治29)	2	—	19	21
1897(明治30)	7	2	9	18*
1898(明治31)	**3**	—	10	**13***
1899(明治32)	3	1	5	9*
1900(明治33)	—	—	7	7
1901(明治34)	1	—	4	5
1902(明治35)	8	—	5	13
1903(明治36)	15	—	4	19
1904(明治37)	3	6	12	21
(小計)	**44**	**16**	**115**	**175**
1905(明治38)	3	3	5	11
1906(明治39)	6	1	6	13
1907(明治40)	—	2	**29****	**31****
1908(明治41)	—	—	**23****	**23****
1909(明治42)	—	—	**33****	**33****
1910(明治43)	1	1	24	26
1911(明治44)	1	—	2	3
1912(大正1)	1	—	2	3
1913(大正2)	1	2	5	8
1914(大正3)	1	—	3	4
1915(大正4)	1	—	—	1
1916(大正5)	1	—	—	1
(小計)	16	9	132	157
合計	**60**	**25**	**247**	**332**

*　1900(明治33)年の統計書より

**　1913(大正2)年の統計書の価格より算出

表中の太文字は、⒇に追加修正した数値、1904(明治37)年以前の下線部は算出した推定捕獲数。1907(明治40)～1909(明治42)年の下線については本文を参照。

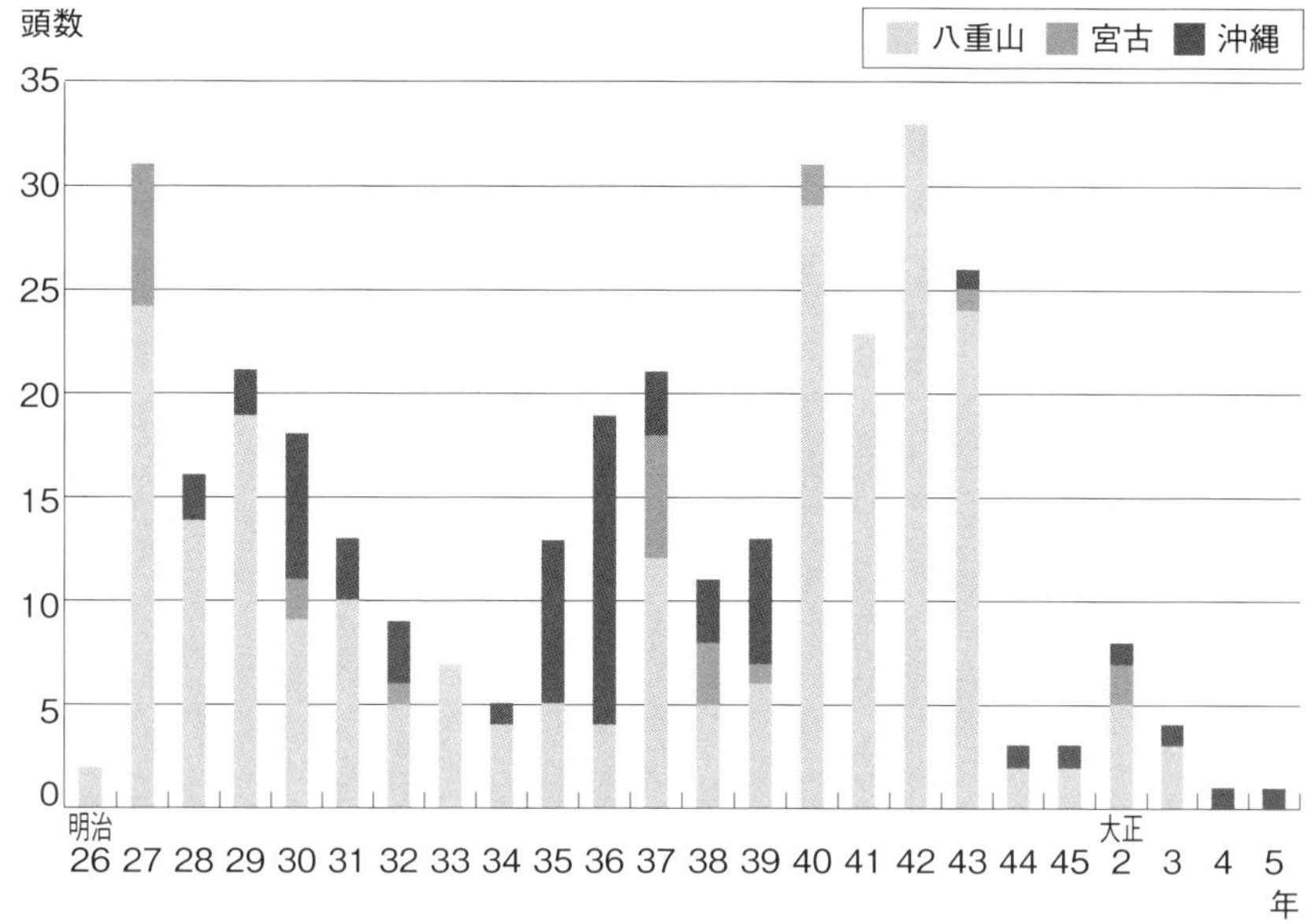

図４　沖縄県全域におけるジュゴンの捕獲数の経年変化

島が七・五円、宮古諸島が四・八円、八重山諸島が三・九円の価格になった。明治四〇年の合計値から宮古郡の数値を引くと、一二〇円と三〇〇〇斤になり、単価は四円になる。とすると、単価から考えてこれらはすべて八重山郡で捕獲されたものとして解釈できる。明治四一年、四二年の単価は、三円と三・九七円であるので、これもすべて八重山郡で獲れたものとした。

このように、統計書の欠けているデータを後年に出された統計書から補填したもの、および後年の統計書で合計が修正されたことを考慮して、ジュゴンの捕獲個体数の補足や調整を行った結果を表１に示した。その結果、沖縄諸島で六〇、宮古諸島では二五、八重山諸島では二四七頭という結果を得た。それで、明治二六年から大正五年までの県全体の総捕獲数は、三三二頭となった。

沖縄県全域では

沖縄県内におけるジュゴンの捕獲に関して、表１の総捕獲数三三二個体の経年変化を図４に示す。図は、二峰型を示し、明治二五年までは捕獲（商取引）がなく、明治二六年に始まり、二七年から一気に上昇していることがわかる。しかし、沖縄島南部の糸満では商取引は行っていないが、少なくとも明治二三年頃から捕獲をしていたと思われる。その後、明治三四年まで捕獲数は減少するが、これは捕獲による地域個体群の減少による捕獲効率の悪化、または商取引における低価格化などが関係していることも考えられるが、今後の検討を要する。その後、さらに捕獲数が増えて、明治四二年にはピークを迎える。その後、急激に捕獲数は減少するが、個体の重量が少なくなっていることが資料に表れているので、個体群の減少によるものと思われる。大正六年以降の統計書には捕獲実績が報告されなくなるのだが、これはジュゴンの減少によって漁が成り立たなくなっていることを裏づけるものである。また、一九二〇(大正九)年二月一六日づけの官報第二二八五号にはジュゴンを天然記念物にして保存すべしと認むべきものという記述をしていることから、すでにこの頃から激減していることが指摘されていたと思われる。

八重山の海には二〇〇頭以上いた

統計書から見ると、八重山諸島(主に石垣島、西表島)では約二五〇頭が捕獲されている。これには、取引をせずに、地域内で処理したものは含まれていないことが考えられ、実際の捕獲数はこれより増えると思われる。ジュゴンの寿命を約五〇年として、明治二六年から大正五年まで二三年間の捕獲数とを考え合わせると、石垣島と西表島近海は三〇〇頭に近い数のジュゴンが生息していたかもしれない。特に明治四〇年から四三年にかけて、毎年数十頭のジュゴンを捕獲していたことが考えられる。おそらく、捕獲の技術(発動機の導入か)が向上したことにより大量の捕獲が可能になったものと予想される。

明治四一年には単価が三円にまで落ち込み、大量捕獲により価格が崩れたものと見ることができる。そして、明治四四年から捕獲量は一気に下降し、記録は大正三年で終わっている。まさに、乱獲による絶滅のパターンを示していると言えよう。

現在の石垣島・西表島近海では、ジュゴンを見ることができないが、松原新之助[8]による明治二一年の聞きとり調査では「沖縄県地方大抵之ヲ見ザルナシ」「其食餌ニ充ツベキ海草有ル場所ニハ該獣ノ来ラザルコトナシ」と記しており、高い密度で生息していたことが想像される。以前は、確かに数百頭のジュゴンが八重山の海を泳いでいたのだろう。

近代の捕獲事例

明治二一年、八重山の石垣家文書には川平村湾内における海馬捕獲のことが記されている。

川平村湾内ニ於テ海馬補（捕）獲候入費取調差出候様、同村詰与人江御達相成候付、左記之通明治廿一年六月廿四日差上候事

記

一、藁縄五千五百尋、代夫三拾六人六分六厘六毛
一、綱長百拾尋、調夫弐拾七人
一、綱ノ大縄打調又ハ浮木足石取寄附合夫三拾九人
一、海馬捕獲夫、弐（三）拾八人
一、海馬持運夫六人
一、海馬五拾五斤、代夫弐百七拾五人
〆四百弐拾壱人六分六厘六毛
是代金拾九円七拾六銭（二拾円〇二拾四銭）也

（石垣市史編集委員会『石垣市史　八重山史料集1　石垣家文書』一九九五より）

この史料からいくつかのことがわかる。川平湾内で新城島の人々が漁をしていたとは考えがたく、むしろ川平村の村民がジュゴン漁をしていた可能性が高い。このことは、すでにこの時期には新城島以外の人たちがジュゴン漁をしていたことになる。

漁業制度については、仲吉[11]が「本県各間切ハ古来其他先海ヲ自己ノ所有ノ如ク心得テ殆ト之ヲ占有シ他所轄人民ハ相当ノ報償ヲ営ムコトヲ許サヽルハ一般ノ慣例ナリ……」と記しているように、他の地域で漁をすることはほとんどなかったものと推定される。したがって、自分たちの地域でジュゴン漁を始めたら、それが獲れなくなるまで継続していたことが考えられる。

また、注目されるのは海馬五五斤で、捕獲の費用を二〇円二四銭としている。つまり、市場の価格と重量との関係の参考になると思われる。まず、一度に数頭を捕獲したとは考えにくいので、五五斤は一頭から得られた肉の重量と考えられ、統計書に出ている重量は、肉だけの重量ではないと考えられる。川平の事例に見る価格は、市場の値段より高いという印象がある。動物の保護管理から見ると頭数の算出が重要な鍵を持つことになる。今回は、統計資料から頭数を算出しているが、それをより正確にするためにも、他の史料を調べる必要があろう。

近世琉球の時代は、王府が新城島だけに捕獲を許し、他

は規制をしていた。また、上納以外の配布も取り締まったことにより、結果的には捕獲数も制限されてきた。しかし、王府の崩壊により、保護システムが崩れ、乱獲が始まり、獲り尽くした結果、八重山からジュゴンが消えたと言えよう。

五　永続的利用――過去から学べること

先史時代の遺跡からジュゴンの骨が見出される。おそらく、捕獲して食べていたに違いない。しかし、捕獲技術が未熟と考えられ、取り尽くすことはなかった。近世琉球、特に八重山の海においては、数百頭のジュゴンが生息していたと思われる。これらは、王府によって管理されていた。場合によっては文書に細かく記して管理をしていた。ここにガバナンスは成立していたのである。ところが、明治になって、王府が崩壊するとそれにともなってガバナンスも消失した。そして、乱獲が始まり、八重山の海からジュゴンが消えた。数百年にわたり、管理し個体を維持してきたジュゴンが数十年にわたる乱獲でいとも簡単に姿を消してしまったのである。

個人、集落、市町村（八重山）、県（王国）をそれぞれ、A、B、C、Dとするレイヤーが存在するとして、それが重層するガバナンスが形成される（重層ガバナンスについては本書第13章安渓論文を参照）。しかし、近世琉球における八重山ではＡＢＣのガバナンスが弱く、Ｄだけが機能していたことになる。近代になって、王国が崩壊し、Ｄの機能が県に引き継がれることなく乱獲が始まった。このことは、ジュゴンの姿が消えた大きな原因と考えることができよう。ここに野生生物の保護におけるガバナンスの重要性を反面教師として学びとらなければならない。

八重山の海は、かつて数百頭のジュゴンがすんでいた。これは、個体数が回復すれば、数百頭のジュゴンが生息できることを意味している。

いつか、八重山の海を悠々と泳ぐジュゴンの姿を見たいものだ。

第4部

奄美・沖縄の人間―自然関係史
政治・経済が自然に与えた圧力

第10章　近代統計書に見る奄美、沖縄の人と自然のかかわり

早石周平

はじめに

台湾島から九州へと連なる島々は琉球列島、あるいは琉球弧とよばれ、海岸にサンゴ礁が発達し、亜熱帯性植物を含む常緑樹が森林を構成する島嶼《とうしょ》生態系をもつ。海から山まで多種多様で固有な生物が見られることが知られている。この島々に人が住み始めたのは、遅くとも二万年前までさかのぼることができる。新石垣空港建設地内の白保竿《しらほさお》根田原《ねたばる》洞穴に古骨が見つかっている。沖縄島の那覇市中心街に近い山下町洞穴から出土した古骨は傍らの試料から年代推定した結果、三万七〇〇〇年前に生きた人のものとされる。島南部の旧具志頭村《ぐしちゃんそん》港川《みなとがわ》から出土した「港川人」は一万八〇〇〇年前に暮らしていた。この島々に、それ以降途切れずに人が住み続けてきたか確かな証拠はないものの、さまざまな時代の遺跡が発掘されており、遅くとも貝塚時代中期（三〇〇〇年前頃）以降には、島の各地に定住的な集落が現れている。[3] 第8章[12]で紹介されたように、やがて九州以北の地域や大陸と交流を盛んに行うようになった琉球列島の人々は、近代に工業化が大きく動き始めた日本の歴史の中で、島という資源のかぎられた環境をどのように利用して暮らしてきたのだろうか。しかも、毎夏に台風が直撃し、風水害と潮害がもたらされる厳しい環境下である。

この章では、近世後半の貢納体制に端を発し、近代における換金作物として効率的な農作体制が求められた鹿児島県大島郡と沖縄県の各地域の主に平地の土地利用変遷を見ていきたい。これらの島々には耕作可能な土地が少ない。隆起サンゴ礁による石灰岩質の大地は平坦だが、透水性が

高く、多雨により土壌が浅く、保水力が低いためである。沖縄島北部の「やんばる」とよばれる地域や奄美大島は古い大陸系の岩盤が風雨により浸食された急峻な地形が発達しているが、標高が低く、また潮の干満の差が大きいために、沖積平野が発達していない。(23)農耕を発達させるうえで、このような数々の困難をもった土地を、人々はどのように耕地として利用してきたのだろうか。

薩摩藩による琉球侵略(一六〇九年)以降には、江戸幕府式の検地が琉球の島々でも行われたようだが、一六六八(寛文八)年の石高では、「田方」と「畠方」と「桑役」が区分されている。ここから一七世紀初め頃の田園風景を想像すると、田にはイネ、畑には一六二三年に導入されたというサトウキビが広がっていただろう。当時は、すでに絹織物産業が盛んで、養蚕に必要なクワが栽培されていた。おそらく、田の端には田芋、畑の隅や傾斜地にはサトウキビの他、野國總管《のぐにそうかん》が一六〇五年に中国から持ち帰ったサツマイモや、蔡温《さいおん》(一六八二~一七六一)が救荒作物として植栽を推奨したソテツが植わっていただろう。田畑の副産物として植えられたイモとソテツは、二〇世紀半ばまで、自然災害時、不作時を乗り切る食糧から常食へと重要な作物となった。

現在の奄美、沖縄の島々では、かつて多く見られた水田は少なく、サトウキビ畑が広がっている。江戸時代の終盤頃には、税として納めてきた作物がイネからサトウキビへと変わり、明治期以降、日本政府や企業の思惑によって乾田化が進められ、昭和の減反政策によって、ほとんどの水田を放棄せざるを得なくなったこれらの島々の土地はこれからどのように変わっていくのだろうか。

これから見ていく統計書は、沖縄県統計書(一八八〇(明治一三)年~一九四〇(昭和一五)年)、鹿児島県統計書(一八八一(明治一四)年~一九三八(昭和一三)年)、鹿児島県大島郡統計書(一九〇八(明治四一)年~一九二〇(大正九)年)である。大島郡統計書は、県統計書とほぼ同等の統計が町村単位、場合によっては大字単位で記録されている。このような郡単位の統計はほとんどの地域では残されていない。一八八七(明治二〇)年に鹿児島県議会は、大島郡を県予算から切り離し、独立採算体制をとることを議決した。独立採算制は一九四〇年まで続いた。おそらくこのために、大島郡の詳細な統計書が残されたのだろう。

本章では、一九〇八(明治四一)年まで鹿児島県川辺郡、一九〇八年~一九五二(昭和二七)年まで大島郡に含まれていた現在の鹿児島郡三島《みしま》村と十島《としま》村を合わせて、便宜的に大島郡とよび、奄美大島から与論《よろん》島までを奄美とよび分ける。

なお、これらの統計書には植字の誤りが多い。明治期は漢数字で単純な誤植は少ないが、大正期からはアラビア数字が使われ、6と9の入れ間違えや5と6の見間違えがあり、発行時の正誤表にない誤植が多い。表の行方向と列方向の合計値が記されている場合、二つの合計値と表中の数値を見比べて、誤りを正した値を使って、さまざまな項目について時系列の変化を見て、関連する項目と比較分析を行った。

一　近世の景観

一六一〇（慶長一五）年と一八三四（天保五）年の検地帳を比べると、奄美・沖縄全体で石高が九万三七三石増加しており、農耕技術の進歩とあいまって、一反あたりの収量（反収）は増加しただろう。天保五年の検地帳では、田畑の区分がなされていないが、少なくとも耕作可能な平地と丘陵地の多くは農地へと変わっていっただろう。農作物の増加は、人口にどのような影響を与えただろうか。一般的に、一石（一八〇リットル）は一年間に一人を養う米の量と換算される。いわゆる「四公六民」であれば、慶長から天保にかけて、米だけで約九万石×〇・六＝約五万四〇〇〇人の人口増加に寄与したはずである。実際にはどうか。沖縄では人口が、一六八四（貞享元）年の一二万九九九五人から一七七二（安永元）年には一七万四一九二人に増加し、一八二六（文政九）年には一四万五四九人に減少した。[11] 石高から予想される人口増加に比べると、一八世紀半ばまでは順調に石高の通りに人口が増加したが、その後の半世紀で大幅に減少している。

宮古、八重山諸島で課せられた税は、検地によらず、年齢と村の格付けなどで定額を課した税で、人頭税とよばれ、高率であったことからかんがみて、農作物としての米は人口増加にあまり寄与せず、実際には、明治期にも庶民の主食であったサツマイモ（後述）が人口増加に大きな貢献を果たしたと考えてよいだろう。石高が増加しているが、これとかかわらずに人口が増加したとすると、石高の増加以上に計上されない農耕地もまた増加していたと考えられる。おそらく、この頃には、平地のほとんどが耕作地という景観が広がっていただろう。

一八一六（文化一三）年に、イギリスから派遣され、中国、朝鮮を訪問した後、琉球を訪れたベイジル・ホールは那覇泊港近くを散歩しながら見た村々の様子を記している。平らな土地には稲田があり、丘陵の斜面は段々畑に切り開かれ、小高い丘の頂上付近はどこも草原の景観が見られたようだ。船上から眺めた伊江島には豊かな耕地を見た。「やんばる」東海岸にはほとんど耕地が見られなかったと記している。ホールは、サトウキビ、タバコ、コムギ、イネ、トウモロコシ、アワ、サツマイモ、ナス、その他各種野菜を滞在中に見ている。(6) 一八五三（嘉永六）年にロシアから派遣されたイワン・アレクサンドロビッチ・ゴンチャロフもまた、那覇近郊の見渡すかぎり美しく耕された景観を描写している。畑の中ではところどころに人々が働き、イネ、サトウキビ、オオムギ、野菜類が栽培されている景色を「それは平和な、軟らかな色調、甘美な労働と豊かさの色調があった」と賞嘆している。(5)

二　近代以降の景観と食生活

現代は外国や国内他地域間の食材の流通が盛んだが、国内に自動車、汽車がほとんどなかった時代、しかも島と島は船便でしか流通ができなかった近代の奄美、沖縄地域では、景観は食生活をはじめ、人々の暮らしを反映していた。文献や統計書を拾い読みしながら、当時の生活を概観してみよう。

近世の奄美では、龍郷の田畑佐文仁《さぶに》が鹿児島で習得した新田開発技術を駆使して、一七二二（享保七）年頃から各地に田を開いたという。笠利村では牛花部《うしけぶ》、喜瀬《きせ》。龍郷村では尾入《おのいり》、瀬花留部《せけるべ》、芦徳《あしとく》、久場《くば》。名瀬村では朝仁《あさに》、小宿《こじゅく》、知名瀬《ちなせ》、芦花部《あしけぶ》。大和村では大和浜《やまとはま》、津名久《つなぐ》、深山《みやま》塔《とう》。宇検村では湯湾《ゆわん》。西方村では古志《こし》。東方村では清水《せいすい》。住用村では市《いち》、役勝《やくがち》、東仲間《ひがしなかま》。奄美大島の北部から南部まで各地で新田を拓いたと伝えられる。(28)

この中で、大和村深山塔は、山中に拓かれた集落で、後に福元《ふくもと》とよばれていたが、現在は廃村である。ここには、一八八〇年にドイツの動物学者ドゥーダーラインが調査に訪れた際に通過し、「この二つの山に囲まれた小さな盆地に幾軒かの朽ちかけた家があり、そこには馬が草を食んでいる。ところがこの家々はすでに廃屋である。大島独特の六フース（フィート）の長さの毒蛇、すなわちハブが、この、もとは三一軒もあった村をとうとう廃墟となすほど数多く棲んでいるという」と記している。(14)

旧帝国陸軍が一九二〇年に発刊した五万分の一地形図では、大和村福元の他にも、西方村（現瀬戸内町）に深山、下福《しもふく》、惣畑《そうはた》、キャコ、松花《まつはな》と山中に集落名が記されている。こちらは水田には向かない傾斜地であり、おそらく畑作をしながら、材木を伐り出す集落だったと思われるが、現在は廃村である。

また、ドゥーダーラインは、山のあまり傾斜の厳しくないところまでイモが植えられ、急斜面にはきれいにソテツが植えられていたことを記している。このソテツは、一八八五（明治一八）～一八九七（明治三〇）年頃にかけて、二人のドイツ人商人がソテツ葉をヨーロッパ市場に少なくなったヤシの代用品としてクリスマスなどの飾りつけ用に大量に買いつけに来たことで短期間ながら重要な輸出品として経済効果をもたらしたという(14)。奄美では当初、米の増産を目的として平地の新田開発が進んだが、すぐにサトウキビ畑に転換され、日常の食物の生産の場として山中の耕作地が重要になり、イモ畑が作られていたと考えられる。

一八九三（明治二六）年に大島郡、沖縄県を巡検した青森県弘前出身の笹森儀助《ささもりぎすけ》はその著書『南島探験』(25)で、沖縄島北部の国頭村《くにがみそん》を訪れた状況を、次のように記した（読みやすくするため、片仮名表記を平仮名表記に変えて引用する）。

「該地方総て山間谿谷の間にあるを以て、多くの耕地は梯田なり。地勢平坦少なきのみならず肥料を施すに粗也。人糞の如きも用る事を知らず。耕作の粗なるは、現時の北海道土人にも及ばざる程也。而して僅々一戸に付、四反歩弱、一人一反に充たざる耕地を以て一ヶ年の生計を営むは、其天候の温熱なると地力の肥沃なるとは他府県人の夢想だも及ばざる処、其土地の生産力に富める、誰か又疑いを容れんや」（一巻・八〇頁）。国頭村の北にある辺戸《へど》では、「甘蔗は未だ栽培する事を為さず。唯雑穀を植るのみ」（八七頁）、また「国頭間切十六ヶ村の内四ヶ村に甘蔗栽培及製糖業あるも、その他の十二ヶ村は未だ砂糖の何たるを弁せず」（八九頁）と述べている。

国頭村では村内法による禁制があったためにサトウキビ栽培が少なかったが、「去る十九年頃、甘蔗栽培の制限を解き、為めに人民漸やく製糖に進むの勢いあり。此禁制を設けたる理由を質するに、若し甘蔗反別を増せば、常食の唐芋作の欠乏し、砂糖は薩摩の一手の販売なるを以て、砂糖の利益進めば、旧租税を増収せられん事を鹿児嶋に対し恐るるの二途より起れる事なりと」（一〇四頁）と記している。

奄美大島では、人々の暮らしの描写で「数反の耕地を有し、牛馬二、三頭を蓄うを、中等とす。日常、唐薯《からいも》を食とし、正・八の両月及祭日には概ね皆米飯を炊き自製の焼酎を酌むを人間《じんかん》の一大快楽とす」（二巻・二七五頁）。おそらく少しの平地に水田とサトウキビ畑が見え、山間の段々畑にはサトウキビが植えられていただろうが、主食であるサツマイモも多く植えられていたに違いない。

笹森は琉球諸島の温暖な気候と植物種の多様性に感銘を受けたのだろう。その地力を大いに評価し、「土地小なるも、植物の生産力発達上より見るときは、実に意想外の感あり、（中略）唐薯の如き、満三ヶ月を経過すれば直ちに採《とり》て食用とす。故に一ヶ年四回の収穫」があるサツマイモを常食用として重視した（付録・三二二頁）。サツマイモは、地上部が風害や潮害に遭っても、地下茎部には影響を与えず、台風の多い奄美、沖縄地方では救荒作物として最良である。深く耕さなくても栽培でき、普段の手入れも他の作物に比べれば少なくてすみ、とても優良な農作物でもある。地下部のイモ限らず、若い茎や葉も汁物にされた。傾斜地のソテツは防風垣であり、台風害にも耐え、平地の作物が被害に遭っても、救荒食としての役割をイモは十分に果たしてきた。

三　主食としてのイモ

奄美、沖縄地域において、実際のところ、サツマイモは救荒食というよりむしろ常食として、長く食べられてきた。有薗[(2)]は、一八八一（明治一四）年刊行の『第二次農務統計表』に掲載された「人民常食種類比例」などの資料をもとに、日本各地の近世から近代の農村部において人々がどのような食生活をおくったか検討している。「人民常食種類比例」の棒グラフを計測し、琉球の食材の構成比を、米五％、麦一％、雑穀二％、甘藷九二％、他にわずかの蔬菜、里芋、昆布としている。

一八八八（明治二一）年の沖縄県統計書の作物や移出入の項目を見てみよう。穀類は石単位、他は斤単位である。穀類一合は一五〇グラム、一斤は六〇〇グラムと換算し、文部科学省の「五訂増補　日本食品標準成分表」を参照して、米は一〇〇グラムあたり三五〇、麦類は三四〇、雑穀類、豆類は三六〇、サツマイモは一三二、大根は四三、昆布は一四五キロカロリーとして、県内生産高に明治二〇年度に県外から移入された分を加えて、エネルギーに換算してみると、サツマイモが八二％、米が一四％、雑穀、豆類がともに一・六%、麦類が〇・八%、大根が〇・〇六%、昆布が〇・〇五%である。

消費エネルギーで見ても、サツマイモの重要性は揺るがない。同年の「日用品の相場」では、精米一石で六円二四銭、麦一石で三円六七銭四厘、蕃諸（サツマイモ）一〇〇斤で二二銭二厘である。一食でどのくらい食べたかは個人差が大きいだろうが、仮に米麦は一合約六厘、サツマイモは一斤約二厘くらい食べるとしてみよう。「職人及び雇人賃銭」では、農作手伝いは男が一月で一円三四銭二厘、女が一円二銭七厘なので、私が当時の農村部で手伝いをしていて、一月に九〇食分を支払うなら、ときどき米粥、たまに白飯、麦飯も食べつつ、いつもはサツマイモでやりくりすることになっただろう。

有薗はまた、沖縄学者の比嘉春潮《ひがしゅんちょう》（一八八三〜一九七七）の『翁長旧事談』『沖縄の農民生活』を参照して、畑の三分の一がサトウキビ、三分の一がサツマイモ、残り三分の一がその他作物が植えられており、サトウキビとサツマイモは二年から三年の輪作で間にダイズをはさんでいただろうとしている。また水田ではイネと田芋の二毛作がなされていた風景を復元している。[2] 炭水化物をサツマイモから、タンパク質をダイズを加工した豆腐や味噌から摂取する食生活が、一九世紀後半まで農村部で続いていた。

奄美では、喜界島の早町阿伝《そうまちあでん》出身の民俗学者、拵嘉一郎《こしらえかいちろう》が一九三六（昭和一一）年二月から翌年二月まで一一月を除いてほぼ毎日の食事や集落行事などを記録した『喜界島農家食事日誌』[13]を見てみよう。この「食事表」に記された三〇二日の主食に現れた食材を数えた（表1）。最頻出はサツマイモである。「飯」、「御飯」、「白飯」を米飯とすると、コメが第二位である。この他で食べた回数が多い米粥は、

表1　『喜界島農家食事日誌』[13]

「食事表」より昭和11年2月から翌年2月まで、302日間の主食品の集計

	朝食	昼食	夕食
甘藷	118	122	62
飯	83	48	42
粥	25	31	49
ソーメン	23	17	39
ソテツ粥	17	5	48
麦粉粥	29	5	25
粟飯	8	20	8
雑炊	8	4	4
米麦飯	5	6	0
麦飯	3	4	3
不明	32	63	58
その他	7	12	7

＊シチバイ、米粟飯、粟粥、ソテツミンダン、粟黍麦米飯、田芋、餅、米麦粥、うどん、黍水羹、麦粉雑炊、ぜんざい

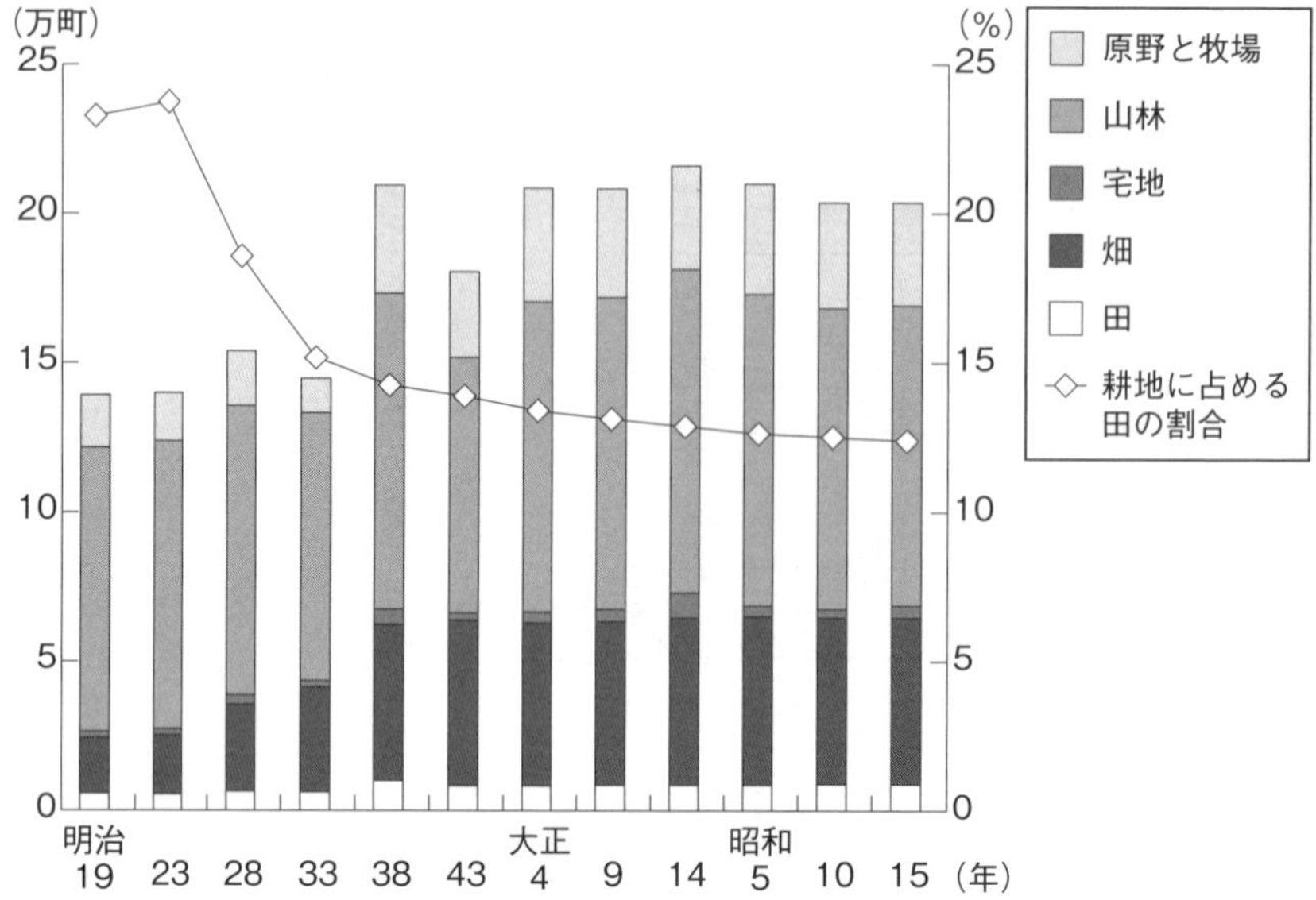

図1　沖縄県の地目に見る明治、大正期の土地利用変遷
官有地、公有地、民有地を合わせたもの

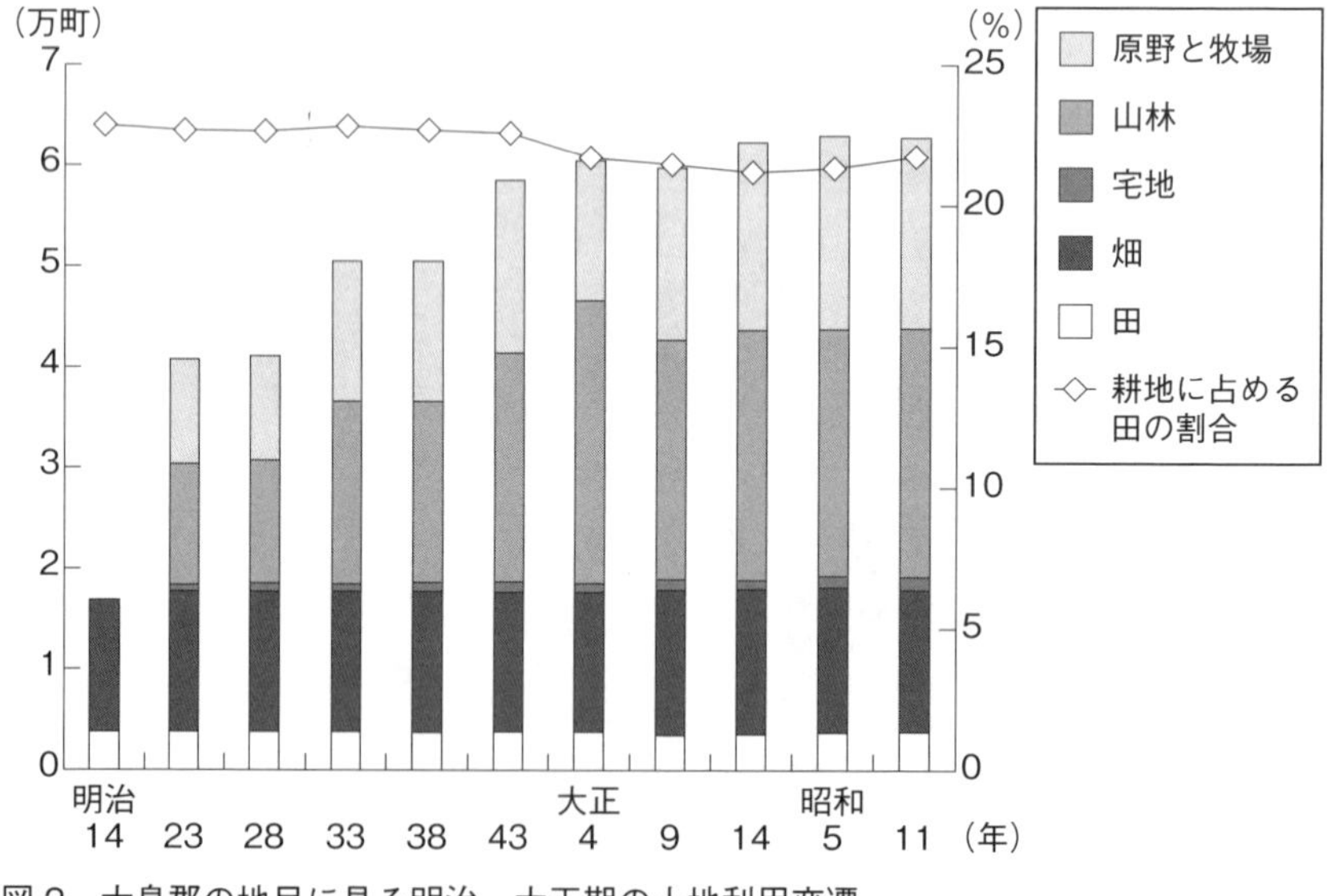

図2　大島郡の地目に見る明治、大正期の土地利用変遷
官有地、公有地、民有地を合わせたもの。明治14年は田畑以外の地目が記されていない

収穫期の夏頃から多くなり、次に多い素麺は、年中、汁物に入れたり、そのまま食べたりしていた。冬にはソテツ粥が多くなり、春からは麦粉粥が多くなった。まとめてみると、冬から春にかけてサツマイモを、春からムギを、夏から秋にコメを食べた。春先にはサツマイモの蓄えが減ってくるらしく、「毎晩ソテツも美味しくないと言ふたら、唐芋を節約しなければならんと仰言った。（四月四日）」とある。また、正月から雨の多い年だったようで、「唐芋も何もかも腐れて今年はヤーサ年（飢饉年）だ。恐らく阿伝の村で唐芋を充分に食ふ家はないだろう。全部ソテツ粥を食っている。野菜も雨の為充分発育せん為、山のふきも取果ててあるとお母さんが話された（六月一七日）」とあり、例年よりもサツマイモ食が少なかったようで、乾燥させて保存するため腐りにくいソテツが重要な炭水化物源であったことがうかがえる。

喜界島は高い山のない平らな島で水利はよくない。平地の多くは畑で、サトウキビが多く作られているが、主食を作るイモ畑の面積も広く、畑の縁には防風垣のソテツが植えられていたのだろう。

明治・大正期の景観は昭和期に入ると変わっていく。第二次世界大戦時に船便の流通が厳しくなると、やや水田の面積が奄美、沖縄地域で増えた（図1・2）が、若者が出兵するにしたがって休耕地が増えた。戦争終結後には、復員した若者や帰郷者による人口増加に応じた食料増産のためにイモ畑を開墾し、現金収入のために製塩したことが、奄美大島南部の瀬戸内町手安《てあん》の青年団の会議録[15]に見られる。瀬戸内町清水や奄美市根瀬部《ねせぶ》でも製塩したりサトウキビを作ったりと、青年団が活躍した[18]。戦後、開墾や休耕地の耕し直し、薪の増産によって、畑地の景観が広がり、森林は集落から遠くなっただろう。

奄美、沖縄地域では、サトウキビが主たる農作物の地位を占めるようになり、水田は徐々に減少し、平地から近くの斜面まで畑地が広がっていく。このような景観の推移が、近世から二〇世紀中頃にかけて、いずれの農村集落でも見られたと考えてよいだろう。

四　サトウキビ転作の影響

近世に薩摩藩は、米価に比べれば価格が高騰しやすい砂糖の原料であるサトウキビを、主要作物として奄美・沖縄地域での栽培を強化していった。沖縄では寛文八（一六六八）年の検地帳の石高（生産高）で田方、畠方、桑役のうち、五五・二%を占めていた田方の石高から察すると耕地面積に占める水田は相当な広さがあったと推測される。官有地と民有地を合わせた耕地面積がわかる最も古い統計は一八八六(明治一九)年の地目(地租を査定するための面積)の統計表であるが、ここでは、地目のうち、田は二三・二%であり、この二〇〇年間あまりに多くの水田はサトウキビ畑に転換されたことがうかがえる。明治期にはさらに乾田化が進み、大正期以降には、地目に占める田の割合は一三%前後を推移している(図1)。奄美では康熙七年の検地帳によれば田方の石高は全体の七五%を占めており、享保の新田開発より前にあった耕作地は多くが水田だったか、他の作物の反収があまり高くなかったか、いずれにしても、稲作が農作業の中心だった。

ところが、統計書を見ると、新田開発にもかかわらず、大島郡の地目に占める田の割合は明治中期から二一%前後を推移している(図2)。サトウキビ転作は薩摩藩下に組み入れられた奄美諸島で沖縄島よりも早くに進んだ。また、薩摩藩によるサトウキビ増産政策下にあった奄美諸島では、度重なる台風害による飢饉や疫病流行により黒糖が貢納できずに、豪農から借金し、「家人《ヤンチュ》」などとよばれた債務を負って奴隷のように酷使された人々が増えた。[21]

明治維新(一八六七(慶応三)～一八六八(明治元)年)によって、藩政による束縛からの解放が期されたが、旧藩士族や鹿児島県庁が主導する専売商社が引き続き、奄美ではサトウキビの単一栽培を継続させた。明治期になっても依然として、換金作物として重要だったサトウキビは、奄美に暮らす人々の生活を楽にするどころか、むしろ厳しくした。納税量以上に穫れて余った黒糖を「羽書」というクーポンに交換して使ったことしかない奄美の人々は貨幣の使い方を知らず、商人に言われるままにサトウキビの青田買いに応じて、手渡された貨幣で商人の持ち込む生活用品を過剰に購入し、ほとんど貯蓄しなかった。台風被害で不作に陥ったために、先売りした分の黒糖を商人に渡せずに発生した借金による生活の厳しさが、税の未納率や貯金額の分析から指摘されている。[17]

渡辺新郎は、一八八六、八七(明治一九、二〇)年、風害によりサトウキビの収穫がほとんどなかったことにふれ、一八八八年に大坂東雲新聞の連載記事で、南島興産と鹿児島県について、次のように糾弾した(一部を現代語に読みやすく改変して引用する)。

「その有様は概して、これをいう時はあたかも英国政府がインドの人民を持つがごとく、アイルランドの小作人に

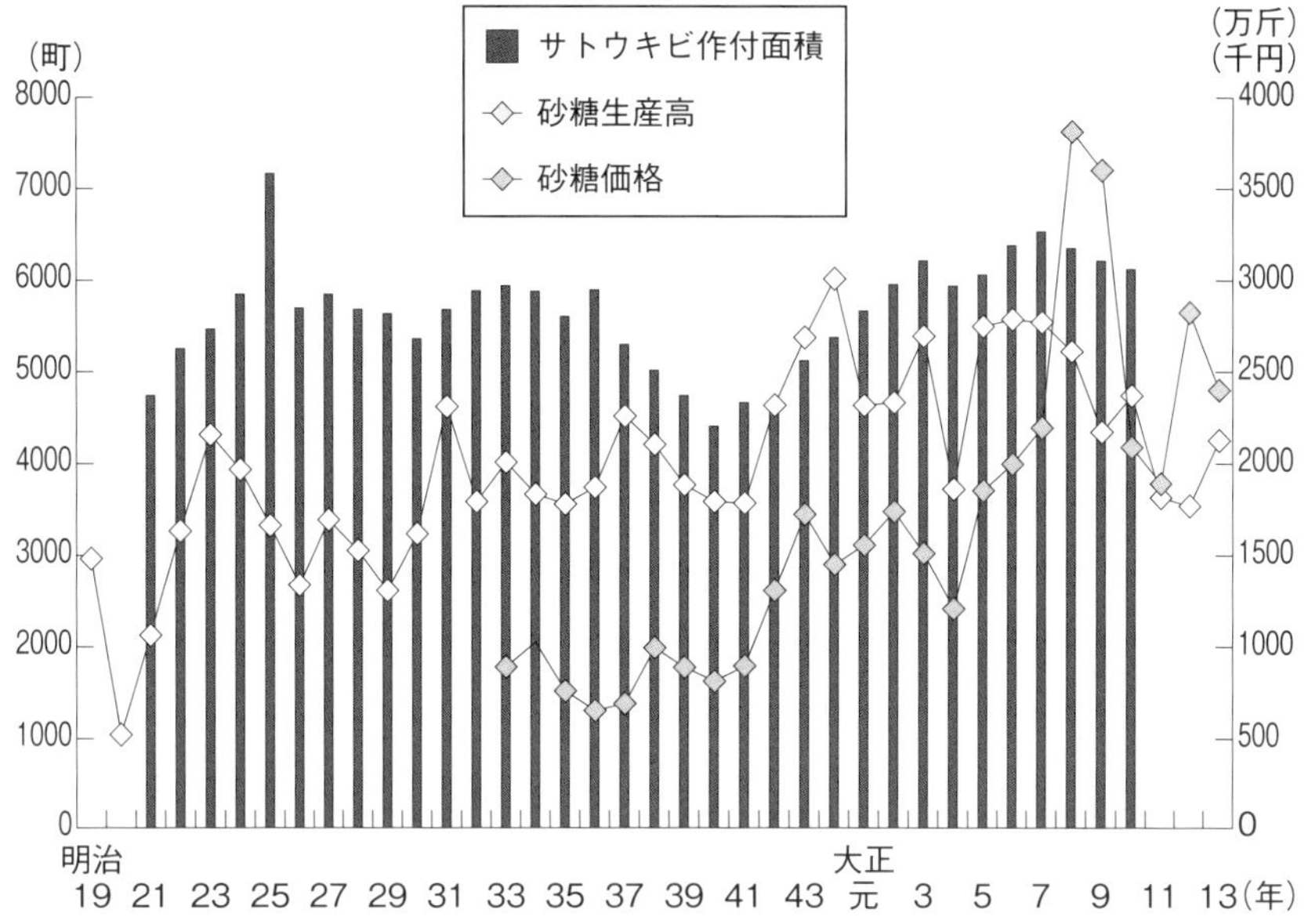

図３　大島郡のサトウキビの作付面積と生産高、価格の推移

接するがごとく、金権を鼻に掛け、濫りに暴威を張りて、圧制束縛至らざる所なく残酷無道の処置を施し……（以下略）」。(31)

主食にならないサトウキビ栽培に特化させられ、鹿児島県の商社による資本独占にあえぐ奄美を、渡辺は「東洋のアイルランド」とよんだ。後に訪れた笹森も中央政府から遠く離れ、行政の目の行き届かない奄美で商社が暴利を得ることを強く非難した。

五　サトウキビ畑の推移

明治、大正期に乾田化が進み、サトウキビ畑の面積はどのように推移したか。大島郡では、明治期から大正期にかけて、五〇〇〇町から六〇〇〇町（一町は約一ヘクタール）に推移した。近代にはすでにサトウキビ畑の面積は飽和状態にあったと見てよいだろう。当時、製糖工場はなく、牛力または人力、水力の搾車を使っていた。大島郡での台数は、一九〇〇（明治三三）年に七三五三台、三八年に六六一七台、四三年に五八五六台と減少し、一九一五（大正四）年に六〇一二台、九年に六六七八台と増加し、一九三六（昭和一一）年に五九八五と推移した。搾車台数は砂糖の産出

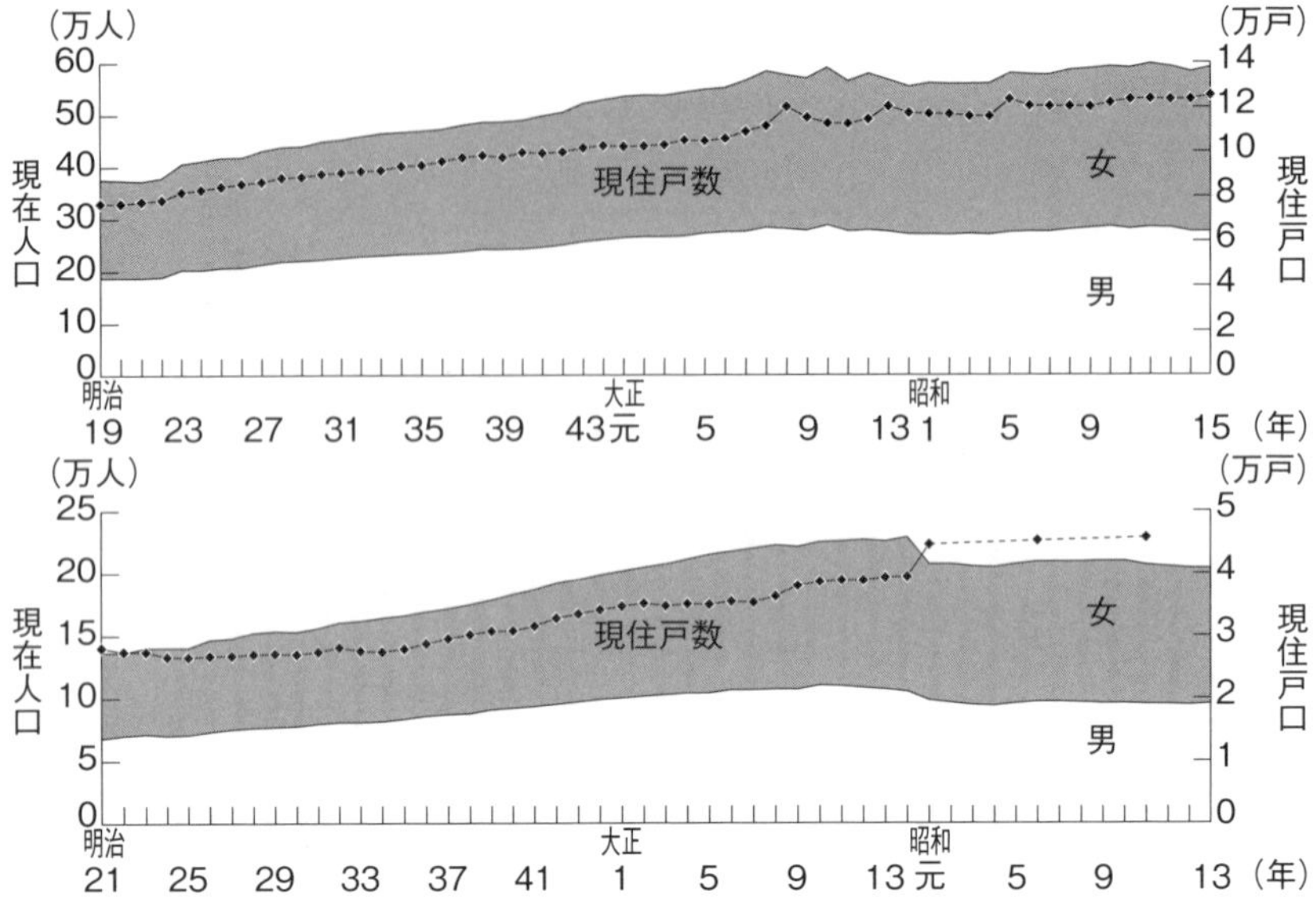

図４　沖縄県（上）、大島郡（下）の人口と戸数の推移
大島郡の戸数に欠損があり一部波線でつないである

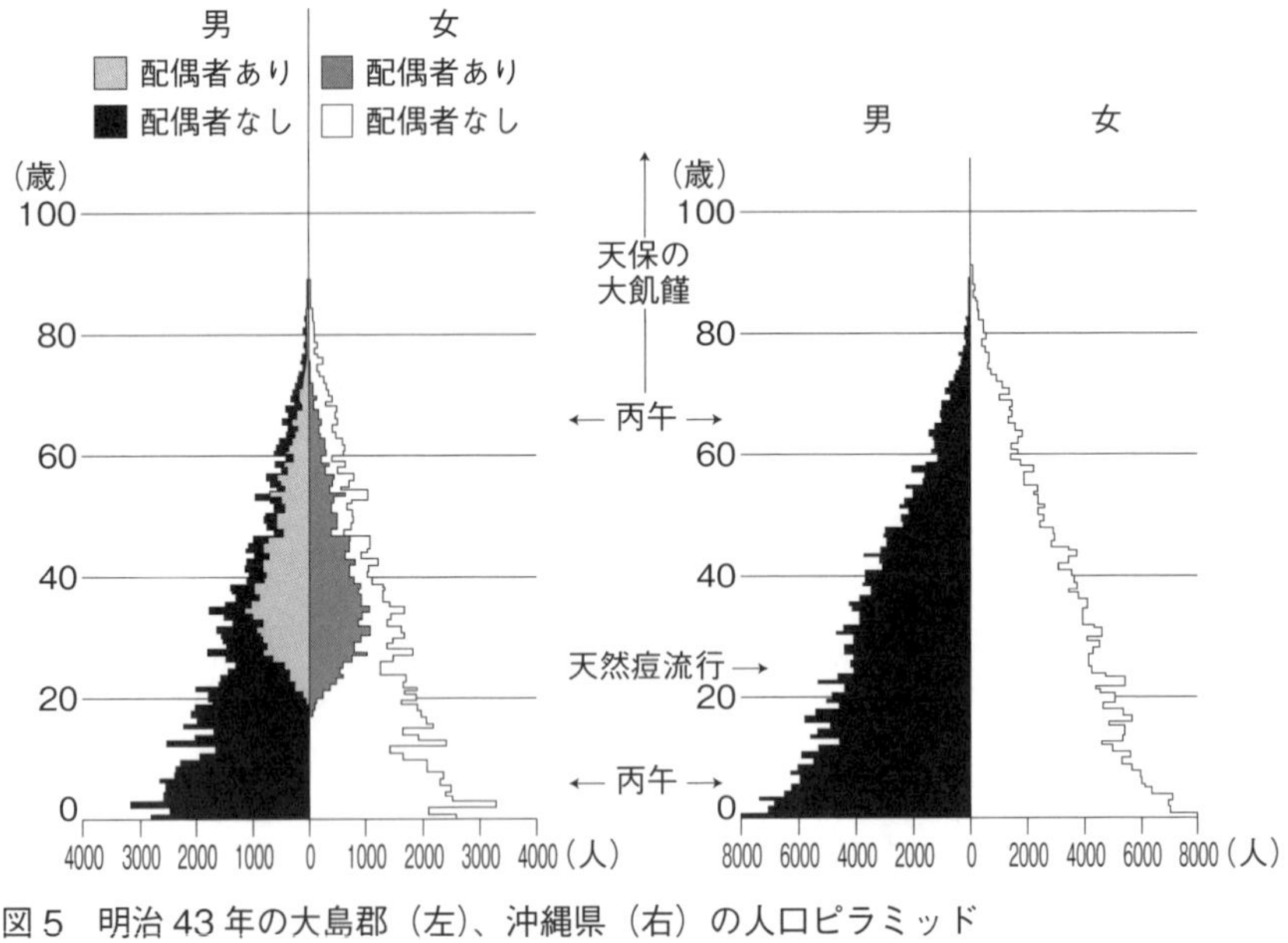

図５　明治43年の大島郡（左）、沖縄県（右）の人口ピラミッド
大島郡については、配偶者の有無によってバーを色分けした

高より、サトウキビ畑の面積推移に対応して推移したようだ（図3）。おおむね耕地開発が完了した状況で、サトウキビ栽培を発展的に続けるうえで重要なことは反収をあげることだろう。一町あたりの砂糖産出高は、一八八八年からの一〇年間に平均二八〇八斤、一八九八（明治三一）年からの一〇年間に平均三六三四斤、一九〇八（明治四一）年からの一〇年間に平均四三九七斤と向上させている。このような努力によって、一八九五（明治二八）年以降に台湾が日本の植民地となり、サトウキビの供給地となってからも、サトウキビ栽培を続けられたのだろう。ただし、サトウキビを栽培することは奄美の人々の家計を直接に潤すことはなく、鹿児島県の専売商社との自由販売をめぐる闘いが長く続いた。[17]

六　人口の推移から

統計書は、土地統計で始まり、気象統計、人口統計に続いている。掲載の順は重要度の順を示すだろう。土地の収量と人口動態には互いに密接な関係があり、収量は気象に大きな影響を受けた。公衆衛生の改善が進んだこともあいまって、大島郡、沖縄県では、明治から昭和にかけて、人口は一貫して増加傾向にある（図4）。

大島郡と沖縄県の一九一〇（明治四三）年の人口ピラミッドを見てみよう（図5）。いずれもきれいなピラミッド型である。大島郡については各年齢の配偶の有無でグラフを塗り分けた。有配偶率は、大島郡で男性が五二％、女性が五三％、沖縄県で男性が四九％、女性が四七％であり、この時代には全国的に厳しい家計事情が低い配偶率に表れていると考えられる。[9]

次に、一九一〇年とその五年後の一九一五年を比較してみよう。五年齢区分のデータを用いて、一九一五年時の〇〜四歳が五年後には、五〜九歳になっているので、その上の年齢区分も同様に五年間を比較して、その増減を示したのが図6である。この方法は、コホート（同世代）分析という。この分析では、どのような世代で人数の変化があったかを概観できる。日本で最初の国勢調査がなされたのが一九二〇（大正九）年だが、後述のとおり、一九一八年から二〇年にかけて、インフルエンザが大流行したので、ここではこの時期の通常年の動態を知るために一九一〇年と一九一五年の値を用いた。

図6のグラフの曲線を見ると、三〇歳代以降から、変化率が大きくなっていることがうかがえる。日本は第一次世

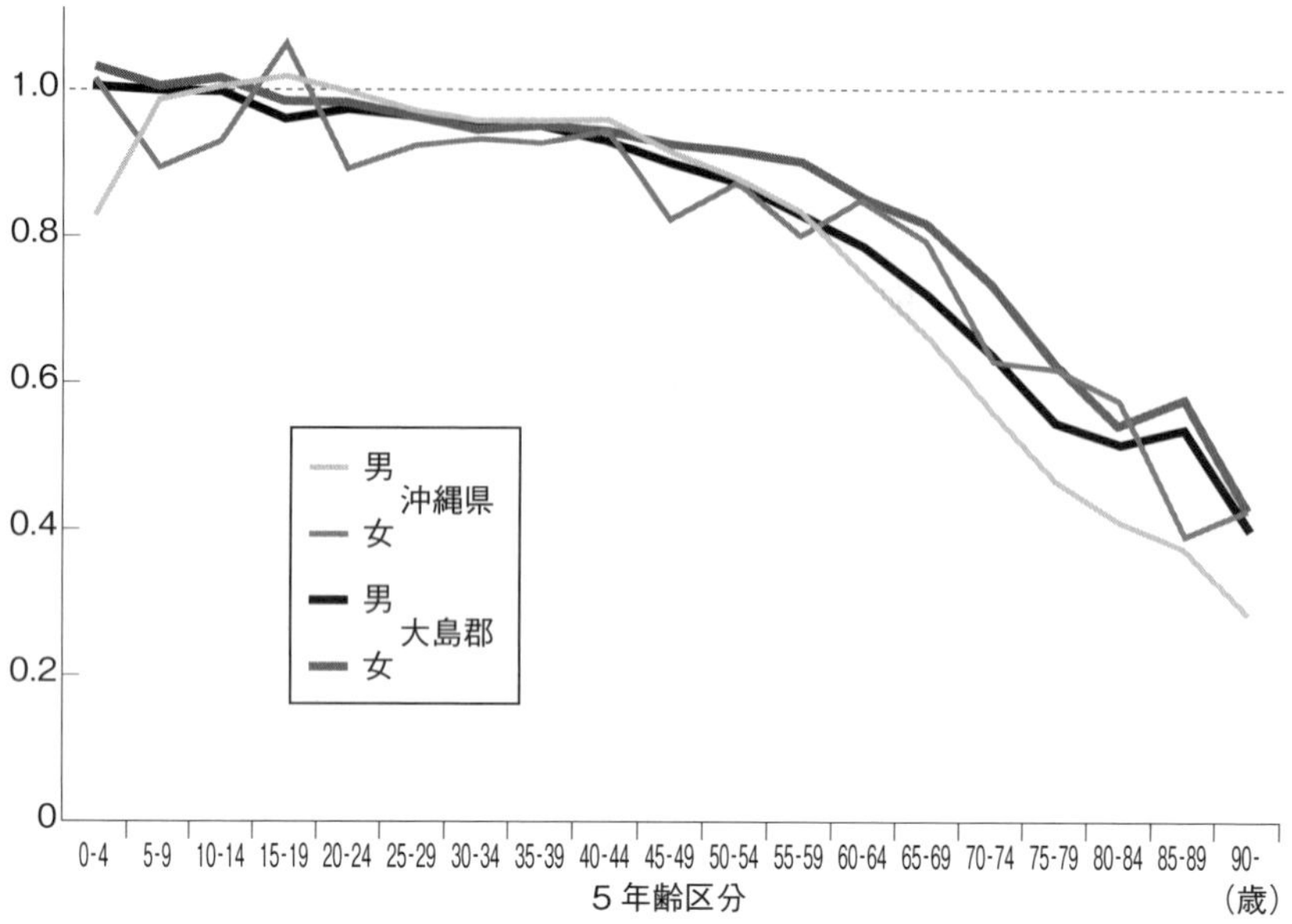

図6　明治43年から大正4年の沖縄県と大島郡のコホート変化率

界大戦（一九一四〜一八年）に参戦したが、一九一四年の出人員のうち、「陸海軍」に入ったのは約一割程度、翌四年には出人員統計に「陸海軍」項目がなくなるが、前年度までなかった「その他」が男のみの数値であるため、「陸海軍」に入った人数と見られるが、出人員全体のうち、約一割であることに変わりはなく、変化率には大きな影響を与えていない。大島郡では他郡市、他道府県、外国への出人員は、一九一一（明治四四）年から一九一四（大正三）年までに合計二万四三三〇人にのぼるが、多くは、この三〇歳代あたりからの世代であったと推測される。大島郡に比べて、沖縄県でこの傾向が顕著であった。沖縄県では特に女性の変化率が不規則であるが、県外への出稼ぎなどで出入りがよくあったのかもしれない。

七　一世帯の人数

一九〇八年の大島郡では一世帯あたり六・〇人、一九一九年の沖縄県では五・二人である。このときの統計書では、一世帯の子どもの数はわからないが、三世代同居が一般的であったのではないだろうか。大島郡では、名瀬、大和、住用、与論の各村では、四・六人から五・二人と平均に比

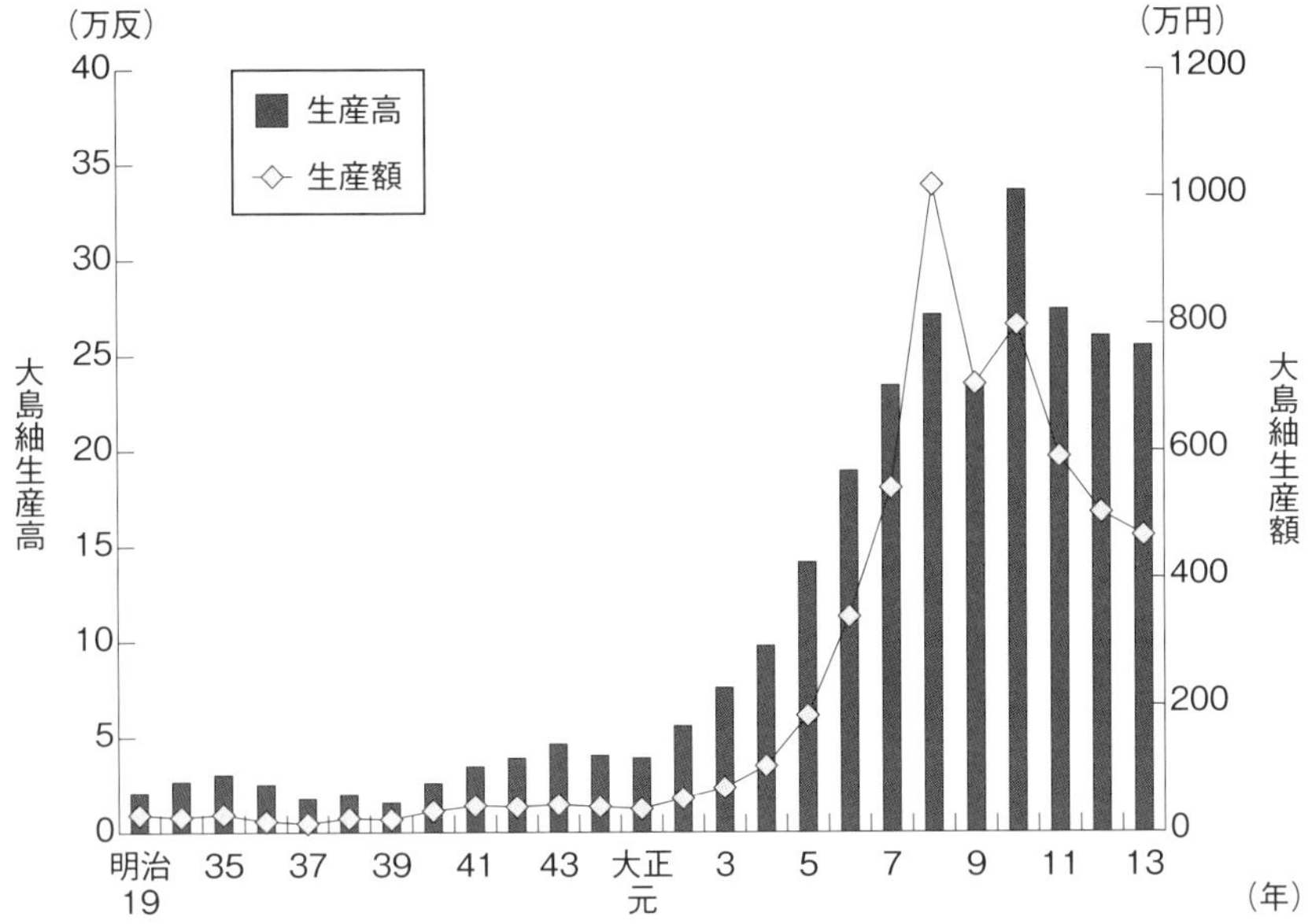

図７　大島郡における大島紬生産の推移

べ小さい。男と女の割合は、郡全体ではほぼ一対一であるが、住用では、一・〇七四対一と男がやや多く、一方で、大和で〇・九二二対一、与論で〇・九二九対一と男の方が少ない。僅差ではあるが、世帯人員数を小さくしたのが男か女か、一定ではない。奄美地域では近世から貢納品として大島紬が織られてきたが、大正期には織物産業が工業化したことで女が工場に勤めたり、港湾整備や道路敷設事業で男が出稼ぎにいったりすることが、核家族化を導き、地域的な世帯人数に表れているのだろう。

この傾向は、おおむね一九一四年まで続くが、四年以降は、名瀬で、〇・八二七対一と女が顕著に多くなった。一九一五年時の大島郡に紬工場は五〇軒あるが、名瀬村に三九軒の多数が集まっている。職工と徒弟は男一五九人、女一二五六人いたが、男女とも七五％前後が名瀬村で働いていた。名瀬村に女の多い傾向は、大正七年まで続き、八年、九年には以前の状況に戻っている。おそらく、第一次大戦の戦時景気による大島紬の増産が工場の多い名瀬に勤める女性の数を増やしただろう。図７に示したように増産は大正八年まで続いたが、九年には前年比六九％に減産し、その後も減少傾向が続いた。

沖縄県では、世帯人員数に地域間で大きな違いは見られず、那覇から遠いところでやや大きいが宮古、八重山では逆に平均並か小さい。人口ピラミッドでみたように有配偶率は大きくないので、二〇〇五（平成一七）年の国勢調査結果が示す一世帯人員数が二・六という私たちの感覚からすれば、どの地域でも今より大家族で暮らしていた。

世帯人員数には出生率も影響するだろう。現在は合計特殊出生率という指標がよく使われているが、これは出産に参加する可能性の高い年代である一五歳から四九歳までの女性の年齢ごとの出生率を足し合わせた値で女性が生涯生む子の数と見なされる。全国の統計では、一九二五年に五・一〇、二〇〇五年に一・二六であり、人口増加に与える新生児の出生の影響はずいぶんと小さくなっている。さらに古い時代の統計書にはこの値を産出するための資料がないので、代わりに一五歳から四九歳の女性の数を分母、出生児数を分子にとり、見かけ上の出生率を計算した。見かけ上の出生率は、大島郡で一九一〇年、一九一五年ともに一二・七％である。沖縄県では一八九五年から一九一五年まで五年おきに見ると、一一・九、九・〇、九・二、一六・六％、一三・八％と推移している。大正期の頃の大島郡では、出産可能な女性九人、沖縄県では女性六、七人に対して一人の新生児が生まれていたことになる。二〇〇五年について同様に全国統計で計算すると、三・八％である。出産が地域の人口増加と世帯人員数に与える影響は今日と比べて非常に大きかった。

ところで、族称別の人員数という統計表がある。華族、士族、平民ごとに戸主数と家族数が男女別に一覧されているが、戸主数と家族数の和を戸主数で割ると、世帯人員数を族称ごとに見ることができる。明治四三年の沖縄県では、士族が五・七人、平民が五・三人となっている。沖縄では薩摩藩への貢納負担が大きく、俸禄を与えきれない武士階級に農地開拓の任務を与えてきた。彼らは農村や山間に「屋取《ヤードゥイ》」とよばれる開拓集落を形成した。一方、「屋取」がなかった大島郡では、一九一〇年の世帯人員は、士族が八・四人、平民が六・二人であり、世帯人員数が二人ほど士族で多い。この差は一九一〇年から一九一六（大正七）年の統計書まで見られた。明治四三年に、沖縄県の士族は人口の三〇％を占めるが、大島郡ではわずか〇・八％である。地理的には近く、身分は同じ士族であったが、琉球王府は多い士族への俸禄を早くに減らさざるを得なくなり、一方で奄美地域にいた士族は鹿児島県庁の重要ポストを占めた士族の保護政策を得て、商業活動を盛んに行えた。地元政府による対応の違いが、近代以降の士族の家族構成と、山

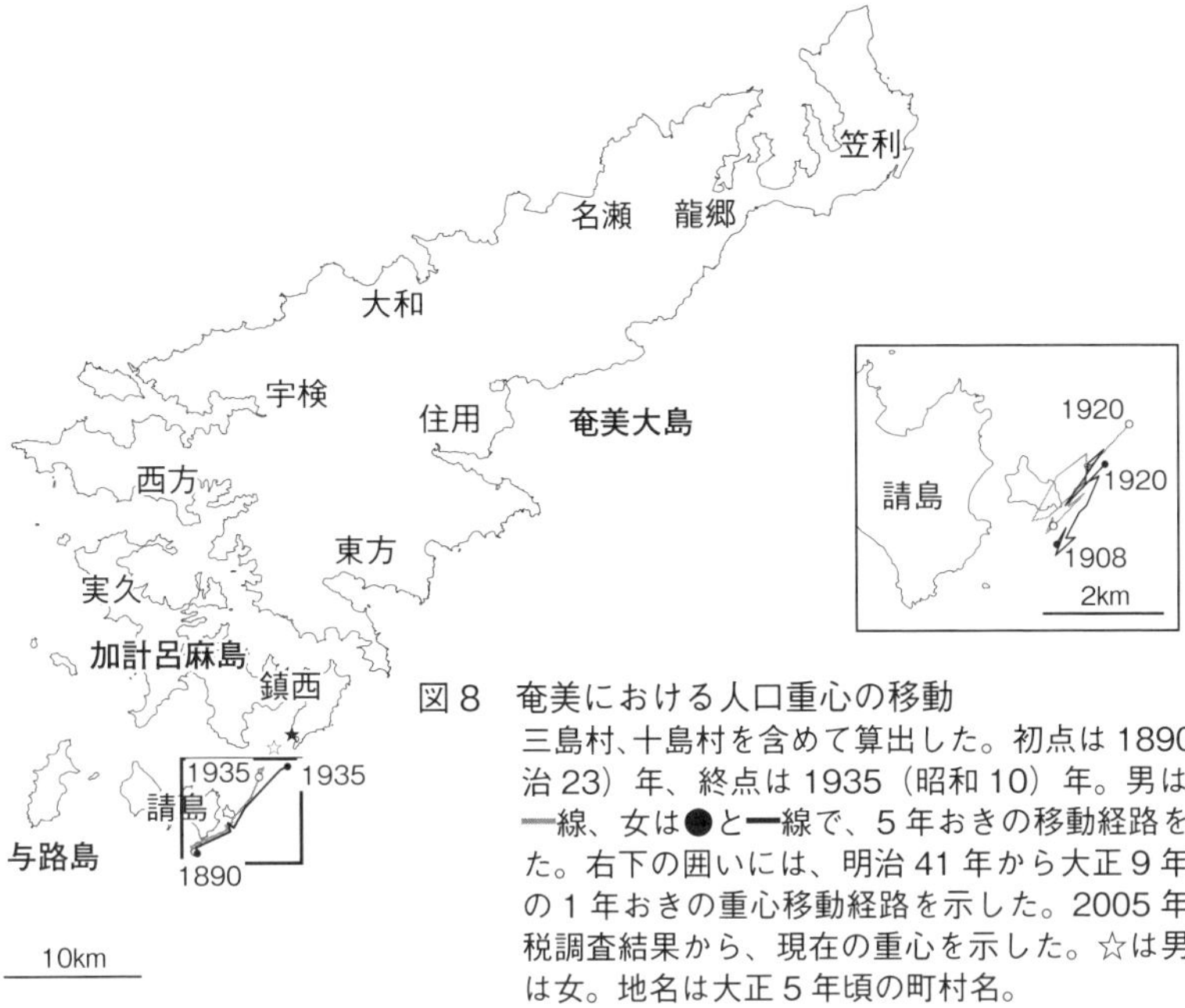

図8　奄美における人口重心の移動
三島村、十島村を含めて算出した。初点は1890（明治23）年、終点は1935（昭和10）年。男は○と━線、女は●と━線で、5年おきの移動経路を示した。右下の囲いには、明治41年から大正9年までの1年おきの重心移動経路を示した。2005年の国税調査結果から、現在の重心を示した。☆は男、★は女。地名は大正5年頃の町村名。

地の開墾という土地利用の違いを両地域間にもたらした。

八　人口移動

人口重心の変化を見てみよう。人口重心は、すべての人の体重を一定と見なして、単位区画の人口とその区画の幾何的重心から、地域全体のバランスを保つ地点を表し、「人口のヘソ」とよばれる地点である。人口重心は、大島郡では加計呂麻《かけろま》島東方を、明治二三（一八九〇）年から一九三五（昭和一〇）年にかけて、北東に進んでいる（図8）。徳之島、沖永良部島、与論島で人口流出、奄美大島で人口流入が起こってきたためである。当時の名瀬村で盛んだった湾港整備や道路敷設といった公的事業や大島紬の工業化、サトウキビ商業の発展にともなって起こった人口移動によると考えられる。先のコホート分析から見て、この人口移動は青年壮年層が担っていた。天然の良港として古くから発展してきた名瀬港を中心として、都市化がこの時代に進んでいた。(17)

沖縄県では二〇〇五年には、座間味村の外地島付近にある人口重心は、かつてはさらに西にあり、一九四〇年にかけての四〇年に慶良間諸島と久米島の間の海上を南西へと

図９　沖縄における人口重心の移動
無人島も含めて含めて算出した。初点は1900年、終点は1940年。男は○と━線、女は●と━線で、５年おきの移動経路を示した。☆は男、★は女。

移動した（図９）。明治期には現在ほど沖縄島中南部に人口が集中しておらず、宮古、八重山との人口バランスがとれていた。時代が進むにつれて、人口重心が南西に移動するのは、沖縄島北部から南部への人口移動による影響だろう。大島郡と同様、物流の中心部の那覇泊港などの経済活動が盛んな港湾都市に人口が流入していった過程が明治、大正期の特徴である。先に見たように近世には那覇近郊でも豊かな田園景観が広がっていたが、都市化、人口移動は、土地利用の固定化をもたらし、明らかな都市部と農村部を生み出した。

九　大正期の爆発的感染

一九一八（大正七）年から九年にかけて、日本列島に「スペイン風邪」が大流行した。日本における流行と各地の様子は、『日本を襲ったスペイン・インフルエンザ』(8)に詳しい。奄美での影響を見よう。大島郡統計書では、死因に関する統計は大正七年まで記されているが、続く八年、九年は欠落しているので、一九一八年以降を鹿児島県統計書で補足し、呼吸器系の疾患による死亡率の推移を見たのが図10である。死亡率は、当該年の現住人口一〇〇〇人に対す

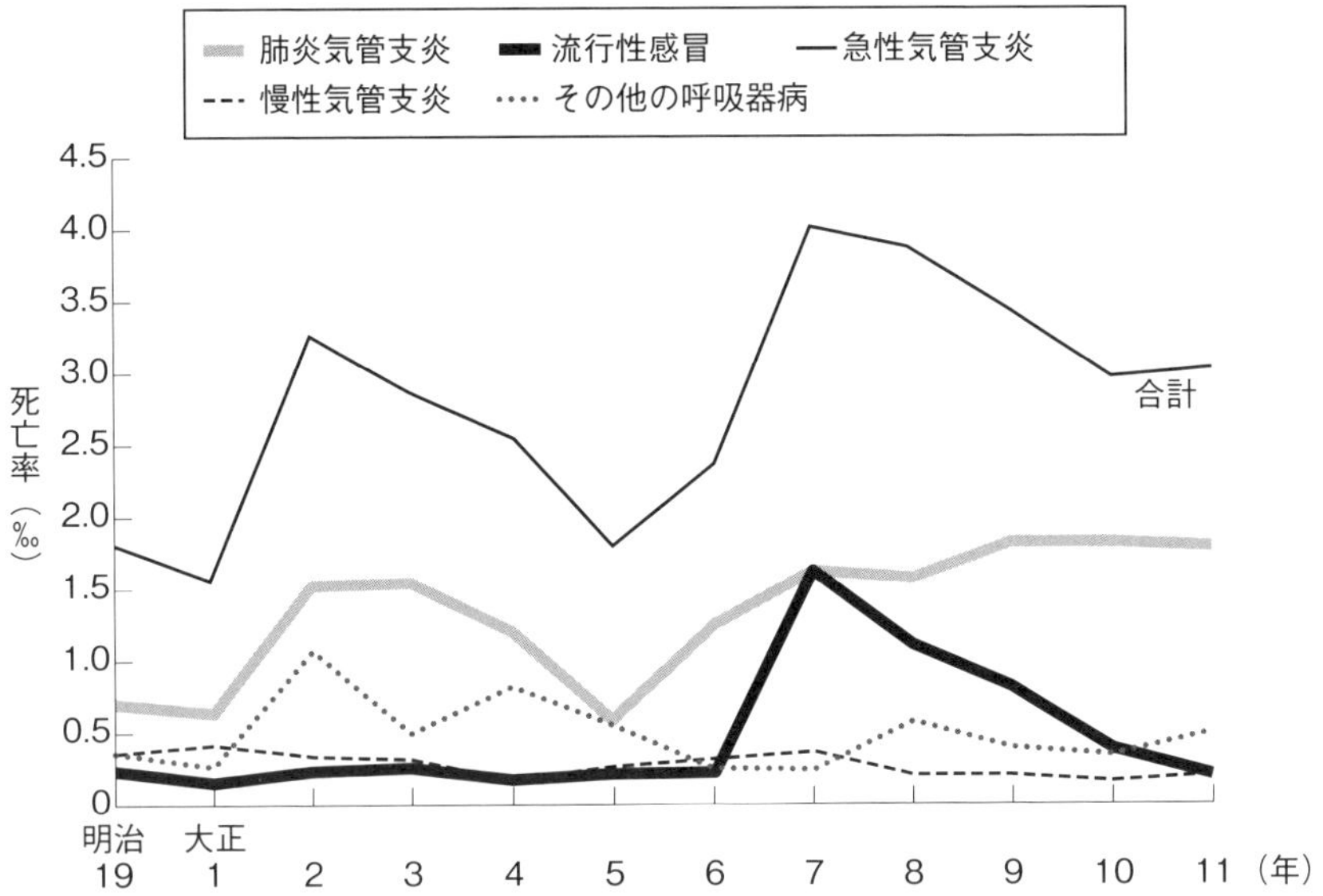

図10　大島郡における呼吸器系疾患による死亡率（‰）の推移
流行性感冒は大正7～9年にかけて大きなピークを示した

る各疾患による死亡者数（パーミル）で示した。ここで流行性感冒に注目すると平年の死亡率に比べ、七年に突出していることがわかる。インフルエンザの大流行は一九一八年秋から一九年春頃と一八年秋から二〇年春頃に、二回起こったことが知られているが、統計書のデータを見るかぎり、最初の流行が猛威を振るい、二回目の流行では死亡率が減少したようである。

一九一八年については、大島郡内の各村単位と年代別の死亡者数の統計がある。図11には、各村の現住人口と各年代の人口数の統計を用いて、地域ごと、年代ごとの死亡率を示した。通常の季節性インフルエンザは若年層の死亡をもたらすが、新型インフルエンザでは季節性インフルエンザに免疫をもっている青年層と壮年層の死亡率が高くなる。一九一八年の場合、青年壮年層の死亡率が男女とも上がっており、スペイン・インフルエンザによる死亡率の上昇であったことが推測される。各地の死亡率を見ると、奄美大島の中部に位置する名瀬村と南部に位置する宇検村で大きかったことがわかる。両村とも海上運輸の拠点であり、ここで働く人々を中心に郡外から持ち込まれたインフルエンザ・ウィルスに罹患していったのだろう。この地域的な死亡率の違いは、先の人口重心の移動に影響しており、一

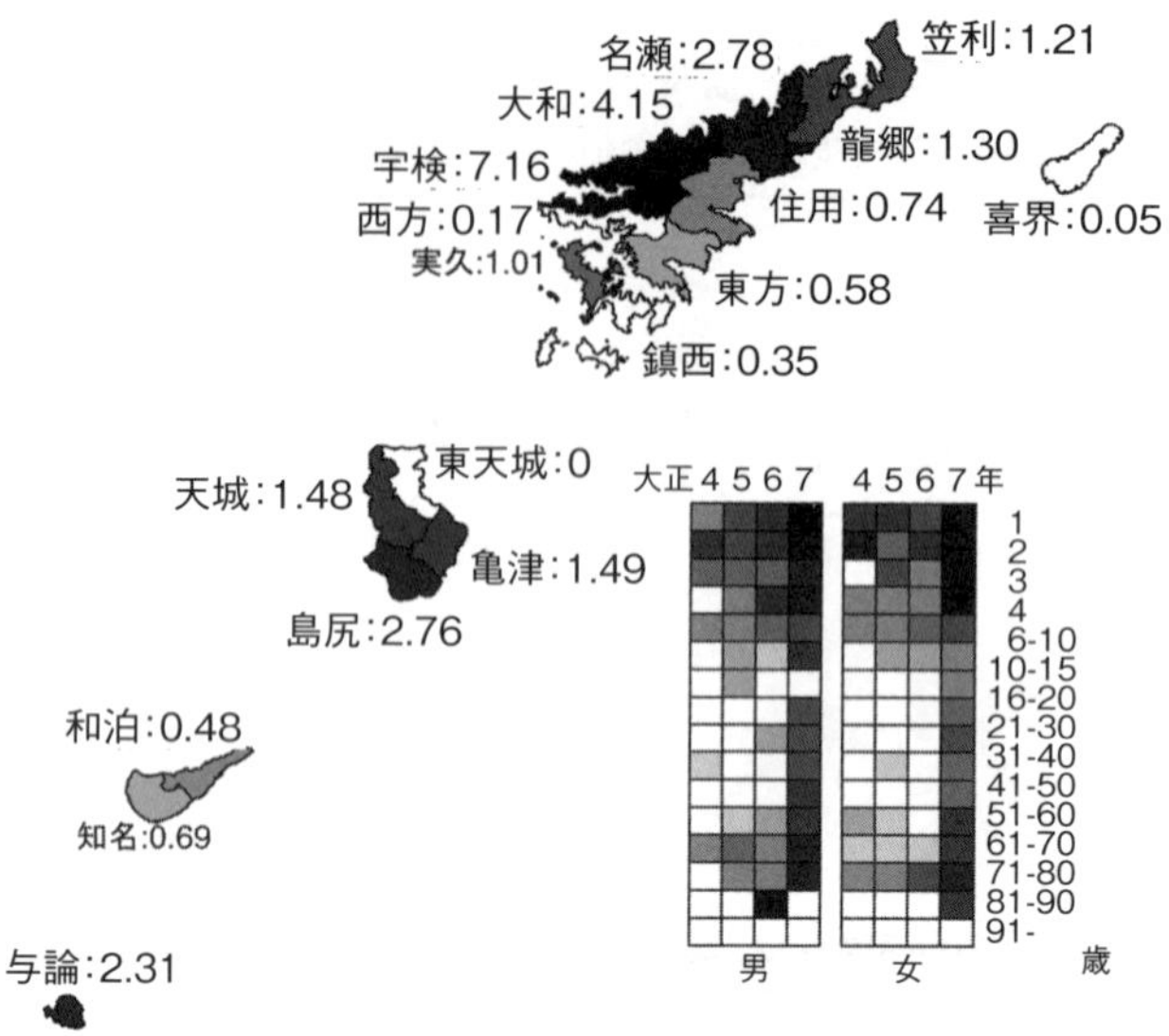

図11　大島郡各村における1918年の流行性感冒による死亡率（‰）の分布（左）と
1915年～18年の男女別、各年齢層における死亡率（‰）の推移（右）
どちらも色が濃いほど死亡率が高いことを示す。十島村のデータはない

九一八年に西部の名瀬村や南西部の宇検村に対して反対側になる、南南東の方向へ人口重心の顕著な移動が見られる。

なお、速水は前掲書で、住用村に漢方医が一人しかいなかったと報じた新聞記事を見つけ、離島でのウィルス猖獗を案じている。統計書によると一九一八年末現在で、病院は名瀬村に一軒、伝染病院は名瀬村、和泊村、知名村にそれぞれ一軒あり、医師は郡全体に八四人おり、漢方医一人という状況ではなかったものの、各村の医師一人に対する人口は郡平均で二五九六人、最も少ない東方村で一〇〇〇人、最も多い龍郷村で六五二三人であり、罹患者が急増する状況下で医療従事者の苦難が、私たちの想像を超えていることは間違いない。

一〇　燃料としての森林と工場制手工業

昭和三〇年代の石油による「エネルギー革命」まで、家庭から工業まで燃料は薪や木炭に大きく依存していた。奄美、沖縄地域でも煮炊きに薪を使い、さらに主に移出用として木炭を生産していた。砂糖はサトウキビの搾り汁を、塩は海水を炊いて作る。鰹節は生の切り身を煮て、燻して作る。伝統的な織物では大島紬、久米島紬、芭蕉布、宮古上布、八重山上布が知られているが、紬では蚕糸をとるために繭を釜茹でし、絹糸や麻糸の染色には、シャリンバイやフクギなどの植物原料を煎じる必要がある。いずれも製造工程に薪が必要であり、工業が家内制手工業から工場制手工業へと産業構造が移行するにしたがって、製品の搬出港をもつ都市部で燃料の集約的な利用がなされるようになった。薪は近くに森林がなければ得がたく、枯れ草などを利用したり、森林面積が小さく山地のない島（低い島）では物々交換したり、買いつけたりして、大きく山地のある島（高い島）から燃料を得ていた（第13章）。[1]

サトウキビの搾り汁を煮詰めて黒糖を作るのに必要な燃料は、名瀬村にあった糖業試験場が一九一四年に報告した『糖業試験場報告　第二号』[10]（七五頁）によれば、砂糖一〇斤を炊き上げるのに薪なら三〇・二斤、柴なら四二・五斤、サトウキビの搾殻なら二八・五斤、枯葉なら三六・六斤であった。一九一四年の砂糖の生産高は二六八二万四六〇斤なので、単純計算では薪八一〇〇万斤（四万八六〇〇トン）が必要である。同年の薪炭材の生産高は「松」二万一七〇四棚、「樫《かし》」六八棚、「その他」六万八六五六棚である。「松」はリュウキュウマツ、「樫」はオキナワウラジロガシと思われる。一棚は一〇〇立方尺（約二・八立方メートル）で体積の単位だから、材の密度から質量に換算してみる。屋我[30]の気乾比重（材を大気中で自然乾燥させ、水分を含んだ比重）のグラフから値を読みとると、リュウキュウマツ〇・五九、オキナワウラジロガシ〇・八三、マテバシイ〇・六四、モッコク〇・八一である。「その他」の薪はマテバシイとモッコクを平均した〇・七三とする。これらの比重の値を密度と見なし、薪の束はぎっしりと詰まっていると仮定して、質量を計算してみると、「松」は三万五六三一トン、「樫」は一五七トン、「その他」は一三万八五〇七トンであり、郡内で生産するサトウキビを炊くのに十分な量を供給できたようだ。

製塩はどうか。奄美、沖縄では、遠浅の海が少ないために塩田を作って「入浜式」で製塩する場所は多くなく、海水を直接に釜で炊いて製塩するほうが多かった。一九一三（大正二）年の統計書を見ると、塩の生産高は八八万六斤あるが、九九・七%までが釜で炊いた塩で、塩田では笠利村で二九〇一斤作られたのみである。また喜界、亀津、島尻、知名、与論、十島の各村では、専売制の適用外であったために統計には製塩高がない。しかし、斎藤[24]によれば、これらの村がある島々でも明治以降に製塩がなされていた。製塩でどれくらいの薪が必要になるかは、データが見当たら

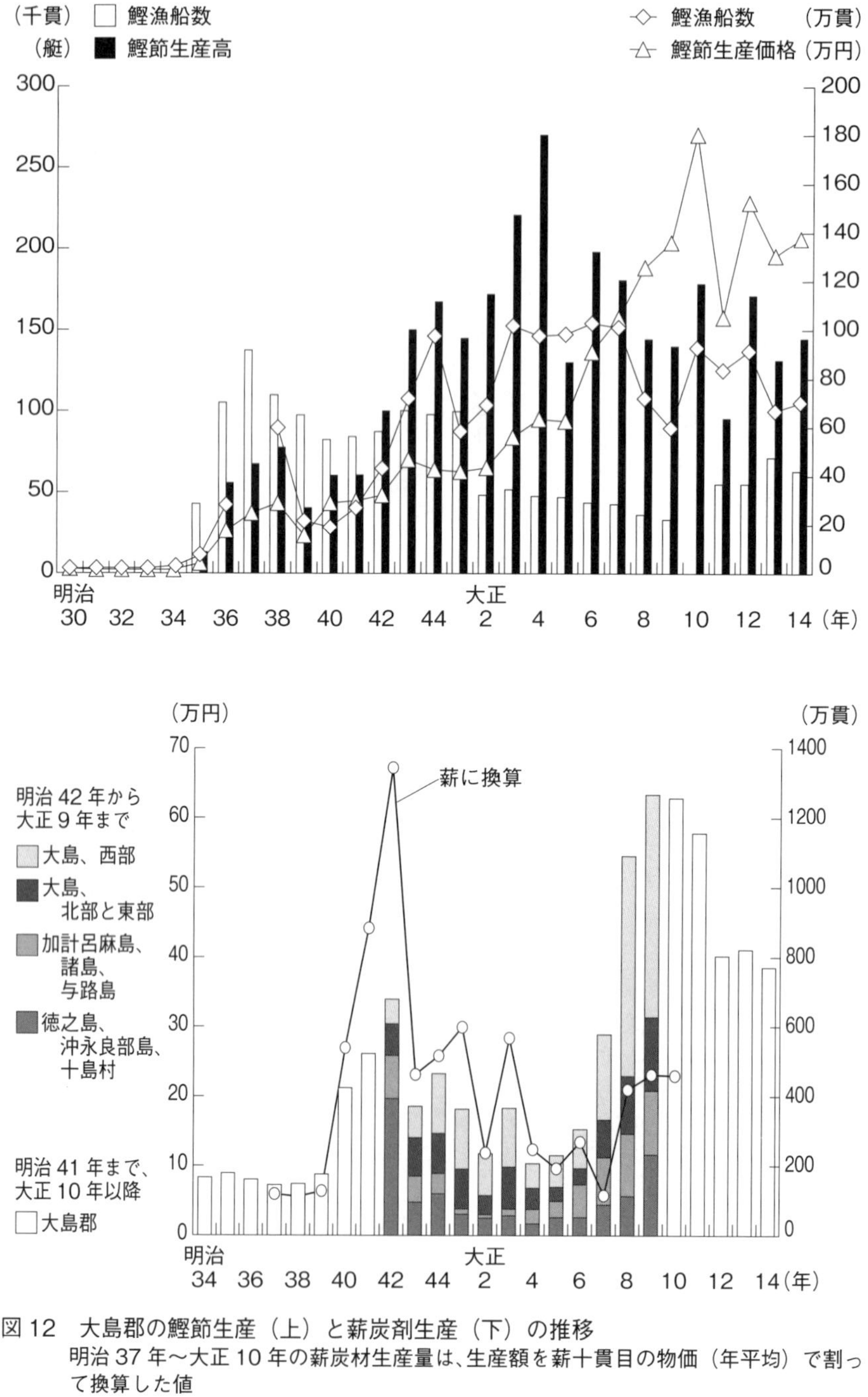

図12　大島郡の鰹節生産（上）と薪炭剤生産（下）の推移
明治37年～大正10年の薪炭材生産量は、生産額を薪十貫目の物価（年平均）で割って換算した値

ないのでわからないが、海水の濃度をなるべく濃くするための工夫が奄美、沖縄では見られた。最も特徴的なのは、「離水サンゴ礁の溶蝕池」を利用した方法である。隆起石灰岩地に風雨に浸蝕されてできた窪みに海水を貯め、天日で水分を蒸発させて海水を濃くすることで、煮詰めるために必要な燃料を少なくする方法が森林の少ない地域でよく行われていた。薪を近くの高い島から購入することもあったが、ソテツ葉、ススキ、アダン葉や牛馬糞を燃料にした。

ところで、アダン葉は「琉球パナマ帽」の材料で、与論島では、一九一三年から二〇年までの八年間に五万六七八円をアダン葉の生産で得ている。しかし前半四年でほぼ五万円に達しており、後半四年の収益はきわめて少ない。戦時景気の中で生産高が減少したことは、一時に過剰に生産したために、アダン葉資源が少なくなったことを思わせる。森林がほとんどなく、アダン葉はパナマ帽の材料として換金資源であり燃料にはできない。高い山のない与論島では、打ち上げられた海藻も含めて、かぎられた資源から燃料を得る先人の知恵がとても重要だったに違いない。

大島郡で鰹《カツオ》漁業が開始されたのは一八九九(明治三二)年、それまで手がつけられていなかったために、鰹漁業は当初にはきわめて盛況をなし、成功者は「ビールで足を洗う」という時代もあった。(22) 鰹漁船の数はまたたくまに増加し、当初は焼内《やきうち》村と名瀬村が鰹節生産量の大半を占めていたが、ここに鎮西《ちんぜい》村が参加して、奄美大島西部から加計呂麻島が鰹漁と鰹節生産で大いににぎわった(図12)。しかし、一九一五年をピークに鰹節生産量は下降線をたどる。獲れるだけ獲る方針で鰹漁を行っていたのか、一九〇二(明治三五)年に前年比三・四倍、翌年は四・四倍と急速に漁獲高をあげるものの、一九〇六(明治三九)年、〇七(明治四〇)年に一度大きく減産し、また盛り返しては減産を繰り返して、近海の漁獲高は一九二二(大正一一)年に六七三〇貫まで減産している。それにもかかわらず、鰹節を生産できたのは、この年から遠洋漁業を始めたからである。統計書で見ると鹿児島県内では、それまで枕崎漁港のある川辺郡でしか遠洋での鰹漁は行っていなかったが、近海の鰹が減ってしまったために、思い切って新しい技術である遠洋操業を採用し、生産資源を維持できたと言える。鰹節は釜で茹で、燻製して作る。どちらの過程でも薪が必要である。製糖、製塩に加えて、人口増加する時代にあって、日々の竈《かまど》や風呂の燃料として薪はとても重要な資源であったが、鰹節業が盛んになる頃には、生産量が落ちている。鰹節生産は、漁業と林業の二面で持続可能性を考える必要のある事業であり、資源管理のノウハウなしには持続的経営が難しかった。昭和初期までには、高額な蒸気船の沈没や、小さな資本力などが直接の引き金となって、鰹漁業者のほとんどが衰退した。(22)

統計書が欠落して、その後の推移は詳しくわからないが、遠洋での鰹漁は、一九三六年には船二四艇、漁獲高約三〇万貫、鰹節生産高四万七〇〇〇貫であり、減産したものの続いた。

一一　中央政府と鹿児島県によるガバナンス

奄美、沖縄地域は島々で構成され、物流の点で他地域に比べて不利である。たとえば、一八九五年の貨物船による荷賃は、鹿児島―那覇間、鹿児島―名瀬間は、米百石につき、二〇・〇円であった。参考に、鹿児島から長崎へ一八・四円、博多へ二〇・七円、馬関（下関）へ二〇・七円、神戸大阪へ二三・〇円と鹿児島と那覇または大島間の荷賃が特に高いことはない。那覇と名瀬への荷賃は米の他にあげられている一〇品について等価であるが、大島郡への荷賃が不当に高かったことになる。海運に物流を頼らざるを得ない奄美、沖縄地域では、すべて品物に必ず荷賃が上乗せされる。このために大島郡の物価は県本土に比べ、割高である。一九〇五（明治三八）年の物価表を見ると、米は上中下と区分されているが、鹿児島市、薩摩郡、始良郡の九月、新米が出る頃の価格は一石あたり、それぞれ一一・六～一二・五円、一一・四～一二・〇円、一〇・六～一一・五円であるが、大島郡では一七・五円、一六・五円、一六円と約一・五倍の価格である。

近代化は、サトウキビの供給地として耕作地の畑化をもたらし、生活に必要な物品を他地域から取り寄せる状況をもたらした。サトウキビがある程度の売価で取引されていれば、対価を得て、さまざまな物品を買うことができる。物品の移入と移出のバランスは、明治期には移出と移入のバランスがおおむねとれていたが、徐々に移入超過に偏っていく傾向があった（図13）。黒糖類（白下糖や糖蜜を含む）が移出総額に占める割合が非常に大きく、サトウキビが重要な産物であったことがわかる。

一方で、米の移入金額は変動するが、大正期以降でもおおむね二〇％台を推移したことは畑地化の端的な影響である。水田が残っていれば、船賃が上積みされた割高な米を移入しなくとも、主食に占める米の割合が上がっただろう。また、沖縄島では稲の収穫と豊年を祈る六月ウマチー（御

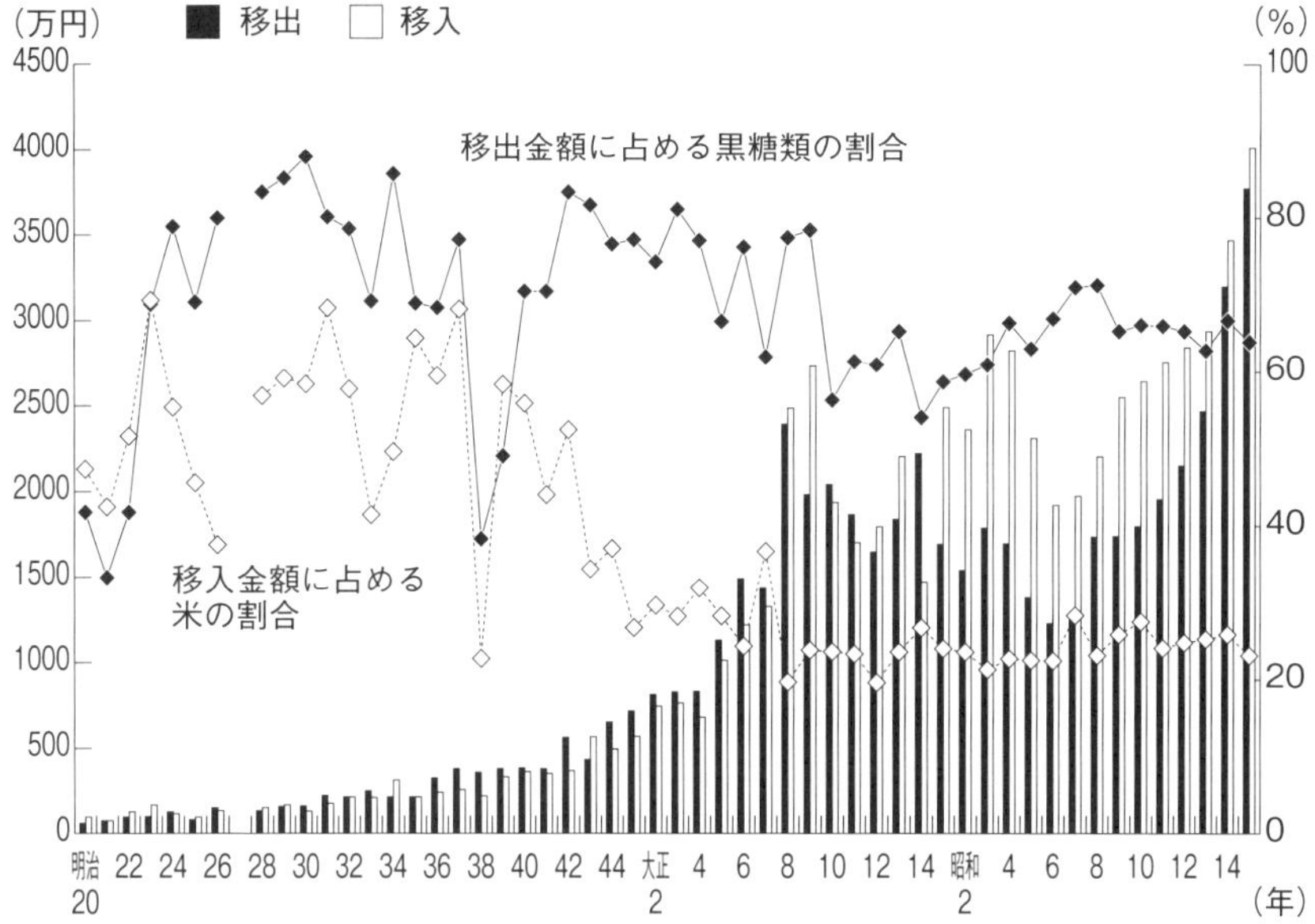

図 13　沖縄県那覇港の国内移出入産物金額の推移

祭）に綱引きをするが、この綱は集落総出で自前の稲藁《いなわら》を持ち寄って綯《な》った。[26] 畑地化は稲作にかかわる祭の意義の理解やかかわりの度合いを小さくし、地域固有の文化継承にも影響を与えた側面が考えられる。

　物流上の不利は、現代では、中央政府による補助などである程度は軽減することができるだろうが、明治から昭和初期にはこの地域に対して、このような手厚い政策はなかった。国会では、台風被害や物流上の不利が認識され、奄美、沖縄地域のサトウキビ価格の安定化が議題として扱われたことがあるが、[17] 低くなった食料自給率の回復にすぐに貢献したとは言いがたいだろう。

　鹿児島県は、早くから大島郡の支庁の予算体制を独立採算制として、さまざまな公共サービスを県政府が行うことを回避してきた。明治にはいって、人々は移住の自由を得たが、大島郡の人々にとっては、高い船賃を支払うことは簡単ではなく、一八九九〜一九〇〇（明治三二〜三四）年に与論島民九〇〇人が長崎県へ、ついで三池炭鉱に移住した[16]のを例外として、物流のコストの小さい国内他地域への移住は人生計画にはほとんど入らなかった。しかし地縁のない土地へ移住した与論の人々は鉱業労働力としてのみ受容され、自分の田畑を持つという願いは叶わなかった。[20] これとは対照的に沖縄県からは一九〇〇年のハワイ移民を皮切りにブラジル、ペルーに進出、一九二九（昭和四）年の移民からの送金額一九八万六〇〇〇円は、県の歳入総額の六六・四％にも相当した。[22]

人口が増加する時代にあって、島には土地もその他の資源も少ない。それだけでなく、予期できない台風被害による資源量の大きな変化は、奄美、沖縄地域の人々に海外に農作地、新天地を求める気持ちを強くさせただろう。

おわりに

平地から山中にいたる強制的な畑地化は、島の人々の苦しみとして語られることが多いが、ここに暮らす小動物たちにも何らかの影響を与えたはずである。九州以北の水田は、河川氾濫原の代償植生と見なされ、水生生物の多様性保持に役立ってきた側面がある。[19] 琉球列島の昆虫相は、島嶼生態系にあり、固有性、多様性が高い。トンボ類の多様性も高いが、アキアカネのように水田環境を好むトンボ類は琉球列島に分布しておらず、九州以北で注目されるトンボを代表とする水田の減少と生物多様性の相関と保全[19][31]などを考えることは難しい。しかし、琉球列島にはラムサール条約登録地の漫湖《まんこ》（那覇市、豊見城《とみぐすく》市）、名蔵《なぐら》アンパル（石垣市）があり、渡り鳥の中継点として重要である。島々にかつてあった水田もまた水鳥たちの採餌、休息場所として重要だっただろう。奄美大島では、水田に見られた水生動物についての豊かな語りが聞かれる。[18] ツルがイネの種をくわえて運んできたという沖縄島の稲作発祥の伝承をもつ「受水走水《うきんじゅはいんじゅ》」（沖縄島南部の南城《なんじょう》市）では、いまも水田が大切に耕されている。[27] また昆虫類では、コオロギ類の多様性も高く、畑を歩くと大小さまざまなコオロギ類をたやすく観察できる。開拓された田畑、そして九州以北に先んじ、近世から近代に起こった畑地化がこれらの小動物や、生態系に及ぼした影響を知ることはいまとなっては難しいが、人とさまざまなかかわりがあったことは間違いなく、休耕田が増える現在の九州以北の生態系に起こりうる影響を知ろうとすることと同じく、日本列島に住む私たちは関心をもち続けたい。

統計書は政府の資源管理の意図を直接に映し出すものであり、人々の生の姿を直接に教えてくれるものではないが、さまざまな項目を見ていると、奄美、沖縄地域には明治期からずっと長寿の人々がいて、天然痘、スペイン・インフルエンザなどの過酷な伝染病の猛威にも耐え抜き、しっかりと次世代を産み育てて、いかに政治的に困難な立場にあったとしても大地を耕し、島のかぎられた資源を使い尽くすことなく、地域に根を張って生き抜いてきたことを伝えてくれる。もちろん統計書には表れない物々交換[1]や「結《ゆ》い」の精神、サンゴ礁でのイザリ（潮干狩り）などにしっかりと受け継がれた「先人の知恵」が、貨幣経済に不慣れな人々の暮らしをさまざまな面でしっかりと支えていただろう。そうした豊かな生活世界の理解への足がかりのひとつとして、統計書を見直していきたい。

コラム2　「地獄」と「恩人」の狭間で
――沖縄と奄美のソテツ利用

安渓貴子

一　「ソテツ地獄」の沖縄、「ソテツは恩人」の奄美

沖縄には「ソテツ地獄」という言葉がある。沖縄県史・沖縄近代史辞典にもある歴史用語で、大正末から昭和初期の世界的大恐慌の中で、調理法を誤ると中毒死を招くソテツを食べて、飢えを満たすという追いつめられた沖縄県民生活の惨状をいう。いちばん最近のソテツ地獄は、第二次世界大戦後で、食べ物がなくソテツを食べるしかなかった苦難の時期だと表現される。

私も西表島で「戦後、ソテツの幹を砂浜に埋めて腐らせて食べたよ。あんなものまで食べたよ」（網取《あみとり》集落）、「終戦後には食べてみたけど、とても食べられず、そっと胸元に流し込んで帰った」（祖納《そない》集落）などと聞いた。

しかし奄美では、ソテツを日常的に、多様な料理法でおいしく食べてきた「ソテツ文化」がある。大正の終わりから昭和の初めの鹿児島県の食生活を再現した『聞き書　鹿児島の食事』[4]では、「飢饉の時の救荒食といえば、南西諸島ではそてつ澱粉が有名ですが、群落をなして自生する奄美ではこれを日常的にさまざまに利用した暮らしをしています。夏から冬にかけては、そてつの雄（図1）の幹を削ってせんと呼ぶ澱粉をとり、せんがい（せんを入れた粥）として常食します。旧九月から一〇月頃には、実を取り、その澱粉はおかゆに入れ、実を砕いて粒状にしたものはこうじにしてなりみす（ソテツ味噌）をつくります。そてつは基本食であるとともに味覚の土台でもあるのです。そてつは食料にするばかりではありません。葉や実の殻は田畑の肥料にします。生の実をつぶすと出る汁は傷口の化膿止め

図１　ソテツ *Cycas revoluta* Thunb.（ソテツ科）の雄花（前）と雌花（後）。
ソテツは雄株と雌株がある。鹿児島県徳之島

に使います。そてつは奄美の人々にとって暮らしに密着した一番親しい植物なのです」。と述べている。また、奄美生まれの著者によるソテツに関する本が近年相次いで出版されている。[4][5]

奄美での聞き取りでは、「ソテツがなかったら飢えていました」（大和村戸円《とえん》）「ソテツを食べて生き延びた」（瀬戸内町手安《てあん》）「ソテツは恩人」（瀬戸内町清水《せいすい》）「このソテツは三〇〇年にはなると思う。代々伐って食べてきたのだし」（瀬戸内町西阿室《にしあむろ》）などの話を聞いた。また「シンガイはおいしかった」、「ソテツ味噌は他の味噌よりおいしい」という。今ソテツ味噌は産物として売られている。[1]

二　奄美に「ソテツ文化」がある理由
――薩摩藩のガバナンスの違い

奄美において文化と言えるほどソテツが深く根づいた背景には、一八～一九世紀にアジアが植民地化される流れの中で、鎖国を続けた江戸幕府とその下で外様大名であった薩摩藩の政策がある。

奄美と沖縄は一六世紀までは一つの文化圏に属していたが、一六〇九（慶長九）年、薩摩藩（島津氏）が江戸幕府の許可を得て琉球王国を武力で破る。その結果、薩摩藩は琉球（沖縄）を王国として明国との朝貢を認め、一方奄美を直轄地とした。しかし薩摩藩の財政は江戸時代の初めから苦しく、そのうえ外様大名であるので、幕府から木曽川の治水工事などの難題を持ち込まれ、一八三〇（天保元）年には負債額が五〇〇万両に達していた。一八二八（文政

一一）年、島津重豪《しまづしげひで》と藩主島津斉興《なりおき》は、側用人調所広郷《ずしょひろさと》に財政再建を命じた。調所は、藩債を無利子二五〇年賦にし、琉球口貿易や奄美の砂糖の専売制を強化するなどして、藩財政を建て直した。奄美での砂糖の専売制度の強化は、奄美の人々に大きな負担をかけたが、この財政改革の成功が、島津斉彬《なりあきら》の集成館事業など明治維新を推進する基になった。(2)

一八〇五（文化二）年にできた『奄美大島資料』には、「本島米がなければ、唐芋多く植えて第一の食とす。唐芋不作して実入り少なければ、島中一統の事にて、外に求むべき食物なく、蘇鉄《ソテツ》を上食とし、其他木の実草の実、海苔類を食う……」「甘蔗は平地に全くなし、凡て片下りのところなり、最も至極烈しければ、手掛りなくては登りも難しい程にて、既に崩れかかる如き数十丈の所に作りたるもの多し……」とある（奄美市誌 五五）。一九世紀初頭にすでに、稲作からサトウキビ作に転換し、主食は急斜面に植えたサツマイモを食べ、さらに急傾斜地にソテツを植えて不作の時に備えたというのだ。

三　ソテツの育て方と食べ方

ソテツは、痩せ地の潮風が当たる所でよく育ち、またその方がおいしい。急峻な斜面や岩盤の上にソテツ畑を作った。種から芽生えた苗を一九七〇年代まで集落で毎年植えていた地域もある。幹そのものを切って挿し木すると収穫までが速い。また切り取られた親株からは芽が多数出て分枝するので、それをまた植える。畑の境界部分に植えたものは、手入れがいらず、陽がよく当たって実入りがよい。根には窒素固定菌が共生するから肥料はいらない。

雄株の花粉を雌株の雌花につけて、実入りを確実にした。実だけでなく、幹にも澱粉を貯めるため、実より幹を主に食べたという地域が奄美には多い。幹の澱粉は授粉が終わった雄の株を伐ってとる。

幕末の一八五〇（嘉永三）年から一八五五（安政二）年を奄美大島で過ごし、その民俗を巧みな絵とともに記録にとどめた名越左源太《なごやさげんた》の『南島雑話』には、「文化となったソテツ」の畑での採取から調理まで詳しく描かれている。以下は『南島雑話《なんとうざつわ》』から幹の澱粉の毒抜き法を中心に述べる。

図2　空中写真（1945年撮影）から見た畑のソテツ
鹿児島県奄美大島根瀬部

凶作の年、飢饉となればソテツを食べる。食べるにはまず畑からソテツを切り出して、外側を除き、内側の澱粉が多いところを厚さ一・五センチメートルほどの切片にする。晴天のときに二、三日干し、桶で二、三日水に漬けて、ソテツを折ってみて折れなければ、もう一、二日漬ける。折れるようなったときに取り出して干す。これを俵に入れて醗酵させ、また折ってみて簡単に折れるなら、俵から出して（この過程で微生物の醗酵によって毒成分を分解する。切片が折れれば醗酵が完了）、水でよく洗い、干してから臼で搗き崩して、ふるいにかけると粉状の澱粉が得られる。

これを米と混ぜて飯や粥にして食べるのである。ずいぶん手間がかかる。団子にし、味噌や醤油で煮たり、砂糖を入れて蒸し菓子にもする。実で麹をたてて味噌や焼酎を作る。粥はさらさらとして口当たりがよい。

毒抜き法の原理は、実でも幹でも同じで、醗酵と水さらしであるが、実の方が扱いやすい。醗酵に関しては地域ごと、個人ごとの細やかな工夫があって多様で、それが味につながる。自然醗酵で、種菌を植えたりはしない。澱粉にしてからの料理法はすでに『南島雑話』にあって多彩である。

四　ソテツの収量
——空中写真と聞き取りからの推定

一九四五年七月の空襲直前の米軍による空中写真を奄美市根瀬部《ねせぶ》で地元の方々と見た（図2）。低湿地は水田だが、その他の耕地はサトウキビ畑で、斜面がサツマイモ畑であった。畑の境界に見える黒い帯はソテツで、白い点々はソテツの雌株の果実だと地元の方に教わった。

一本の果実からどのくらいの実がとれるかという私の質問に、「一本で二〇〇〜三〇〇個くらいなるね」。「三〜四本で、ふつうのテル（背負い籠）がいっぱいになった。テル一つで四〇〜五〇斤、二五〜三〇キロも入るよ」。つまり、果実三、四本でテル一籠五〇斤（三〇キロ）、一本のソテツから、大きいものでは一〇キロの実が穫れるというのだ。

空中写真から収量を試算してみた。集落の背後に広がる段畑の垣根にあるソテツ果実の分布を、一〇メートル四方の方形区を一〇個置いて数え、平均すると、一〇〇平方メートルあたり五・二本、一ヘクタールでは五二〇本になる。一本から一〇キロの実が穫れれば最高で五・二トン穫れることになる。

加計呂麻島西阿室での聞きとりでは三ヘクタールの畑の垣根から、毎年ソテツの実が五〇斤（三〇キロ）入る籠で三〇〇籠分穫れたというから、この農家は九トン（一ヘクタールあたり三トン）のソテツを収穫していたことになる。ソテツの密度などが根瀬部とほぼ同じであれば、ソテツの雌株一本あたりの平均の収量は六キロ弱だったと考えられる。

奄美では青い海に面した急斜面にソテツが群生し、奄美らしい景観を作っているが、それは厳しい歴史の中でソテツの利用を「文化」に作りあげた奄美の人々の智恵と努力の賜物なのである。

第5部

奄美・沖縄の人間─自然関係史
持続可能な利用の模索

第11章　サンゴ礁の環境認識と資源利用

渡久地健

漁をする人々が漁獲をあげることができる背景には、漁場という環境とそこに生きる生物についての実践的な知識の体系がある。[1][9][20][23][33][34] その膨大な知識と経験は、言語化されるか否かにかかわらず、すぐ実行に移せる生きた形で島びとの中にしまいこまれている。[2] 漁師でない研究者はどのようにして、漁をするうえで不可欠の「環境認識」とそれを生かした「資源利用」の具体的な関係に迫れるだろうか。

私は、これまで「サンゴ礁と人間」をテーマに沖縄を主なフィールドとして研究を続けてきた。[35][39] ここ数年間、これまであまり研究が進んでいない奄美大島のサンゴ礁の資源利用研究の一環として、大和村東部（国直《くになお》〜大金久《おおがねく》）や奄美市根瀬部《ねせぶ》などでフィールドワークを実施した。ここでは、サンゴ礁地形の民俗分類[*1]や地名をめぐる漁撈活動にかかわる住民との対話をもとに、サンゴ礁の自然認識（民俗知識）が生物資源の捕獲とどのようにかかわっているかについて考察してみたい。

サンゴ礁で漁を営む「主体」とはどのような人々なのか。少なくとも奄美・沖縄では、サンゴ礁の外側（礁斜面）などで追込み網漁や潜水銛《もり》突き漁、潜水採貝漁を営む専業漁民だけでなく、そこには、サンゴ礁の内側（渚から礁縁《しょうえん》ま

＊1　松井(18)によれば、「島の人たちは、自然の細部を観察して、そのそれぞれを区分して命名するだけではなく、それらを相互に関係づけて、彼ら独自の様式で分類している。（中略）島の人たち、あるいはより広くそれぞれの伝統社会の成員によって共有されている、彼ら固有の分類の仕方」を民俗分類という。

での間、すなわち礁原《しょうげん》）で貝やタコ、魚を捕獲する非専業漁民が含まれる。休日には、サンゴ礁で漁を楽しむ者が少なくない。とりわけ春の大潮（旧三月三日前後）の干潮時には、サンゴ礁は一年のうちで最も広く干上がり、村人でにぎわう（図1）。

　このように、集落の前面に広がるサンゴ礁の浅い海で魚介類を獲る人々の多くは集落の非専業漁民の老若男女である。「いつ・どこで・なにが獲れるか」[2]という知識は、広い意味での「漁場」にかかわる知識と言えるが、それは何世代にもわたる経験によって培われ磨かれ蓄えられてきた民俗知識であるのだろう。

図1　加計呂麻《かけろま》島（瀬戸内町）西阿室のクバマ海岸（2008年5月）

図2　大和村毛陣《けじん》海岸（2008年5月）
女性が右手にもっているのはタコ獲りなどに使う「イチュギ」とよばれる漁具（後掲の図9a参照）

一　サンゴ礁漁場における地形の重要性

漁の営まれるサンゴ礁「漁場」を構成するのは、まず「地形」である。サンゴ礁地形は、造礁サンゴをはじめとする石灰質（炭酸カルシウム$CaCO_3$）の骨格をもつ海の生物が築きあげた構造物である。[*2] それは、海面付近に広がる「台地状の地形」(8)であり、潮が引けば浅くなり部分的に干出する。サンゴ礁は、それゆえ「歩ける海」であり、前述の「主体」と関係するが、専業漁民でない人々でも単純な漁具を用いて魚介類を採取・捕獲できる海でもあり（図2）、海辺の集落に暮らす人々に対して広く開かれた共有資源という性格をもつ空間（コモンズ）である。[*3]

海辺から眺めるサンゴ礁は平坦で単調な景観（地形）である。しかし、実際に礁原《しょうげん》を歩き、礁池《しょうち》を泳ぎ、礁斜面を潜ってみると、それは起伏に富んだ複雑な容貌をあらわす。「底質」も一様ではなく、地形に支配されつつ、岩盤・砂・礫《れき》・サンゴなどと、場所的に変化が見られる。

サンゴ礁漁場は、むろん地形だけでは成立しない。漁場は、時間サイクルで、潮位（水深）、潮流（強さと方向）や水温の変化する「海水」におおわれている。いわばサン

---

*2　奄美・沖縄の現成サンゴ礁は、約七〇〇〇年の歴史を有するが、およそ三〇〇〇年前には、ほぼ現在に近い形に達したことが、最近の地理学研究から明らかになってきた(11)(12)。この事実は、弥生時代以降の南島におけるサンゴ礁資源利用の前提、とりわけゴホウラ・イモガイ・ヤコウガイなどを用いた「貝交易」(13)(14)を可能にする生態的条件の成立として重要である。

*3　井上(7)は、コモンズを「自然資源の共同管理制度、および共同管理の対象である資源そのもの」と定義している。奄美大島大和村の海辺には、「密漁禁止」の看板が立てられていて、その中に「ウニ、イセエビを禁漁期間内に採捕すると、漁協組合員といえども罰則の対象となります」、またタコについては「一年中とれますが、奄美漁協大和支所の組合員であることが採捕の条件です」と記されている。しかし、禁漁期を守っているかぎり、奄美でも沖縄でも、集落の人がその集落の前のサンゴ礁において自給用に魚介類を採集・捕獲することが、厳しく制限されることはない。それは、三輪(21)の表現を借りれば、実態として「オカズトリ」程度の採集は「黙認」されていると言えよう。あるいは、村人による自給的利用は、古くからの慣行として、奄美・沖縄に色濃く保持されていると言えるかもしれない（この注を記すにあたって、三輪大介氏のご教示を得た。記して感謝したい）。

ゴ礁漁場は、ほとんど変化しない地形という器に、たえず変動する海水が満たされているのだが、漁場であるからには、漁の対象物である「生物」が生息していなければならない。前述したサンゴ礁の複雑な地形は、そこに生息する生物の側から見れば、多様な生息環境を与えられていることを意味する。「一般に多様な生息環境を含む地域や不規則な構造をもつ生息場所は、単調な地域や生息場所より多くの種が生息する」[28]。サンゴ礁は、それゆえ種多様性の大きい生態系であるのだ。

　ところで、海の生物は、魚やイカなど自由に遊泳するネクトン、貝・ナマコ・ウニ・エビそして海藻など海底に生き、動きの遅いまたは移動しないベントス、そして流れに逆らって移動できない、海水中を浮遊するプランクトン、の三つに分類される。ネクトンである魚は、その生態から海の表層で生活する浮魚《うきうお》と底層にすむ底魚《そこうお》*4に、また行動範囲の観点から回遊性と定着性の資源に分けられるが、サンゴ礁域の魚類の多くは底魚、定着性資源である。また、サンゴ礁域では、ネクトンとともにベントスが重要な資源となる。したがって、サンゴ礁の生物資源は、生息場所や食餌分布という点からみて、地形との結びつきが強い。なお、サンゴ礁域ではプランクトンは比較的少ない。

　以上のことから、地形は、それ以外のサンゴ礁漁場を構成する自然要素——底質・海水・生物など——を規定する特別な要素であること、それゆえサンゴ礁で漁をする人々の環境認識における地形認識の重要性が理解されるであろう。

二　大和村におけるサンゴ礁地形の民俗分類

話者

　大和村は、奄美大島の西海岸の中ほどに位置し、東シナ海（東中国海）に面している。その海岸は、幅数百メートルのサンゴ礁によって縁どられている。『ソテツは恩人——奄美のくらし（聞き書き・島の生活誌②）』[22]に記したように、二〇〇六（平成一八）年夏、初めて大和村中央公民館を訪ね、館長の中山昭二さん（現・村役場産業振興課、昭和二八年生まれ、津名久《つなぐ》在住）にお会いし、さまざまな情報提供をいただいた。翌二〇〇七（平成一九）年夏には、「サンゴ礁の海のことならこの人の右に出る人はいない」と、村役場税務課に勤めておられた前田幸二さん（昭和二二年生まれ、大棚《おおだな》在住）を紹介してくださった。前田さんは、二〇〇九（平成二一）年に定年退職されたが、サンゴ礁での潜水漁だけでなく漁船も所有し、外海の漁にも詳しい、専業漁民ばかりをフィールドワークで教えを乞う師匠だと思ってきた私の思いこみを見事に吹き飛ばしてくださった、お父さんの代からの「海の達人」である。

前田さんからは、五回話をうかがったが、休日にヤマトウラ（大和浦）でタコ獲りや追込み網漁を趣味とする中山さんは、その都度、語り手として、また聞き手として、聞き書きに加わってくださった。サンゴ礁地形の方名（民俗分類）、地名、海産生物の方名や生息場所、漁法、漁場の環境変化、魚とその料理法、さらに渚に漂着した流木にまつわる民俗など、話の内容は多岐に及んだ。お二人には、地名調査では海岸にも案内していただいた。

大和村のサンゴ礁での漁や地名について教えてくださった方は、前田さんと中山さんの他に、かつて潜水追い込み漁、タコ獲り、潜水採貝漁などの漁を経験し、現在はヤマトウラで定置網漁を続ける森和夫さん（八〇代、国直《くになお》在住）、休日だけでなく平日の早朝や夕方にエビ網漁や潜水銛突き漁、追い込み網漁をする中村修さん（四〇代、役場職員、国直在住）、潜水銛突き漁で生計を立てる専業漁民（三〇代、男性、大棚在住）、ヤマトウラ周辺で獲れる新鮮な魚介類を用いた料理で宿泊客をもてなす民宿を営む女性（七〇代、国直在住）などが含まれる。根瀬部（奄美市）では、奄美市役所農業委員会に勤務する大海昌平さんに紹介いただいた、サンゴ礁の海と漁に詳しい境武雄さんご夫妻（八〇代）と伝実績さんご夫妻（八〇代）に話をうかがった。

なお、本章は大和村のサンゴ礁を中心にし、根瀬部については参照程度に言及するにとどめる。

大和村サンゴ礁の民俗分類

漁場であるサンゴ礁空間を人々はどのように認識し分類しているのだろうか。すなわち、渚から外海側に広がる一連のサンゴ礁地形を彼らはどのように区分し、分節された地形の各部（微地形）に対してどのようなよび名（普通名詞）を与えているかをまず明らかにしたい。

大和村の各集落はけわしい山地・丘陵地を背にし、前面には幅二、三百メートルのサンゴ礁が広がっている。耕作地などを含めて、村人は、自分たちを取り巻く環境をおおむね次のように分類している。[17]

＊4　大和村の漁師の言葉では「ジノモノ」（地物）、「ジヌユ」（地魚）という。ハーズィン（スジアラ）など高級魚が多い。

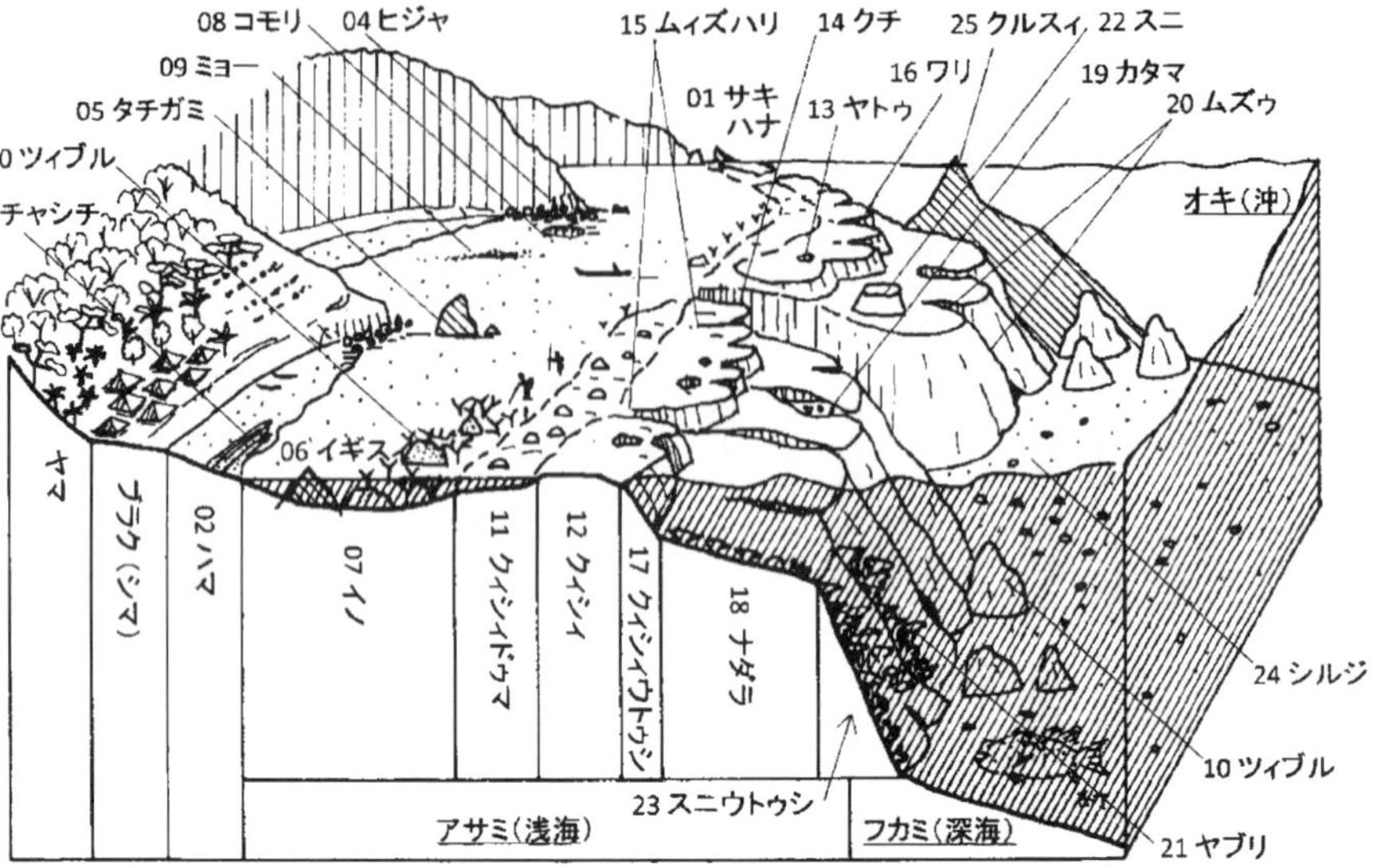

図３　大和村サンゴ礁地形の民俗分類。方名に付された番号は、表１の番号と対応する。

ヤマ（山）――ハテ（畑）――フクジ（福地）――タ（田）――ブラク（部落）またはシマ（島）――ハマ（浜）／ヒジャ――アサミ（浅海）――フカミ（深海）――オキ（沖）

集落の背後には、田んぼ、フクジ、畑があって、そしてヤマ（山）と続く。フクジは、田んぼの後ろの少し上がった棚のようになっているところで、そこで昔はイネなどを脱穀した。集落前面に広がる海の中で、アサミは素潜りのできる浅い海でだいたい一〇メートル以浅、フカミはそれより深い水域を指す。サンゴ礁は、おおかたアサミに属するが、フカミにもその根を下している。海岸およびサンゴ礁の部分を細かく示すと、図３のようになる。図中のサンゴ礁海岸語彙は表１に整理した。

図４　大和村のヤマトウラ西岸にある「ナガヒジャ」（地名）（2008 年５月）

図５　大和村大棚の西方にある「ナーバマヌティィックィスィ」（2009 年５月）

13	ヤトゥ／ヤトゥンムィ	クィシィの上（特に外海に近い礁縁部）にある深い窪み（穴）。多くの場合、穴は、縁がひさし状に張り出し、また外海に通じている。したがって、水面は外海の波の動きによって上下し、ときには潮を噴き出す。なお、ヤトゥンムィの「ムィ」は「目、穴」を意味する（図6）。
14	クチ（口）	舟の出入り口となるクィシィの切れ目。地形学で水道（channel）、外水道（outer creek）。
15	ムィズハリ（水走り）	礁縁（クィシィの外縁）部に見られる溝状の切れ目。舟の出入り口になる特別な場所（クチ）以外の潮の出入り口。
16	ワリ／バリ（割）	礁縁や礁斜面に見られる溝状地形。サンゴ礁地形学用語でサージチャネル（surge channel）および縁溝（groove）。
17	クィシィウトゥシ	クィシィ前面（海側）の急激に落ち込んだ小崖。段差（比高）は3m前後の場合が多い。クィシィウトゥシのウトゥシは「落とし、落ちこみ」を意味する。
18	ナダラ	クィシィウトゥシの前面に広がる棚状の緩斜面。水深は多くの場合、3～5m程度である。
19	カタマ	緩やかな礁斜面（ナダラ）にある凹みで、底には扁平礫が敷き詰められている。カタマは、幅広い縁溝（groove）であることが多いため、形態は細長いものが多い。
20	ムズゥ（溝）	ナダラやスニウトゥシなどの礁斜面に見られる溝状地形。ワリ、バリ（前出16）とほぼ同義。
21	ヤブリ（破れ）	礁斜面に見られる、サンゴなどにおおわれ複雑に入り組んだ凹凸のある地形全体。
22	スニ（曽根）	沖縄のスニ(27)と同じく多義的な言葉で、一般には外海（沖合）にあり、漁場になっている海底の地形的高まりを指す。他方、ナダラの中で高まっている部分を（低い溝状のカタマと対比して）スニということがある。大棚の集落前面のクグチの西脇にあるティンズニ（後掲の図11-25）はナダラの上にあるスニ地名である。
23	スニウトゥシ（曽根落し）	ナダラ前面の急激に落ち込んだ斜面。水深約5～20m。
24	シルジ（白地）	スニウトゥシの下に広がる海底など砂におおわれた海底。
25	クルスィ（黒石、黒瀬）	外海に面し、荒波に洗われる岩礁。イギスィ（前出06）がイノの中にあるのに対して、クルスィはクィシィの沖にあり外海に面している。なお、岩礁や岩全般をスィ、ズィ（石、瀬）、イシィ（石）という。

表1　大和村のサンゴ礁民俗語彙（渡久地(37)より抄出）

No.	方名	解説
01	サキ（崎）／ハナ（鼻）	岬のこと。
02	ハマ（浜）	砂浜のこと。
03	イチャシチ（板敷）	砂浜に横たわる、砂礫が板状に固まった岩。ビーチロック（beach rock）。沖縄のイタビシ（板干瀬）に相当する(27)。
04	ヒジャ	転石（巨礫）に縁どられた海岸（図4）で、歩きづらい場所である(38)。
05	タチガミ（立神）	海岸から少し離れて海中にそびえ立つ離れ岩（stack）で、リアス海岸の奄美大島とその周辺の島々には多く分布する(27)。
06	イギスィ	海岸近くにあって、満潮時には水没する、あるいは潮が洗う岩。
07	イノ	クィシィ（後出12）の内側の、干潮時でも水をたたえた浅い水域。地形学で礁池（moat）。奄美市の小港ではエノという(26)。沖縄諸島や八重山諸島のイノー(4)、宮古諸島のイナウ(34)に相当する。イノの中には枝サンゴが群生するが、大規模なサンゴの白化現象のあった1998年以降、その大部分が死滅し、崩壊、消失した。
08	コモリ（小堀）	イノなどサンゴ礁内にある窪地（完全に閉じた凹み）。沖縄諸島のクムイ、フムイに相当する(24)(36)。
09	ミョー（澪）	砂床を走る水路状の地形。国直の南（湯湾釜）に見られる。
10	ツィブル（頭）	イノ内などにあるハマサンゴなどが作るサンゴ塊。地形学用語でサンゴ頭（coral head）。礁斜面下部、スニウトゥシ（後出23）の下など深いところにも巨大なツィブルが分布する。
11	クィシィドゥマ	クィシィ（後出12）とイノとの狭間に位置し、クィシィよりも若干低い平坦面。かつてはホンダワラ（方名:ムィー）が一面繁茂していたが、現在ではかなり少なくなった。
12	クィシィ	サンゴ礁の海側の高まり。地形学で礁嶺（reef crest）。大潮の干潮時に干上がる。沖縄諸島のヒシ、ピシ(32)、八重山諸島のピー(4)に相当する。奄美市小港ではヒシィ(26)、根瀬部ではセ（スェ）という。大和村のサンゴ礁は、水準（レベル）が低く、大潮の干潮時以外ではほとんど干上がらない。クィシィのさらに沖にもう一つのクィシィがある場合（図5）、つまりクィシィが二重になっている地形をティックィシィという。ティックィシィは「2つの（二重の）クィシィ」を意味する。なお、クィシィの縁をクィシィバナという。

図6　大和村大金久のサンゴ礁に見られるヤトゥ（2008年5月）

微細な地形を表現する言語世界

サンゴ礁で漁をする人々は、一連のサンゴ礁空間を細かく分節し、識別された各微地形に対して独自のよび名を与えている（図3・表1）。それらは、口承によって受け継がれてきた普通名詞であるが、単なる普通名詞ではなく、一つひとつの地形語には、そこに生息する海産生物をはじめ、何世代にもわたって培われたサンゴ礁の自然（漁場）に関する、短期間の聞き書きからはその一部しか知り得ない「膨大な知識と経験」[4]が詰まっているに相違ない。また、それを語り伝えるという営みの中には、たとえば微細なサンゴ礁地形を言い表すときにみられる、豊かな「言語世界」が広がっているであろう。聞き書きの中から、その一端を紹介しよう。

サンゴ礁地形の話をうかがっていると、前田幸二さんは、「クチ（表1-14）はだいたい川尻の延長線上に位置している」と説明された。その理由を前田さんにたずねてはないが、サンゴ礁形成史（地形発達史）の観点から見て、その指摘は十分にうなずける解釈である。というのは、川尻（河口）の延長線上ということは、谷間の延長線上を意味し、そこは、サンゴ礁の形成される以前、つまり現在より海面が少し低い時期には、陸上の谷の延長線上に位置する海底谷であり、そこでは造礁サンゴの生育が阻害され、そのためサンゴ礁の切れ目（クチ）が形成されやすいからだ。[19]前田さんは、サンゴ礁形成史に関する地形学の知識をもち合わせてはいないだろう。むろん地形は地形学の占有物ではなく、前田さんは長年の漁撈経験からクチという地形が河口（谷間）の延長線上に位置することに気がついたのであろう。あるいは、それは前田さんの六〇年近い海とのかかわり（経験）が生んだのではなく、おそらくは父や祖父の時代を超える何世代に及ぶ先人たちの経験から生じた知識であり、前田さんがその知識を継承していると理解すべきかもしれない。「クチは川尻の延長線上に位置している」という知識は、外海から集落の前の海に戻ってくる舟にとって、操船上重要な知識に属する。さらに、未知の土地で舟を入れるサンゴ礁の切れ目（クチ）を探す場合にも役立つ知識であろう。

ヤブリ（表1-21）は、礁斜面（ナダラ、スニウトゥシ）に見られる起伏に富んだ地形を指すサンゴ礁語彙の一つであり、それは「破れたかのように」見える海中の複雑な景観を表現する言葉でもある。ヤブリは、テーブルサンゴが棚状に幾重にも重なっており、前田さんの表現（比喩）を借りれば、さながら陸地の急斜面にある「段々畑」のような地形、景観である。ヤブリはその意味で、造礁サンゴが綾なす海中の微細な地形（landforms）、ミクロな風景（landscapes）を言い表すときに生まれた民俗語であると言ってよいだろう。その全体の地形（風景）の中の窪みや暗みの部分（ムズゥ、ワリ）は、海産生物に生息場所を提供している。

三　地形・生物・漁撈

サンゴ礁微地形と結びついた海産生物

話者がサンゴ礁の微地形について語るとき、同時に海産生物への詳しい言及がなされることが多い。

奄美の渚を特徴づける地形の一つに、陸上の尾根が海に突き出た岬（ハナ、サキ）の脇を縁どる、巨礫（転石）からなるヒジャ（表1-04）があるが、そこはエガル（オオベッコウガサガイ）やアナゴ（マアナゴウ、イボアナゴウ）が獲れる場所として記憶され語られる。エガルとアナゴ（図7）はヒジャの岩と岩の隙間に潜む貝である。エガルは、肉は少し固いが美味である。アナゴはミミガイ科の仲間で、柔らかくおいしい貝である。奄美では、ヒジャでエガルや

図7　ヒジャで獲れるアナゴ（a）とエガル（b）。大和村大棚（2007年8月）

アナゴ獲りをする光景をよく目にする。

この他、話者がサンゴ礁地形について語るときに言及した海産生物についていくつか拾い出してみよう。

ツィブル（表1-10）には、タコ穴（方言でアデク）が見られることがあるという。「地面にあるタコ穴をジーアデクといい、ツィブルにあるタコ穴をツィブルアデクといい、いろいろなタイプがある。ツィブルの凹みなどを利用して作られたタコ穴は埋まることはないが、地面にあるタコ穴は潮や波によって砂礫で埋まることがある。しかし、タコ（方言でトホ）はこういったところをまた掘り起こすのですよ。不思議ですけど」[17]。

カタマ（表1-19）もタコと関連づけて語られる。「ナダラの中の、空中写真に青白く写っている部分はほとんどすべてがカタマです。そこは、サンゴの丸い石がいっぱい敷き詰められていて、夏場にはタコがいるのです。（中略）カタマの上に盛り上がったサンゴ礫があれば、そこにタコが座っています。冬は、タコは全部イノに入ってきます。夏は沖に出ます。イノの中が暑いから沖に出る。それと、冬はイノの中にカニがいますから、タコはカニをねらってイノの中に入ってきます。冬はイノでタコを捕りますが、夏は沖に出なければタコは捕れない」[17]。

ヤトゥ／ヤトゥンムィ（表1-13）は、深い穴で危険なところでもあるが、巻貝が豊富であるという。女性でも、夜の潮干狩――方言でユーイショまたはウィザリという――で、ヤトゥの周辺を歩く。「ヤトゥンムィの中からヤコウガイ、特にアオガイとよばれるヤコウガイの若貝、緑色のまだ生まれて間もない稚貝が上がってくる。ヤトゥンムィには、イセエビもいて、エビ捕りの専門家はそこに入っていくのですよ。アオガイは、夜エビ獲りなどに行くと、クィシィのヤトゥンムィのそばにくっついているのです。穴の上まで出てきますよ、夜に。這い上がって来ます、暗い所、深いところから。昼はだいたい暗い所にいます」(17)。

ナダラ（表1-18）はカタンミャ（チョウセンサザエ）やカインミャ（ヤコウガイ）などの巻貝が最も豊富に生息する場所、また魚類ではヒッキ（スズメダイ科の総称）やアカウルメ（ウメイロモドキ）などが群れをつくる場所として、スニウトゥシ（表1-23）の急斜面はタカセ（サラサバテイ）やカインミャの大物が獲れるところとして、また同じスニウトゥシの下部はハーズィン（スジアラ）やスッツィ（ミナミイスズミ）のすむフカミ（深海）として語られる。

イノ（表1-7）は、前述のとおり、かつては枝サンゴ――方言で「ウル」という――が群生していたところである。潮が引くとき、クィシィよりも先に枝サンゴの先端部分が干出したと言われるくらい生育がよかったと言われる。枝サンゴの隙間にはさまざまな小魚類（おもにスズメダイ科）が生息する。根瀬部での聞きとりによれば、その小魚を獲る「ウルワイ」をする人が四人ほど終戦直後までいたという。「ウルワイ」は「枝サンゴ割り」という意味だが、枝サンゴの群集の端にティル（籠）を置き、先端が股になった棒でサンゴを打ち崩し、サンゴの中に隠れている小魚をティルの中に誘導し捕獲する単純な漁法である。*5

ウルワイは、薩摩藩士・名越左源太《なごやさげんた》が奄美大島遠島中（一

---

*5 奄美で「ウルワイ」とよばれる漁法は、沖縄島本部町備瀬では「ジジーリワイ」といい、近年まで一部の人（主に農民）によって営まれていた(25)。その漁がサンゴ礁生態系に及ぼした影響についてはほとんど明らかになっていないが、壊滅的なダメージを与えたという報告はない。奄美市根瀬部での筆者の聞きとりでも、サンゴ礁への大きな影響があったという話は聞かなかった。ただ、ダメージではないが、頻繁にウルワイが行われた場所には枝サンゴの破片が堆積した高まりができ、その痕跡が現在でも認められるという。

八五〇〜五五年）に著した『南島雑話』(16)にも描写されている（図8）。

図8
『南島雑話』に描かれたウルワイ(16)

大和村のサンゴ礁で捕獲される主要海産生物と捕獲方法

表2に、大和村のサンゴ礁で捕獲される主な海産生物を、魚類、タコ・エビ・イカ類、貝類に分けて示した。代表的な海産生物の生息場所と捕獲方法について略述する。

〈魚類〉

エラブチ（ブダイ科の総称）、クサビ（ベラ科の総称）、ハーズィン（スジアラ）は釣り漁だけでなく、潜水銛《もり》突き漁でも捕獲される。いずれも主にサンゴ礁の外側斜面（ナラダからスニウトゥシにかけて）で捕獲される。ハーズィン、アカマツ（オナガダイ）とともに「奄美大島三大高級魚」[*6]と並び称されるマクブ（シロクラベラ）は、クィシィの発達しない、砂床の広がるヤマトウラ（大和浦）に多く生息すると言われる。

ハーズィンは、沖縄ではアカジンあるいはアカジンミーバイとよばれる、美味な高級魚の一つであるが、サンゴ礁域では礁斜面下部などに生息する。ハーズィンは、ナラダに群れるヒッキィ、とりわけズジロ（モンスズメダイ）を好物とするらしい。それゆえ、ハーズィンの一本釣りではズジロを餌にするとよく釣れると言われる。前田さんが語ってくれた、潜水銛突き漁におけるハーズィンの興味深い捕獲方法を紹介しよう。

「ヒッキィは、ハーズィンの好物だから、潜り漁などをしていると、ハーズィンがヒッキィの群のど真ん中に飛び出てきます。銛漁に行ったときなどに、まず先にエラブチを突くわけよ。小さいのでも突いて水中でグラグラと動かすと、そのはらわたが千切れ、そこにヒッキィが集まってくる。そうすると、どこからとはなく、スニウトゥシの深みからハーズィンがヒッキィの群のど真ん中に飛び込んできます。私は海面にあがって待機し、現れてきた四、五キロのハーズィンに真上から打ち込む、五・五メートルぐらいのサキトゥギャ（銛）で突く」。(17)

段階を踏んでなされる、この漁の一部始終はまことに興味深く、食物連鎖をうまく利用した漁獲方法と言える。サンゴ礁の外洋側の深部に生息するオーマチ（アオチビキ）を釣る場合にも、まずナダラに群れを作るアカウルメを釣って、それを釣り針に一匹掛けにして釣る。また、スニウトゥシでの、魚の習性を知悉したうえでなされる潜水銛突き漁も見事だ。「マッコ（地名）のスニウトゥシの水深二〇メートルのところにヤブリの溝がある。そこに魚を追いかけて、そばでサンゴをつかまえて待っているわけよ。魚は必ず折り返してくる。サンゴの岩ですから、溝、穴がずっと奥に入っている。昔は、そういうスニウトゥシ一帯にハーズィンがいた。そういう暗い穴に魚を追い込んでいく。しばらくすると、魚は暗くなると安心してまた必ず穴の外に出てくる。それを待つ。出てくるところを、岩陰に隠れて突く。若いときには、そんな捕り方をしました。今はそれができない」。(17)

ヒッキィは、前述のとおり、サンゴ礁の外側斜面の上部、ナラダに群れを作って生息している。ヒッキィは沖縄ではヒチとかピチグヮーなどとよばれ、産卵期には腹に黄色い卵をもっている。から揚げにして美味な小魚である。ナダラに群れなすヒッキィは、生息場所を同じくするアカウルメ（アカイロウルメ、沖縄での方名はグルクン）とともに、追込み網漁によって捕獲される。ただし、最近では捕獲する人が少ないという。

〈タコ・エビ・イカ類〉

タコを大和村ではトホという。トホは、ヤマトウラの東岸一帯に多く生息すると言われ、そこにはトホゴモリとい

＊6　仲村修氏が発信するブログ「島魚・国直鮮魚店」（http://kunnyori.blog43.fc2.com/）による。

C 貝類			
C1　タカセ	サラサバテイ	*Trochus maculatus*	「殻に赤い模様がある。スニウトゥシなどのやや深い所に生息する」
C2　ヒラセ	ギンタカハマ	*Trochus niloticus*	「殻は白で、身はやわらかく美味」
C3　カタンミャ	チョウセンサザエ	*Turbo argyrostomus*	大和村でも戸円以南ではツックェという。
C41 カインミャ C42 アオガイ	ヤコウガイ（成魚） ヤコウガイ（稚貝）	*Turbo marmolatus*	大和浜、津名久、国直あたりではヤクギェという。「成貝はスニウトゥシなどのやや深い所に、稚貝はヤト周辺の浅い所にいる」
C5　エガル	オオベッコウガサガイ	*Cellana testudinaria*	「ヒジャで採取される」
C6　アナゴ	マアナゴウ、イボアナゴウ	*Haliotis ovina; H. varia*	「マアナゴウは岩の穴に、イボアナゴウはヒジャにいる」。トコブシともいう。国直ではウキンミャまたはハナンミャという。
C7　ヌスィルィ（ヌズリ）	ミミガイ	*Haliotis asinina*	「ヒジャにいて、逃げ足が速い」

（注）大棚における方言名。
備考欄の「　」は話者による説明の要約。

表２　大和村サンゴ礁で漁獲される主要海産生物（話者：前田幸二氏，大棚在住）

方名（注）	和名	学名	備考
A　魚類			
A1 エラブチ	ブダイ科	SCARIAE	
A11 オーエラブチ	ハゲブダイ（雄）など	*Scarus sordidus*	オーは青を意味する。
A12 ハーエラブチ	ヒブダイなど	*S. ghobban*	ハーは赤を意味する。
A2 マクブ	シロクラベラ	*Choerodon shoenleini*	「内湾や澪など砂地に多い」。高級魚。
A3 クサビ	ベラ科	LABRIDAE	
A31 オークサビ	セナスジベラなど	*Thalassoma quinquevittata*	オーは青を意味する。
A32 ハークサビ	キヌベラなど	*T. purpureum*	ハーは赤を意味する。
A4 ヒッキィ	スズメダイ科	POMACENTRIDEA	
A41 クルビキ	アマミスズメダイ	*Chromis chrysura*	「ナラダに多く生息、追込み網漁で獲る」
A41 ズジロ（ルジロ）	モンスズメダイ	*C. xanthura*	「ナラダに多く生息、追込み網漁で獲る」
A43 アヤビキ			縦縞（綾）のあるスズメダイ科
A431　シルナガニィ	ロクセンスズメダイ	*Abudefduf coelestinus*	「ナラダに多く生息、追込み網漁で獲る」
A432　キーナガニィ	オヤビッチャ	*A. vaigiensis*	「ナラダに多く生息、追込み網漁で獲る」
A5 アカウルメ	ウメイロモドキなど	*Caesiso xanthonotus*	加計呂麻島でアハウルメという。
A6 スッツィ	ミナミイスズミ	*Kyphosus vaigiensis*	「スニウトゥシに生息、銛突き漁で捕獲される」
A7 ハーズィン	スジアラ	*Plectromus leopardus*	「スニウトゥシに生息する、高級魚」
B タコ・エビ・イカ類			
B1　トホ	ワモンダコなど	*Octopus cyanea*	
B2　イビ	イセエビ	*Panulirus japonicas*	
B3　ミズイカ	アオリイカ	*Sepioteuthis lessoniana*	
B41　コボショムィ B42　ナスィブリ	コブシメ	*Sepia latimanus*	コブショムィは体重がおよそ4kg以上、ナスィブリは約4kg未満のものに対する呼び名である。

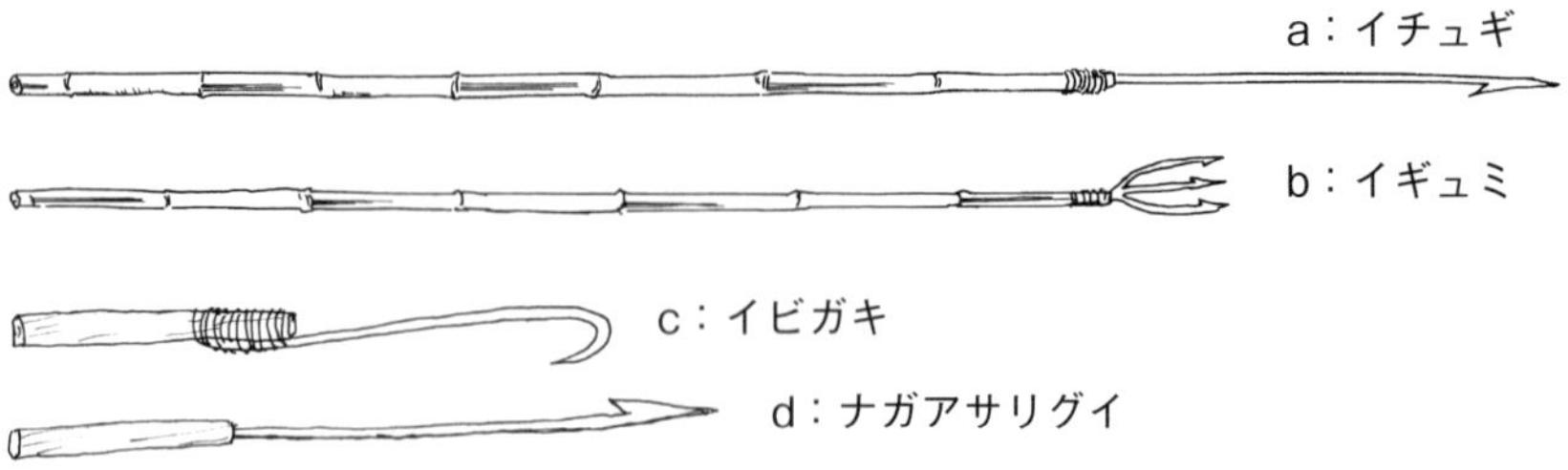

図９　魚介類を捕獲する漁具
a：イチュギ（約180cm、柄はモウソウチク、銛の部分はステンレス製、タコ獲り用）
b：イギュミ（約150～180cm、柄はモウソウチク、銛の部分は鉄製、魚・コボシメ捕獲用）
c：イビガキ（約60cm、柄はスギ、柄につけられた金属部分はステンレス製で返しがない、イセエビ捕獲用）
d：ナガアサリグイ（約70cm、柄はスギ、柄に差し込まれた金属部分は鉄製、オオベッコウガサガイ、マアナゴウ捕獲用）
a、bの長さは、女性用は短めである。

う地名もある。ヤマトウラ一帯は、ハマサンゴが塊状のサンゴ頭（ツィブル）を形成し、前述のとおり、その中にアデク（タコ穴）が見られることがある。トホは、先端に返しのついたイチュギという銛（図9-a・図2参照）で捕獲される。アデクからトホを捕獲しても、十日ほど経過すると、その穴はまた別のトホが住処にする。極端な例では、行きに獲って、帰りに同じ穴をのぞいたら、またトホが入っていた、一日に、同じ穴から二つのトホを獲ったという話もある。[*7]

冬季は、夜間に潮が大きく引くため、灯りを携えて、ユーイショ（夜の潮干狩）をする人々が少なくない。前田さんの奥さんも数年前からユーイショに行くようになったという。ユーイショは、特に女性たちにとってサンゴ礁の「海の楽しみ」[*8]の一つであるという。ユーイショでは、貝類の他、冬季にイノに移動してきたトホも多く捕獲される。

ユビエダハマサンゴなど特定の数種類の枝状サンゴに産卵するコボショムィ（コブシメ）は、潮が引くと、イノの外に出ていく。その移動は、クィシィの切れ目であるムィズハリを通ってなされる。クィシィの背後のクィシィドマは潮が引くとかなり浅くなるが、コボショムィはそのような浅い部分でも泳げるという。潮が引き始めると、イノにいたコボショムィがムィズハリ周辺のクィシィドゥマに寄り集まってくるという。それをイギュミとよばれる三又になった銛（図9-b）で突いて捕獲する。

イビ（シマイセエビ、カノコイセエビなど）は、ヤトゥの中に潜入して、イビガギという漁具（図9-c）で捕獲される。イビはムィズハリ（礁縁部の溝状地形）に仕掛ける網にもかかるが、イビ獲り専用のイビ網は四角で、その四隅を岩にしばって、外海とつながっているサンゴ礁の割れ目や穴（ワレ、ヤトゥなど）をおおい被せる形で這わせるように敷設される。穴から上がってきたイビがその網にからめ捕られる仕組みである。このイビ網漁は前田さんが話してくれた内容である。解禁して間もない二〇〇八年八月下旬に、国直の中村修さんに連れていってもらったオヤゴハナ（図11参照）のサンゴ礁でのイビ網漁では、日が沈む前（午後六時頃）にクィシィの上の溝状の割れ目に、幅約一メートル、長さ約五メートルの網を敷設し、翌早朝（午前五時頃）に網を回収した。網の設置に三〇分、回収に四〇分ほどを要した。イビは、昼間は割れ目や穴の奥に潜んでいるが、日が沈むと同時に小動物や海藻を食べるために外に出てくるから、張られた網にからまってしまうのである。図10のとおり大漁であった。

〈貝類〉

サンゴ礁域の貝類は多種に及び、サイズも大小さまざまである。表1の備考欄に記すように、採取される貝類の生息場所として特に重要な地形は、①サンゴ礁の外側（礁斜面）のナダラ、スニウトゥシと、②サンゴ礁内側（礁原）のクィシィ、岸辺のヒジャである。前者①で重要な貝として、カインミャ（ヤコウガイ）、タカセ（サラサバテイ）、カタンミャ（チョウセンサザエ）など、後者②で重要なものは、エガル（オオベッコウガサガイ）、アナゴ（マアナ

＊7　これと似たような話は、西銘(29)も沖縄・久米島での聞き書きで採録している。

＊8　惠原(5)の『奄美生活誌』の中に〈奄美の海――その楽しみと悲しみ〉という章があり、アオサカキ（ヒトエグサの採取）、ミャーヒレ（貝獲り）、釣り、潜り漁、網漁などの海の「楽しみ」が、海難事故などの「悲しみ」とともに、記されている。サンゴ礁での漁は生活の糧を得る営みであるが、それはまた海辺の村に暮らす人々のかけがえのない「楽しみ」の一つでもある。熊倉(15)は、久高島サンゴ礁における女性たちの採取活動について、「よろこび」や「楽しみ」という側面から詳述している。

図10　大和村オヤゴハナのサンゴ礁でのイビ網漁の成果（2008年8月）

ゴウ、イボアナゴウ）などがあげられる。

上記①の貝類の一部は、サンゴ礁の内側（クィシィ、特にヤトゥ周辺）にも生息するが、主たる生息場所は潜水を必要とするサンゴ礁の外側斜面であるため、その捕獲は主として男性たちによってなされている。一方、②に属する貝類の採取は、干潮時に簡単な道具——岩と岩の隙間に潜む貝を引き出すための、先端が微妙にひねられた、ナガアサリグィ（図9-d）とよばれる鉄製の漁具——を用い、徒歩でなされ、主に女性たちによって担われている。以上の関係は次のようになる。

①サンゴ礁の外側＝礁斜面（ナダラ・スニウトゥシ）
——カインミヤ・タカセ・カタンミヤ——男性
②サンゴ礁の内側＝礁原・岸辺（クィシィ・ヒジャ）
——カタンミヤ・エガル・アナゴ——女性

資源量における礁斜面の重要性

ここで、前田さんから教わった資源量とサンゴ礁地形との関係について触れておきたい。

前述のとおり、重要な貝類であるタカセ、カタンミヤ、カインミヤは礁斜面（ナダラ、スニウトゥシ）で多く捕獲される。それゆえ礁斜面が緩やかで幅広いところほど貝の資源量が豊富であることになる。ところが、カタンミャとアオガイなどはサンゴ礁の内側（クィシィやヤトゥ周辺）でも採取されるが、これらの貝類のサンゴ礁内側（礁原）における資源量は、サンゴ礁内側の幅（礁原幅）ではなく、その前面（海側）に広がる礁斜面（ナダラ）の幅の広いところほど大きいという。前田さんのこの指摘は、長年の漁の経験から語られたものであり、サンゴ礁の資源量を問題にする従来の議論にはない重要な見解であると思われる。これを定量的に裏づけるデータを得ていないが、今後の調査課題としたい。これは、聞き書きが科学的調査に対して与える大きな示唆の一例と言える。

四 「地名」という知識[*9]

微細地名について

根瀬部（奄美市）から大金久（大和村）に至るサンゴ礁海岸には少なくとも約一六〇の地名がある。ヒジャ、イノ、クィシィ、ナダラ、スニウトゥシなどは、地形に関する「普通名詞」であるが、具体的な場所につけられた地名は「固有名詞」である。この「地名」も人々の生活に不可欠な「知識」である。そこにも「膨大な知識と経験」[(4)]が詰まっているだろう。村人に広く共有されている知識もあれば、一部の人々だけに保持される知識もあろう。また、個人的な思い出の刻まれた地名もあるに違いない。たとえば、前田さんにとって、マッコという地名からは、その前面の水深二〇メートルに及ぶスニウトゥシの基部でハーズィン（スジアラ）やスッツィ（ミナミイスズミ）の大物を捕獲した経験（記憶）がよみがえってくるに相違ない。

サンゴ礁地名は、海辺の人々が命名した小さな名称である。その小地名は、いわゆる行政地名とは異なって、一般に地図に記載されることはない。また、歴史資料（文献）にもほとんど登場しない。このような地名を、記載されないという意味で「不記載地名」といい、細かいという意味で「微細地名」という。[(6)(31)]前段落に「約一六〇の地名がある」と記したが、厳密に言えばサンゴ礁海岸の微細地名は、サンゴ礁海岸にあるのではなく、人々の「頭の中にある」[(31)]というべきである。不記載地名は、それゆえ、伝承されなけ

＊9　「地名」という知識、この見出しは、河合(10)の論文タイトルからの借用である。

れば永遠に失われることを意味する。また、地名は、具体的な土地（環境）とのかかわりの中で、人々が名づけを施した固有名詞であるため、地名を手掛かりにして、人々の環境認識[*10]や、土地（海）についての知識、土地とのかかわりの歴史[*11]の解明にアプローチできるに違いない。

語基による地名の分類と特徴

大和村東部で採集した海岸地名は一一六で、詳細は別稿(37)に譲るが、その一部を図11に示す。

サンゴ礁海岸地名（固有名詞）は、二節で示したサンゴ礁海岸の民俗語彙（普通名詞）を基礎にして作られている。たとえば、ナーバマ（図11-15）は、「ナー（中）」と「ハマ（浜）」の二語から構成される。この場合、海岸語彙の一つである「ハマ」を語基、位置を表す「中」を接頭辞という。オヤゴハナ（図11-01）は、岬を意味する「ハナ（鼻）」の前に、陸上地名「オヤゴ（親川）」が接合されている。地名は、このようにおおかた二語で構成されているが、例外も少なくない。大棚と大金久の間にあるタチガミ（図11-28）は、接頭辞が欠落し、語基（普通名詞）「タチガミ」がそのまま地名（固有名詞）化したものである。大棚集落の前面にあるクグチは、「（舟が）くぐる」を意味する動詞「クグチ」だけで地名をなしている。インコジャ（図11-36）、デンゴ（ヌハマ）（図11-13）などは、由来・意味が、したがって地名の構成も、不詳である。

採集された地名の中で語構成が明らかな地名を、語基によって整理し、その種類別の頻度を調べてみた。結果は表3のとおりである。最も多い地名は「ハマ（浜）地名」で一九を数える。二番目に多いのが「スィ・ズィ（石・瀬）地名」一八である。そのあと、「ヒジャ地名」一二、「サキ（崎）地名」一〇、「クチ（口）地名」八、「イギスィ地名」と「ハナ（鼻）地名」各三と続く。なお、「サキ地名」と「ハナ地名」は、いずれも岬などの突端部につけられた地名で、両者を足せば一三になる。

東部海岸と西部海岸とで種類別地名頻度を比較すると、最も多い「ハマ地名」は、両海岸で差がなく、また「スィ／ズィ地名」「ヒジャ地名」も大差があるとは言えない。

*10 関戸(30)は、「小地名は住民の生活に密着しており、……（人々の）土地に対する認識を解く鍵」となり得る、と記している。

*11 地名を手がかりにして、土地と生活とのかかわりの歴史を解明した注目すべき最近の研究として、安渓(3)がある。

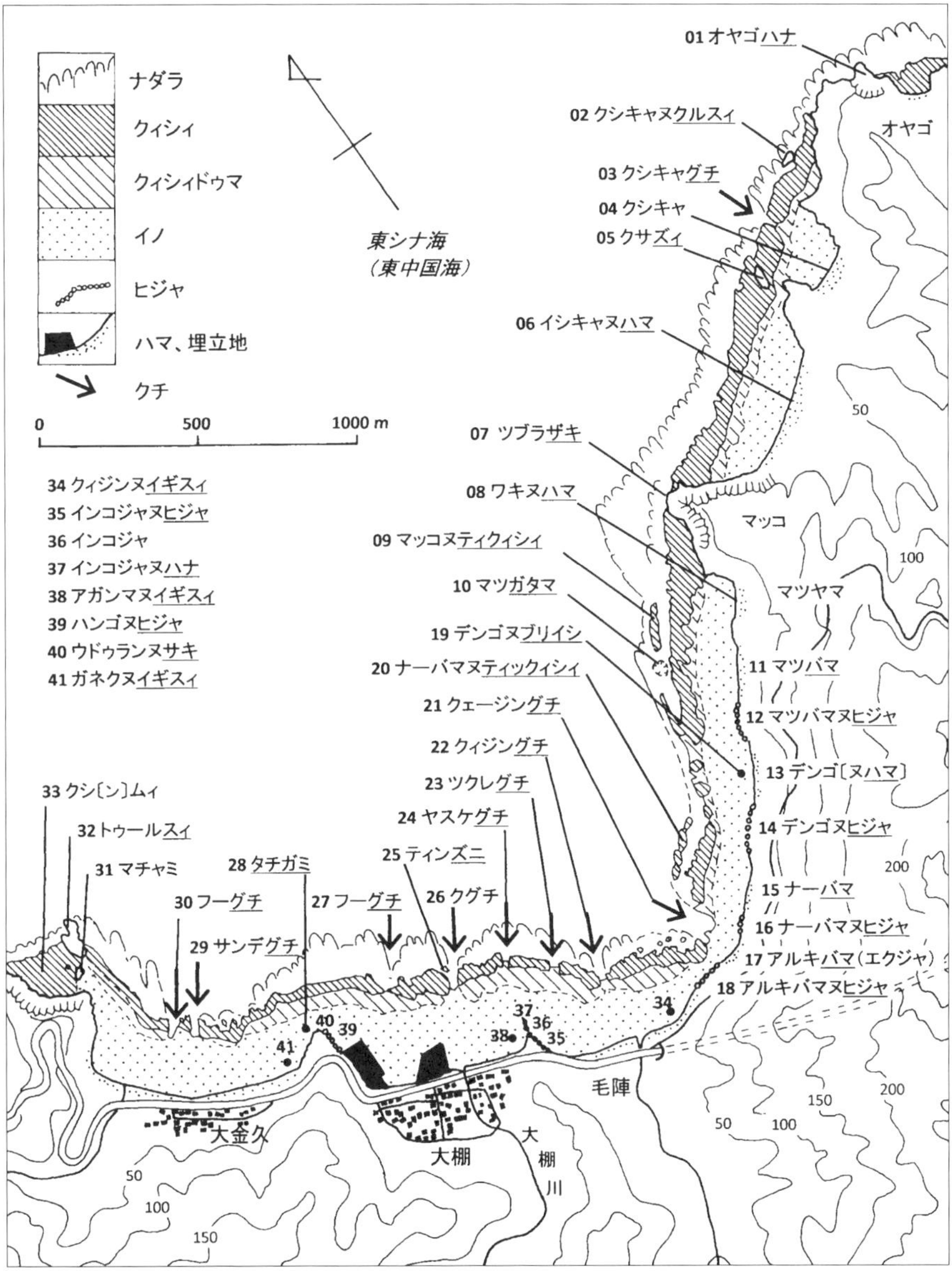

図 11　奄美大島大和村大棚周辺のサンゴ礁海岸地名（渡久地(37)による）
地名の下線部分は語基

表３　大和村サンゴ礁地名の種類別出現頻度(37)

	東部海岸（注）	西部海岸	計
ハマ地名	10	9	19
スィ／ズィ地名	11	7	18
ヒジャ地名	5	7	12
サキ地名	6	4	10
クチ地名	0	8	8
ハナ地名	2	1	3
イギスィ地名	0	3	3
カタマ地名	0	2	2
タチガミ地名	0	2	2
ティックシィ地名	0	2	2
コモリ地名	2	0	2
ガマ地名	2	0	2
クルスィ地名	0	2	2
イシ地名	1	1	2
その他	7	4	11
語基不詳	3	9	12
語基欠落	4	2	6
計	53	63	116

（注）東部海岸はオヤゴハナより東側の海岸を意味する。

しかし、「クチ地名」の出現頻度は、東西で顕著な差異が認められる。すなわち、西部に八あるが東部にまったく見出せない。この「クチ地名」の両海岸における出現の違いは、サンゴ礁地形の違いを大きく反映している。つまり、クィシィ（礁嶺）の発達が西部海岸で良好であるのに対して、東部海岸では悪いということに起因していると考えられる。クィシィは、イノ（礁池）と外海を隔てる、航行上の障害物でもある。それゆえにクィシィの切れ目は、舟の出入り口として重要な意味を帯びる。それに対して、クィシィの発達しない東部では舟の航行を妨げる地形はほとんどなく、舟の通れない場所は少ない。そこでは、舟の出入り口を特別に定める必要性は薄い。少なくとも、明瞭な地形的な切れ目（口）が認識されないゆえに、東部では「クチ地名」は生まれにくいと考えられる。

図11に示すように、毛陣《けじん》・大棚・大金久のサンゴ礁に大小八の「クチ地名」がある。小舟は満潮時にはいずれのクチも通れるが、干潮時には使えないクチもある。また、風向きや波など、海況によって使えるクチと使えないクチがある。満潮時でなお海が静穏ならば、最短距離にあるクチを利用すればよいが、海の状態によっては上手にクチを使い分ける必要がある、という。たとえば、大棚の漁民にとっ

て、クグチ（図11-26）は最もよく利用されるクチである。そのクチは、背後（内側）のクィシィドゥマも深く、名瀬と結ぶ定期船が往来したころは、一〇トンぐらいの船も入れたという。しかし、そのクチの西脇にはティンズニ（図11-25）とよばれるスニ（斑礁）があり、波のある日にはそのスニに折れた波がクチに向かい舟の出し入れが難しくなる。そのようなときは、遠回りしてでもクェージングチ（図11-21）を利用した、という。クグチの東側には、「大きい口」を意味するフーグチ（図11-27）がある。このクチは、地名のとおり確かに広々としているものの深くはなく、また入口にはサンゴ塊があって、漕ぎ舟が何とか通れる水路が一か所あるにすぎない。大金久では、大棚のフーグチ（図11-27）と同名の地名のフーグチ（図11-30）が舟の出入り口として使われる。そのフーグチの東側にあるサンデグチ（図11-29）は、間口は広々としているが浅瀬があるから、スムーズに入っていけないという。

位置、形状・性状、生物などの知識が詰まった接頭辞

前述のとおり、オヤゴハナ（図11-01）は、岬を意味する語基「ハナ（鼻）」に接頭辞「オヤゴ（親川）」という陸地地名が付加されている。収集したサンゴ礁海岸の地名の接頭辞を見ると、陸上地名の他に、性状・形状、方位・方角・位置、大きさ（大／中／小）、海産生物、人名、行為（動詞、機能）などさまざまな分類が可能である。接頭辞の意味が明らかな地名を見ると、オヤゴハナのように、陸上地名をサンゴ礁の海や海岸に延長した地名が最も多く、一七を数える。次いで多いのが、マツバマヌヒジャ（図11-12）、ナーバマヌヒジャ（図11-16）などのように、隣接する海岸地名――マツバマ（図11-11）、ナーバマ（図11-15）――を接頭辞とする一二の地名である。その他に、形状や性状を接頭辞とする地名（一〇）、方位・方角を接頭辞とする地名（七）、また、図11の範囲外にある地名のスィクシバマ（旧暦三月三日の「節句をする浜」の意）に見られるように、祭祀や動詞（機能）を接頭辞としてもつ地名、イビンヤ（「エビの家」の意）、トホゴモリ（「タコ小堀」の意）のように生物名をもつ地名などがある。

基本的に地形語と接頭辞で構成されるサンゴ礁地名には、サンゴ礁の地形、その地形と結びついた海産生物、場所の性状、陸地との位置関係などの知識が、またクチ地名に見るように潮位や波の知識が織り込まれている。サンゴ礁地名には、そこで漁を営む人々にとってみれば、地名（語

彙）そのものが表示する意味をはるか超える「漁場」に関するさまざまな知識と経験が埋め込まれているといってよいであろう。

五　漁師が作る地名図の夢

奄美大島大和村を事例に、サンゴ礁で漁をする人々の漁場の環境認識と資源利用について記述してきた。サンゴ礁漁場は地形が重要な環境要素であり、それゆえ地形（サンゴ礁地形の民俗分類）ならびに地形と密接に結びついている海産生物についての知識が漁獲を左右する。また、漁の営まれる具体的な場所には多くの地名がつけられているが、地名は単なる記号ではなく、漁と不可分の知識が多く詰まっている。そのような、何世代にもわたたって培われてきたサンゴ礁漁場に関する知識は、いま急速に忘れ去られつつあり、次代を担う若い世代にこれをいかに継承していくべきかが重要なテーマであると思われる。

私は地球研列島プロの奄美・沖縄班に加えていただいて、多士済々のメンバーとともに、地域の方々と胸襟を開いて対話するという勉強を重ねるうちに、それまでどこか苦しいものだったフィールドワークが、自分にとってわくわくするような楽しみに変わっていることに気づいた。そうしたなかで、海に生きることを愛し、昔からの智恵を実地に学びつつ漁をし、その成果を「島魚・国直鮮魚店」というブログで日々情報発信しておられる、大和村の中村修さんのような若者に出会えたことも、驚きに満ちた喜びの一つだった。

海の地名について話をうかがっているとき、中村さんはこんなことを言われた。「ヤマトウラにはツィブル（サンゴ塊）がたくさんあります。漁のポイントを見つけるのに、ツィブルが目印になるので、ツィブルにも名前（地名）がつけられていてもいいと思われるのに、それがないんです。昔はあったのかもしれないけれど、それを知っている人はもう誰もいなくなってしまったのかも……」。

サンゴ礁そのものの劣化もさることながら、その恵みを生かす知恵と知識と技をもつ人々がいなくなっていくことへの危機感から、中村さんはブログで国直の海の地名も記録している。私は、沖縄のある漁師が三十数年前に書き残した半畳ほどの「サンゴ礁の地名図」を、二〇〇九（平成二一）年五月に、海洋生物学を専攻する友人に見せてもらった。それには几帳面な文字で、二百もの地名がびっしりと書き込まれていた。今、私は、海の地名は「漁師による漁師のための海の地名図」が最も基本になるべきもので、研究者の役割はそのお手伝いではないか、と思い始めている。そのような協働を通してこそ、消滅に瀕している地形語も救える可能性が生まれ、漁と一体となった「地名」という知識の全体像を生きたものとして後世に伝えることもできるのではないだろうか。

陽光を浴びて浅黄色に光る奄美・沖縄のサンゴ礁。柳田国男は『海南小記』の中で、「月夜などにも遠くから光って見える」と記した。サンゴ礁はその色彩だけでも大きな価値があるが、私は漁民の目を得て、いつか微細な海の言語が綾なす漁場としてのサンゴ礁世界をなんとかとらえ、描きたいと夢みる。きっとまだ間に合うだろうと思う。また、出かけよう。

第12章　西表島のイノシシ猟にみる陸産野生動物の持続的利用

蛯原一平

はじめに

海に囲まれた奄美・沖縄の島々で、人々が食材などに利用してきた動物というと、魚や貝など海の生物がまず思い浮かぶだろう。一方、陸地での、特に野生動物となると、あまり見当がつかないかもしれない。というのも、野生の哺乳類だけ見てみても、奄美大島以南の島々ではネズミとコウモリの仲間が主であるように、体が大きく、人が利用できるような野生動物資源に乏しいのである。

そのような琉球列島（ここでは奄美大島以南の島々を指す）で唯一ともいえる狩猟対象獣が、本章で取りあげるリュウキュウイノシシ（*Sus scrofa riukiuanus*　以下、単にイノシシとする）である。ただし、すべての島にいるわけではなく、奄美大島、加計呂麻《かけろま》島、請《うけ》島[*1]、徳之島、沖縄島（北部）、石垣島、西表《いりおもて》島といった山がちで森林の広がる島にのみ生息分布している。これらの島では、イノシシ骨が出土している先史時代の遺跡もあり、人々は狩猟を介し、イノシシと永きにわたり共存してきた。

イノシシなど、海を渡ることが困難な動物にとって、島は閉ざされた空間であり[*2]、島嶼での乱獲はそれらの動物を

＊1　奄美大島の南にある加計呂麻島や請島には第二次世界大戦以前はイノシシがいなかったが、一九六〇年代以降、奄美大島から渡った個体が定着したといわれている。

＊2　ただし、＊1と関連し、イノシシが泳いで島を行き来することは不可能ではない。しかし、猟犬に追われた場合など、やむを得ない場合が多いようである。

絶滅へ招く大きな脅威となりうる。ところが奄美・沖縄の場合、イノシシは獲り尽くされることなく、これまで持続的に利用されてきたのである。その背景を歴史から探ることは、琉球列島の島々における今後の持続可能な野生動物資源利用について考えるうえでの手がかりとなるだろう。特に捕獲に際し、用いられてきた方法（猟法）や、狩猟にかかわる社会的なとり決め・規制は、獲り尽くしにいたらないよう捕獲を規定してきた要因であると考えられ、それらが歴史的にどのように変遷してきたのかについてまず明らかにする必要がある。

そこで本章では、現在でもイノシシ猟が盛んに行われている西表島を中心として、琉球列島の島々で歴史的にイノシシ猟がどのように行われてきたのかを、特に猟法や狩猟をめぐる社会的規制に着目し、考古資料や史資料、聞きとりにもとづき述べる。そして、狩猟が持続的に行われてきた背景について考えたい。

一　現在の西表島の跳ね上げ罠猟

琉球列島の最南西端に、八重山《やえやま》諸島とよばれる島々が広がる。西表島（図1）はその一つで、沖縄島から南西に約

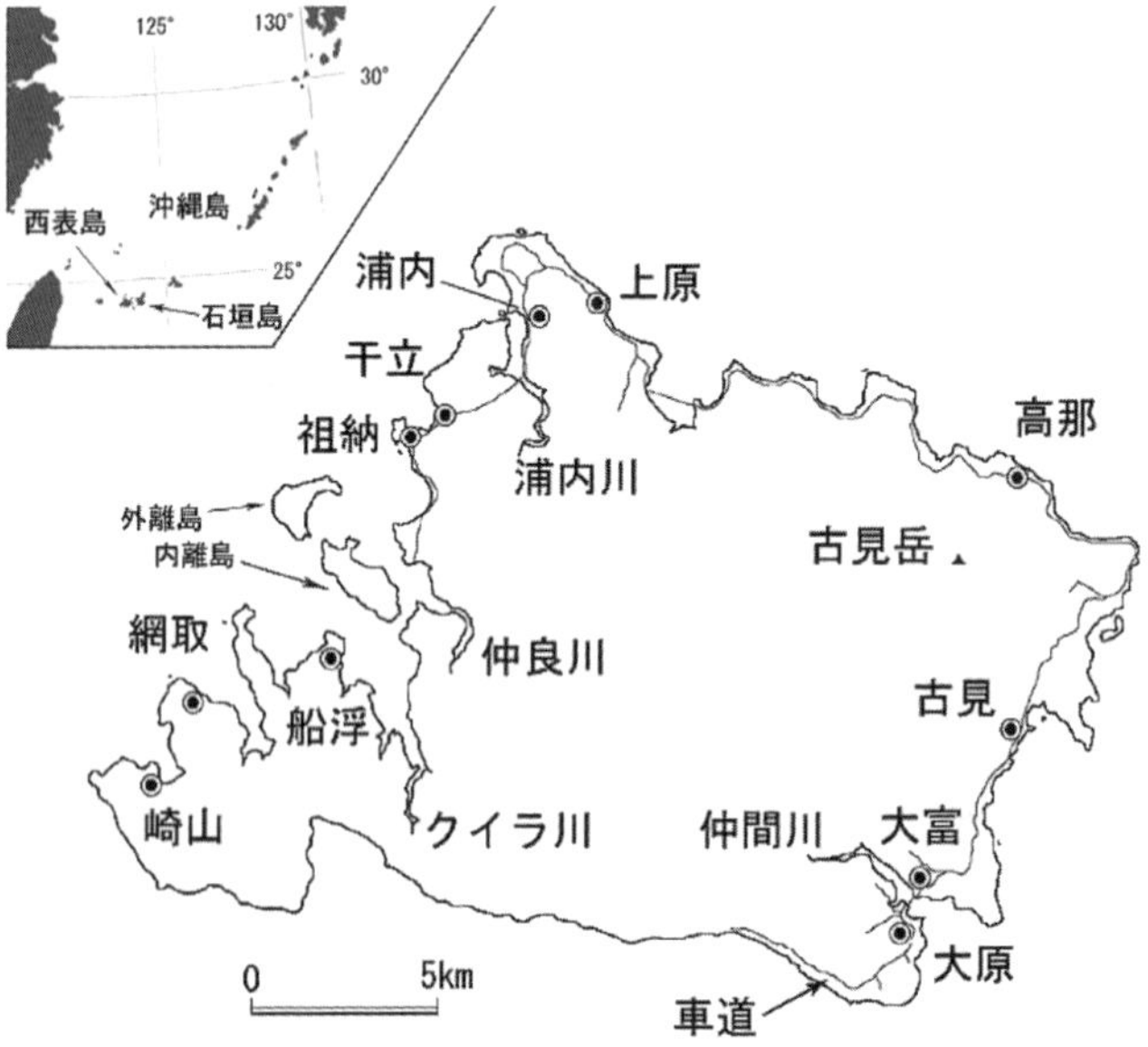

図1　西表島の位置と主な地名

四二〇キロメートル、台湾から東に約二〇〇キロメートルのところに位置し、沖縄県では沖縄島の次に大きな島（面積約二八九平方キロメートル）である。古見岳（四七〇メートル）を最高峰とし、亜熱帯照葉樹林で覆われた山地が島の中央に広がる。集落や農地、車道は島の東側から北岸、そして西側にかけてのほぼ半周縁部に存在しており、それ以外の、島の大部分は森林が占めている。そのほとんどが国有林となっており、住民たちは主にイノシシ猟を行う場として現在、その森林を利用している。

日本の現行の狩猟制度において、狩猟を行うためには狩猟免許の取得と、毎年の狩猟登録が義務づけられている。また、狩猟期間（以下、猟期とする）も法律によって定められており、沖縄県では毎年一一月一五日から翌年二月一五日までの三か月間である（二〇一〇年八月現在）。ただし、猟期外であっても、イノシシによる農作物被害が発生すると、役場に有害駆除を申請し、出没個体の捕獲（害獣駆除）を行うことができる。

現在、西表島での狩猟者（猟師）は約一〇〇人ほどで、跳ね上げ罠（跳ね上げ式の脚くくり罠）という罠を用いる猟師がその大多数を占める。二〇〇五年度猟期の狩猟免許種別登録件数（全体で一〇六件）を見てみると、罠猟（「わな・網猟」免許所持者）での登録が八七件であるのに対し、銃猟（「第一銃猟」免許所持者）は一七件である（猟友会資料より）。銃猟で登録している人でも、同時に罠猟の登録を行っている人も多く、猟期中に捕獲されるイノシシのほとんどは罠によって捕獲される。一方、農作物被害が発生してから単発的に行われる害獣駆除は、通常、鉄砲（猟銃）が用いられる。

図2は、西表島で主流として用いられている跳ね上げ罠の構造である。イノシシの通り道に穴を掘り、仕掛けを設置する。そして、道を通るイノシシが、その穴の中の〈ニンギョウ〉とよばれる踏み板を踏むと、留め具〈チミ〉が外れ、バネ木〈チィボ〉が上がって、ワイヤーがイノシシの脚をくくるようになっている。チィボは罠を仕掛ける付近で伐られ、調達される。この罠は、ワイヤー以外がすべて植物でできているため、製作費用が少なくてすむという特徴を持つ。また、構造もさほど複雑なものではなく、設置技術の習得自体は容易である。

毎年、猟期が始まると西表島の広く森林にこのタイプの罠が仕掛けられていく。そして、その後、数日おきに罠の見回りなどが行われる。罠にかかり捕獲されたイノシシは集落まで運ばれ、解体される。近年は肉を島内外の飲食店

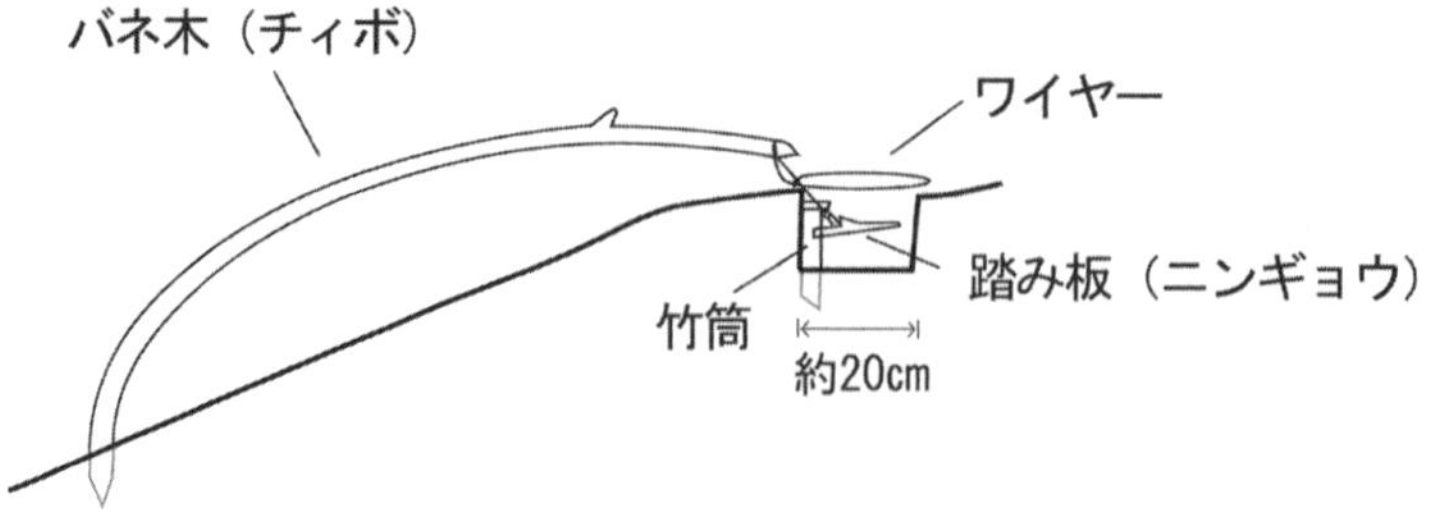

図２　跳ね上げの罠の構造

に販売したり、家族が経営する店（宿泊施設や飲食店）に提供したりする猟師が見られる。しかし、正月といった地域行事や公民館、学校活動など、人の集まる場のふるまい料理としても今なお広く利用されている。また、親戚や友人に無償で肉を分け与える猟師も多い。つまり、今日において西表島でイノシシ猟が行われている背景には、現金収入を得るためや、駆除など農作物の被害対策目的だけでなく、脈々と引き継がれてきたイノシシの利用文化が息づいているのである。

次に、その歴史を具体的に考古資料および史資料からひもといてみよう。

二　考古資料および史資料に見る近代以前のイノシシ猟

琉球列島では、隆起石灰岩の洞穴など、地質時代の地層から二、三万年前頃の旧石器時代に相当する古い化石人骨が発見されている。一九六七（昭和四二）年に沖縄島の港川採掘所から発見された港川人は、そのなかで有名なものの一つである。また、このような洞穴からは人骨だけでなく、シカの仲間など、現在は生息していない哺乳動物の化石も見つかっている。かつては、これら洞穴からイノシシの化石が見つかっていなかったため、リュウキュウイノシシは、後の貝塚時代に人の手によって持ち運ばれ、再野生化したものであるという説（「移入説」）[14]が唱えられていた。しかし、考古学の調査が進展し、港川や宮古島のピンザアブ洞穴などいくつかの地点からイノシシ化石が見つかり、現在では、古くに琉球列島に渡来していたことが明らかとなっている。

ただし、これらの遺跡からは道具などの文化遺物がまったく発見されておらず、この旧石器時代に相当する古い時代に、人々が狩猟を含め、どのような暮らしを営んでいたのかはわかっていない。

旧石器時代以降、約一万年ほどの間、琉球列島では人間の存在を示す遺物が見つかっていない。時代が下り、約一万年前〜約七〇〇〇年前頃になって、貝塚遺跡など、人が琉球列島の島々に居住することを示す遺物が再び出てくる。これ以降、貝塚時代と総称される時代[*3]が長く続く。この時代の遺跡からは、魚類や貝などの動物遺体に混じり、多くのイノシシ骨も見つかっている。また、カシやヤマモモといった野生植物の種子が出土している遺跡もあり、漁撈・狩猟採集生活が営まれていた。

八重山でも、西表島東部の仲間川河口に位置する仲間第一、第二貝塚（第二貝塚が四〇〇〇年前頃、第一貝塚は一〇〇〇年前頃）をはじめ、多くの遺跡から貝殻とともにイノシシ骨が出土している。さらに、現在イノシシが生息している西表島と石垣島だけでなく、西表島の南、約二〇キロメートル離れた波照間島の下田原貝塚（仲間第二貝塚と同年代）からも非常に多くのイノシシ骨が出土している。波照間島は西表島と異なり、台地を主体とした平坦な島であり、面積も小さく、イノシシが何世代にもわたり生息できる環境ではなかった。そのため、これらは、イノシシのいる西表島で狩猟された個体が人の手によって運ばれたものだと解釈されている。同様のことは、広く八重山の島々で行われていたようで、竹富島のカイジ浜貝塚や与那国島のトゥグル遺跡といった、現在イノシシが生息していない島の遺跡からもイノシシ骨が出土している。

捕獲されたイノシシは、食用としてはもちろん、サメの歯や貝殻とともに、道具の素材として加工され用いられていた。多くの貝塚遺跡から、イノシシの骨でできた骨針、骨錐、ノミ状製品、あるいは牙を用いた尖状製品、装身具などが出土している。

ただし、この貝塚時代においても、イノシシを捕獲する

＊3　沖縄の先史時代に関しては、出土する土器などの遺物にもとづき、いくつかの編年体系が示されているものの、統一的なものはない。また、地理的関係から先史時代は交流がほとんどなかったとされる宮古・八重山諸島では、沖縄諸島と異なる編年体系が用いられることが一般的である。本章では、これらの細かい区分を行わず、グスク時代以前のおおまかな時代区分として「貝塚時代」という語を用いる。

猟法についてはよくわかっていない。沖縄島の遺跡からは、イノシシだけでなくイヌも出土しており、狩猟においてイノシシの追跡にイヌが用いられることがあったのかもしれない。しかし、下田原貝塚や沖縄島の野国貝塚といった、イノシシの遺体が大量出土する遺跡からはイヌの骨がこれまで見つかっておらず、猟犬がどれほど広く用いられていたのかは不明である。

また、黒曜石やチャートからなる石鏃《やり》も沖縄島の遺跡から出土しており、弓矢も作られていた。沖縄島の各地に伝わっていたウムイ（神謡）の中には、久志村辺野古《くしそんへのこ》の「はよがまのおもい」のように、イヌでイノシシを追い詰めて、「だしちや」（そのままの表記、沖縄島北部方言で〈ダシチャー〉、〈ダシキ〉などとよばれ、和名シマミサオノキ）や「くわぎ」（和名ヤマグワ）で作った弓矢で仕留める、という猟の様子を謡ったものもある。

さらに、沖縄島北部の多くの集落で執り行われるウンジャミ・シヌグといった祭祀において、イノシシに見立てた人形やイノシシ役の人間を弓矢で射るという儀礼が今でも見られるところもある。しかし、弓矢を用いたイノシシ猟は聞き書き資料など民俗事例では見当たらず、実際にこの時代に行われていたかは定かでない。

このように猟法に関しては不明点が多いが、先史時代の漁撈・狩猟採集生活において、イノシシが重要な動物資源であったことは間違いないだろう。高宮[19]は、先史時代の沖縄島で、特に、縄文時代後期から弥生～平安並行期（日本本土の弥生時代や平安時代に相当する時代）へと移るにつれ、遺跡から出土する動物遺体の中でイノシシの占める割合が高くなることを指摘し、イノシシの重要性が高まった状況について論じている。

その後、島々で農耕が広まり、農耕社会を基盤とするグスク時代（一二世紀頃～一五世紀頃まで）へと移っても、イノシシは利用されていた。グスク時代の多くの居住遺跡でもイノシシ骨が出土している。また、沖縄島の伊礼伊森原遺跡には、丘陵地斜面に深さ三メートル近くの縦穴が見つかっており、これは、イノシシを対象とした落とし穴である可能性も指摘されている。[1]沖縄島北部や奄美大島では、昭和初期頃まで農地周辺に落とし穴を掘り、農作物をイノシシから守っていた。この伊礼伊森原遺跡の落とし穴もイノシシによる被害対策であったのかもしれない。

一五世紀になると、遺跡や遺物といった考古資料ではなく、文献記録にイノシシ猟の記述が見られるようになる。一四七七年、八重山に漂流した済州島民が、与那国島から琉球列島の島々、そして九州を経由し、朝鮮へと送還されたが、彼らは、途上で立ち寄った島の生活習俗に関する詳細な記録（『朝鮮王朝実録』）を残している。その中の、旧八月から半年間にわたって西表島西部に滞在したときの報告に、「山有豕、島人持槍牽狗獵捕之」と、島人たちが槍とイヌを用いて狩猟を行っていたことが記されている。[12] 西表島西部の上村遺跡からは、一四、一五～一八世紀頃の鍛冶跡も見つかっており、この「槍」には鉄鏃が用いられていた可能性がある。

この頃、沖縄島では、第二尚氏王統による琉球王国が誕生した（一四七〇年）。沖縄島から遠く離れた先島《さきしま》（宮古諸島と八重山諸島を合わせた地域）でも、一五〇〇年に石垣島を中心に起こったとされる地方豪族の武力対立（オヤケアカハチの乱）を契機として、王府の支配が強まっていった。とりわけ、一六〇九年の薩摩藩による琉球王国への侵攻以降、財政の確保が王府にとっての最重要課題となり、先島では人頭税という貢納が課せられるようになった。これは、個人の生産高と関係なく、米や上布などを村単位で納めるというもので、人頭税制度下では、人々が勝手に村外へ移り住むことが禁じられていた。また、滞りなく貢納させるため、王府は各村に役人を派遣し、農作業など村人たちの労働の督励（指導や監視）にあたらせた。人々の日常的な暮らしにおいて琉球王府というガバナンスの支配が強力に及ぶようになったのである。

その琉球王府時代の一八世紀初頭から、八重山では人口が増加し、農地が不足する村もでてきた。それに対し、面積の大きな西表島や石垣島では、役人主導で他村から人々を移住させ新たな村を作り、開墾させるということがいくたびかなされた。イノシシは開墾をすすめるうえでの脅威の一つであり、場所によってはイノシシの殲滅《せんめつ》が行われた。琉球王府時代に西表島西部の有力氏族がまとめた伝承書、『慶来慶田城由来記』[9] によると、西表島西部に位置する外《ぱ》離島《なりじま》（面積一・三平方キロメートル）と内離島《うちぱなりじま》（二・一平方キロメートル）という小さな離れ島では、周辺住民たちが舟で通い、石や木などを用いた垣を作って唐苧や木綿花、黍などを栽培していた。ところが、一七二八年から二年間かけて両島のイノシシを根絶させ、新たに粟畑を切り開いたとされる。

しかし、これらの島々のように、イノシシを殲滅させ、農地を確保することは一般的な手段ではなかった。むしろ、石や木の柵を築き、農地を守るというのが広く行われた方法であった。一八世紀中頃から、石垣を主体とした、猪垣とよばれる大規模な垣が、役人の強いはたらきかけ（支援、指導など）のもと、西表島と石垣島の各村に築かれた[4]。イノシシを根絶させた外離島と内離島で通い耕作を行っていた西表村の村人たちも、冬期に舟で通うのが困難であるという理由から、村の周りに猪垣を築造することを一七七〇年に願い出ている。

イノシシがいた石垣島と西表島の村人たちは、この琉球王府時代においてもイヌを用いてイノシシ猟を行っていた。飼いイヌが放牧している仔牛を噛み殺すという問題が起こり、各村で誰がイノシシ猟用のイヌ、その他の番犬を何匹飼っているか村の役人が調べて記録し、イヌの管理を徹底させる布達が一七〇二年に出されている（『参遣状抜書』[11]）。

さらに、琉球王府の検使、与世山親方が先島を巡検した後、一七六八年に布達した『与世山親方八重山島規模帳』[10]という文書の中には、イノシシ猟を禁じるとともに、猪垣の維持管理を徹底するよう通達しているくだりがある。それは、イノシシを獲ってくると大勢で食べるなど農民たちの無駄な浪費がなされる。猪垣さえしっかり管理していれば農作物の被害を防ぐことができるので、そのような浪費をともなうイノシシ猟をしなくてもよいはずだ、という趣旨の条文であった。農業生産を重視する為政者側（王府）にとってイノシシは「害獣」でしかなく、農民であった村人たちの食料とは見なしていなかった。また、農民たちの浪費を取り締まり、倹約を推し進めようとする為政者側の意図もそこには込められていたのである。

ただし、この布達が地方の各村でどれだけ守られていたのかは不明である。また、その後、先島を巡検した別の検使たちも同様の『規模帳』を布達するものの、それらには、イノシシ猟が行われていたであろうにもかかわらず、それを戒めるような条文は見当たらない。

一八九四（明治二七）年、青森県士族の笹森《ささもり》儀助《ぎすけ》という人物が西表島を訪島し、『南嶋探験』[18]という見聞録を残している。そこには、西表島の村の様子として、「毎戸必ス三犬或五、六犬ヲ飼フ。コレ錘愛スルニアラスシテ、実ハ野猪ノ害ニ備フナリ。石垣ヲ村囲ニ繞ラスモ、尚ホ足ラスシテ犬ヲ以テ防禦ニ充ツルニ至ル」と記している。また、「余、此滞留中、主人、猟犬数疋ヲ具シ、槍ヲ携へ去リ、一回ハ大猪一頭、二回目ハ小猪三頭ヲ獲テ饗応セリ」と、西表島東部の古見村に滞在したときに見た、狩猟の様子についても報告している。さらに、笹森儀助は西表島の横断を行うが、それに関し、「誰一人トシテ、此山脈ヲ越ル者ナシ。猟夫ノ猟ニ出ルモ、二里以上ノ深山ニ入ラスシテ、猟スルニ足ル」と村人たちの語りを紹介している。二里と言えば、約八キロメートルほどあるが、奥山へ行かなくても簡単に獲れるほど多くのイノシシが生息していたことを笹森儀助は伝えているのである。

また同じ頃（一八九七年）、西表島西部の崎山村に赴任していた地方役人は、村人たちからイノシシ肉をお裾分けとしてたびたび受け取っていた。[5]

このように、琉球王府時代は、イヌを用いた狩猟が一貫して行われていたことが史資料からうかがえる。薩摩藩は琉球王国の支配の一環として武器を厳しく統制しており、農民はもちろん、士族であっても鉄砲の所持は禁じられていたと言われている。[13] そのため、琉球王府時代に農民たちが鉄砲でイノシシを獲ることはなかったであろう。また、琉球王府時代においても、八重山のイノシシは貢納品や交易品とされることはなく[*4]、農民たちが自分たちで食べる分を確保することを目的とした狩猟が行われていた。そして、捕獲したイノシシの肉は、笹森儀助や地方役人へも分け与えていたように、自分たち以外の人たちへも贈りうる特別なものでもあった。

三　昭和初期の西表島におけるイノシシ猟

これまで、考古資料や史資料にもとづき、近代（廃藩置県から第二次世界大戦終戦頃まで）以前の琉球列島におけるイノシシ猟について、八重山を中心として概観してきた。それは農民たちの生業活動であり、公文書など為政者側の記録に書き記されることはまれである。しかし、漂流済州島民や笹森儀助といった現地に滞在した人たちが残した見聞録から、その活動の一端を垣間みることができた。

一方、近代における琉球列島でのイノシシ猟に関しては、猟師たちへの聞きとりなど民俗調査が行われ、狩猟にかか

＊4　琉球王府の中心地であった沖縄島の場合、北部の五つの間切《まぎり》（町村に相当するような琉球王府時代の行政単位）から毎年、王府にイノシシ肉を献上するという習わしがあり、それを改めるよう指示する布達が一八世紀初頭に出されている。しかし、国頭地方では一八三五年になってもイノシシを上納するため賦役が免除された「猪請人」という専門の猟師がいた。[8]

わる語彙（方言）やしきたり、言い伝えなどとともに、各地域で見られた猟法が記録・報告されてきた。たとえば、沖縄島北部（通称ヤンバル）に関して、平敷[8]は、聞きとりと資料調査から、犬引（〈インビキ〉、〈インビチ〉、〈インビカー〉など地域によってよび名が異なる）とよばれるイヌを用いた狩猟や、〈ワナガキ〉（跳ね上げ式の脚くくり罠）、〈ワナ〉（足枷）、共同狩猟、追込み網、落とし穴（〈ウトゥシアナ〉、〈アナブイ〉、〈アンナヤマー〉など）、落し槍（〈サギヤイ〉、〈サギエー〉など）、鉄砲を用いた待ち伏せ猟（〈マチジシ〉、〈ウジマチ〉、〈チキジン〉、〈シヌビー〉など）、〈シカキヤマ〉（据銃《すえじゅう》、仕掛け鉄砲）といったさまざまな猟法を紹介している。

八重山でも、イヌを用いて槍で仕留めるという、沖縄島での犬引と同じような猟法が行われていたことや、〈ヤマ〉（あるいは〈オトシヤマ〉など）とよばれる重力罠（圧殺罠）を用いた狩猟や鉄砲での待ち伏せ猟などが行われていたことが報告されている。[21]

これらの記録から、近代になると鉄砲もイノシシ猟で用いられるようになり、イヌ猟だけでなく、他にも複数の猟法が存在していたことがわかる。以下では、戦前から狩猟を行っていた方々[*5]の語りや、現在は使われていない罠の復元調査の結果[3]をふまえ、昭和初期の西表島西部において、さまざまな猟法によるイノシシ猟がどのように行われていたのかについて具体的に見ていきたい。

一八七九年、琉球王国に代わり沖縄県が設置されたものの、土地・租税制度などは琉球王府時代のものが引き継がれ、改革は遅々として進まなかった。特に、政治的中心から遠く離れた先島では遅く、土地整理事業が完了し、琉球王府時代の税制度である人頭税が廃止されたのは一九〇三（明治三六）年のことであった。

土地整理が行われることにより、農民個人に土地所有が認められ、所有者を納税者とし、その地価に応じた地租を金納するようになった。このことにより、沖縄の社会に広く貨幣経済が浸透していき、沖縄島及び周辺の島々ではサトウキビ栽培が、そして八重山（特に西表島）では稲作といった、経済的価値の高い換金作物の生産が盛んに行われるようになった。また、人々は自由に他所へ移住することができるようになり、土地を手放し、離村する人たちも現われた。人頭税が課せられ、移住が禁じられていた八重山では、わずか十数人という少人数でかろうじて維持されていた村も存在し、人頭税が廃止されることで、そのような村は相次いで廃村となっていった。

西表島の場合、石垣島と同じく悪性の熱帯熱マラリアが蔓延していたこともあり、古見集落を除く東部の集落は廃村となった。一方、新城《あらぐすく》島や竹富島、鳩間島といった周辺離島の住民が、それら西表島の東部や北部へ舟で通い、稲作などを行っていた。西表島の西部でも廃村となる集落があったが、その一方、舟浮《ふなうき》（近年の表記では船浮）や祖《そ》納《ない》、干立《ほしたて》といった集落は存続し、稲作を中心とした暮らしが営まれていた。その水田の多くは浦内《うらうち》川や仲良《なから》川など西部の大河川沿いに広がっていた。

また、西部では、明治一八年頃から始まった石炭採掘事業が国内の大企業によって徐々に本格的に行われるようになっていた。浦内川や仲良川、内離島など西部のいたるところで炭坑が掘られ、浦内や白浜といった石炭の積出港を中心に炭坑夫たちの集落が形成された。既存集落の住民も畑で収穫した農作物など食材を炭坑集落に売ることができ、石炭採掘事業は島内の人々の暮らしに大きな経済的影響を及ぼした。

この当時、竹富島や新城島、鳩間島といった周辺離島から田を作りに通っていた人たちも西表島でイヌ猟などのイノシシ猟を行っていた。[16] また、詳細は不明であるが、炭坑関係など、島外から来た人たちもイノシシ猟を行っていたようである。それらの人たちとともに、既存集落の人々もオトシヤマという重力罠やイヌと槍を用いた狩猟を行っていた。

オトシヤマは図3のように、淮木を組み天井を作り、そこに二、三〇〇キログラムほど（三〇〇〜五〇〇斤、一斤は約六〇〇グラム）の石を載せる。そして、天井の下をイノシシが通ると仕掛けが外れ、石の重みでイノシシを圧するというものである。この罠がいつ頃から使われるようになったのかという点に関しては伝承されていない。しかし、一九一六（大正五）年の琉球新報には、西表祖納（現在の表記では祖納）の長浜巌という青年が仲良山に、自分の設けた「陥罠」に「圧せられて」死亡したという記事が載っている。[20] 事故が圧死であることから、この「陥罠」はオトシヤマのことであると考えられ、オトシヤマに関する数少ない文字資料上の記述である。

＊5　主な話者は、西表島干立出身男性三人（大正一一年、昭和二年、昭和七年生まれ）、祖納出身男性七人（大正一一年、一三、一五年、昭和元年生まれ、他不明）、その他の集落出身男性一人（昭和九年生まれ）である。

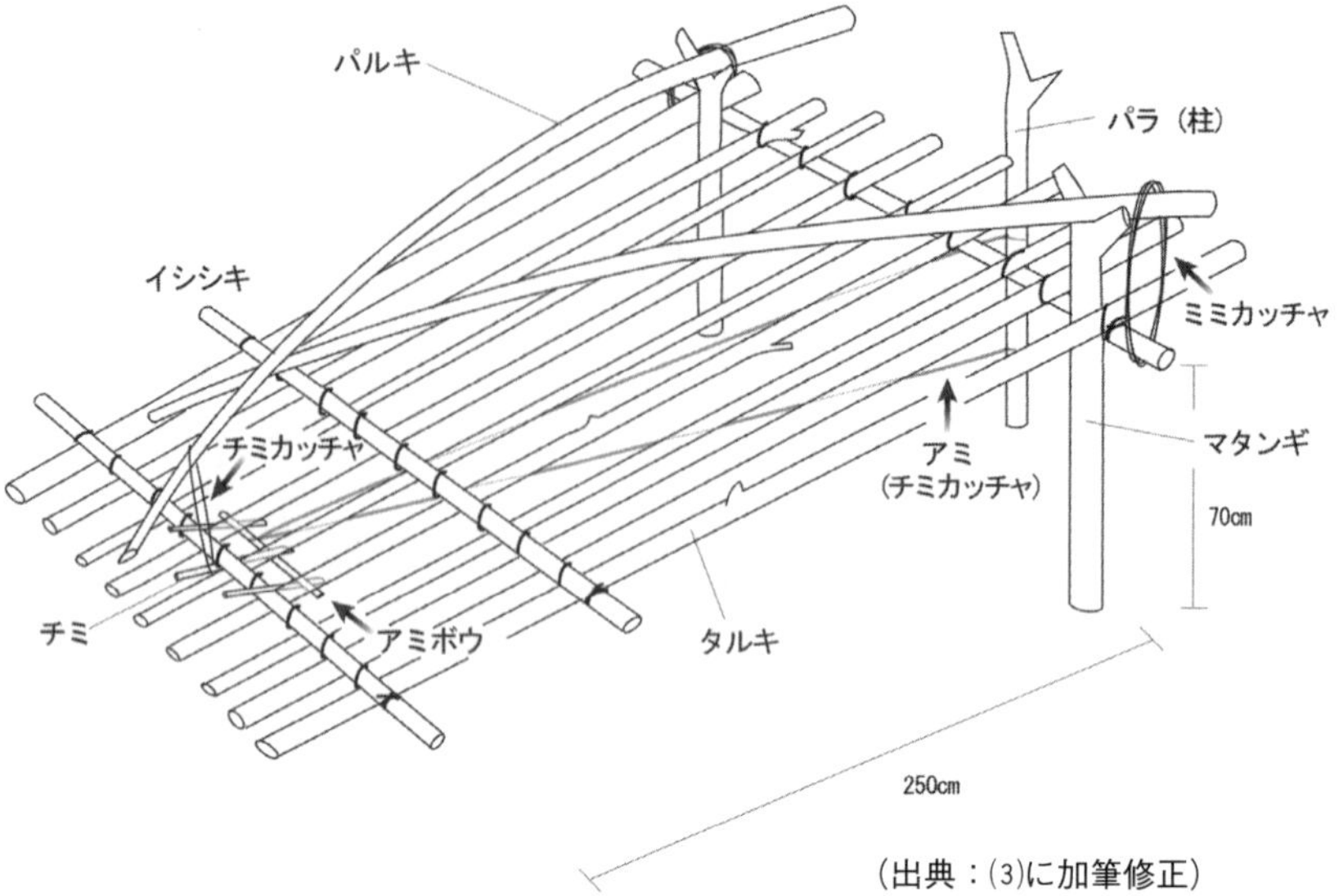

（出典：(3)に加筆修正）

図３　オトシヤマの構造

仲良山という具体的な地名があげられているように、この罠を用いた狩猟は、集落や農地から離れた奥山（〈シクヤン〉とよばれる）でも行われていた。現在でも西表島の山中では、罠用に集められた石がいくつもまとまって放置された罠の痕跡が多く残されている。また、集落から遠く離れたクイラ川の上流には、オトシヤマを一枚（天井をもつオトシヤマは「枚」という単位を用いた）設置するだけでたくさんのイノシシが獲れたことにちなみ、イチマイヤンとよばれた場所もある。

　オトシヤマ猟では、イノシシを確実に罠へ誘導するため、罠を設置したイノシシの本道から分岐する細かな枝道はすべて小枝を切ってふさいだ（「フセル」という）。また同時に、罠の前後五〇～一〇〇メートルも伐採した灌木で誘導柵を作るとともに、罠の周りや石を積んでいるところもすべて葉などで隠し、カムフラージュしなければならなかった。集石作業に加え、このフセル作業が非常に大変だったと語る。三～五人ほどが組となり、山へ出かけ、共同分担作業で罠の設置を行ったが、一日二枚作るのが限度であったという。設置に多大な労力を要するものだったのである。

　罠を設置すると、数日間隔で見回らなければならず、山中にオトシヤマが設置される期間（時期）は大まかに決まっていた。西表島の森林はイタジイやオキナワウラジロガシといった常緑樹が優占しており、それらの木の実（堅果）はイノシシの重要なエサとなる。例年、九月を過ぎると、順次、これらの実が落ちる。すると、エサが密集している場所（餌場）にイノシシが集まり、餌場と餌場の間に決まったイノシシ道ができる。そのように、はっきりとわかるようになったイノシシ道にオトシヤマを設置していったのだという。

また、秋から冬期にかけては、これらの木の実（山の〈ナリモノ〉）をイノシシが食べて肥えているということも、この時期に狩猟を行っていた理由としてあげる人もいる。さらに、当時の主要な生業であった稲作において、この時期は一期作に向けての耕地作業の時期であり、罠の見回りを時間的にしやすいということもあった。

ところが、年を越して一月になると、一か月間以上田植え期間となるため、見回ることができなくなり、自ずと猟は終わったという。このような一猟期で、一組がオトシヤマを二〇～五〇枚ほど作っていたが、一猟期で三〇頭以上も獲れることはほとんどなかった。

オトシヤマ猟をする人たち以外に、イヌを使ってイノシシを獲る猟師もいた。しかし、聞きとりによると、昭和初期には祖納で二、三人、干立で一人と非常に少人数だった。連れていくイヌは五、六頭で、集落から遠くの猟場の場合、泊まりがけで行くこともあった。山中で広く行われていたが、オトシヤマを設置した人たちがその場所を教えてくれ、その辺りを避けるようにしたという。しかし、実際は、イノシシを追ってイヌがオトシヤマに入り、圧死してしまうという事故もあった。夏期は暑く、イヌが疲れやすいことや、イノシシが痩せているなどの理由から、この猟法も夏期はほとんど行われなかった。一回で五、六頭も獲れるときがあれば、まったく獲れないときもあるように、イヌの能力に大きく左右されたという。

これらの他に、当時は鉄砲を使う人たちもいた。数少ない銃猟経験者の一人である祖納在住の八〇歳代（聞きとり当時）男性によると、銃は村田銃が多く、沖縄警察の払い下げや、炭坑にやってくる台湾人から買ったという。鉛玉は自分たちで作り、火薬がないときはマッチの頭を削って使うことがあったが、炭坑のダイナマイトは危ないので使わなかったとのことである。値段が高かったこと、所持に公的な手続きが必要であったことなどから、祖納、干立では鉄砲を持っている人は非常にかぎられていたという。

銃猟は基本的に待ち撃ちが多く、畑、水田やヌタバ（〈ミタヤン〉とよばれ、イノシシが泥浴びをするところ）などで主に夕方に待ち、現れたイノシシを撃つものであった。これは個人猟であったが、〈ヌーナーヤヒ〉とよばれた、鉄砲を用いる集団猟も行われていた。この猟法に関しては野本[15]も報告しているが、海岸沿いに広がるカヤ、ススキ原など草地に昼間火をつけ、夕方になると、焼死した虫やヘビなど小動物を食べにやってくるイノシシを待ち伏せして撃つという方法である。五、六人で組になって行ったといい、そこで寝泊まりすることもあった。草地が広がっていた西部の網取半島や崎山半島は格好の猟場で、主に夏期に、これらの場所へ舟で出かけ、火を放ち、夕方頃にイノシシが出てくるまで、巻き網漁などをしながら待っていたという。一九六〇年代以降、原野に自由に火を放つことが禁じられ、この猟法は徐々に行われなくなった。

これらがすべて野山へ出かけ、積極的にイノシシを獲る狩猟であったのに対し、田畑の周囲に罠を仕掛け、農作物を食べにやってくるイノシシを獲るという、防御的な狩猟もなされていた。湿地帯にある水田のまわりには、成長が早く、まっすぐに伸び、根をしっかり張るというサガリバナ（西部方言で〈ジルカキキ〉）を水路に密に植え、水路維持とイノシシの侵入を防ぐための生け垣とした。しかし、それ以外の田畑では、木の柵を周囲にめぐらすことが一般的で、イノシシがこじ開け、侵入するような箇所にはオトシヤマを設置したという。なかには、サツマイモの皮〈ウムヌカー〉やつるなどをオトシヤマの仕掛け部分のそばに置き、おびき寄せるというもの（〈ウムヌカヤン〉ともよばれた）もあった。

また、段差のあるところなど、イノシシが飛び降りてくるところには、先をとがらせた木や、竹の槍を刺しておいたという。木の場合、堅いシマミサオノキを用いることが多く、〈キーグイ〉とよばれた。奄美大島やヤンバルの森の中には、放棄された農地周辺に今なお多くの落とし穴が残されている（図４）。しかし、西表島で、農地周辺に落とし穴を掘ったということや、掘ってあるのを見たことがあるという話は伝承されていない。西表島では落とし穴が掘られるのはきわめてまれであったようである。

四　戦後のイノシシ猟の変化

先述したように、現在の西表島では、法律によって定められた猟期に、跳ね上げ罠猟を主流としたイノシシ猟が行われている。オトシヤマ猟や槍を用いるイヌ猟を行う人はいない。次に、西表島におけるイノシシ猟の戦後の変化について見ていきたい。

西表島で跳ね上げ罠が普及したのは第二次世界大戦直後である。一九四三年に西表島西部の白浜へ炭坑関連の仕事でやってきた台湾人の用いていたもの[*6]が、やがて、祖納など周辺集落に広まっていった。ワイヤーが手に入りにくいときは、炭坑や船で使われなくなった太いワイヤーをばらして利用していたという。千葉[(2)]は、奄美大島やヤンバルでも、西表島と同じ頃（第二次世界大戦頃）に跳ね上げ式の脚くくり罠が用いられ始めたという伝承を報告している。そして、奄美大島では、宮崎から炭焼きをするために来た人によって技術が伝えられたという猟師の語りも合わせて紹介している。

図４　落とし穴（沖縄島国頭村 2007 年 12 月著者撮影）

西表島の場合、この跳ね上げ罠が伝わることで、従来から行われてきた猟法が一変した。先述したように、オトシヤマは集石作業や用材の伐採、フセル作業など複数人での共同作業が不可欠であり、設置に長時間要するものであった。一方、跳ね上げ罠の場合、一人で仕掛けることができ、バネ木さえ近くで見つかれば一〇分以内に一本掛けることが可能である。また、イヌ猟の場合、イヌの訓練や飼育に大きなコストがかかるものであったし、罠にイヌがかかり、

＊6　この台湾から来た人が作った罠と、現在、西表島で用いられている罠とは仕掛け部分が異なり、西表島で独自の改良が加えられたようである。また、この人物から他の猟師たちがどのようにして技術を学んだのかや、この人物がどこで技術を習得したのかなど、跳ね上げ罠の技術が西表島で広まった経緯に関してはいまだ不明な点が多い。

負傷するという事故も起こるようになった。

これらの理由から、第二次世界大戦後、人々が復員するにつれ、既存集落を中心として跳ね上げ罠は島内で急速に普及していった。従来、オトシヤマ猟やイヌ猟を行っていた人たちはこの罠を次々と用いるようになった。オトシヤマ猟は一九四八年頃を最後に行われなくなった。イヌ猟は、西部で復帰(一九七二年)頃まで一人行っていたが、その後は行う人がいなくなった。

また、第二次世界大戦前後から、西表島の東部でも開拓が行われ、新しい集落が拓かれていった。そして、跳ね上げ罠の技術はこれら東部の人々の間にも、西部猟師との交流を通して広まっていった。

ただし、新しく用いられるようになった跳ね上げ罠にしても、イノシシ道に仕掛けるため、猟期はオトシヤマ猟と同じく、イノシシの道がはっきりするという秋から冬期にかぎられていた。誰もが舟を持っているわけではなく、集落から離れた猟場へ行く場合、数人が組になって出かけ、山中に寝泊まりし、猟期前半の数日間で集中的に罠を仕掛けていた。終戦直後は、一人で一猟期に二〇〇本ほど仕掛けて、猟期全体に一組で一〇〇~三〇〇頭ほど獲っていたという。

このようなイノシシは戦後復興期で食糧難時代の人々の食生活を支えた。集落に運ばれたイノシシの毛皮を焼くためのクバ(和名ビロウ)の葉や竹を集めるのは、学校帰りの子どもの仕事であったといい、帰ってくる舟を遠くから眺め、心待ちにしていた。猟師たちが帰ると、近隣の大人たちも集まり、共同で解体し、みんなで食べた。行事などで肉が必要な人は金銭で買い、余ったイノシシ肉は台所のカマドの上に吊り下げて乾燥させたり、塩漬けにして保存した。そして、田植えなど、人々が集まるときに吸物の具材などとして供されたのであった。

終戦直後での、捕獲統計など公的な資料はなく、当時、島全体でどのくらい年間に捕獲されていたかは不明であるが、設置が容易な跳ね上げ罠が急速に普及したことで、猟師一人(もしくは組)あたりの捕獲頭数が格段に増加したことは想像にかたくない。ただし、既存集落の場合、それまでオトシヤマ猟やイヌ猟を行っていた人たちが跳ね上げ罠を用いるようになっていったのであり、猟師の数が急激に増加することはなかったようである。

人身に危害を及ぼしうる鉄砲(猟銃)に対しては、戦前から警察によって検査が義務づけられ、所持の管理がなされていた。『沖縄の林業史』[17]によると、琉球政府(一九五二年設立）も一九五三（昭和四八）年に「狩猟法」を定め、鉄砲管理のため狩猟を免許制としている。また、その後に禁猟区や禁猟種などが定められ、鳥獣保護政策が進められていくなか、沖縄では一九六八（昭和四三）年に講習会を設け、狩猟免許を交付するようになった。当初は罠猟に対して講習会の受講は必須ではなかったが、沖縄島で据銃の人身事故が起こり、受講が義務づけられるようになった。

狩猟が免許制になることで、法律によって猟期が定められるようになったが、当初は一〇月から翌年一月までと、オトシヤマ猟など従来の猟法が奥山で行われていた時期（秋～冬期）とほぼ一致していた。ただし、農地周辺で罠を仕掛けるためにも、免許取得など手続きが必要となったのである。

これら狩猟が変化していく過程と前後して、第二次世界大戦中から、西表島の豊かな森林は、陣地構築や戦災復興のための材木やパルプ用材の有望な供給地として注目され、森林開発が漸次進められた。とりわけ、八重山開発株式会社のあとを引き継いだ本土の製紙会社は、一九六一（昭和三六）年に、西表島の森林の大部分を占める国有林に関し、国と一万二九一八ヘクタール（西表島の面積の約四五％）の分収契約を結び、パルプ用材の皆伐事業を開始した。[*7] 日本復帰の頃には、事業は休止したが、それまでに西表島西部の約二〇〇〇ヘクタールの森林が伐られたという（祖納七〇歳男性、元伐採会社職員による）。

ただし、これらの森林開発がイノシシ個体数の増減にどのような影響を及ぼしたのかについては、実証的な調査が行われておらず不明である。少なくとも、猟師の間では、イノシシの個体数などに関し、大きな変化が生じたとは認識していなかった。

むしろ、猟師など住民たちがイノシシの異変を感じたのは、復帰直後に西表島を襲った大型台風によるものであった。特に、一九七七（昭和五二）年七月末に襲来した台風五号は、家屋の倒壊や浸水など生活にも多大な被害をもたらしたが、土砂崩れや倒木など森林にも大きな影響を及ぼした。エサ不足による栄養不良のためか、疥癬《かいせん》をもっていたり、やせ細ったイノシシが捕獲個体で目立つようになり、山に行けば、餓死しているものも見られたという。倒木が多く歩きづらく、罠を仕掛けにくいこともあり、出猟を自

＊7　パルプ用材の皆伐跡地にはリュウキュウマツの植林が奨められた。

主的に控える猟師も少なくなかった。ちょうどこの当時、西表島に通い、イノシシの生態学的な調査を行っていた花井[(7)]も、仕掛けられる罠の総本数が、これらの台風が通過した年では少なくなっていたことに触れつつ、一九八〇年代初め頃に、単位捕獲努力量あたりの捕獲頭数が下がり、イノシシが減少傾向にあった可能性を指摘している。

しかし、数年経過すると、以前のように健康状態のよいイノシシが現れ始め、狩猟を自粛していた猟師の多くは猟を再開した。そして、復帰以降は全国的な狩猟制度のもと、現在にいたるまで跳ね上げ罠を主流としたイノシシ猟が継続して行われてきた。

五　イノシシ猟が持続して行われてきた背景

最後に、西表島において、イノシシ猟が持続して行われてきた背景について、本章でこれまで具体的に述べてきた猟法や猟師たちの行動といった側面から考えたい。

戦前のイノシシ猟に関する猟師たちの語りから、農業と季節的に補完し合い、イノシシ猟が行われていたことがわかった。冬期の農閑期には集落から離れた奥山でオトシヤマなどを用いる狩猟が行われていた。現在のように法律によって猟期が定められる以前も狩猟に適した時期が存在し、かぎられた時期での狩猟が行われていたのである。ただし、その他の時期でも、農作物の被害防御を兼ね備えた「消極的な」捕獲は行われていた。たとえば、農作物に誘引されるイノシシを捕獲するためオトシヤマが農地周辺に設置され、狩猟が農業と技術的に結合していたのである。奄美や沖縄では、落とし穴を農地周辺に作ることで同様の技術的結合が見られた。

このように時期がかぎられていたことに加え、用いられてきた猟法も技術的に見て大量捕獲につながりにくいものであった。戦後、急速に島内で跳ね上げ罠が用いられるようになる以前は、オトシヤマ猟やイヌ猟が行われていた。設置作業が大変なオトシヤマは、跳ね上げ罠ほど多く仕掛けられるものではなく、一猟期の捕獲頭数も少なかった。一度に数匹のイヌを用いるイヌ猟も、イヌの飼育、訓練において多くの手間を必要とし、この猟をする人は非常に少人数にかぎられていた。そして、聞きとりによると、イヌの追跡能力などに大きく左右され、安定した猟果を得られる猟法ではなかった。

設置が容易で、多数の罠を一度に仕掛けることのできる[*8]跳ね上げ罠が、これら技術的な問題を抱えた従来の猟法にとって代わり、戦後急速に普及していった。しかし、跳ね上げ罠猟にしても、いつでも行われるわけではなく、オトシヤマ猟と同様、時期がかぎられていた。また、大型台風による倒木で罠が仕掛けづらくなり、設置される罠本数が減少したり、出猟を見合わせたりする猟師もいるように、いつでも無尽蔵に罠が仕掛けられるわけでもない。

このように、西表島で行われてきたイノシシ猟は時期的にもかぎられ、さらに技術的な制約から一度に多く継続的に捕獲することが困難だった。これに対し、イノシシは多産で、世代交代が速いなど、強い狩猟圧にも耐えることのできる生態的特徴を有している。[*9] 長らく森林開発が進まず、イノシシにとって良好な生息環境が保持されてきた西表島では、イノシシを絶滅に導くほど捕獲することは不可能に近かったと言える。西表島西部の小さな離れ島であっても、一七〇〇年代に、住民総出でイノシシを根絶させるのに二年という歳月を費やしたのである。

ただし、西表島において持続的にイノシシを狩猟し、利用してきた背景として、これら技術的、生態的な側面だけをあげるのでは不十分であろう。猟師たちは、より効率のよい猟法を編み出したり、猟期を延ばすなどより多くの労力を狩猟活動に費やしたりすることで、イノシシを獲り尽くそうともしてこなかった。

むろん、猪垣を築造するなど、獣害対策には多大な労力を要し、為政者にとってだけではなく、住民（農民）たちにとってもイノシシは暮らしを苦しくする動物であったのは間違いない。そして、実際、技術的に可能であった離れ島ではイノシシの根絶がなされた。しかし、そのような村人全員など、集団での大規模な駆除・捕獲活動は、文献資料や聞きとりではほとんど確認できない。[*10] 現在の西表島の猟師（兼、農家）も「（イノシシに）米は食べられるけど、その分、猟期になったら（イノシシを）獲ればいい」と語るように、イノシシを徹底的に排除すべき「害獣」として

＊8　技術的には多数を一度に仕掛けることが可能であるものの、現在、法律によって一人の狩猟者が一度に仕掛けることのできる罠の数は三〇本以内に規制されている。

＊9　リュウキュウイノシシは、一腹あたりの平均産仔数（一回に一頭の母親が出産する平均数）は約四頭で、雄雌とも一才ほどで性成熟する。また、春と秋の年二回、繁殖期があるともいわれている(6)。

はとらえてこなかったのではないか。

近年では、イノシシの肉が島内外へも販売されるようになったものの、それ以前はイノシシが貢納や交易産物の対象となることもまれで、基本的に、自分たちが利用する分以上を獲る必要性がなかった。その自給的な消費において、捕獲したイノシシは、島の貴重な山の恵みとして感謝しつつ、客人などへも贈りうる特別な食べ物として利用されてきた。イノシシ肉が商品的価値を持っている現在でも、親戚や友人への肉の無償提供を多くの猟師が行い、さらには肉の販売をまったくしない猟師も存在するように、そのような自給的な要素を色濃く残す利用がなされている。

猟師たちは、山の恵みをより多く享受するため大猟を願い、個人でさまざまな祈り〈ニンガイ〉や禁忌を行ってきた。しかし、通年的に狩猟をするわけでもなく、また、大きな台風があれば狩猟を控える猟師も現れるように、むやみに獲り尽くそうとしてきたわけではなかったのである。

同じ八重山のジュゴンの場合、貢納対象であったため、捕獲に際し、王府による取り決めがなされていたが（本巻当山論文参照）、イノシシ猟に関しては、現在の狩猟制度が確立されるまで、王府など大きなガバナンスはほとんど関与してこなかった。また、住民たちも「積極的」にイノシシを保護しようとはしてこなかった。そのなかで、狩猟を持続して行ってきた背景には、希少化させるほど獲ることができなかったという技術的、生態的な要素が大きかったと言える。しかし、それだけではなく、イノシシを一方的に害獣視せず、むしろ山の恵みとして感謝し、捕獲頭数の増大を志向しようともしてこなかった猟師たちの意識や行動の規範も無視できないものであった。今後の持続可能な野生動物の利用について考えるうえで、各地域において、それら狩猟にかかわる規範をどのように個々の猟師が構築しつつ狩猟を行っているのかという点にも目を向ける必要があるだろう。

＊10 ただし、野本(15)は、石垣島の川平《かびら》や沖縄島の奥や安波《あは》で、猪垣の内に侵入したイノシシを大勢で捕獲していたことや、石垣島の平久保で、一〇月の播種の後、村人総出でイノシシを岬や平地に追い出し、槍で仕留めるという共同狩猟が、かつては行われていたことを報告している。

第6部

奄美・沖縄の人間―自然関係史
人間と自然のかかわりについて考える

第13章　隣り合う島々の交流の記憶
——琉球弧の物々交換経済を中心に

安渓遊地

はじめに

このシリーズの第一巻に、私は「失敗の歴史を環境ガバナンスで読み解く」という原稿を書いた。そこで指摘したのは「地の者」として生きる人々の、生業経済の環境ガバナンスこそが重視されるべきだ、ということであった。ともすると私たちは環境ガバナンスを、政治的な支配にそのまま重ねて、ピラミッド型の一極支配を連想しがちである。しかし、ガバナンスは「自治」と「統治」を合わせた概念なのである。

　この環境ガバナンスの視点から、黒潮洗う琉球弧の島々の人と自然の関係をとらえ直すためには、島を、政治的な支配・被支配の編み目の中にある存在とだけとらえるのではない視点が必要である。琉球弧の交易活動については、東アジア・東南アジアを舞台に雄飛した時代についての多くの研究があり[8など]、最近では考古学の視点も加えた論集も編まれている。[22など] その後、一七世紀から薩摩藩による直接・間接の支配を受けた屋久島以南の島々では、島と島を結ぶ物流の多くは、納税などの制度と関連して、政治的に統制された。これらの島々では、島外の物資も、屋久島では屋久杉の平木、奄美では黒糖、宮古では粟、八重山では稲との交換が指定され、納税に用いられる物品が、あたかも貨幣であるかのように使われていたのだった。琉球処分後も旧慣温存策がとられた沖縄県では、おそらく沖縄島を例外として、一九〇三（明治三六）年に宮古・八重山の人頭税が廃止される頃まで「お金」（方言で〈ジン〉、「銭」の意味）が流通することがほとんどない島が多かった。[2]

「お金」を使うことがない生活というものを私たちはな

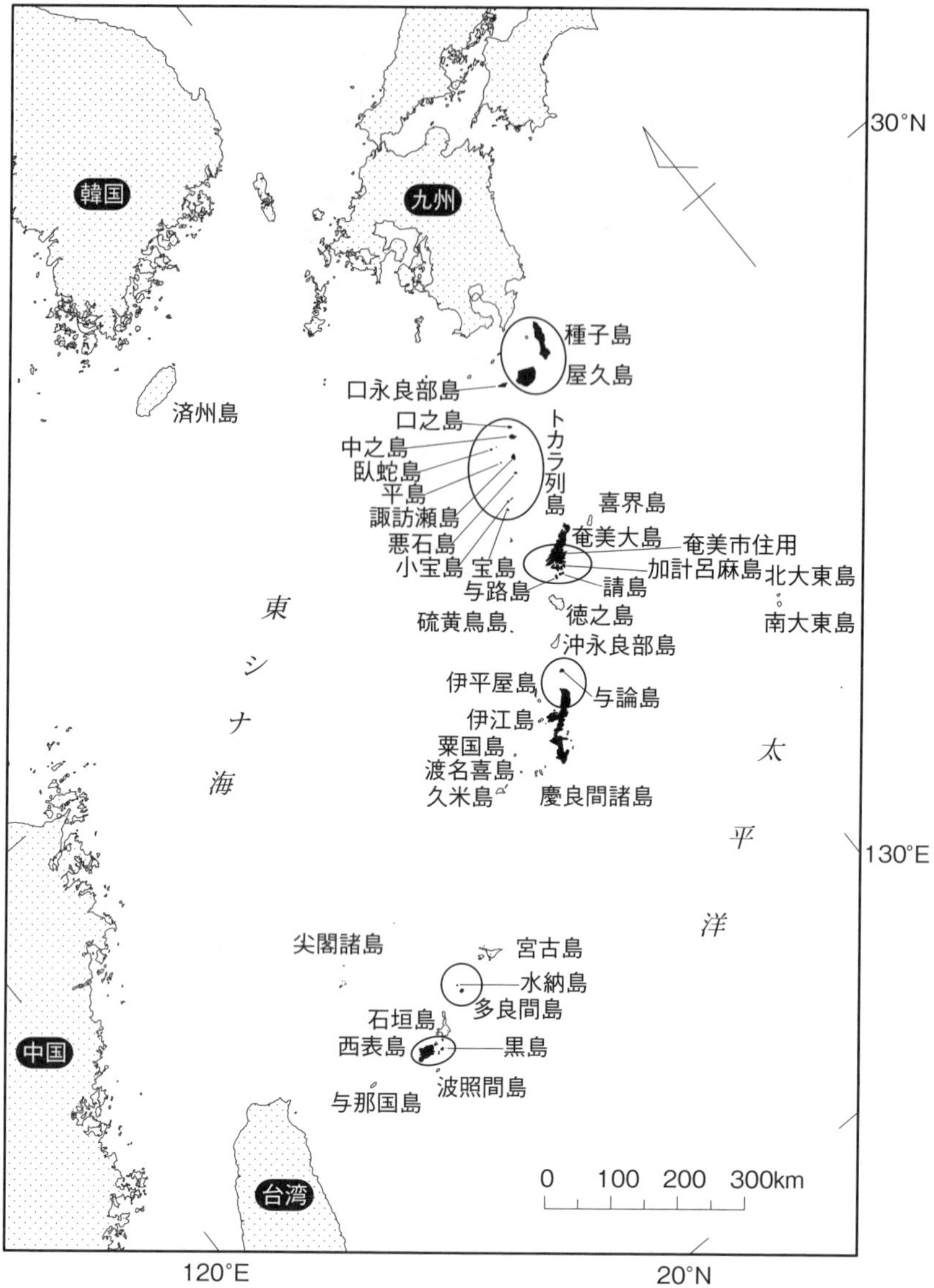

図１　交易・交流の舞台となった島々

かなか想像できない。自給と物々交換ではたして生活は成り立ったのだろうか。アフリカの熱帯雨林の中で、現在も盛んに行われている物々交換の市場と出合って、[1]日本の物々交換経済についてこれを知りたいと考えたことが、一九八〇年頃からこの報告のもとになる聞き書きを開始した背景にあった。ここでは、隣り合う島の立地の違いによって成立してきた交易や交流についての、島びと自身の語りを紹介する。古文書や考古学の証拠からわかる交易・交流についての状況に、自ら体験した人だけが話すことができるいきいきとした語りで肉づけができないか、というのが基本的な着想であった。

聞き書きの時代は、子どもの頃の記憶として明治末のものが入る場合もあるが、ほぼ大正時代以降である。いわゆる「お金」を使うことがどの島でも当たり前となっていた時代に、島と島を結んで展開された「お金」を使わない交易活動や、まるで親しい親戚のように互恵的な物とサービスの交換があった事例を中心に紹介する。話者のほとんどが故人となられていることから、今となっては聞くことが難しく、ほぼ忘れられた貴重な話が多い。

隣り合う島の生態的立地が異なるとき、それぞれの島の特産品が生まれる。それを隣り合う島の住民が直接行き来してやりとりしたという事例を、北から南へという順に見てみたい（図1）。そのなかには、意外に古い時代からの残存が確認されるものがあるかもしれない。

この論文では集落を越えた社会的関係を「交流」とよび、それに付随する経済的関係を「交易」とよぶことにする。統計に現れることはほとんどなく、「交易」は、「交流」という氷山の水面に現れた部分とたとえることができる。「交易」とは現在の私たちが考える「お金」を使う取引だけではなく、お金を媒介としない「物々交換」、「物での返済を約束する貸し借り」、直接的な返済を行わない「贈与交換」を含めた幅広い概念として使いたい。

人間の生活のすべての側面が貨幣尺度で一元的に計られるようになると、自然と人間の関係は、とり返しのつかない破壊の危機にさらされる。この報告が、そのようでないもうひとつの未来のために役立つヒントとなれば幸いである。

一　種子島の農産物と屋久島の魚の交易活動

種子島は、平坦な土地が多く、特に南部では水田稲作が盛んな地域もある。これに対して、屋久島は農業には不向きな地勢と地質であり、その分漁業と林業に頼る比率が大きかった。このように「低い島と高い島」の交流・交易が行われる背景があったのである。

歴史的には、江戸時代の貢納は、屋久島では、米に換えて一五歳以上の男子に対して、屋根葺き材として「平木」と称する、屋久杉を薄く割った板を薩摩藩に納め、[8] 種子島の稲作地帯では米、下立石など西海《せいかい》地区の五集落では塩を種子島藩に納めていた。

さらに、薩摩藩では、屋久島における平木の生産を奨励するために、飢饉米と称する米を藩の倉庫があった宮之浦に備蓄して、それを平木と交換していた。余分に納めた平木は「羽書《はがき》」という納入証書と交換され、島外からもたらされるさまざまな物品との交換リストに基づいて、たとえば米一升は平木一束四〇枚と等価に交換されるという方式がとられた。[11] このやり方は、屋久杉の貢納物である平木を、ポランニー[18] のいう限定目的貨幣（いわゆる原始貨幣）として等価交換の単位とするものであり、三に述べる奄美の島々では、黒糖が貢納物兼限定目的貨幣として用いられたのと同じ扱いであった。

下立石をはじめとして、南種子の西南の海岸に面した西海地区の村々は、江戸時代から日清戦争が終わる一八九五（明治二八）年頃までは製塩を主な生業としていたという。その後は、潮焚き用に割り当てられた一二〇ヘクタールもある森林（塩屋牧と称した）での炭焼きや、畑作と漁業で生計を立ててきた。島の南端のロケット発射基地がある茎《くき》永《なが》あたりには水田が広がっているが、畑作の村では米は貴重品だった。

島を越えた物々交換の経験を、屋久島が目前に見える南種子町下立石集落の立石助也さん（一九〇〇年生まれ）にうかがった。おおむね一九二〇年以降の体験談である。

話者の立石さんは、四〇歳を過ぎる（一九二〇年頃から一九四〇年頃）まで毎年二回屋久島に通って、トビウオやブリなどの魚を捕った。屋久島までは、追い風なら二時間半、風がなくて櫓で漕ぐときは、追い潮で四時間、向かい潮なら五時間かかった。

西海地区の村々が交流したのは、上屋久（屋久島の北側）の一湊《いっそう》から小瀬田《こせだ》までの間の村々だった。種子島ではサツマイモ〈カライモ〉がいくらでも採れたので、毎年のように屋久島へ売りに行った。屋久島は田畑が狭くて、農産物が不足がちだったのでよく買ってくれた。他人から頼まれた芋も持っていった。おおかたは現金で売ったが、現金が入手できない場合など、塩サバと換えた。買えば高価なサバ節をみやげ物程度にもらうことはあったけれど、物々交換される場合は、高価な食べ物は種子島には来なかった。何度もやり取りをして親しくなれば、〈トモ〉とよんで大事にした。こんな関係を屋久島の人は〈シマイトコ〉という。西海地区では、屋久島のサバの頭の塩辛を一斗缶にいっぱい入れたものを、〈カライモ〉と交換することを望んでいた。これは、日常の食事のおかずであり、焼酎の肴としても喜ばれた。他の家にも分けたが、一年でももつから、少しずつ食べた。

立石さんの青年時代である大正末から昭和の初めの一九二〇年代に、お金でなくほとんど物々交換で交易するものがあった。それは〈サバダテ〉とよばれ、屋久島でサバ節を作ったときに副産物として出る頭や骨をゆでて干したものである。叺《かます》に入れて持ってくるので、これを水田地帯で穫れる稲籾と物々交換した。化学肥料のない時代、〈サバダテ〉を臼でついたものは、稲に対して非常に効き目のある肥料として珍重されたのだった。カツオやサバの頭が肥料になることは、遅くとも明治初期にはわかっていたと、立石さんは言い、南種子の玄関口の島間《しまま》港には、〈サバダテ〉を粉砕して肥料として販売する業者もいたという（図2a）。

種子島から屋久島に出かけるのは季節があったが、屋久島からは毎月欠かさずやって来て、サバ節を作るための薪を現金で買いつけていた。屋久島の森は深いが、国有林がほとんどで、種子島のようには自由に薪をとれないという事情があったからである[*1]。

この立石さんとは逆向きに、一九五九年頃まで四〇年近く、屋久島から種子島に渡って塩サバの〈ダウイ〉すなわち行商を業とした、上屋久町（現屋久島町）一湊の斉藤熊彦さん（一九〇二年生まれ）は、現金売りを基本として、金がないときに米で受け取ることもあった、と話しておら

＊1　屋久島でのサバ節製造は、カツオ漁の衰退の後一八九八年に始まったので⑿、種子島とのサバの頭の物々交換は二〇世紀に入ってからのものである。ただし、一八七八年から八〇年にかけて、上屋久村では年間一六トン程度のカツオ節製造がなされていたから⒀、種子島とのカツオの頭や薪の交易が明治初めに始まった可能性は否定できない。

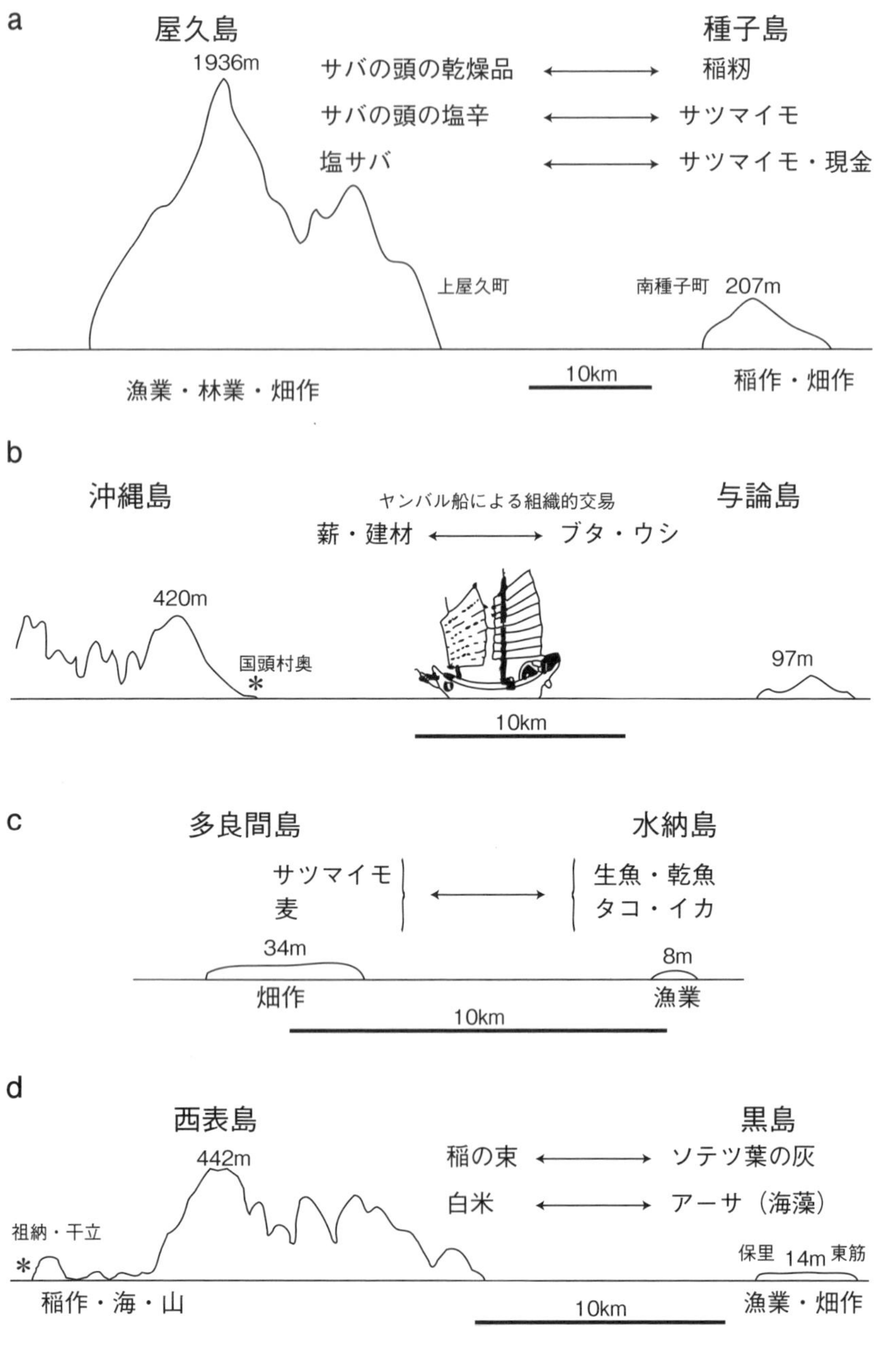
a
屋久島
種子島
1936m
サバの頭の乾燥品
稲籾
サバの頭の塩辛
サツマイモ
塩サバ
サツマイモ・現金
上屋久町
南種子町 207m
10km
漁業・林業・畑作
稲作・畑作
b
沖縄島
ヤンバル船による組織的交易
与論島
薪・建材
ブタ・ウシ
420m
国頭村奥
97m
10km
c
多良間島
水納島
サツマイモ
麦
生魚・乾魚
タコ・イカ
34m
8m
畑作
漁業
10km
d
西表島
黒島
442m
稲の束
ソテツ葉の灰
白米
アーサ（海藻）
祖納・干立
保里 14m 東筋
稲作・海・山
漁業・畑作
10km

図２　隣り合う島々の交易

れた。(6)

戦中戦後は、闇米の取り締まりが厳しく、従来の人間関係に基づくものを含めて、米や籾の私的な取引をして摘発されたことを語る話者は少なくない。

このように、物々交換を含む交易という営みは、生態的背景としては自然環境の差に基づく立地や産物の違いがあったとしても、貢納物として指定される品目の地域差や、塩の専売、米の流通の統制といった、その時代ごとの政治・経済の変化によっても大きく左右されてきたのであった。

二　トカラ列島の〈オヤコ〉関係による交流

物々交換を求める旅で、トカラ列島まで足を延ばした。中之島楠木集落で一九〇六年（明治三九）年にお生まれの松田武彦さんと、里集落で一九一九（大正八）年にお生まれの日高貞矩さんによれば、トカラ列島では、島ごとに相互に宿泊するような関係のネットワークが現在もあって、これを〈オヤコ〉とよんできた。

松田さんは、中之島の北側の口之島に〈オヤコ〉がいて、行き来をしていた。特に用事がなくても、「遊びに来んか」というので、丸木舟に乗って漁をしながらよく行った。臥《が》蛇《じゃ》島と平島にも〈オヤコ〉はいたが、一度ずつしか行ったことがなかった。奄美大島に近い小宝島にも〈オヤコ〉があって、戦前はそこから泊まりに来たが、こちらから行ったことはなかった。小宝島は、魚が捕れるから、塩をして乾かした魚などを土産にもってきた。小宝島の人は、奄美大島へ売るためにそういうものをよく作っていたのだ。来ても大したご馳走はしないで、ご飯を食べさせるだけだった。自分が飲まないものだから、焼酎もあまり飲ませなかった。

親父の代には、小宝島に〈オヤコ〉をもたなかった。青年時代に、枕木を切り出していたが、それを定期船の十島丸に積み込むときに、その船員だった岩下さんと〈オヤコ〉になった。その縁で岩下さんの結婚前の妹さんが、中之島へ来てひと月ほど遊んでいったこともある。毎日遊んで、農作業の手伝いをしたりもしてくれたが、当然のようにひと月ただで食べさせた。松田さんの父親は、口之島と臥蛇島に〈オヤコ〉をもっていた。その子どもたちが挨拶に来れば、方言が違うけれど、理解はできるという。松田さんの代に平島の人とも〈オヤコ〉になった。諏訪之瀬島や悪石島とは、父親の代からつきあいがなかったという。漁師が漁に行って、帰れないようなときに泊めてもらう。そこから〈オヤコ〉になっていく例もあった、というのが松田さんの説明であった。

日高さんは、議員だったのでいろいろな役目で島をめぐることが多く、島ごとに〈オヤコ〉をもつことが必要だったという。

結局、今日記憶されているところでは、トカラの島々をつないでいたのは、物々交換のネットワーク（交易）に重点があったのではなく、人間関係のネットワーク（交流）だったということになろう。そこでは、たとえ一か月滞在しても代価を請求されない、という本当の親戚のような関係があったのであった。

トカラの島々をくまなく調査した下野敏見[21]は、明治・大正時代には、宝島、小宝島には刳り舟用のオガタマノキの大木がないので、中之島や口之島に行って砂糖や米で交換する必要があり、そのときにこの人脈が役立ったと述べている。元来あった立地の違いに基づく交易ネットワークが、次第にその役割を縮小して〈オヤコ〉という名前の人的交流としてかろうじて残存しているというのがトカラ列島の現状なのだろう。

三　加計呂麻島・与路島と奄美大島の物々交換と労働交換

奄美市名瀬の根瀬部《ねせぶ》集落を中心として、島の生活誌について非常にくわしい記録[7]を残された恵原義盛さん（一九〇五年生まれ）のお話をうかがう機会に恵まれた。一九八四年八月二九日のことである。恵原さんはご自分の体験だけでなく、郷土史についての研究の成果も含めてご教示くださった。

奄美とひとくちに言うけれども、沖永良部島や与論島のような平たい土地で山がない島と奄美大島や徳之島といった山がちの島とでは、生活上に大きな違いがあるので、奄美とひとくくりにすることができない、とまず恵原さんは釘をさしてから語り始められた。

奄美大島では、一八七四（明治七）年に貨幣が使われ始め、それまでは物々交換だった。物々交換の基準は砂糖で、黒糖一斤で白米三合三勺から四勺というのをはじめとして、いろいろな産物の交換レートの表が書かれたものがある。

大島から出る砂糖に対して、薩摩藩は米をはじめとするいろいろな物品を与えていた。たとえば黒糖一〇〇〇斤を上納するようになっているとして、仮に五〇〇斤余分に黒糖がとれると、それも全量差し出して、交換にその数字を書き込んだ紙「羽書」をもらう。三か月以内にこれをもっていくと藩の関係している店で必要な物品と交換できるというようになっていた。そのレートの設定が、大阪市場の価格と比べると、米で六倍、塩で二八倍というように、奄美側に著しく不利に設定されていた。⒁

一八七四（明治七）年以降、現金でなく物で支払うときには、砂糖ではなくて米が交換の単位に変わって、一日の賃金は白米一升（籾なら二升）が標準になっていた。

薩摩が支配していた時代から、黒糖を介さない交換として、材木の少ない島の産物と大島などの木材との交換はあったようだ。喜界島の例をあげると、米・大豆・〈キャーマムィ〉（喜界豆）とよぶソラマメなどが木材と交換された。豆類は喜界島から買うことが多く、戦前は大島の豆腐屋の半分以上が喜界島の人だった。

自分のところで余分のものを交換し合うという制度は、明治に入っても生き残り、部分的には昭和に入っても存続していた。自分の家に余分なものが手に入ったら、親戚やつきあいのある人に分け与えるのだが、これをやらないような人は「義理のない人」とよばれた。

大正時代の奄美に専業漁民はいたけれど、名瀬周辺では、漁民とはいえ若干の土地をもっていて、サトウキビは作らないまでも、米や野菜を作る例もあった。〈カライモ〉も当然作っていた。交換のはっきりした例では、魚が捕れる時季になると沖縄から糸満の漁師がやってきて滞在するので、そこで物々交換が起こった。大和村の国直《くになお》や、名瀬の根瀬部などにはよく来るものだった。名瀬のあたりでは、沖縄全体を〈ナハ〉とよんでいたので、糸満と言わず、〈ナハンシュー〉（那覇の衆）とよんでいた。彼らがきたら、その人たちの持ってくる魚とサツマイモを取り替えた。当時一二〇戸ぐらいだった根瀬部集落の恵原さんの家の下に、〈ナハンシュー〉の泊まり宿になる蔵のようなところが二軒あって、それを貸していた。〈ナハンシュー〉は、合計一〇人ほどの乗組員が二隻のサバニ（沖縄伝統の小型漁船）に分乗してやってくる集団をひとグループとして、そういうグループが二つまで泊まれるようになっていた。

恵原さんが成人した昭和の初め頃、魚と芋との交換の比率のきちんとした決まりというのはなかったが、現金価格でいうと、芋は一〇〇斤で一円、だいたい一斤一銭だった。それに対して、魚一斤は六銭ぐらいが相場だったから、魚一斤に芋なら五、六斤というところではなかっただろうか。

この比率は、一〇年ぐらい時が経っても変わらなかった。

家屋敷の借り賃を労働で支払うという慣行もあった。たとえば、根瀬部では、他人の屋敷を借りて家を建てた人があった。三〇坪ほどの小さな屋敷だったが、この借り賃を労働で支払っていた。借りた人が〈タルユイ〉（樽のたがを結う仕事）の技術者だったので、一年に一日だけ土地の持ち主の家で〈タルユイ〉をやるということでお礼としていた。また、借りた屋敷賃の代わりに、田植えを一日か二日手伝うということですませる場合もあった。これらは明治から大正にかけてのことである。

〈ナリムリ〉といって、山からソテツを採ってくる仕事の手伝いをしたら、報酬はソテツの実で支払われ、一日働いて背負い籠〈テル〉に一杯だった。採りやすい場所なら、一日に一〇杯も二〇杯も採れただろうが、実際は木が高くて、はしご〈ハシ〉をかけて採るようなところもあり、条件の悪いところでは、一日働いてもとてもそんなに多くは採れなかった。

以上が恵原さんのお話である。

奄美大島の南に海峡をはさんで横たわる加計呂麻《かけろま》島の南岸の西阿室《にしあむろ》集落は、筆者の祖父が生まれ育った場所であるので、一九七〇年代から何度も訪ねたのだが、聞き取りが自分の親戚の範囲に限定されたこともあって、物々交換の体験をもつ話者に出会うことができなかった。

ところが、内海に面した薩川《さつかわ》集落を中心に民俗伝承を丹念に聞きとってこられた、登山修氏（一九三四年加計呂麻島生まれ）の著作の中に、「食料品の交易」という一節があり、たいへんに啓発されたので、以下に引用させていただく。時期は明示されていないが、おおむね明治から昭和の初めにかけての伝承であろう。

かつて加計呂麻島薩川方面の人たちは、ウルムィ（ムロアジ）やヤシ（キビナゴ）がとれる季節になると、それらをイタティクィと呼ばれる小舟に積み、三～五人ぐらい乗り組み・海峡を渡って本島側に行き、物々交換をすることがあった。おもにヤマグン（山国）と呼ばれる住用村あたりへ出かけた。交換の対象となるものは、パシャ（琉球芭蕉の繊維）、エイダマ（藍玉）、それからビゴイ（藺）などであった。ビゴイにはサクイ（割いた藺）とムルイ（丸い藺）とがあった。前者は目の荒い畳表用に使用された。後者を特にビゴイと呼び、縁付の眼の細かい上等の畳表にされるものだった。
　魚の三斤とエイ（藍）のチュカムィ（一甕）分と交換した。チュカムィというのは、水一斗分の量だという。青色を出すための藍をハナエイといい、黒色を出すための藍をクルエイといった。また、ナマナリ（赤い蘇鉄の実）三升とシマネィカン（蜜柑）の十個ぐらいと交換するものだった。蜜柑は貴重品の一つだった。蘇鉄畑で取ってためておいた蘇鉄の実がときおり急に減ることがあった。それは娘たちが両親にかくれてこっそり蜜柑と交換して食べることがあったからだという。それが発覚して、よくしかられることがあったという。このように、アローと呼ばれる加計呂麻島の人たちは、ヤマグンと呼ばれる対岸の本島側へ行って、魚や蘇鉄の実といろいろ交換することがあったのである。(23)

〈アロー〉というのは、加計呂麻島を指すよび方のひとつであるというが、登山さんは、それには「浦」というような語感があると書いておられる。後に述べる八重山での〈ヌングン島〉〈タングン島〉の対比のように、立地と産物が違うゆえに、交流や交易が起こる場として〈アロー〉と〈ヤマグン〉という言葉が使われたのだとしたら興味深い。

　加計呂麻島のさらに南に、請島《うけ》と与路島《よろ》がある。文科系の学際研究を目指した九学会連合の総合調査でたくさんの学者が訪れたときにも、加計呂麻島どまりだったと嘆くのは、一九二〇（大正九）年与路島生まれの屋崎《おくざき》一さんである。誰も書かないのなら自分が書こう、と筆をとって、全五九五ページにおよぶ『与路島（奄美大島）誌』(17)が完成したのが二〇〇二年であった。

　二〇〇六年八月以来、何度も会っていただき実地経験に基づくお話を聞いた。ここでは、屋崎さんの記録を聞き取りで補う形で、人夫賃と物々交換比率とソテツの加工・交易の部分を紹介する。

　大正時代に入り、与路島でも金銭で人を雇うことが始まった。そのときの人夫賃は、一日男一六銭、女は一〇銭であった。一九三〇（昭和五）年には、三五銭と二五銭になっていた。物品で支払うときは、普通人夫は、男一日の労働に対して、白米一升・豚肉一斤・赤いソテツの実〈アカナリ〉一〈テル〉・甘藷一〈テル〉が標準だった。女の場合は、男の半分とされた。この比率は、昭和初期頃まで続けられていたようである。

与路島では、豚肉は一斤（六〇〇グラム）で米一升、砂糖なら三斤と交換された。そして、昔から牛と馬の肉は、五斤を豚肉一斤相当として換算して取引する慣習があった。このとき、途中で乾燥したりして目減りする分の補いを「切り目」と称して四〇匁（一五〇グラム）を加えた。つまり、牛馬の肉は、名目では一斤でも、実際は三一五〇グラムあったのである。鮮魚は三斤で米一升と、肉の三分の一だった。

ソテツの〈アカナリ〉を割って中の白い部分を出したものを〈シリュナリ〉というが、割ってすぐの生の状態のもの一升五合で素麺一〇〇匁（三七五グラム）と交換された。これらの比率が慣例となり、他の人夫賃や、物々交換の基準となったと伝えられている。

旧一〇月頃からソテツの実〈アカナリ〉が採れる。自家用に採った残りは、切り盤という専用の道具で二つ割りにして、殻を除いた〈シリュナリ〉とし、さらにこれを天日で乾燥した後発酵させ、〈クチナリ〉として叺や〈アンタン〉とよぶ、輸入していたタイ米を入れてきたジュート製の袋に詰めて商品として出荷した。〈クチナリ〉は毒抜きが終わっているため、古仁屋・名瀬の食料品店では、立派な食品として店頭に並べられていた。ソテツ畑を多く持っている農家では、砂糖に次ぐ収入源であった。

出荷時期になると、多くの行商人が与路島に入り込み、買いつけが始まり、浜には叺や〈アンタン〉に〈クチナリ〉やさらにこれを粉砕した物〈サネィ〉が山積みされて船を待っていた。こんな光景は、おそらく他所にはなかったであろう。終戦前後の食料不足のとき、物々交換または現金で、〈ナリ〉や〈サネィ〉を買い出しするため定期船や、船をチャーターしてくる人も多く、また住用村、宇検村などの山郷〈ヤマグン〉方面から建築材や竹材を船に積み込み、物々交換で取引する姿もあった。

このソテツの実の生産・加工などについては、行政的措置はまったくとられておらず、ただ戦時中食料の確保のため、県が二回にわたり規則を定めて、自由に売買をさせないよう規制したことがあったのみであった(17)（引用文献にご本人からの聞きとりを加えて改変）。

奄美大島・加計呂麻島・与路島における聞きとりや記録で印象に残るのは、物々交換そのものよりも、たとえば男が一日ソテツの実を採るために働くと、〈テル〉一杯のソテツの実がもらえた、というような労働の対価としての食料の給付についての話が多かったことである。

薩摩藩の支配におかれた時代は、黒糖一斤が価値基準であったが、明治以降それが米一升に変わり、加計呂麻島や与路島ではソテツの実も重視され、しだいに現金も使われるようになってきた。

こうした時代の変化を越えて、最も普遍的だったのは、「男性の一日分の労働」という単位であった。屋久島や沖縄の島々では、屋久杉の平木や米やジュゴン（第9章参照）などの高い価値をもつ産品が納税の対象となり、税が現金納に変わってからも「限定目的貨幣」として使われる場合がある。これと比べて、奄美大島では労働が基本的な単位となったのは、やや珍しい例と思われる。このことは、近世の奄美の特徴、家人〈ヤンチュ〉つまり債務のために人身売買の対象となった人々が非常に多かったこととも関連があるのではないかと私は考えている。ちなみに、幕末の大和村のある集落では、人口の三八％までが〈ヤンチュ〉だったと推定されている。[15] 立地や生業の違いによる特産物を物々交換をしようにも、自分の体つまり労働力しかもたない、そういう人々が多かったために、物々交換よりも労働との交換の方が普通だったのではないだろうか。

四　与論島と沖縄島を結んだ交易のヤンバル船

沖縄島では、開発が最も早くから進んだために、戦前の物々交換の記憶を語ることのできる話者は少なかった。ただし、沖縄島北部の俗にヤンバルとよばれる地域と人口の多い島の南部を結んだ長距離交易船「ヤンバル船」の活動については、戦後まで活動が続いたために、[20など] 豊富な伝承を聞くことができる。そして、このヤンバル船のネットワークは、沖縄島の北端に近い与論島をも取り込んで、奄美の島々に伸びていたのである。

一八七九（明治一二）年、琉球処分によって沖縄県が設置されると、鹿児島県に属する奄美諸島への焼酎の販売を密輸であるとして取り締まる動きが見られた。[9] 沖縄と奄美をつないだ物流が、与論島止まりではなかったことが理解できよう。

奄美最南端の与論島は、小さく平たい島であり、大きくて高い山をもつ沖縄島とは対照的な「低い島」である。

与論島麦屋に一九〇〇（明治三三）年に生まれた佐藤為宜志さんに沖縄島北部のヤンバルとの交流の経験をお尋ねした。

佐藤さんは、成人後、一九二一（大正一〇）年の夏に初めて沖縄を訪ねた。同じ集落の年長の男たちと同じ船に乗り、ヤンバルの北端の国頭村の九つの集落、宜名真《ぎなま》、奥《うく》、伊江《いい》、楚洲《すし》、我地《がぢ》、安田《あだ》、安波《あは》、川田《かーだ》、平良《てーら》のうち、一か所を選んで、ひと夏に一週間ずつ過ごす習慣だった。この習慣を佐藤さんは、二三歳頃まで続けた。

物見遊山の旅であったが、見物がてら追いこみ漁をして魚を捕って、それを売って物置小屋のような所を借りて泊まった。捕った魚を小屋の主にあげれば、小屋での〈タキヒチン〉（薪賃）にもなった。必要な現金も魚を売って手に入れていたので、国頭での物々交換の経験はないという。

国頭村から与論島へは牛や豚を買いにきたり、与論島から持っていったりという交易はあった（図2b）。与論島には、建材になるような木がないので、すべて沖縄島から調達していた。佐藤さんの少年時代の大正半ば頃までは、刳り舟で行って材木を積んで戻ってきた。前もって依頼しておけばヤンバル船に積んでくれる場合もあった。また、国頭村には材木の卸商もいたのでそこから買うこともできた。刳り舟で行くときは、三人くらいが乗り組んで行った。近いから国頭村の北の端の奥集落へ行くのが普通だった。材木をあらかじめ切って準備しておくことをひとつの商売のようにしている人もいたという。国頭村から豚買い、牛買いに来たので、その人に、家を作るから材木を持ってきてくれと頼むこともあった。また、与論島には、自分で舟を造るための技術も材木もなかったので、すべて沖縄に注文して買ってきたものだった。佐藤さんより以前の代には物々交換もあったが、大正に入った頃はすでに大方は現金だったという。そして佐藤さんが成人した一九二〇年以降は、すべて現金取引になっていた。

五　水納島の魚と多良間島の芋の日常的な物々交換

石垣島と宮古島の中間に位置する水納《みんな》島と多良間《たらま》島は、両島を合わせて宮古郡多良間村となっている。水納島は、東西一・五キロ、南北〇・五キロの島であり、多良間島は東西八キロ、南北六キロの丸い形をした島で、相互に一二キロ離れている。水納島の最高地点は八メートル、多良間島の方は、最高地点三四メートルという、いずれも低くて平たいサンゴ礁が隆起してできた島である。多良間島は畑作を中心とした島であるのに対して、水納島ではほとんど農業ができず、海を生業の場として人々が暮らしてきた。

六　水納島での暮らしと多良間島の交易

戦前まで約四〇戸の家があったという水納島での暮らしと、それを支えていた多良間島との日常的な物々交換を中心とする交易活動の経験に耳を傾けよう。話者は、一九一〇（明治四三）年水納島生まれの知念勇吉さんである。戦後すぐに多良間島に引っ越してこられたが、大正末から昭和二〇年頃にかけての水納島の暮らしの記憶をいきいきと語ってくださった。

水納島での仕事は、女はわずかな畑をしたが、男たちは、〈インピィトゥ〉（海人、漁師）ばかりだった。丸太をくりぬいた刳り舟やもう少し大きなサバニに乗って一本釣りをするのが主で、潜りでテングサなどの海藻を採るという仕事もした。戦前は台湾までもテングサ採りに出かけ、それが貴重な現金収入になっていた。

水納島には、素麺や手拭い程度のものを扱う店とも言えないような家はあったが、食料や行事に必要な酒などは多良間島に漕ぎわたっては入手していた。多良間島の店では現金での支払いが主だったが、海産物と換えることもできた。チョウセンサザエなどの貝類を米や素麺と換え、またお金にも換えた。この貝は八個で一斤（六〇〇グラム）あるが、一斤で一銭か二銭ぐらいにしかならなかった。〈タカンナアカフチャ〉（高瀬貝、和名サラサバテイ）は、一斤で一三〜一四銭、〈タカンナッスーフチャ〉（広瀬貝、和名ギンタカハマ）と夜光貝は一斤七〜八銭というところだった。夜光貝は大きいから、これ一つで素麺一〇束くらいと交換できた。

冬は寒くて海に潜ることができないので、一本釣りだけになる。釣った魚を集めて火で乾かしたものを、一斤ずつ束にして多良間島に持って行き、サツマイモと換えた。乾かした魚はおいしくて何よりの保存食であり、おつゆに入れるといいだしが出るので喜ばれた。交換の比率は、乾魚一斤に対して芋が一〇斤で、年中同じだった。魚の頭と腹わたを取って乾かすと、乾魚の一斤を得るには生魚四〜五斤が必要だった。〈タマン〉（和名ハマフエフキ）のような大きな魚を物々交換用にして、小魚や取った頭を自家消費用にしていた。

タコや〈クブシミ〉（和名モンゴウイカ）は、ゆでてから火にあぶって堅くして売ったが、これは一斤二五銭だった。タコは生の六斤を乾かすと一斤になり、〈クブシミ〉は一つ一五斤ほどの大きいものが乾くと四〜五斤になった。

生の魚を現金で売れば、一斤一〇銭だった。〈イラブチャー〉（ブダイの類）なんかの魚なら、ちょっと値が落ちて八銭ぐらいというところだった。〈クルゲ〉という小魚は、一斤五銭だったが、一斤八銭でも一〇銭でも、魚が生で売れるなら乾かす手間もいらないし、楽でよかった。しかし、冬は天気が悪くて多良間島に渡れないことが多かったので困った。

天気のいい夏はほとんど貝を採りに潜る日々だった。朝、芋を二つか三つ食べたら、浜に流れついた太い竹を引いて海に泳ぎ出る。竹は採った貝を入れる〈アミディリ〉（網籠）を結ぶ浮きにするのである。深さ七メートルから一五メートルぐらいのところを主に潜って、朝の八時から夕方の四時頃までは何も食べずに泳ぎ通すという重労働だった。本当の空腹のことを方言で〈シュクアキ〉と言うが、泳いでいる途中で空腹のために力が抜けて溺れ死ぬ者もいた。

水納島では、夏の盛りまでに〈ンーガーラ〉（干し芋）を多良間島で入手して蓄えておくのが習わしだった。麦や粟も蓄えておかないといけない。水納島でも〈パダカムギ〉（裸麦）ぐらいは作っていたから、それも収穫して蓄えておいた。裸麦は、一度作ったら、その跡を四〜五年〈アバラシ〉（荒らして）土地が肥えたら、また作るようにしていた。

冬の雨降りの日には、海辺に生えているアダンの葉でむしろを編んだ。穀物を干したり、畳代わりに敷いたりするために、主に宮古島に出荷されたが、〈タラマムッスー〉（多良間むしろ）の名前で親しまれた。水納島のアダンは葉が長くて刺が少ないので、多良間島のものより一割ぐらい高く買い取ってもらえた。長さ九尺で一枚が二五銭〜三〇銭だった。

水納島では冬の暮らしが苦しかったが、それでも多良間島に畑を借りて作るというような人はなかった。食べるものがないときは、ソテツの実を灰汁で炊いて毒抜きをして食べた。その他に、方言で〈ンゲーリ〉（苦いもの）というユリの根を食べた。

多良間島に魚を持っていって芋と交換するときは、水納島からは四〜五名で刳り舟に乗り込んで櫂と帆で回った。帰りに二五〇斤（一五〇キロ）も芋を満載して、波間で転覆したこともあった（図２c）。多良間島では、めいめいが自分の知っている家ばかりを回った。「交換してください」というと、あの頃は、どの家も「いらっしゃい、いらっしゃい」と歓迎してくれた。そういうお得意さんが四〜五軒あった。こういう相手を方言では〈ウトゥダ〉（親戚）とか〈ウトゥダガラ〉という。

焼いた魚は、一斤ずつになるように束ねて、一度に一〇束ももって行く。どれも同じように計ってあるのに、買う人は、少しでもいいのを選びたいとかき回す。すると、束が崩れたり、魚が欠けて斤減り（重さが減ること）したりして、今思い出してもこれがつらかった、と知念さんは語る。

お得意さんへのおみやげは、焼いた魚の一〜二斤だった。それに対するお返しというのもあった。農民からのみやげというのは、芋でなくて、ふだんあまり交換しない味噌とか粟とか麦とかだった。みやげの交換以外に無償の接待もあり、水納島を出るときは、弁当をもたない。〈ウトゥダ〉の所で食べさせてもらえるし、海がしけて帰れないときはその家で泊まった。単なる物のやりとりを越えてある〈ウトゥダ〉の家のおばあさんは、知念さんを実の子どものようにかわいがってくれた。

芋を渡すのは、女の仕事だった。中には例外的に男が出てくる家もあった。その家ではちょうど一〇斤入る籠を作ってあって、そこへ芋の子までもおじいさんが入れて、少しの余分もなく一〇斤ちょうどでくれるのである。女たちなら少しはおまけをくれるのが普通だったから、こんな人は、〈カカイスゲ〉（けち）と陰口を言われた。

不漁を方言で〈フドゥキ〉や〈イシュパギ〉（磯はげ）というが、そういうときは、前もって〈シャガラス〉（掛け）をしておいて芋を先にもらい、後で魚が捕れたときに届けるようにしていた。逆もあって、魚がたくさん捕れれば先渡しして、一週間か一〇日のうちには芋をもらいに回った。

魚が捕れない場合、芋を現金で買ったこともあり、逆に魚を現金で売ることもあった。給料をもらっている教職員などとはみな現金取引だった。

七　多良間島での暮らしと物々交換

一方、多良間島での暮らしはどうだったろうか。物々交換の経験の豊富な女性の豊見本《とみもと》操さん（一九〇八年生まれ）にお話をうかがった。

豊見本さんの家には八反ほどの畑があって、そこで芋と野菜を作っていた。粟、大麦、小麦、タカキビ、野菜の時期には太くなる沖縄大根を作って、切って干したものを作り〈カンピョウ〉とよんでいた。

物々交換は娘時代（一九二〇年代）から経験していた。よい天気なら水納島の人が毎日来て、魚の乾かしたものを多良間島の芋と交換していた。

毎朝、畑へ芋掘りに行き、一〇〇斤（六〇キロ）ぐらい入った籠を頭に乗せて担いだ。八〇斤は売って（「交換して」の意味だろう）、一〇斤ほどは屑芋なので豚の餌に、残りが自分たちの食べ物になった。畑から帰って来てみると、たいてい水納島の人が何人か庭で待っていた。「この家の芋は腐れていないから」といってよく来ていた。来る人は決まっていて、四〜五人もいたと思う。前泊港から廻ってきて、まだ畑から帰宅していないと知ると、留守番をしているおばあさんに「人には売らんでねえ」と言い残して他へ買いに廻るというような忙しい風景だった。

一人の人にみんなあげるわけにもいかないので、一〇斤、二〇斤と少しずつ交換してあげた。水納島の人もあちこち廻って、一人五〇斤から六〇斤ずつの芋を持って帰った。

水納島には親戚があったので、豊見本さんは、一五、六歳のときに、父親について水納島へ行ってみたことがある。サバニから降りるとき、太ももまで海につかった。砂地ばかりの島で、旱魃《かんばつ》したら芋も麦もまったく穫れないと聞いた。だから、水納島の人にはかわいそうに思って粟でも少し多く持たせてあげたりするものだった。するると、あとでお返しに魚をくれることもあった。また、〈ツットゥ〉（つと）とか〈トゥシャン〉（土産）といって、おみやげを持ってくることもあった。タコや〈クブシミ〉（和名モンコウイカ）や魚の乾燥したものが主だった。

交換の率は、豊見本さんが経験した時代には芋二〇斤に乾いた魚一斤だった。お金での値段も覚えておられて、芋の方は、豊見本さんが嫁にきてからの値段で一〇斤が一〇〜一五銭、乾かした魚の方は、一斤一五銭〜二〇銭ぐらいだった。[*2] 水納島から来て、現金で麦を買う人も粟を買う人もあった。値段はどちらも一斤七〜八銭で、戦争前にはやや上がって一〇銭になっていた。水納島から酒を買いにくることもあったので、自分の家の粟で作った泡盛を魚と物々交換もした。

戦前まで四〇軒以上の家があった水納島と多良間島の物々交換は、昭和の初めまではずいぶん盛んで、戦後の食糧難のときに一時的に活気づいたものの、その後はしだいに廃れていった。

知念さんと豊見本さんの語りを通して明らかになったこ

とは、宮古島までは六〇キロ以上離れた水納島と多良間島という隣接する二つの島社会が、ほぼ毎日のように行われる乾魚とサツマイモの物々交換を通して強く結ばれていたことだった。もちろん、宮古島へのアダン葉のむしろなどの移出や素麺や手ぬぐいなどの移入といった物流や、教員の給料の支払いなど、経済的な関係はあった。それにもかかわらず、豊かな海産資源に依存する水納島の生活は、多良間島の農産物との物々交換、前借りと前貸し、贈与の交換、そして現金の支払いによって、支えられていたのであり、直接的には宮古島との関係は希薄であったと考えられる。しかし、水納島が多良間島だけとの関係をもって孤立していた、と考えることはできず、戦前の一時期、水納島の漁民が、台湾でのテングサ採りによって現金収入をあげていた事実も忘れてはならないであろう。なお、水納島の住民の多くは、一九六一年に宮古島に計画移民し、現在は一世帯六人だけが牧牛と観光で暮らしている。

＊2　多良間島での現金価格がただちに物々交換の比率に反映されたかどうかは疑問だが、これを基準に換算してみると、乾魚一斤は生芋一〇〜二〇斤が等価であった。

八　西表島の稲束と黒島のソテツの灰の季節的物々交換

石垣島の方言では、人が住む八重山の島々を〈タングンシィマ〉〈ヌングンシィマ〉と民俗分類している。前者は「田の島」の意味で丘と小川があるため水田稲作ができる高島を指し、後者は「野の島」の意味で、稲作がほぼ不可能な低く平たいサンゴ礁の島である。西表島は、四つのタングン島の中で最大の島、その東に位置する黒島は、五つのヌングン島の中で二番目に大きい島である。黒島では、稲作がない代わりに粟作と牧牛が盛んで、米の豊かな西表島ではほとんど利用しなかったソテツも多く栽培されていた。

先に紹介した水納島と多良間島ほどの頻度ではなかったが、大正時代まで西表島西部と黒島の間では、定期的に物々交換が行われていた。(5) 数十人の話者への長年のインタビューにもかかわらず、若者の頃にその活動に実際に参加したことのある経験者には、二人しか出会うことができなかった。

以下は、話者の中でただひとり黒島への物々交換に出かけた経験のある、西表島西部の祖納《そない》集落の星勲さん（一九〇六年生まれ）による語りである。西表島西部では、現在までも水田稲作を主な生業とし、その他には、海も山も川も生活の場として幅広く利用するという暮らしが営まれてきた。

大正時代の終わり頃、星さんが一七歳から一八歳にかけて、近所の人に連れられ、二人で舟に乗って全部で一〇回ほど黒島へ物々交換に行ったことがある。西表島から黒島へ行くのは、海が凪ぐ四、五月の〈ウルチム〉の季節が多かった。一二月の田植えの前に行く人もあれば、六、七月の農閑期に行くという人もあった。西表側の目当ては、黒島のかまどの灰だった。特に方言で〈シトゥチヌパイ〉、つまりまだ枯れきっていないソテツの葉を燃やした灰が求められた。黒島のソテツの灰は、西表島のやせた田んぼの肥料としてよく効いた。水田にまくと初めは効果が見えないが、稲穂が出てからの〈シピダマイ〉（しいな）が減った。特に、水不足で割れたような田では、黒島の灰がなければ収穫ができなかった。黒島での物々交換の現場で、こちらが「これは、ススキの灰で相当水増ししてある」と文句をつけることもあり、黒島の人が「ソテツばかりだ」と言って、言い合いになったことも星さんは覚えている。

その灰は、西表島からの〈プーマイ〉つまり脱穀してない稲束と交換した。そのために一年に三回ぐらい黒島に行く人もあった。星さんは、まだ若くて漕ぐのが上手ではなかったけれど、二人で刳り舟を漕いで、早朝に西表島を発ち、島の北側を通って午後三時頃には黒島に着いた。風向きがいいときは帆もかけた。星さんをよく連れていったわけは、まだ酒を嗜まない若者と行けば、客にふるまわれる黒島名産の粟で作る泡盛を、一人で二人分飲めるという楽しみのためだったかもしれない、と星さんは言う。黒島には一～三泊ぐらいするのが普通だった。

灰は、桝がわりの箱で量ってくれた。三升入りくらいの箱だったと思うが正確な大きさを星さんは覚えておられない。受け取った灰は、西表島で籾を発芽させるのに使う〈タラグ〉（チガヤで作る、上が開いた俵状の容器）を灰の入れ物にして、刳り舟に積んで帰った。ススキの葉を敷いてから灰を入れれば、灰は漏れたり風で飛んだりはしなかった。

祖納集落に隣接する干立《ほしたて》集落の明治四四（一九一一）年

生まれの黒島英輝さんも、毎年、稲刈りの後の海が凪ぐときに、五、六人が乗り組んだ大型の天馬船が黒島から干立と祖納に来たことを覚えておられた。灰は、一斗ほど入る、西表島のものより大きい〈タラグ〉に詰めて、これを舟に満載していた。黒島英輝さんの家では、干立に来た黒島の船から、灰が一斗ずつ入った〈タラグ〉一五俵を受け取り、それに対して一五〈マルシ〉（一五×三〇束、つまり四五〇束）の稲束を渡していたという。結局、西表島で物々交換するときは、〈タラグ〉一俵の灰と稲束一〈マルシ〉が一対一に交換されたのだろう、と黒島さんはいう。

星さんによると、稲束を手製の天秤で計ることもあった。これは、一〈マルシ〉の標準は、白米三升とされていたが、品種・豊凶・刈り手によって変動があったからだと考えられる。西表島の男たちが黒島へ行った目的のひとつに、泡盛をごちそうになることがあったのと同じように、粟とサツマイモが主食の黒島人の西表島での最大の楽しみは、米の飯を腹一杯ごちそうになることだった。

物々交換を終えて帰る黒島の船は、稲束を一五〇〈マルシ〉（四五〇〇束）も積むことがあった。西表島の〈マチキブニ〉（松の刳り舟）ならせいぜい一〇から二四〈マルシ〉しか積めないのだからその大きさがわかる。おもな交易相手だった保里《ほり》集落の家には、家ほどの大きさの〈アージラ〉（粟の束を積んだもの）の傍らに小さな〈マイジラ〉（稲束を積んだもの）があったという。このように、黒島が灰の物々交換で得ていた稲束は無視できない量であった。

入手した灰は、西表島では田植え前の田に入れて牛に踏ませた[3]。浦内川流域のミナピシや、祖納集落の南のミダラなどの浅い、地味のやせた田を中心に黒島の灰を入れた。また、田植え後の風のない日に手でまくこともあった。

星さんによれば、黒島との物々交換と並行して、土産の交換もあった。黒島からは大麦、何種かの豆類、干した海藻〈アーサー〉（和名ヒトエグサ）などが西表島にもたらされ、返礼はたいてい白米であった。ソテツの葉の灰は、樹木のない黒島での炊事の副産物であったが、西表の稲作民にとっては、最も大切な物々交換品目であった。黒島の灰には、カリ分以外に、「高い島」である西表島の土壌と植物には含有量が少ない肥効成分が含まれていたのである（図2d）。

黒島がなぜ海路四〇キロあまりを隔てた西表島西部と交易したかについて、西表島の東部には大きな集落がなかったことを、干立の黒島さんは理由としてあげた。実際の物々交換にかかわった家どうしの関係を調べてみると、さらに別の要因もあったことがわかる。それは、西表島西部方言で〈ウトゥザ〉あるいは〈ウトゥザマリ〉という親戚関係である。そして以下に述べるように、この親戚関係は〈ブザ〉（平民）と〈ユカリピトゥ〉（系持、のちの士族）の間を結ぶものであった。

干立の黒島さんは、物々交換を行った相手の家として、保里の家を三軒、東筋の家を一軒あげた。黒島最大の集落であった宮里（メシトゥ）とのつき合いはなく、どちらの島でも交換はすべての住民が行うものではなかったのである。たとえば干立では、〈ユカリピトゥ〉を主とする約一〇戸で、全戸数の半数以下にとどまっていた。

西表の干立・祖納と黒島の保里の間には強い血のつながりがあった。黒島さんから三代前に干立の〈ユカリピトゥ〉が役人として黒島に赴任し、当時の習慣にしたがって、西表島西部方言で〈マカニャー〉という現地妻を黒島でめとった。この役人は、西表島に帰った後、本妻に子どもがないので、黒島から息子二人、娘三人の〈グンボーファー〉〈ユカリピトゥ〉が〈ブザ〉の女に生ませた子ども）をよび寄せた。子どもたちはそれぞれ跡を継がせたり、干立集落内で嫁にやったりしたという。

黒島が西表島西部の祖納・干立と物々交換によって稲米を入手していた背景には、このような藩政期以来の人的なつながりもあったのであった。また、島津藩の支配を受けた首里王朝が宮古・八重山に課し、一六三七年から一九〇二年にわたって続けられた人頭税の時代には、西表島の周辺の低島は、西表島に通って上納のための稲作を行うことが強制されていたのに対して、黒島では粟が、新城島ではジュゴンが上納物だった（第9章参照）ということも、ここで紹介した物々交換活動の背景の一つにあった。

現金は二〇世紀の初めに八重山に導入されはしたが、しだいに現金を使うようになっても、それが伝統的な物々交換システムの衰退に直結したわけではなかった。灰と稲の物々交換は、一九三〇年代まで続いた。それは、昭和の初めに台湾から従来の三倍近い収量のある新品種「蓬莱米《ほうらいまい》」が導入されて、それにともなう技術革新で化学肥料の使用が促進され、西表島の農民がもはや灰を必要としなくなるまで続いたのである。(2) しかし、高島と低島の物々交換が終わったずっと後の一九五五年頃まで、店で購入したものに米で支払うという習慣が西表島では続いていた。

表1　島ごとの産物と交易の頻度（番号は本文の節番号と対応）

地域	島・村	産物	島・村	産物	現金使用	交易・交流の頻度	交易・交流の重要性
一	屋久島の北側の村々	サバの内蔵の塩辛	種子島畑作地帯	サツマイモ	多い	年1回	中
一	屋久島の北側の村々	サバの頭の乾燥品	種子島水田地帯	稲籾	多い	年数回	大
二	トカラ列島中之島	船材	小宝島等	米・黒糖	なし	年数回〜数年に1回	小
三	奄美大島住用村など	芭蕉の繊維・藍・藺	加計呂麻島	キビナゴなどの魚	中程度	年数回	中
三	奄美大島住用村など	ミカン	加計呂麻島	ソテツの実	中程度	年1回	小
三	奄美大島住用村など	材木・竹	与路島	ソテツの実	中程度	年1回	大
四	沖縄島北端の村々	建材・船材	与論島	現金	現金のみ	数年に1回	大
五	水納島	燻乾魚	多良間島	サツマイモ	少ない	ほぼ毎日	最大
六	黒島	ソテツの葉の灰	西表島西部	稲束	なし	年数回	大

九　島々の多様性と共通性

島々を歩いて、高齢者の伝承に耳を傾ける旅を重ねた結果、琉球弧には、北の種子島から南の西表島にいたるまで、隣り合う島どうしの交流·交易が、広く分布し、地域によっては昭和の初め頃までかなり活発に行われてきたことが記憶されていたことが明らかになった。戦後の食糧難の中で、物々交換は再び盛んに行われることになるのだが、それについては稿を改めてとり上げたい。

本文では、北から南へと記述を進めたが、ここでは、実に多様な島と島の関係を対比して、そこにどのような違いや共通性があるかを踏まえて、統一的にとらえるための類型化を試みたい。そのために、この報告の話者の皆さんの直接的な記憶がある、大正末から昭和の恐慌が始まる前の時代（一九二〇〜一九二六年頃）を対比してみたい。

まず、隣り合う島と島の産物を物々交換するというタイプの交易活動の記憶が伝承されていない地域が沖縄島とその北の与論島だった。そこでは島々の交易は、ヤンバル船とよばれる島々をつなぐ遠距離交易船のネットワークによって行われ、支払いはおおむね貨幣で行われていた（図

2)。

それ以外の島々では多かれ少なかれ物々交換の経験が語られたが、トカラ列島では、刳り舟の重要さが失われるにつれて、その材料の木を物々交換で入手するということも廃れたようだった。

他の島にはない特産品をもつ島は、その交易のためにも物々交換の相手に選ばれることがあった。たとえば、トカラ列島中之島、口之島に産した船材のオガタマノキ、奄美大島住用村の建材と砂糖樽の「たが」にする竹材や芭蕉・藍・蘭などの特用作物、沖縄島北部の建材と船材などがその例である。

また、それほど貴重というわけではないが、自給に必要な分量以上の量を生産することで、物々交換の対象となったのが、与路島のソテツの実や、種子島・西表島の米であった。

特に、屋久島から種子島へのサバの魚粉、黒島から西表島へのソテツの灰は、主な生産物というよりは通常は廃棄されるものであったにもかかわらず、それが水田の肥料として稲作の増産につながったことから、稲籾あるいは稲束という貴重品と物々交換されたのであった。

この特産品は、藩政期の貢納物など為政者によって厳しく統制された物資と重ならないものが選ばれた。たとえば、屋久島の平木、種子島、トカラ列島、奄美諸島の砂糖、多良間島、黒島の粟は物々交換の対象ではなかった。一八三〇年から砂糖の惣買入が行われた奄美においては、砂糖の私有は厳罰に処され、他藩への密売は死罪であったし、[14]他の島々でも密造酒や闇米で捕まった話も多く聞いた。西表島での上納は玄米であったが、黒島との物々交換には、稲束が用いられた。

堂々と行われた物々交換が多かったなかに、加計呂麻島の娘たちが奄美大島のみかん食べたさに、家にあるソテツの実を横流ししたというほほえましい例もあった。

聞き取り得た範囲で、最も活発な物々交換があったのは、宮古群島の水納島と多良間島の間の燻乾魚とサツマイモのやりとりだった。戦前の水納島は、島全体が基本的に海の資源に依存する暮らしをしており、それを可能にしたのが、毎日のように行われた食品の物々交換だった。そこには、A　お互いに何軒も得意先があって行けば確実に入手できること、B　（乾魚一斤に芋一籠という）短期的には変動しにくく、記憶しやすい交換レートの存在、C　ちょっとでも大きい乾魚の束を選ぼうとするような交換単位の大きさをめぐる駆け引き、D　供給量や供給時期が魚と農産物で均衡しないときでも得意先との相互の信頼関係に基づいて貸し借りが可能であったこと、E　魚とサツマイモの物々交換とは別に味噌や粟や麦といった食品の贈答交換、F　交易相手との親密な関係が、擬制的な親戚〈ウトゥダガラ〉よばわりにつながることなどがいきいきと語られている。

現在行われていない交易活動について、こうした細かい点まで聞きとることはなかなか困難であったが、交易の頻度が年に二、三度だった八重山群島の黒島と西表島の間でも、交易されるものがソテツの灰と稲束と異なるものの、上記のA～Eについては、対応する慣行があったことがわかる。また、Fについては、黒島と西表島の場合は、もともと血縁関係を頼っての遠距離交流にもとづいて開始された物々交換であった可能性があった。

その他の島々では、物々交換の経験者からの詳しい聞き取りができなかったが、今日も活発に行われている熱帯アフリカでの物々交換との比較から、日常的に大量に交換され、しかも長期保存が難しいものについては、水納島と多良間島の物々交換と同じように、以下のA～Fの事情が存在したものと考えている。それらは、いずれも通貨使用にはない、物々交換をともなう交易と交流のもつすぐれた特長だからである。すなわち、

A　通貨の入手がむずかしい場合にも優先的に交易ができる。商人の買い占めや投機を防ぐこともできる。

B　インフレやデフレが激しいときにも交換レートが安定している。

C　交換の単位の大きさだけを決めておけば交換レートそのものを記憶する必要がない。

D　貸し借りにおいて利息が生じないし、収穫前に高利で貸しつける「青田買い」の弊害も防げる。

E　物々交換にともなう贈答で、固定客との安定した関係づくりが図られる。

F　固定客との安定した関係は、特別の親しみをこめた擬制的親戚関係に発展することも多い。

屋久島の〈シマイトコ〉、種子島の〈トモ〉、トカラ列島の〈オヤコ〉、多良間島の〈ウトゥダガラ〉、西表島の〈ウトゥザマリ〉などの表現は、こうした親密な関係を表すものだった。[*3]

一〇　残された課題――境界を越えて

以上に述べてきたのは、明治末から戦前まで、琉球弧の

隣り合う島の間の互恵的な交易活動と人的交流についての聞き書きのまとめである。これは、政治的支配の中で経済活動が行われてきたという基本的な見方に立つ経済史の従来の記述からはこぼれ落ちることが多かった部分に注目したものである。

隣り合う島との交易や交流がなければ、まったく生活が成り立たないという状態にあったと語られたのは、この聞き書きの時代と地理的範囲では、水納島の島民だけだった。彼らは、ほぼ専業的な漁民として毎日のように多良間島の人々と物々交換をして、食糧を交易に依存していた。

島々の重層する環境ガバナンスを考えるときに、政治的な支配をおよぼしてきた島々との関係を考慮するだけでなく、隣り合う島々との関係も忘れてはならないことをこれらの聞き書きは示していると思う。

そういう視点から、ことに重要なのは「国境の島」与那国島の存在であるが、この報告では取り上げてこなかったので、今後の研究課題として、ごく簡単に補足しておきたい。

一八九五年からの五〇年間におよぶ日本による台湾領有時代、与那国島は「国境の島」ではなかった。戦前の八重山の島々の若者で台湾に働きに行かない者はないというほど、台湾との交流と交易のパイプは太いものだった。現在、八重山で暮らす台湾出身者も少なくない。

台湾と与那国島の交流が、植民地化以前からも存在していたことを示す伝承を与那国島で得たので、報告しておきたい。島の伝承の聞き取りとその実践を長年続けてこられた、一九五四年生まれのN子さんのお話である。

宮古と八重山の島々が人頭税を納めていた頃（一九〇三年まで）の伝承では、与那国島の東の端の岬には、島にやってくる船を見張る番人がいつも置かれていて、船を見つけると島の中央にある部落まで早馬を走らせて知らせた。特に石垣島からの役人がやってくるときには大変だった。島には米や酒といった贅沢品を貯蔵する蔵があったが、そこに大量の物資があることを発見されないように急いで隠さなければならなかったからである。狭い島の中に隠しても発見されるので、役人の船が着くまでの短い時間のうちに、かねて準備してある舟にこれらの物資を積み込んで、とりあえず西の洋上にこぎ出すのである。行き先は、与那国島と台湾の中間にある、両島の共通の漁場だった。目的地に着くと与那国島の舟は白い旗と赤い旗を掲げた。白い旗は助けを求めるしるし、赤い旗は緊急を知らせるものだった。

台湾から漁にきた舟がこれを見つけると、いったん台湾に戻って食糧と炊事用具を積み込み、与那国島の舟の救援にかけつけてくれる。天気が悪いときなど台湾の舟と出会うのが遅れて食べ物がなくなり苦しかったという。救援の舟が来たら、舟を縛り合わせて安定させ、それからは毎日、ともに米のご飯を食べ、酒を飲み、言葉は通じないがそれぞれの島の歌と踊りで交流する海上のお祭りが続いた。石垣島からの役人の与那国島訪問が終わるとこのお祭りも終わりとなった。台湾の舟との別れにあたって交換した着物を長く記念に保管している家も与那国島にはある。

　重層するガバナンスの中で、政府による苛斂誅求を逃れるための民衆の知恵を示すものとして、また隣り合う島の交流が大切であったことを示すものとして、非常に興味深い伝承である。一八九三（明治二六）年に与那国島を訪れた弘前藩士・笹森儀助の記録によると、与那国島では、不作や貢納船の遭難などによってまるまる二年分もの人頭税が未納となっていた。(19) 当時、余剰の食糧や酒などの存在を島外の役人の目から隠す必要があった背景も理解できる。その対策として与那国島にこうした慣習があったことを示す史料が発見されることは、おそらく今後ともないだろうと思われる。詳細な記録を残した笹森儀助の滞在中も、与那国島と台湾の間の洋上では笹森を警戒して上記の「お祭」が開催されていたかもしれないのだ。ここで聞き取りによる「民衆の記憶」の記録の重要性をあらためて指摘しておきたい。

　時は下って、沖縄戦後の混乱期には、トカラ・奄美・沖縄の返還時期がそれぞれ一九五二年、一九五三年、一九七二年とずれたことから「密航」とよばれる越境が日常的に行われた。沖縄戦で壊滅した生活再建のための物資調達の窓口として一九五二年頃まで与那国島は大いににぎわった。(10) 警察による形式的な取り締まりはあったが、国境を越えた大密貿易に乗り出した個人の活動が物流の大半を占めていた。(17) 国や地方政府による環境ガバナンスが崩壊したなかで、与那国島の環境ガバナンスは、個人とその集団としての自治組織にほぼ委ねられて、東アジア全体に広がった人と物と情報の流れの中にあったのである。

　かつて、こんな言葉を聞いたことがある。(4)

＊3　そうした親密な関係がありつつも、社会の階層が違うことなどで、物々交換にかかわる立場も同じではなかった場合があったことを、奄美の〈ヤンチュ〉や、八重山の〈マカニャー〉などの例から指摘した。

「沖縄のほかの島と比べてみても与那国が一番いい。友だちの家に行けば、二〜三日はただで食べさせてもらえるような島がほかにあるだろうか」私は、この報告を書きながら、どの島もそのような人間的関係をもっていた時代があり、そうした関係が隣り合う島々の人的なネットワークにまで広がっていたのだ、ということを確かな実感として学ぶことができた。

ここに簡単に紹介してきた、琉球弧の島々で人々が培ってきた物々交換を通した交流の知恵にわれわれが学ぶ点は大きいと考えている。今世界中に広まりつつあるグローバリゼーションの中で、地域ごとに未来可能性のあるもうひとつの経済を築くにあたって、大切なヒントとなるものがたくさん含まれているからである。

そうした貴重なお話をきかせてくださった島々の皆さんに心から感謝申し上げるしだいである。

コラム3 「シマ」の自然

盛口 満

「沖縄の生き物の名前を三つあげてみて」と問われたら、どんな生き物の名前が思い浮かぶだろうか。この問いを、沖縄島中部にある高校の三年生のクラス（二七名）にしたところ、その回答の第一位はヤンバルクイナ（二五票）で、第二位がイリオモテヤマネコ（二〇票）であった。沖縄の自然の代表は、「ヤンバル」と「西表島」であるというわけである。確かにこの二か所と比べ、沖縄島の中・南部は、自然が少ない。実際、那覇市内にある中学校の一年生に、普段見かける生き物は何かと問うと、「イヌ、ネコ、ハト、ゴキブリ、草」という答えが返された。しかし、沖縄の自然を「ヤンバル」と「西表島」だけで語ってよいものだろうか。

沖縄島の中・南部は、沖縄戦で焦土と化し、復帰後には急速に都市化が進んだという歴史がある。それだけでなく、中・南部に残る農村部にもここ数十年の間に、かなりの環境の変化が起こっている。他府県では「里山」（里山農業環境、または里地里山ともいう）とよばれる、耕作地、雑木林、用水路などがセットになった環境が、農村部の人里周辺に見られる。このような環境は、身近な自然として親しまれており、近年、その自然としての価値の再評価も進んでいる。一方、現在の中・南部の風景はほとんどサトウキビの単作状態であり、他府県の里山のイメージとはかなり食い違いがある。しかし中・南部のこのような人里周辺の自然環境は、もとからあったわけではない。そこで、沖縄島・南部に位置する南城市在住で、一九三四（昭和九）年生まれの金城善徳さんから、戦前の人里周辺の様子をうかがってみることにした。(1)

沖縄では字《あざ》にあたる集落を、伝統的に「シマ」と言い表す。

聞きとりを行った金城さんの居住する「シマ」は、南城市・仲村渠《なかんだかり》である。仲村渠の集落は、段丘の崖上に位置している。崖の最上層は石灰岩と赤土からなっており、その石灰岩の下部には、「クチャ」とよばれる泥岩が堆積している。透水性の高い石灰岩と、不透水層である泥岩の境界からは湧水が湧き出て、この湧水が川となって段丘崖を流れ落ち、海岸沿いに広がる沖積平野を潤し、海に流れ込んでいる。

金城さんからうかがった、かつての「シマ」の様子を、以下に簡単にまとめてみる。戦前の「シマ」では、一等地には田んぼが作られた。何が土地の価値を決めていたかといえば、水の便である。水の便がよい、湧水から流れ出る流路沿いには、優先的に田んぼが作られた（そのため、段丘崖は棚田状を呈していた）。地形的には沖積平野のほうが田んぼに向いていそうなのだが、水源を湧水に頼っていたため、水源により近い段丘崖の棚田のほうが、渇水の危険度が低かったのである。田んぼに適さない土地は畑とされた。

畑で作られたのは、主食の米を補うサツマイモと、換金作物のサトウキビである。このサトウキビからの製糖は「シマ」ごとに行われていたため、製糖時に必要な薪も、「シマ」内で調達する必要があった。この薪を採るための場所が「サーターダムンヤマ」（砂糖薪山）とよばれていた土地である。「サーターダムンヤマ」は個人の所有物で、過度の利用から藪山化していた。また、石灰岩の岩山で、耕作に向かない土地は、「ウカファヤマ」とよばれる、〈ウカファ〉（マメ科クロヨナ）が優先した林となっていた。クロヨナは、その葉を田んぼの緑肥として利用していた。「サーターダムンヤマ」と同じく、「ウカファヤマ」も個人の所有物であった（金城さんの家では田んぼ七〇〇坪に対して、三〇〇坪の「ウカファヤマ」があったという）。結局、仲村渠では、湧水を中心として、田んぼや畑・サーターダムンヤマ・ウカファヤマの三点セットが、「シマ」を構成していたことになる。このうち、他府県の里山内の雑木林に生えるクヌギやコナラのように、「シマ」内の自然を代表する木をあげるとするなら、クロヨナがそれにあたると思われた。

この金城さんのお話を足がかりにして、琉球列島の各「シマ」で、かつての田んぼ周辺の自然利用の話を聞き書きしてみた。すると興味深いことに、「シマ」によって話者の話の力点が異なっていた。たとえば、石垣島の登野城《とのしろ》では、話者の話の中軸はウマと植物の繊維利用におかれていた。ウマは住居と耕作地を短時間で行き来するため重要な存在であったし、さまざまな野生のつる植物を農作業などに多用していたということが聞きとれた。

ちなみに、この話を受けて、仲村渠の金城さんに野生のつる植物の利用について、再度お話をうかがってみた。すると「このあたり（仲村渠）には、野生のつるはめったになかった」という答えが返された。仲村渠では、薪が不足しがちで、サトウキビの搾りかすを乾かしたものを薪として利用していたほどであった。草や木は、薪や家畜の餌として絶えず利用されており、繊維を利用できるようなつる植物が繁茂する状態ではなかったというのである。

さらに、「シマ」どうしの比較によって見えてきたことは、クロヨナの利用も、仲村渠で特別に顕著に見られるという事実だった。登野城でもクロヨナを利用していたとはいうものの、自然に生育しているものの葉を利用していたとのことであったし、聞きとりではクロヨナ以外に緑肥として利用していた植物の名もいくつかあげられ、仲村渠ほどクロヨナを重要視していないことがうかがわれた。つまり、先の「三点セット」は、仲村渠という「シマ」に限った話だったわけである。

このように、植物利用の聞きとりから、かつての「シマ」の復元を試みたのだが、そこから見えてきたのは琉球列島では「シマ」ごとに固有といっていいほどに、多様な自然利用の様子だった（ただし、この姿は今や、すっかりまぼろしになってしまっているのだが）。

このようにして見えてきた、かつての「シマ」における自然利用の多様さ、つまりは身近な自然環境に見られた多様性を、「普段見かける生き物は、イヌ・ネコ……」と口にする生徒たちと一緒に、学校現場でどのように「再発見」していったらよいのかを、現在、模索しているところである。[2]

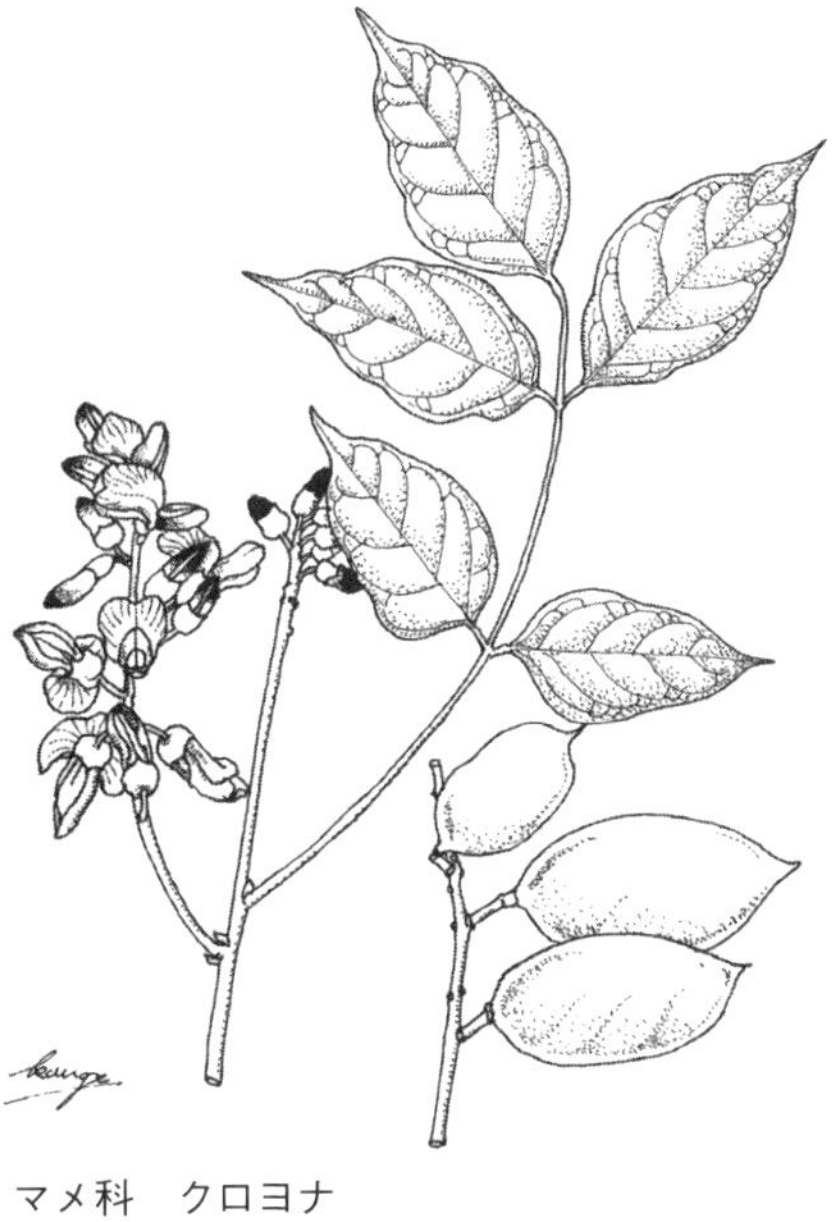

マメ科　クロヨナ

終章　賢明な利用と環境ガバナンス
――北海道と奄美・沖縄の対比から

田島佳也
安渓遊地

一　ゆれうごく「内地」と「外地」

一三世紀初頭に書かれたと考えられている金沢文庫蔵の行基式日本図は、日本を巨大な龍の胴体が取り囲んでいる姿で表現している。今日の奄美・沖縄はいずれも龍体の外側に示され、奄美は「雨見嶋《あまみしま》、私領郡」、沖縄は「龍及国宇嶋《うしま》、身は人、頭は鳥」（宇嶋は大島の意）と表記されている。いずれも元寇などの外患から龍神が守護する「内地」の外にある「外地」の扱いである。この図の東半分は失われているが、同時期で同じ系統と思われる「妙本寺日本図」には龍体はなく、唐土・蒙古・三韓に対峙する形で九州島を中心とする島々が描かれている。そこには「雨見嶋」や「龍及国宇嶋」だけでなく「タムロサム（済州島）」や、三〇もの島影として表現された「ヱス（蝦夷）ノ千嶋」がある。(9) これらは「私領郡」という表現など、鎌倉時代末の「内」と「外」の意識の微妙なゆらぎを推測させる史料である。

北海道は、近世には松前藩が支配した松前地（和人地）と東西の蝦夷地に分けられ、これに北蝦夷地すなわち樺太があった。蝦夷地は幕藩制国家の政治的支配領域に組み込まれた境界領域、つまり政治的な「異域」であった。その背景には東アジア世界に絶大な権力として君臨していた中国の自らを華とし、周辺民族を夷とする華夷観念・秩序になぞらえた「日本型華夷観念・秩序」があり、境界領域という点では、王が明・清皇帝の臣下となるという冊封・朝貢関係にあった琉球王国も同様であった。松前藩の直接的な支配領域はもともと松前地に限られていたが、ロシアの南下・脅威の問題を契機に寛政一一（一七九九）年、東蝦夷地を上地し、前年の露米商会のフヴォストフらのフリゲート艦ユナイ号のサハリンやエトロフ島の襲撃などを受けて、文化四（一八〇七）年にはクナシリ・エトロフ両島と、同六年に北蝦夷地と改称されたサハリン南部を含む北海道全域が幕府の直轄地とされた。こうして、「異域」も「内国」に政治的に編成され、先住民族アイヌの和風化（風俗改め）・同化（「日本人」化）も、また従来は蝦夷地内であった箱館六か場所の「村並」（和人地内の村に準じた扱い）化も推し進められたが、松前地と蝦夷地の区分はそのまま踏襲されるに止まった。つまり幕領化されても松前藩時代同様、蝦夷地のアイヌとの直接交易も従前通り禁止され、形式的な「内国」に止まり、未だ政治的「異域」であり続けたのである。[2][3][4][13][14]

二 「内国化」の進展と環境への負荷の増大

松前地と蝦夷地はいったん松前藩に戻されたのち、安政二（一八五五）年の箱館開港を契機として再び幕領化される。これにともなって、道南松前藩の領地の一部である和人地を除く北海道では経済的な「内国」化が進展した。それとともに、アイヌ民族を「土人」とよび、その和風化が一段と進められ、幕領化以前から顕著になってきていた松前地居住の零細漁民などによる蝦夷地出稼ぎ（追鰊漁など）と彼らの定住化が進んだからである。この動向は本州の他藩ではあまり見かけられない現象であった。明治になると、こうした移住現象はより顕著になる。従来の華夷観念・秩序観を止揚し、早急な国民国家への再編を図る明治政府が蝦夷地をロシアに対する「皇国之北門」「北門之鎖《さ》鑰《やく》」と位置づけ、樺太と安政元（一八五四）年幕府が結んだ日露和親条約で択捉島以西の島々を内国に編入したからである。さらに開拓使時代の明治四年の戸籍法の公布によってアイヌ民族を「日本国民」に組み込み、この後、日本各地からの入植を強力に推し進めた。

明治一五（一八八二）年の開拓使廃止と札幌・函館・根室の三県時代を経て、同一九（一八八六）年に北海道庁創設の時代にも、より一層本州各地からの移住者をよび込み、開拓の規模が拡大した。本州各地からの移住者による森林の濫伐をともなう開拓の槌音が響き渡り、開墾と定住、開拓の夢が破れての道内再移住などが繰り返された。[2]この間、森林の伐採が黙視されたわけではなく、カラマツやクワ、サクラなど特定樹木の禁伐指定なども発せられたが、効果を見なかった。とくに鰊〆粕生産にともなう鰊漁場周辺での無計画な薪材——それは往々にして魚付林や河岸防風林、防雪林までおよんだ――の伐採は濫伐となり、禿山を呈するまでになった。その結果、海への土砂流失をも招き、海の汚染によるニシン漁の凶漁を将来した。それはまた、出稼ぎ漁夫の流失や鰊場住民の再転出を招き、その流動性が昭和前期まで連綿と続いた。[(2)(3)(4)(13)(14)]

そのような歩みは、わが国の同じ境界領域に位置した琉球王国――といっても、一八七二（明治五）年の琉球藩設置、一八七九（明治一二）年の武力を背景とした廃藩と沖縄県の誕生という一連の琉球処分で内国とされた――とは異なって、これまでの北海道が中国大陸に近接する境界領域（樺太国境画定）としての特徴と、自然に立ち向かった北海道移住者の開発と挫折と放棄、新入植者による移住と再開発が繰り広げられた歴史があったからである。つまり「内国植民地」とも位置づけられてきたことに象徴的なように、コインの表裏として、山野河海の資源の恵みを無制限に享受（資源開発と利用、農耕地の開発）し、その結果、資源収奪と環境破壊を急速にもたらしたのであった。北海道という地域は、移住者たちのかつて住んでいた本州各地の出身村での生活意識（すなわち、伝統的村々の村民が持っていた「郷土」意識や先祖伝来の慣行的生活意識）をかなぐり捨てた、あるいはかなぐり捨てざるを得なかった生活の営みが、明日をも知れない流動的な身なるがゆえに、より本能的に発露された地域でもあったともいえるのではないか。北海道の居住者アイヌは起きたトラブルをカムイの声を聞き、儀礼を通じて自然と共生しつつ調整し解決してきた（第3章、児島恭子）が、北海道移住者による自然破壊は近代になるほどすさまじいものであった。資源の枯渇に直面し、人びとが初めてその問題の深刻さを自然から突きつけられたときに、ガバナンスの問題が北海道では意識されるようになったのである。しかし、その解決への取組みは、ほかの地域への転住や帰郷という選択肢が残されている間は進展しなかったといってよいだろう。

三　琉球王国と薩摩藩の環境ガバナンス

一方、奄美・沖縄では、狭小な島という制限要因から、資源の枯渇はそのまま居住不可能になることを意味する場合が多かった。そのため、北海道の事例のようなすさまじい資源の収奪の例は少ない。[*1]

栄華を誇った環東シナ海交易の衰退と薩摩支配によって、一七世紀の奄美・沖縄の社会は未曾有の政治経済的危機に直面した。この困難な時期に、自らも王家の分流として寛文六（一六六六）年から延宝元（一六七三）年にかけて琉球王国の摂政を務めた羽地朝秀《はねじちょうしゅう》の「羽地仕置《しおき》」（習俗や社会慣習などの古琉球的体制の抑制や廃止から耕地の開墾や農政の刷新などの近世的な体制への変革）に見られる一連の改革は、凋落の一途をたどる琉球王国に活力を与え、一定の経済的な繁栄をもたらした。その反面、急激な社会変化は環境劣化を加速させる結果ともなった。すなわち、耕地面積と都市の拡大、造営事業の急増、砂糖の増産、域内の海上交通の発達による船舶の建造など、大量の建材・薪炭材の需要を増加させ、急激な森林資源の劣化を招いた。

一八世紀の中盤に王国の最高職である三司官を務めた蔡《さい》温《おん》は、その当時、きわめて注目すべき資源管理政策を実施している。彼が進めた地面格護、河川改修の水道《みずみち》の法、抱《ほう》護《ご》林などの農林技術は、流亡しやすい土壌や台風が常襲する気候などを踏まえて、地域社会の構造的特性に立脚した持続可能性を追求するみごとな「地域技術」であった。また、杣山《そまやま》分割政策や元文検地などを通して、集落単位での資源管理体制を確立し、現在の入会林野に引き継がれる制度的な基盤を形成したのである。(10)

一方、薩摩の直接支配によって、藩専売の黒糖生産の基地とされた奄美の島々では、一八世紀後半と幕末の二度にわたる「砂糖惣買上制」による収奪の強化によって、特に奄美大島・喜界島・徳之島ではサトウキビ単一生産の景観、すなわち耕作強制を強いられた。その結果、多くの住民の主食が灰汁抜きしたソテツにならざるをえなくなるなど、大きな変化を生んだ。さらに、その状況は明治以降の世界砂糖市場の動向に直結するようになることで文字どおり「ソテツ地獄」が現出していった。

四　「世替わり」の中で

徳川幕府が一八六七（慶応三）年にロシアと結んだ仮条約「日露間樺太島仮規則」では、樺太（サハリン）は、日露両国民の混住の地とされた。明治政府内では、征韓論に代表されるような領土の拡張を否定する意見が優勢となって、一八七五（明治八）年ロシアとの間に樺太・千島交換条約を結んで樺太を放棄し、国境を画定した。同様に、清国とは一八七一（明治四）年に日清修好条規を結ぶが、琉球処分によって琉球と清との冊封・朝貢関係が失われることへの埋め合わせとして、翌一八八〇（明治一三）年、日本政府は清国に最恵国待遇を与え、宮古と八重山を中国領とする案を議定したものの、結局条約としての調印にはいたらなかった。しかし、その間、一八七一年に起こった首里への人頭税を運んだ宮古島の船が帰路に難破して台湾に漂着、五四名が斬首されたことに対して一八七四（明治七）年、台湾出兵が行われた（牡《ぼ》丹社《たんしゃ》事件）。

一八七九（明治一二）年の琉球処分以降は、近代的農業・林業・土木技術など、地域社会の特性と遊離した技術が導入され、また官有地化や私有化によって多くの入会林野が解体し、消滅の道をたどった。

清国との間で琉球の帰属が決着をみたのは、一八九五（明治二八）年、日清戦争後の日清講和条約（馬関条約）によってであり、この時から五〇年間にわたって台湾は日本の植民地となり、沖縄は新たな植民地開拓の足場となる。一方、樺太は、日露戦争のあと、一九〇五年のポーツマス条約によって北緯五〇度線から南が日本領となり、沖縄と同様に、北海道は新たな領土開拓の足がかりとなっていく。

太平洋戦争の終盤、「鉄の暴風」と形容された、地形も変わるほどの激戦の沖縄戦ののち、アメリカ軍統治時代には強制的な土地接収が行われた。本土への復帰後、振興策予算による公共工事が沖縄でも展開したが、その工事が引き起こした赤土流出とサンゴの死滅の問題は現在も何等対策も採られず推移し、進行中のまま時が過ぎている。

また、旧慣温存策によって宮古・八重山では人頭税制度が一九〇三（明治三六）年まで続けられるなど、奄美と沖縄の島ごとの環境とそのガバナンスの歴史は、ひとくくりにできない場合が多いのも事実であり、そのガバナンスを明らかにしていくことが今後も課題の一つであろう。

五　地域差をどうとらえるか

琉球弧と一括りにされる地域でも、奄美のような小さな

＊1　日清戦争後の一八九七（明治三〇）年から、古賀辰四郎が開拓に着手した尖閣諸島で、桟橋や鰹節工場建設の原資となったアホウドリは、羽毛採取のため毎年一五、六万羽捕獲されて、一九〇〇年にはほとんど残らず、一九三九年の正木任の調査では、には絶滅状態であった（ウェブページ「アホウドリ復活への軌跡」の長谷川論文）。これに対して、西表島南西方の仲之御嶽島の海鳥の利用の場合は、筆者の与那国島の聞き取りでは食用としての卵の採取を、家族一人あたり一個までと定めていたのであった。

島々も含めた個性ある歴史観を持つべきだとして、鹿野政直《かのまさなお》は、奄美に住んだ作家・島尾敏雄の「たとえば奄美の地図を書くときに西の方の鳥島を落としても平気だ、という気持ちをなくしたいのです」という言葉を引いている。(6) 改めて確認しておきたいことは、奄美・沖縄は、文化的にも自然環境においてもきわめて多様な島々であるという認識の大切さである。「高い島」と「低い島」といった立地の違いや、薩摩藩に直接支配された奄美と、薩摩と明（続いて清）に両属した琉球王国のような差も含めて、こまやかに検討しなければならない。それは、児島恭子が本巻の第3章で「アイヌ」とひとくくりにするのではなく、流域ごとに異なる自然と人の関係があったことを重視する姿勢とも重なってこよう。児島は、「アイヌ文化は自然と共生」という言説に画一化されると、河川流域ごとに適応をとげた、一対一の自然と人間との関係の豊かさの多くが失われるとも警鐘を鳴らしており、それこそ細やかな、かつ丁寧な観察と分析が要求されよう。

限りある自然資源を、再生速度を超える速さで利用した結果、資源が枯渇して利用そのもの、ないし産業そのものが崩壊するにいたったという比較的単純な図式でとらえられる事例もあるだろうが、それぞれの時代と場所ごとに事情はさまざまである。そうした事例を、本書の論文やコラムから拾ってみよう。

安渓貴子（コラム2）は、現在は半野生状態にある有毒植物のソテツが、近世の奄美ではきわめて重要な食糧だったとする。薩摩藩によって直接支配された奄美と間接支配された沖縄の差が、ソテツへの依存度の差を生み、今日の景観をも左右していたのである。

早石周平（第10章）の研究からは、社会についても、一九一〇年の士族の占める比率が沖縄で三〇%だったの対して、奄美では〇・八%と大きな地域差があったことがわかる。さらに、一八九五年の船の貨物賃を比較して、鹿児島発名瀬行きと那覇行きが、二倍近い距離の差があるにもかかわらず同額だったことを見出して、現在の航空運賃が羽田・那覇間よりも羽田・奄美間が一〇%以上高いという沖縄への優遇措置がにわかに始まったものではないことに気づかせてくれる。

中野泰（第7章）は、綿密な聞きとりを踏まえて、スケトウダラ漁を行ってきた積丹《しゃこたん》半島の岩内《いわない》と檜山《ひやま》の違いは、それぞれの地域が取り組んできた社会背景や漁業組織の歴史的展開にあるとした。それは地域社会のあり方・実態を無視し、資源利用のモデル化から考察する漁業経済学や、伝統的村社会を金型に分析する文化人類学的「資源管理型漁業」論や近年の「コモンズ」論に疑問を投げかけるものでもあった。

六　自給と交易

自給的な利用から、交易を前提とする利用に変化すると き自然資源に加わる圧力は飛躍的に高まる。木下尚子（第8章）は六〜九世紀の奄美大島・喜界島におけるヤコウガイ集積遺跡の研究から、小さな貝まで捕るという過剰な利用も起こっていたことを突き止めた。それは、島外への交易の需要が高まったために起こったと考えられたが、海を越えて島々をつなぐ海上の道は意外に古くから開け、昭和に入っても生き続けていたことを知る（第13章、安渓遊地）。また、遠隔地での需要が突然なくなったことから、大量の「売れ残り」が遺物となって残ったとも考えられる。[*3]こうした事例は、古今に数多い。西表島のイノシシは、三〇〇〇年以上昔から、南の波照間《はてるま》島に持ち込まれていた。一五世紀には、西表島の材木が宮古島まで移出されたことがわかっている。このように、特産品の移動ないし交易という要素は、自然利用の歴史を考える際に見落とすことができない要素である。なお、植林したカラマツが価格低迷により売れなくなった例もあり、一九九三年の日本でのナタデココのブームとその終焉によるフィリピン現地の混乱などは記憶に新しいところである。

北海道におけるエゾアワビ（第1章、右代啓視）は、縄文時代から自給用に利用され、擦文土器時代以後は交易品としても長年にわたって利用されてきた。それにもかかわらず、乱獲による資源の枯渇に気づかされたのはようやく昭和三〇年代に入ってからのことであった。また、エゾアワビは、近世には長崎を経て中国に輸出された乾燥海産物「俵物三品」のひとつとして煎海鼠《いりこ》、鱶鰭《ふかひれ》とともに、重要

＊2　正式名称は、硫黄鳥島。琉球王国が中国への進貢貿易に用いる火薬原料の硫黄採取地として、薩摩支配後も奄美ではなく、琉球王国側に残された島。たび重なる噴火のため、久米島に移転して鳥島集落を形成した(13)。
＊3　これらの遺跡に集積されたヤコウガイの交易先が中国であったのか、あるいは日本であったのかについてはまだ定説がない（(16)は日本説である）。

な地位を占めた。この他の「諸色」には昆布や鰹節などが含まれ、特に昆布は一八二〇年以降の史料によれば、琉球王国から清への朝貢貿易の中で全輸出重量の七一～九四%を占めた。日本の北の大地と南の島々は、おおむね中国を目当てにした幕府の管理交易ネットワークの中での範囲内であるものの、相互に強く結ばれていたのである。(11)

七　徴税強制労働と重層する環境ガバナンス

一六〇九（慶長一四）年、奄美・沖縄の島々を支配下においた薩摩藩は、奄美を直轄地とし、沖縄については琉球王国を存続させて、明との朝貢貿易の利権を確保する政策をとった。この時以来、奄美と沖縄は異なるガバナンスのもとに置かれたが、沖縄の中でも遠隔の地にある宮古・八重山の島々では検地や毛見《けみ》（その年の収穫によって課税）による課税ではなく、人頭税制が敷かれた（一九〇二年まで）。こうした政治・経済体制の違いは、当然環境ガバナンスと自然資源の利用の形態にも深い影響を与えずにはおかなかった。

琉球王国を通じた薩摩藩の昆布貿易が盛んな時代、薩摩藩の家老調所広郷《ずしょひろさと》は一八三八（天保九）年から薩摩藩の財政改革に取り組み、奄美大島・喜界島・徳之島では黒糖の総買上制を通して大坂市場で巨利をあげ、琉球を通した対清密貿易にも積極的に乗り出した。それが一方では倒幕をなしとげる原資や原動力ともなったが、その結果、窮乏した奄美ではソテツが多くの住民の主食となり、沖縄の島々との食生活との大きな違いも生まれることになった（第10章、早石周平とコラム2、安渓貴子を参照）。

ところで、アイヌと和人の間で、一四五七（長禄元）年、コシャマインの戦いが起こった。箱館《はこだて》近くの鍛冶《かじ》村での小刀《マキリ》製造のできばえや値段をめぐる口論からアイヌを刺殺した事件を発端に、この戦いは起こった。その後もたびたびアイヌとの諍《いさか》いが勃発し、そのたびに和睦や騙《だま》し討ちによってアイヌの勢力削減を松前藩は図ったが、和人の蝦夷地での経済活動が活発になると、利害関係の衝突も頻発し、一六六九（寛文九）年にはアイヌ最大の武装蜂起、シャクシャインの戦いも起きた。松前藩は幕府の支援を受けてこの戦いに勝利し、家臣に知行《ちぎょう》として与えた交易権（商場《あきないば》知行制）を商人に委託する場所請負《ばしょうけおい》制を一八世紀初頭には施行させた。

こうした動向の中で、蝦夷地ではコタンを離れた出稼ぎがアイヌの人々に強要され、しかも食事も満足に与えられない漁場での労働を強いられた。鰊場などではアイヌの人々の過酷な生活が始まり、明治になると、居住地のコタンさえ国有地とされ、居住や土地所有の権利さえ奪われた。奄美大島では窮乏のあげく債務奴隷となった幕末奄美の家人（ヤンチュ）、二〇世紀まで居住の自由がない人頭税制度のもとに置かれた宮古八重山の人々などがいた。これらの人々は、本来ならば環境の賢明な利用を行うための主体となるべき存在でありながら、生活者レベルでの環境ガバナンス（第一巻第10章参照）を自主的に行えないという状況に長く留め置かれることになった。[*4]

こうした歴史的背景を踏まえて、環境ガバナンスのさまざまな層に先住民族の権利（先住権）にもとづく環境ガバナンスをどのように組み込んでいくべきかというのは、現在も進行中の重要な論点である。[*5] 今日の世界情勢を考えると、多民族共存社会での重層するガバナンスを考えるために、これから探求すべき現代的な、かつ困難な課題が存在することが指摘できよう。

＊4　本巻ではほとんど触れていないが、移住先の環境についての知識や備えが乏しいまま行われた強制的な移住にともなう、人口の激減などの悲劇的な例についても、地域社会の崩壊を招いた「最も賢明でなかった環境ガバナンス」の典型としていくつか例示しておく。

一八七五年の樺太千島交換条約の後、樺太アイヌの人たちは宗谷が漁場であったことなどから日本国籍を選び、宗谷へ来たが、すぐまた漁のできない石狩川の対雁《ついしかり》（江別市）の地に八五四人が強制移住させられた。その後、明治一八年から一九年にかけて北海道を襲ったコレラと天然痘によって、ほぼ半分の樺太アイヌが死ぬという悲運に襲われる。ポーツマス条約で南樺太が日本領となる前後にほとんどがふるさとに戻ったが、第二次大戦の敗戦で再び北海道に「引き揚げ」ざるを得ない状況にたちいたった(6)。

琉球王国の英明な三司官としての誉れ高い蔡温ではあったが、その治世に八重山では、人口過密と見られた低い島から、西表島の崎山村や石垣島北部などへの強制移民が行われた(9)。それまで村がなかったのが、マラリアのためであることを知るよしもなく、王府の決定によって移住させられた人々の人口は急激に減少した。この過ちは、戦争中に波照間島から西表島東南部への軍命による強制疎開によってほぼ三分の一が死亡するという悲劇となって繰り返された（本シリーズ第一巻第10章参照）。

八　制限された利用と制限のない利用（コモンズの悲劇）

税として地域ごとの特産品が指定されることが、自然資源利用の持続性を保証していた例がある。たとえば八重山の新城島《あらぐすく》では、首里王府への上納品として、男性に課せられた税はジュゴンであった。その一方で、他の島の人々はジュゴンの捕獲を禁じられていたが、琉球処分によって新城島が沖縄県に移行する際に、ジュゴンは広域の環境ガバナンスの中に組み込まれなかった。その結果、誰でも取り放題となって八重山のジュゴンは絶滅してしまう（第9章、当山昌直）。オープンアクセスとなった結果、コモンズの悲劇が起こるという「賢明でない利用」の一つの典型がここにはあった。戦後まで続いた米の専売制度の例でわかるように、こうした納税品は自由な売買が政府によって統制されたために、まれにしか隣り合う島の交易ネットワークの中での交易対象とならなかったことを、安渓遊地は指摘した（第13章）。

九　技術革新と社会の変化

明治以降の北海道で漁業資源の枯渇に対処するために、人工孵化・種川《たねかわ》制度・魚付林《うおつき》が検討されたが、住民の生活の維持や慣習の尊重という生活者としての環境ガバナンスを無視してきびしい取り締まりによった明治時代の種川制度と魚付林の保全は失敗の道をたどり、鮭の人工孵化だけが定着した（第6章、麓慎一）。

肥料用のニシン〆粕製造において、燃料としての森林資源の枯渇が深刻になったとき、燃料効率のよい改良釜が導入されたが、これが容易に広まらなかった事情は興味深い。森林資源を守るという改良釜は、実際にそれを扱う労働者にとっては、従来のものよりも薪を細かく割る手間がかかり、休める時間が短く、そして春季の降雪期の作業上、何より漁民達が暖をとりづらかったのである（第4章、田島佳也と第6章、麓慎一）。どんなすばらしい舶来の知恵も新しい技術も、実際にそれを使う人たちの現場に立って導入をはかるのでなければ、決して定着し、社会的に受け入れられることはなかったことを物語る。その意味では、一八世紀の沖縄の為政者・蔡温が、救荒作物としてソテツの利用を奨励するにあたって、安全確実な毒抜き法を求めて、住民からのきわめて念入りな聞きとりを行っていることは、高く評価してよいだろうと考えられる（コラム2、安渓貴子）。

一〇　環境がつくる社会・人間がつくる環境

漁民からの詳細な聞きとりと参与的観察による報告が、積丹半島以南のスケトウダラ漁民の研究（第7章、中野泰）と、奄美・沖縄のサンゴ礁の資源利用の考察（第11章、渡久地健）である。中野は、積丹半島西の岩内漁協とそこから二〇〇キロほど南の爾志《にし》海区を比較した。どちらも共同体的結束の強い取り組みで資源の減少に対処してきたが、岩内では資源の減少に歯止めがかからない状況であり、資源の持続的利用が共同体的生産者のレベルだけで解決できない問題、と述べている。

スケトウダラがしだいに深い海溝部に分布を移していることに一九九七年に気づいた岩内の漁民の一人が、五年かけて従来より深い海での延縄漁を実現、軌道に乗せた。その漁民の、「多少でも残っていればね、必ず資源というのは戻ってくるよ」という言葉を中野は引いている。しかし、ここには漁民の楽観的な資源利用の考え方が見え隠れしていないか、慎重な検討を要する。

ところで、岩内港での海水温測定を三〇年にわたって続けてきた斉藤武一《さいとうたけいち》の研究によれば、この三〇年で気温の上昇はあるが、東海岸の余市《よいち》と比較しても、岩内だけで水温が階段状にしだいに高くなってきているという。これは自

＊5　環境史年表にも表記してあるが、一九九七年七月一日にアイヌ文化振興法（正式名称「アイヌ文化の振興並びにアイヌの伝統等に関する知識の普及及び啓発に関する法律」）が施行されて、これと同時に「北海道旧土人保護法」が廃止された。しかし、アイヌ文化振興法においてもアイヌの先住権、すなわち、土地や資源に関する先住民族としての権利は認められていない。二〇〇八年一〇月三〇日、国連のB規約（市民的および政治的権利）人権委員会は日本政府に対し、琉球民族にアイヌ民族と同様に「民族の言語、文化について習得できるよう十分な機会を与え、通常の教育課程の中にアイヌ、琉球・沖縄の文化に関する教育も導入」し、さらに「琉球民族の土地の権利を認めるべきだ」と求めた（「沖縄タイムス」2008年11月1日）。二〇一〇年六月二三日、慰霊の日には「琉球自治共和国連邦独立宣言」も起草されている(19)。

然現象では説明がつかない。この海域の水温を高くしているのは、岩内の約四キロ北にある北海道電力の泊原子力発電所からの毎秒一四〇トンを超える、摂氏七度高い温排水以外には考えられないのである。[20] すなわち、人間の共同体を詳細に研究すればするほど、単純なモデルの適用は困難であるという結論に到達することは納得できるが、人間が魚の生育する環境そのものに大きな影響を与えているという事実も十分に踏まえなければならない。[*6]

　健全な環境が保たれている時にのみ、自然環境に対するこまやかな物の見方に支えられた在来の自然認識の知恵と自然資源利用の体系は機能しうる。そのことを、サンゴ礁に生きる漁民たちを親しい仲間として交わり、また師匠として学んだ渡久地健（第11章）は、サンゴ礁の豊かな民俗知識が専業漁民や高齢者の独占物でなく、子孫に伝承できるものだと考え、サンゴ礁に集う魚たちと共存できる持続的な漁業の姿の可能性を見出している。

二　果てしない人間の欲望を制御するために

　それでは、どうすればよいのか。自然とのつきあいをめぐる、さまざまな過去と現在のできごとに学んだことを、より賢明な利用が可能な未来につなげる方法はあるのだろうか。

　特に「自然への畏怖の気持ちがあったから取り尽くしにいたらず、環境が守られた」という言説はよく耳にする。小杉康（第2章）は、明治までの日本のオットセイ猟は技術的な制約と自然に対する畏敬の念が強いアイヌの猟業形態によって資源の枯渇を起こさなかった、と述べている。だがそれでは、技術的な制約がないときに自然に対する畏敬の念は有効な歯止めとなりうるのだろうか。この問いに答えようとしたのが、西表島での綿密な調査をしてまとめた蛯原一平（第12章）である。一八世紀以降、西表島では、小島での猪の捕り尽くしと長大な猪垣の建設で農地を守る努力が重ねられてきた。戦後、効率のよい跳ね上げ式足括り罠が普及して猪の捕獲数は増えたが、今もむやみやたらに捕ることはないという。猪の絶滅にいたらない理由として、蛯原は、自給的な要素を色濃く残す島の暮らしと、大型台風後の猟の自粛、山の恵みへの感謝の気持ちといった猟師たちの意識や行動に注目している。

　西表島で無農薬の合鴨稲作を続ける那良伊《ならい》孫一《まごいち》さんは、たくさんの合鴨をイリオモテヤマネコに食べられながらも「ヤマネコが生きられる環境だからこそ自分たちも安心して生きられる」と話す。[1] ここに根づいているのは、素朴なアニミズム的な発想ではない。グローバルな意識にたった、スチュワードシップ（受託責任。第一巻序章参照）新たな環境倫理にもとづいて行動することの大切さであり、気づきである。

　西表島のような場所での農薬散布が「賢くない利用」の典型であると気づくこと、それを感得できる感性を育てるためにはいま、何が必要なのだろうか。それには①環境ガバナンスのそれぞれの層において、すべてのステークホルダーが適切な判断を下せるように、一部のものだけに占有された情報を開示し共有していくことと、②未来を見据えた環境学習の必要性が痛感される。盛口満（コラム3）は、沖縄でも里山があったことを指摘する。たとえば、沖縄島中部では田の緑肥とサトウキビ製造の薪のための「ヤマ」が非常に重要だったこと、そしてきわめて具体的な精細な知識を高齢者がもっていることを具体的に語る。ところが、その知識は伝承されておらず、那覇市に住む中学生たちに身近な生物を問うと、答えは「イヌ、ネコ、ハト、ゴキブリ、草」の類である。地域ごとの環境の多彩さを多世代の交流によって再発見していく、フィールドワークの大切さが切に痛感される。

＊6　日本のあちこちの海で藻場が減少・消失しているというテーマを取り上げたNHKのドキュメンタリーがある(18)。その原因として地球温暖化だけに焦点をあてたものであるが、そこで取り上げられたのは、岩内（泊）、御前崎（浜岡）、鎮西町（玄海）と、いずれも原子力発電所から数キロ以内という至近距離にある海であった。原発の温排水で海藻類やプランクトンが壊滅的な被害を受けることが明らかになっているので(8)、番組作成の意図にかかわらず、原発からの温排水の被害をまずは疑ってみるべきであろう。

きた人びと―交流と交易― 展示図録.「古代北方世界に生きた人びと―交流と交易―」実行委員会
雑記
◎後志支庁
新撰北海道史第7巻（文政壬午野作戸口表、蝦夷雑書その他）
新北海道史第9巻（蝦夷家数人別産物船数牛馬其外取調帳）
新北海道史年表（1989）
竹四郎廻浦日記(厚岸は協和私役、択捉は幕末外国関係文書14)
東西蝦夷地御場所運上金揚り高並夷人人別控
◎十勝支庁
土人由来記
西蝦夷地分間
西蝦夷日記
◎根室支庁
函館支庁調（北海道志）
◎日高支庁
日高森づくりセンター
日本歴史大事典(小学館)
不良環境地区対策の推進について（北海道民生部）
北海道ウタリ生活実態調査
北海道さけ・ますふ化放流事業百年史編さん委員会（編） 1988. 北海道鮭鱒ふ化放流事業百年史 統計編. 北海道さけ・ますふ化放流事業百年記念事業協賛会.
北海道庁統計書
北海道新聞社（編） 1947. 北海道年鑑. 北海道新聞社.
松前家数人別其外留
松前城下賛書
向山誠斎雑記
■奄美・沖縄
沖縄大百科事典刊行事務局（編） 1983. 沖縄大百科辞典 別巻. 沖縄タイムス.
菅浩伸 2001. 南西諸島を縁どるサンゴ礁海岸. 米倉伸之・貝塚爽平・野上道男・鎮西清高（編）日本の地形Ⅰ総説. 東京大学出版会.
Kitagawa, H., Matsumoto, E. 1995. Climatic implications of δ^{13}C variations in a Japanese cedar (*Cryptomeria japonica*) during the last two millenia. *Geophysical Research Letters* **22**: 2155-2158.
木下尚子 1996. 南島貝文化の研究―貝の道の考古学. 法政大学出版局.
木下尚子 2010. 先史奄美のヤコウガイ消費―ヤコウガイ大量出土遺跡の理解にむけて―. 文学部論叢 第101号.
来間泰男 1979. 沖縄の農業. 日本経済評論社.
仲間勇栄 1984. 沖縄林野制度利用史研究―山に刻まれた歴史像を求めて. ひるぎ社.

(9) 池野茂．1994．琉球山原船水運の展開，p. 213．ロマン書房本店．
(10) 石原昌家．1982．大密貿易の時代――占領初期沖縄の民衆生活．晩聲社．
(11) 上屋久町郷土史編集委員会．1984．上屋久町郷土史，p. 244．上屋久町教育委員会．
(12) 上屋久町郷土史編集委員会．1984．上屋久町郷土史，p. 519. 上屋久町教育委員会．
(13) 上屋久町郷土史編集委員会．1984．上屋久町郷土史，p. 521. 上屋久町教育委員会．
(14) 名瀬市史編纂委員会．1983．名瀬市史　上，p. 65．名瀬市役所．
(15) 名瀬市史編纂委員会．1983．名瀬市史　中，p. 44．名瀬市役所．
(16) 奥野修司．2005．ナツコ――沖縄密貿易の女王．文藝春秋．
(17) 尾崎一．2002．与路島（奄美大島）誌．著者発行．
(18) ポランニー，K．2005．人間の経済 II：交易・貨幣および市場の出現．岩波書店．
(19) 笹森儀助．1982（1984）．南嶋探験（琉球漫遊記 1）．平凡社．
(20) 島袋正敏．2009．名護市底仁屋・生活を支える自然．当山昌直・安渓遊地（編）野山がコンビニ――沖縄島のくらし（島の生活誌①），p. 42．ボーダーインク．
(21) 下野敏見．2009．トカラ列島（南日本の民俗文化誌 3），p. 98．南方新社．
(22) 谷川健一（編）2008．日琉交易の黎明――ヤマトからの衝撃．森話社．
(23) 登山修．1996．奄美民俗の研究（南島叢書 75），p.127．海風社．

コラム 2　「シマ」の自然

(1) 当山昌直·安渓遊地　2009．聞き書き·野山がコンビニ 沖縄島のくらし（島の生活誌①）．ボーダーインク．
(2) 盛口　満　2009．沖縄島南部一万年史の授業化の試み．地域研究 第 5 号 p. 49-54.

島と海と森の環境史年表

■北海道
◎網走支庁
網走東部森づくりセンター
◎胆支庁
入北記
右代啓視　2000 「過去 2000 年間の環境変化と北方文化」歴博№ 203
蝦夷家数人別産物船数牛馬其外取調帳
蝦夷旧聞
蝦夷雑書
◎渡島支庁
渡島西部森づくりセンター
渡島東部森づくりセンター
開拓使事業報告
嘉永六丑年東西蝦夷地勤番書上惣目録写
上川南部森づくりセンター
北島志
釧路森づくりセンター
「古代北方世界に生きた人びと―交流と交易―」実行委員会（編） 2008．古代北方世界に生

心に．季刊東北学 **10**: 130-141.
(4) 蛯原一平　2009. 沖縄八重山地方における猪垣築造の社会的背景．歴史地理 **51**(3): 44-61.
(5) 蛯原一平・安渓遊地　2009. 明治末期の西表島における生業活動—役人日記「必要書」を手がかりとして．南島史学 73 号，p. 51-78.
(6) 花井正光　1976. リュウキュウイノシシ〈西表島〉. 四手井綱英・川村俊蔵(編)追われる(けもの) たち—森林と獣害・保護の問題，p. 114-129. 築地書館.
(7) 花井正光　1983. リュウキュウイノシシの個体群増減—西表島での調査から．動物と自然 13 号，p. 12-17.
(8) 平敷令治　1991. 山原の猪垣・猪狩・猪狩儀礼．神・村・人—琉球弧論叢，p. 219-269. 第一書房.
(9) 石垣市総務部市史編集室（編）1991. 慶来慶田城由来記·富川親方八重山島諸締帳（石垣市史叢書 1). 石垣市役所.
(10) 石垣市総務部市史編集室（編）1992. 与世山親方八重山島規模帳（石垣市史叢書 2). 石垣市役所.
(11) 石垣市総務部市史編集室（編）1995. 参遣状抜書 上巻（石垣市史叢書 8). 石垣市役所.
(12) 小葉田淳　1977（初出は 1942). 李朝実録中世琉球史料．南島 第 2 輯，p. 1-40.
(13) 真栄平房昭　1989. 在番制の成立．琉球新報社（編）新琉球史 近世編 上，p. 97-118. 琉球新報社.
(14) 直良信夫　1930. 日本史前時代に於ける豚の問題．人類学雑誌 52 号，p. 20-30.
(15) 野本寛一　1984. 焼畑民俗文化論．雄山閣.
(16) 野本寛一　1986. 生態民俗学序説．白水社.
(17) 沖縄県農林水産部編　1972. 沖縄の林業史．沖縄県.
(18) 笹森儀助（著)，東喜望（校注）1982. 南島探験．平凡社.
(19) 高宮広土　2005. 島の先史学—パラダイスではなかった沖縄諸島の先史時代．ボーダーインク.
(20) 竹富町史編集委員会（編）1994. 竹富町史第 11 巻 資料編 新聞集成 I．竹富町役場.
(21) 安田宗生　1978. 南島の猪狩り．えとのす 9 号，p. 127-129.

第 13 章　隣り合う島々の交流の記憶——琉球弧の物々交換経済を中心に

(1) 安渓遊地．1984.「原始貨幣」としての魚——中央アフリカ·ソンゴーラ族の物々交換市．伊谷純一郎・米山俊直（編著）アフリカ文化の研究，p.337-421. アカデミア出版会.
(2) 安渓遊地（編著). 2007. 西表島の農耕文化——海上の道の発見．法政大学出版局.
(3) 安渓遊地（編著). 2007. 西表島の農耕文化——海上の道の発見，p. 57. 法政大学出版局.
(4) 安渓遊地（編著). 2007. 西表島の農耕文化——海上の道の発見，p. 360. 法政大学出版局.
(5) 安渓遊地（編著). 2007. 西表島の農耕文化——海上の道の発見，p. 369-407. 法政大学出版局.
(6) 安渓遊地・安渓貴子．2000. 島からのことづて——琉球弧聞き書きの旅．葦書房.
(7) 恵原義盛．1973. 奄美生活誌．木耳社（〔再版〕南方新社，2009).
(8) 東恩納寛惇．1941. 黎明期の海外交通史．帝国教育会出版（〔再版〕琉球新報社，1969).

る裁判事例から．室田武（編）グローバル時代のローカル・コモンズ，p. 124-146．ミネルヴァ書房．
(22) 盛口満・安渓貴子（編） 2009. ソテツは恩人——奄美のくらし（聞き書き・島の生活誌②）．ボーダーインク．
(23) 内藤直樹 1999.「産業としての漁業」において人－自然関係は希薄化したか——沖縄県久高島におけるパヤオを利用したマグロ漁の事例から．エコソフィア 第4号，p. 100-118.
(24) 仲村昌尚 1992. 久米島の地名と民俗．「久米島の地名と民俗」刊行委員会．
(25) 仲田松栄 1990. 備瀬史．ロマン書房．
(26) 名島弥生 2001. サンゴ礁の漁場の利用——奄美大島小湊湾南側の事例から．民俗考古 第5号，p. 51-65.
(27) 南島地名研究センター（編） 2006. 地名を歩く（増補改訂）．ボーダーインク．
(28) 西平守孝 1988. サンゴ礁における多種共存機構．井上民二・和田英太郎（編）生物多様性とその保全，p. 161-195．岩波書店．
(29) 西銘史則 2000. 久米島仲里村海物語——海名人のはなし．仲里村役場．
(30) 関戸明子 1988. 地名研究の視点と系譜——小地名の研究を中心に．歴史地理学 第140号，p. 17-27.
(31) 柴田武 1978. 方言の世界——ことばの生まれるところ．平凡社．
(32) 島袋伸三 1992. サンゴ礁の民俗語彙．サンゴ礁地域研究グループ（編）熱い心の島——サンゴ礁の風土誌，p. 48-62．古今書院．
(33) 篠原徹（編） 1998. 民俗の技術．朝倉書店．
(34) 高橋そよ 2004. 沖縄・佐良浜における素潜り漁師の漁場認識——漁場をめぐる「地図」を手がかりとして．エコソフィア 第14号，p. 101-119.
(35) 渡久地健 1989. 南島のサンゴ礁と人——最近の研究の一素描．南島史学 第33号，p. 61-74〔改訂のうえ，谷川健一（編）渚の民俗誌（日本民俗文化資料集成 第5巻），三一書房に収録〕．
(36) 渡久地健・高田普久男 1991. 小離島における空間認識の一側面（I）——久高島のサンゴ礁地形と民俗分類．沖縄地理 第3号，p. 1-20.
(37) 渡久地健 2010. サンゴ礁の民俗分類・地名・漁撈活動．大和村誌編纂委員会（編）大和村誌，p. 801-822．大和村．
(38) 渡久地健 2011. ヘタ／ピザ考——地名をして語らしめよ．安渓遊地・当山昌直（編）奄美沖縄環境史資料集成，印刷中．南方新社．
(39) Toguchi, K. 2010. A brief history of the relationship between humans and coral reefs in Okinawa, *The Journal of Island Sciences*, no. 3, International Institute for Okinawan Studies, University of the Ryukyus, pp. 59-70.

第12章　西表島のイノシシ猟に見る陸産野生動物の持続的利用

(1) 北谷町教育委員会（編） 1998. 伊礼伊森原遺跡—嘉手納（7）貯油施設建設工事に伴う文化財発掘調査報告．北谷町教育委員会．
(2) 千葉徳爾 1971. 南西諸島のいのししとその狩猟．続狩猟伝承研究，p. 49-94．風間書房．
(3) 蛯原一平 2007. 西表島におけるイノシシ用重力罠の復元—罠をめぐる生態的背景を中

(5) 屋崎一　2008. 島の蘇鉄文化と由来. 著者発行.

(6) 榮喜久元　2003. 蘇鉄のすべて. 南方新社.

第 11 章　サンゴ礁の環境認識と資源利用

(1) 秋道智彌　1995. 海洋民族学——海のナチュラリストたち. 東京大学出版会.

(2) 安渓遊地　1984. 島の暮らし——西表島いまむかし. 木崎甲子郎・目崎茂和（編）琉球の風水土, p. 126-143. 築地書館.

(3) 安渓遊地　2005. 西表島・仲良川の生活誌——流域の地名を手がかりに. 南島地名研究センター（編）南島の地名 第 6 集, p. 67-83. ボーダーインク.

(4) 安渓遊地（編著）2007. 西表島の農耕文化——海上の道の発見. 法政大学出版局.

(5) 惠原義盛　1973. 奄美生活誌. 木耳社.（〔復刻〕南方新社, 2009）

(6) 井上史雄　1979. ミクロの地名学——地名の構造. 言語生活 第 327 号, p. 30-39.

(7) 井上真　2001. 自然資源の共同管理制度としてのコモンズ. 井上真・宮内泰介（編）コモンズの社会学——森・川・海の資源共同管理を考える. 新曜社.

(8) 長谷川均　2009. 沖縄の海——守るためにできること. AGIO 第 2 号, p. 16-20.

(9) 堀信行　1980. 奄美諸島における現成サンゴ礁の微地形構成と民族分類. 人類科学 **32**: 187-224.

(10) 河合香吏　2002.「地名」という知識——ドドスの環境認識論・序説. 佐藤俊（編）遊牧民の世界（講座・生態人類学 4）, p. 17-85. 京都大学出版会.

(11) 菅浩伸　2001. 南西諸島を縁どるサンゴ礁海岸. 米倉伸之・貝塚爽平・野上道男・鎮西清高（編）日本の地形 1　総説, p. 225-228. 東京大学出版会.

(12) Kan, H., Hori, N.　1993. Formation of topographical zonation on the well-developed fringing reef-flat, Minna Island, the Central Ryukyus. *Transactions of Japanese Geomorphological Union*, p. 1-16.

(13) 木下尚子　2005. 貝交易の語る琉球史——発掘調査からわかったこと. 季刊沖縄 第 28 号, p. 1-8.

(14) 木下尚子　2010. サンゴ礁と遠距離交易. 沖縄県文化振興会史料編集室（編）沖縄県史 各論編 3　古琉球, p. 66-85. 沖縄県教育委員会.

(15) 熊倉文子　1998. 海を歩く女たち——沖縄県久高島における海浜採集活動. 篠原徹（編）民俗の技術（現代民俗学の視点 第 1 巻）, p 192-216. 朝倉書店.

(16) 國分直一・恵良宏（校注）　1984. 南島雑話——幕末奄美民俗誌 1・2. 平凡社.

(17) 前田幸二・中山昭二　2009. 大和村・サンゴ礁の漁を語る. 盛口満・安渓貴子（編）ソテツは恩人——奄美のくらし（聞き書き・島の生活誌②）, p. 71-86. ボーダーインク.

(18) 松井健　1983.『自然認識の人類学』, どうぶつ社.

(19) 目崎茂和・渡久地健・中村倫子　1977. 沖縄島のサンゴ礁地形. 琉球列島の地質学研究 2 巻, p. 91-106.

(20) 三田牧　2004. 糸満漁師, 海を読む——生活の文脈における「人々の知識」. 民族学研究 **68**(4): 465-486.

(21) 三輪大介　2009. 共同漁業権とコモンズ——山口県上関町原子力発電所建設問題に関す

あったか．湯本貴和（編）田島佳也・安渓遊地（責任編集）島と海の環境史（シリーズ日本列島の三万五千年——人と自然の環境史 第四巻），p. 157-712．文一総合出版．
⑿ 鬼頭宏　2007．［図説］人口で見る日本史．PHP 研究所．
⒀ 拵嘉一郎　1973．喜界島農家食事日誌．日本常民文化研究所（編）日本常民生活資料叢書 第 24 巻，p. 45-268．三一書房．
⒁ クライナー，J.・田畑千秋（訳著）1992．ドイツ人のみた明治の奄美．ひるぎ社．
⒂ 増田勝機　1975．離島における青年団活動の記録——手安青年団会議録の紹介．南日本文化 **8**: 51-72．
⒃ 南日本新聞社（編）2005．与論島移住史——ユンヌの砂．南方新社．
⒄ 皆村武一　1988．奄美近代経済社会論——黒砂糖と大島紬経済の発展．晃洋書房．
⒅ 盛口満・安渓貴子（編）2009．ソテツは恩人——奄美のくらし．ボーダーインク．
⒆ 守山弘　1997．水田を守るとはどういうことか——生物相の視点から．農山漁村文化協会．
⒇ 森崎和江　1996．与論を出た民の歴史．葦書房．
(21) 名越護　2006．奄美の債務奴隷ヤンチュ．南方新社．
(22) 沖縄県教育委員会　1989．沖縄県史 第七巻 移民．国書刊行会．
(23) 沖縄県教育委員会　2006．沖縄県史 図説編 県土のすがた．沖縄県教育委員会．
(24) 斎藤毅　1978．奄美諸島および吐噶喇列島における伝統的製塩形態の地理学的研究．人類科学 **30**: 141-170．
(25) 笹森儀助　1894．南島探験（所載　東洋文庫，平凡社）．
(26) 高良勉　2005．沖縄生活誌．岩波書店．
(27) 当山昌直・安渓遊地（編）2009．野山はコンビニ——沖縄島のくらし（島の生活誌①）．ボーダーインク．
(28) 梅木哲人　2004．薩摩藩・奄美・琉球における近世初頭の新田開発——石高制圏の形成．沖縄文化研究 **31**: 333-365．
(29) 渡辺新郎　1889．鹿児島県下大隅国大島郡惨状実記（所載　国立国会図書館・近代デジタルライブラリー）．
(30) 屋我嗣良　1970．建築用木材の抗蟻性について——野外試験と実験室的な試験方法との比較——．琉球大学農学部学術報告 **17**: 243-249．
(31) 山本勝利　2009．水田が育む生物多様性．森林環境研究会（編）森林環境 2009——生物多様性の日本，p. 38-48．朝日新聞出版．

コラム 2 「地獄」と「恩人」の狭間で ——沖縄と奄美のソテツ利用

(1) 盛口満・安渓貴子（編）2009．ソテツは恩人　奄美のくらし（聞き書き・島の生活誌②）．ボーダーインク．
(2) 名越左源太（著），國分直一・恵良宏（校注）1984．南島雑話——幕末奄美民俗誌（東洋文庫）．平凡社．
(3) 名瀬市誌編纂委員会（編）1983．名瀬市誌 上．名瀬市役所．
(4) 日本の食生活全集 鹿児島編集委員会（編）1989．聞き書 鹿児島の食事（日本の食生活全集）．農山漁村文化協会．

⒃ 新城敏男 1992. 解題. 与世山親方八重山島規模帳, p. 1-2. 石垣市役所.
⒄ 鈴木百平 1914. 出産に関する沖縄の風俗（郷土研究二巻）, p. 589-596.
⒅ 高橋久子 1998. 易林本節用集と新撰類聚往来. 東京学芸大学紀要 2 部門 **49**: 163-273.
⒆ 高橋忠彦・高橋久子（編） 2008. 琉球和名集――影印・翻字・索引・研究――（東アジア語彙研究資料 2）. 文部科学省科学研究費補助金特定研究（平成 17 年度発足）東アジアの海域交流と日本伝統文化の形成 ――寧波を焦点とする学際的創生―― 現地調査研究部門出版文化班・茶文化班.
⒇ 高橋忠彦・高橋久子 2008. 序言 東アジアの辞書史における和名集類――解説にかえて. 高橋忠彦・高橋久子（編）琉球和名集――影印・翻字・索引・研究――（東アジア語彙研究資料 2）, p. 1-6. 文部科学省科学研究費補助金特定研究（平成 17 年度発足）東アジアの海域交流と日本伝統文化の形成――寧波を焦点とする学際的創生――現地調査研究部門出版文化班・茶文化班.
(21) 高橋忠彦・高橋久子 2008.『琉球和名集』札記. 高橋忠彦・高橋久子（編）琉球和名集――影印・翻字・索引・研究――（東アジア語彙研究資料 2）, p. 117-259. 文部科学省科学研究費補助金特定研究（平成 17 年度発足）東アジアの海域交流と日本伝統文化の形成 ――寧波を焦点とする学際的創生――現地調査研究部門出版文化班・茶文化班.
(22) 得能壽美 2002. 史料にみるジュゴン. 情報やいま 八月号（南山舎）
(23) 宇仁義和 2003. 沖縄県のジュゴン *Dugong dugon* 捕獲統計. 名護博物館紀要 あじまぁ **11**: 1-14.

第 10 章 近代統計書に見る奄美、沖縄の人と自然のかかわり

⑴ 安渓遊地 2010. 隣り合う島々の交流の記憶――琉球弧の物々交換経済を中心に. 湯本貴和（編）・田島佳也・安渓遊地（責任編集）島と海の環境史（シリーズ日本列島の三万五千年――人と自然の環境史 第四巻）, p. 283-310. 文一総合出版.
⑵ 有薗正一郎 2007. 近世庶民の日常食――百姓は米を食べられなかったか. 海青社.
⑶ 安里進・土肥直美 1999. 沖縄人はどこから来たか――琉球＝沖縄人の起源と成立. ボーダーインク.
⑷ 出村卓三 1975. 瀬戸内町の鰹漁業史. 南日本文化 **8**: 29-42.
⑸ ゴンチャロフ, I.（著）, 井上満（著） 1941. 日本渡航記――フレガート「パルラダ」号より. 岩波書店.
⑹ ホール, B.（著）, 春名徹（訳） 1986. 朝鮮・琉球航海記―― 一八一六年アーマスト使節団とともに. 岩波書店.
⑺ 原井一郎 2005. 苦い砂糖――丸田南里と奄美自由解放運動. 高城書房.
⑻ 速水融 2006. 日本を襲ったスペイン・インフルエンザ――人類とウイルスの第一次世界戦争. 藤原書店.
⑼ 速水融・小嶋美代子 2004. 大正デモグラフィ――歴史人口学でみた狭間の時代. 文藝春秋.
⑽ 鹿児島県立糖業試験場編 1914. 糖業試験場報告 第二号.（所載 国立国会図書館・近代デジタルライブラリー）.
⑾ 木下尚子 2011. 考古学からみた奄美のヤコウガイ消費――先史人は賢明な消費者で

出土土器の分類と編年．奄美大島名瀬市小湊フワガネク遺跡群Ⅰ（名瀬市文化財叢書 7），p. 91-134.
⒂ 西野望　2006．奄美諸島における 6 世紀から 8 世紀のヤコウガイ利用の実態－マツノト遺跡出土のヤコウガイ分析を中心に－．先史琉球の生業と交易 2 －奄美・沖縄の発掘調査から－（平成 14 ～ 17 年度科学研究費補助金基盤研究（A）（2）報告書），p. 189-200. 熊本大学文学部．
⒃ 沖縄考古学会　2008．マツノト遺跡における兼久式土器の編年基準．南島考古 **27**: 1-22.
⒄ 奥谷喬司（著）　2000．日本近海産貝類図鑑．東海大学出版局．
⒅ 高梨修　2006．古代～中世におけるヤコウガイの流通．小野正敏・萩原三雄（編）鎌倉時代の考古学，p. 201-206．高志書院．
⒆ 高梨修　1998．名瀬市小湊・フワガネク（外金久）遺跡の発掘調査．鹿児島県考古学会研究発表資料－平成 10 年度－，p. 18-25．鹿児島県考古学会．
⒇ 渡久地健　2009．大和村・サンゴ礁の漁を語る．盛口満・安渓貴子（編）ソテツは恩人　奄美のくらし（聞き書き・島の生活誌②），p. 71-86．ボーダーインク．
㉑ 山口正士　1995．ヤコウガイ．水産庁（編）日本の希少な野生生物に関する基礎資料（Ⅱ）分冊Ⅰ 軟体動物，p. 66-72．日本水産資源保護協会．

第 9 章　ジュゴンの乱獲と絶滅の歴史

⑴ 伊波普猷　1904．琉球の神話．古琉球，p387-399［岩波書店，2000］．
⑵ 池宮正治　1986．資料紹介『沖縄節用集』．琉球大学法文学部紀要　国文学論集 **30**: 79-93.
⑶ 金城須美子　1993．御冠船料理にみる中国食文化の影響．第四回琉中歴史関係国際学術会議 琉中歴史関係論文集，P. 295-317．琉球中国関係国際学術会議．
⑷ 金城須美子　1995．近世沖縄の料理研究史料 宮良殿内・石垣殿内の膳符日記．九州大学出版会．
⑸ 金城須美子　1997．沖縄の肉食文化に関する一考察――その変遷と背景――．異文化との接触と受容（全集 日本の食文化 第八巻），p. 215-240．雄山閣出版．
⑹ 球陽研究会（編）　1974．球陽 読み下し編（沖縄文化史料集成 5）．角川書店．
⑺ 前田一舟　2000．ニライカナイから来た海獣　ジュゴン 1．沖縄タイムス 10 月 10 日朝刊．沖縄タイムス社．
⑻ 松原新之助　1890．水産調査予察報告第 1 巻第 1 冊・第 1 巻第 2 冊．農商務省．
⑼ 盛本勲　2004．ジュゴン骨に関する出土資料の集成（暫定）．沖縄埋文研究 **2**: 23-42.
⑽ 盛本勲　2005．ジュゴン骨に関する出土資料の集成（補遺・1）．沖縄埋文研究 **3**: 39-42.
⑾ 仲吉朝助　1903．漁場処分意見（沖縄県農林水産行政史第 17 巻［1983］）．
⑿ 沖縄県　1880 ～ 1916．沖縄県統計書（明治 16 年～大正 5 年版：一部欠）．沖縄県
⒀ 小野まさ子　2003．八重山の古歌謡の中のジュゴン．ジュゴン史料調査研究集成（暫定）**4**: 45-51.
⒁ 小野まさ子　2003．前近代史料にみるジュゴンについて．ジュゴン史料調査研究集成（暫定）**4**: 57-58.
⒂ 島袋源七　1929．山原の土俗［第二版．沖縄郷土文化研究会，1970］．

(35) Smith, M. E. 1990. Chaos in fisheries management. *Maritime Anthropological Studies* **3**(2): 1-13.

(36) 田島佳也　2004. 道南西海岸漁村の「漁場請負制」試論—明治初期の爾志郡（乙部村・熊石村）を事例に．漁業経済研究 **49**(1): 23-48.

(37) 多屋勝雄　1998. 日本の漁業管理．地域漁業学会（編）漁業考現学:21 世紀への発信，p. 123-139. 農林統計協会.

(38) 山本英治　1977. 岩内原発建設と住民運動(地域開発と社会的緊張·その事例＜特集＞). 地域開発 **155**: 28-32. 日本地域開発センター（I- チ 10000).

(39) 山本茂　1984. 岩内地区スケトウダラにおける共同操業と漁業管理．北日本漁業 **14**: 22-27.

第 8 章　考古学から見た奄美のヤコウガイ消費
—先史人は賢明な消費者であったか—

(1) 知名定順　1979. 沖縄本島糸満市名城海岸リーフ採取の石器について．花綏 創刊号，p. 3-2. 沖縄国際大学考古学研究会 O. B. 会.

(2) 神谷厚昭　2007. 琉球列島ものがたり　地層と化石が語る 2 億年史．ボーダーインク.

(3) H. Kan, N. Hori, T. Kawana and K.Ichikawa. 1997. The evolution of holocene fringing and island: reefal environment sequence and sea level change in Tonaki island, the central Ryukyus. Atoll research bulletin **443**: 1-20.

(4) 片桐千亜紀ほか　2006. 新城下原第 2 遺跡．沖縄県立埋蔵文化財センター調査報告書第 35 集.

(5) 茅根創・米倉伸之　1990. サンゴを掘る．サンゴ礁地域研究グループ（編）日本のサンゴ礁地域 1 暑い自然——サンゴ礁の環境誌（日本のサンゴ礁地域 1)，p. 173-185. 古今書院.

(6) 木下尚子　2006. ヤコウガイ交易の可能性— 6 ～ 8 世紀の奄美大島 3 遺跡の分析—．先史琉球の生業と交易 2 －奄美・沖縄の発掘調査から－（平成 14 ～ 17 年度科学研究費補助金基盤研究（A)（2）報告書)，p. 201-220. 熊本大学文学部.

(7) 岸本義彦（編） 1984. 野国貝塚群 B 地点発掘調査報告（沖縄県文化財調査報告書第 57 集)．沖縄県教育委員会.

(8) 小島瓔禮　1990. 海上の道と隼人文化．大林太良ほか（著）隼人世界の島々（海と列島文化 5)，p. 139-194. 小学館.

(9) 熊本大学文学部　2007. ヤコウガイ大量出土遺跡の検討－ 6 ～ 8 世紀奄美大島の 4 遺跡を対象に－．文学部論叢 **93**（歴史学編）: 1-22.

(10) 中村友昭　2006. 奄美市の古墳時代併行期の土器．先史琉球の生業と交易 2 －奄美・沖縄の発掘調査から－（平成 14 ～ 17 年度科学研究費補助金基盤研究（A)（2）報告書), p. 157-169. 熊本大学文学部.

(11) 中山清美　2000. 夜光貝の生息する珊瑚礁．高宮廣衞先生古稀記念論集刊行会（編)，琉球・東アジアの人と文化（上巻)，p. 175-186.

(12) 中里壽克　1995. 古代螺鈿の研究（上)．国華 **1199**: 3-18.

(13) 中里壽克　1996 古代螺鈿の研究（下)．国華 **1203**: 19-26.

(14) 名瀬市教育委員会　2005. 第 6 章第 1 節小湊フワガネク遺跡群第 1 次調査・第 2 次調査

⒁ 平田剛士　1998. 漁民解体―岩内郡漁協と原発計画―. http://attic.neophilia.co.jp/aozora/htmlban/gyominkaitai.html
⒂ 北海道庁　1915. 産業調査報告書 15 巻. 北海道庁.
⒃ Holm, P. 1996. Fisheries Management and the Domestication of Nature. *Sociologia Ruralis* **36**(2): 177-188.
⒄ 井上真　2008. コモンズ論の挑戦―新たな資源管理を求めて―. 新曜社.
⒅ 井上真　2009. 自然資源「協治」の設計指針―ローカルからグローバルへ―. 室田武(編) グローバル時代のローカル・コモンズ. ミネルヴァ書房.
⒆ Johannes, R. E. 1998. Government-supported, village-based management of marine resorces in Vanuatu. *Ocean & coastal management* **40**: 165-186.
⒇ 牧野光琢　2007. 順応的漁業管理のリスク分析試論. 漁業経済研究 **52**(2): 49-67.
(21) 前田辰昭・高橋豊美・中谷敏邦 1988. 北海道桧山沖合におけるスケトウダラ成魚群の分布回遊と産卵場所について. 北大水産学部彙報 **39-4**: 216-229.
(22) McCay, B. J., Acheson, J. A. (eds.) 1987. The question of the commons : the culture and ecology of communal resources. University of Arizona Press.
(23) McCay, B. 1980. Fishermen's cooperative, limited: Indigenous resource management in ca complex society. *Anthropological Quarterly* **53**: 29-38.
(24) 三俣学・森元早苗・室田武　2008. コモンズ研究のフロンティア――山野海川の共的世界. 東京大学出版会.
(25) 宮澤晴彦　1985. 岩内湾におけるスケトウダラ延縄漁業の漁業管理と経営分析. 北日本漁業 **15**: 89-105.
(26) 宮澤晴彦　1996. 資源管理型漁業の実例と経済的諸問題. 平山信夫（編）資源管理型漁業：その手法と考え方 改訂版, p. 160-192. 成山堂書店.
(27) 室田武（編） 2009. グローバル時代のローカル・コモンズ. ミネルヴァ書房.
(28) 中野泰　2008. 水産資源をめぐる平等と葛藤. 山泰幸・川田牧人・古川彰（編）環境民俗学―新しいフィールド学へ―, p. 136-160. 昭和堂.
(29) Ostrom, E. 1990. Governing the commons : the evolution of institutions for collective action. Cambridge University Press.
(30) Pannell, S. 1997. Managing the discourse of resource management: The case of Sasi from 'Southeast' Maluku, Indonesia. *Oceania* **67**(4): 289-307.
(31) Polunin, N. V. C. 1984. Do traditional marin "reserve" conserve?: A view of Indonesian and new guinean evidence. *In:* Ruddle, K., Akimichi, T. (eds.) Maritime instuitutions in the western pacific. *National museum of ethnology* **7** (1): 267-283.
(32) Pomeroy, R. S. 1994. Obstacles to institutional development in the fishery of Lake Chapala, Mexico. *In:* Christopher L. Dyer, C. L., McGoodwin, J. R. (eds.) Folk management in the world's fisheries : lessons for modern fisheries management, p. 17-41. University Press of Colorado.
(33) Ruddle, K. 1989. Solving the common-property dilemma: village fisheries rights in Japanese coastal waters. Berkes, F. (ed.) Common property resources: ecology and community-based sustainable development, p. 168-184. Belhaven Press.
(34) 桜田勝徳　1980. 越後の鱈場漁村と其の漁業権. 桜田勝徳著作集 2, p. 359-399. 名著出版.

ち 7)．ＮＨＫ出版.
⒁ 農林省水産局　1934. 旧藩時代の漁業制度調査資料 第 1 編．農業と水産社.
⒂ 農商務省水産局（編） 1911. 日本の魚附林—森林と漁業の関係（〔復刻〕信山社　1998 年).
⒃ 大蔵省　1885. 開拓使事業報告　附録布令類聚上編（〔復刻〕北海道出版企画センター 1984).
⒄ サロマ湖養殖漁業協同組合　1999. サロマ湖の風 連帯と共生（全 3 巻).
⒅ サロマ湖養殖漁業協同組合・常呂漁業協同組合・佐呂間漁業協同組合・湧別漁業協同組合　2006. サロマ湖・オホーツク海における漁業の概況.
⒆ 柳沼武彦　1993. 木を植えて魚を殖やす．北斗出版.
⒇ 柳沼武彦　1999. 森はすべて魚つき林．北斗出版.

第 7 章　スケトウダラ漁に生きる漁師たちの知恵と工夫 —積丹半島以南の比較を通して—

(1) 赤嶺淳　2008. 刺参ブームの多重地域研究—試論．岸上伸啓（編）海洋資源の流通と管理の人類学, p. 195-220. 明石書店.
(2) 秋道智彌　1995. なわばりの文化史．小学館.
(3) Bailey, C., Zerner, C. 1992. Community based fisheries management institutions in Indonesia. *Maritime anthropological studies* **5**(1): 1-17.
(4) Benda-Beckmann, Von F. 1993. Scapegoat and magic charm: Law in development theory and practice. *In:* Hobart, M. (ed.) An anthropological critique of development: The growth of ignorance, p.116-134. Routledge.
(5) Benda-beckmann Von, F. Benda-beckmann Von K., Brouwer, A. 1995. Changing 'Indigenous Environmental Law' in the central moliccas: communal regulation and privatisation of sasi. *ekonesia* **2**: 1-38.
(6) Berkes, F.（1986）Marine inshore fishery management in Turkey. National research council, proceedings of the conference on common property resource management, p. 63-83. National academy press.
(7) Carrier, G. J. 1987. Marine tenure and conservation in Papua New Guinea: Problems in the interpretation. *In:* McCay, B. J., Acheson J. A. (eds.) The question of the commons : the culture and ecology of communal resources, p. 142-167. University of Arizona Press.
(8) フィーニィ，D.・バークス，F.・マッケイ，B. J.，アチェソン，J. M.（著），田村典江（訳） 1998. コモンズの悲劇——その 22 年後．エコソフィア **1**: 76-87.
(9) 今西一・中谷三男　2008. 明太子開発史：そのルーツを探る．成山堂書店.
(10) ハーディン，G.（著），桜井徹（訳） 1991. 共有地の悲劇．環境の倫理（下）．晃洋書房.
(11) 長谷川彰　1993. 自主的漁業管理の諸形態：漁業資源管理の手引・経済篇（長谷川彰 2002. 漁業管理（長谷川彰著作集 1)．成山堂書店　所収).
(12) 濱田武士　2001. すけとうだら延縄漁業の漁業管理——北海道檜山地区の事例から．北日本漁業 **29**: 67-80.
(13) 平沢豊　1986. 資源管理型漁業への移行：理論と実際．北斗書房.

高橋美貴　2007.「資源繁殖の時代」と日本の漁業．山川出版社．
山田伸一　2004．千歳川のサケ漁規制とアイヌ民族．北海道開拓記念館研究紀要 **32**: 119-142
江原小弥太（編纂） 1950. 伊藤一隆．木人社．
一隆会（編） 1987．伊藤一隆とつながる人々．
属官米国へ派遣之義伺．明治 19 年公文雑纂 宮内庁 元老院 北海道庁 警視庁．国立公文書館蔵 2A-13-㊢ 34.
北水協会創立の主意．明治 17 年 1 月 北水協会主意及規則．
「北水協会報告」
第 1 号　1885. 3．水産談話会．
第 17 号　1886. 12．改良竈．
第 19 号　1887.2．人工孵化法の利．
第 20 号　1887. 3. 千歳川漁業概況．
第 21 号　1887. 4. 千歳郡漁業の景況（前号続）．
第 21 号　1887. 4. 中央月次会議事．
第 22 号　1887. 5. 千歳郡漁業の景況（前号続）．
第 29 号　1887. 12．留萌郡鬼鹿天登雁両漁村の概況．
第 35 号　1888. 6．本道に鮭魚人工孵化場の設立を望む．
第 36 号　1888. 7．証明書．
第 42 号　1889. 1．千歳サケ人工孵化場．
第 49 号　1889. 8．水産談話会紀事．

コラム 1　北の魚つきの森

(1) 会田理人　2006　魚つき林育成に向けた植樹運動の展開—北海道における実践事例—．北海道開拓記念館調査報告 第 45 号，p. 75-84.
(2) 会田理人　2007　魚つき林育成に向けた植樹運動の展開（2）—北海道における実践事例—．北海道開拓記念館調査報告 第 46 号，p. 43-50.
(3) 相神達夫　1993．森から来た魚—襟裳岬に緑が戻った．北海道新聞社．
(4) えりも岬緑化事業 50 周年記念 2003 森と海のフェスティバル実行委員会　2003．えりも岬緑化事業 50 周年記念 2003 森と海のフェスティバル—えりもの海の植樹祭—実施報告書．
(5) えりも岬緑化事業 50 周年記念事業実行委員会　2003．えりも緑化事業の半世紀．
(6) 北海道･北海道漁業協同組合連合会　1998．第 43 回全道青年･女性漁業者交流大会資料．
(7) 北海道森林管理局治山第一課（編） 2003．えりも岬緑化 50 年のあゆみ．
(8) 北海道漁業協同組合連合会　2005．漁民の森づくり活動推進事業お魚殖やす植樹運動．
(9) 北海道森林管理局日高南部森林管理署　2006．えりも岬国有林治山事業の概要．
(10) 北海道水産林務部総務課　2008．北海道水産業･漁村のすがた 2008 ～北海道水産白書～．
(11) 小沼勇(編著) 2000．魚村に見る魚つき林と漁民の森—豊かな漁場を育む—．創造書房．
(12) NHK ビデオ　2001．えりも岬に春を呼べ～沙漠を森に・北の家族の半世～（プロジェクトＸ挑戦者たち第８巻)．ＮＨＫソフトウェア．
(13) ＮＨＫプロジェクトＸ制作班（編） 2001．未来への総力戦（プロジェクトＸ 挑戦者た

(26) 高橋明雄 1981. 増毛地方林業史, p. 3. 北海道増毛郡増毛町暑寒沢増毛高校内朔北詩話会.
(27) 津村昌一　1953. 北海道林業発展史. 北海道造林振興協会.
(28) 梁田政輔　1886. 今日の北海道ハ昔日の北海道にあら次《マヽ》. 大日本山林会報告第 49 号, p. 78-81. 大日本山林会事務所（発行）.
(29) 北海道水産雑誌 第 2 号, p. 82-85. 北水協事務所, 1893 年 7 月.
(30) 米国製魚粕圧搾器の試験. 北水協会報告 第 47 号, p. 39. 1889 年.
(31) 岡本忠蔵氏の講演. 北海之水産 第 12 号, p. 17-18. 北水協会・北海道水産組合聯合会, 1912 年 11 月.
(32) 北海道岩内古宇二郡の林地貸下. 大日本山林会報告 第 143 号, p. 62. 大日本山林会事務所, 1894 年 11 月.
(33) 札幌県古宇郡植樹組合の設置を賛す. 大日本山林会報告 第 43 号, p. 78-80. 大日本山林会事務所, 1896 年 6 月.
(34) 西川伝右衛門家文書「主用留」(小樽市博物館蔵).
(35) 明治十八年自一月至四月 札幌県治類典経費 地理課山林係. 北海道立文書館蔵.
(36) 明治十八年自五月至六月 札幌県治類典経費 地理課山林係. 北海道立文書館蔵.
(37) 北海道山林会年報 第 1 巻第 3 号, p. 26-27. 1903 年 3 月.
(38) 漫録 北海道の火事. 北海道林業会報 第 1 巻第 5 号, p. 22-23.　北海道林業会仮事務所, 1903 年 5 月 15 日.
(39) 明治 15 年 12 月 札幌県公文録 勧業課山林係. 北海道立文書館蔵.

第 5 章　北海道の開拓と森林伐採
—明治二〇年代までの後志地方の状況を中心に—

(1) 北海道庁林務課（編）1916. 林業調査書. 北海道庁.
(2) 大蔵省（編）1885. 開拓使事業報告附録布 令類聚 上編. 大蔵省［北海道出版企画センター, 1984］.
(3) 札幌県勧業課（編）1882. 札幌県勧業課第一回年報. 札幌県.
(4) 椙山清利（編）1980. 北海道樹木志料（刊本, 1980 年序）.
(5) 俵浩三　2008. 北海道・緑の環境史. 北海道大学出版会.
(6) 山田伸一　2008. 明治期北海道の山火と禿山. 北海道開拓記念館調査報告 第 47 号. 北海道開拓記念館.

第 6 章　北海道で魚を増やす三つの方法 —「人工孵化」・「種川制度」・「魚付林」—

日本大辞典刊行会（編集）1973. 日本国語大辞典 第 2 巻. 小学館.（「魚付林」の項）
『米国漁業調査復命書』1890 年 6 月.
北海道庁内務部水産課　『北海道鮭鱒人工孵化』1894 年 6 月
小沼勇（編著）2000. 漁村に見る魚つき林と漁民の森：豊かな漁場を育む. 創造書房.
「北海道鮭鱒漁獲の将来」『東京日日新聞』1895 年 9 月 20 日付
明治十七年九月四日ヨリ六日迄三日間函館県函館区元町師範学校之楼上ニ於テ水産談話会記事摘要. 北海道立図書館所蔵.

行シリーズ トゥイタク（昔語り）1. 北海道教育委員会.
(26) ポン・フチ　1992. ウレシパモシリへの道. 新泉社.
(27) 門別郷土史研究会　1966. アイヌの祈詞.
(28) 山本武夫　1980. 日本の歴史時代の気候の分析―藤原賞受賞記念講演―. 天気 **27**(2): 77-85.

第４章　北の水産資源・森林資源の利用とその認識 ―ニシン漁場における薪利用との関連から―

(1) 北海道（編纂）1953. 北海道山林史. 北海道.
(2) 北海道庁内務部水産課 1982. 北海道水産予察報告，p. 130-131.
(3) 北海道庁内務部水産課 1982. 鰊肥料概要，p. 271.
(4) 北海道庁内務部水産課 1982. p. 284, 300-301. 鰊肥料概要.
(5) 北水協会（編）1977. 北海道漁業志稿，p. 61-64. 国書刊行会.
(6) 北水協会（編）1977. 北海道漁業志稿，p. 56-57. 国書刊行会.
(7) 池田福寿　1969. 林業必携，p. 146, 330. 農業図書社.
(8) 河野常吉他（編著）1987. 北海道殖民状況報文　石狩国. 北海道出版企画センター.
(9) 河野常吉他（編著）1987. 北海道殖民状況報文 後志国. 北海道出版企画センター.
(10) 栗本鋤雲　1900. 匏庵遺稿，p. 364. 裳華書房.
(11) 村尾元長　1984. 鰊肥料概要. 明治農書全集 第十巻，p 271. 農山漁村文化協会.
(12) 岡本林岳子 1904. 四郡山林紀行（承前）. 北海道林業会報 2(4): 212. 北海道林業会仮事務所発行.
(13) 大野正五郎　1932. 増毛及び留萌地方に於ける鰊漁業の林産物消費状況調査. 北海道山林会年報 **30**(8): 42-43.
(14) 小樽市　1937. 小樽市史稿本 第３冊，p. 78-79. 小樽市.
(15) 小樽市　1958. 小樽市史 第１巻，p. 248. 小樽市.
(16) 小樽市　1963. 小樽市史 第３巻，p. 330-331 小樽市.
(17) 林業 Wiki プロジェクト（編）2008. 森と木と人をつなぐ森林用語辞典. 日本林業調査会.
(18) 林野庁（編）薪炭. 林業技術ハンドブック. 全国林業改良普及協会.
(19) 留萌市教育委員会（編）1995. 留萌市ニシン漁撈調査報告 1995 年 付編 2. 留萌市.
(20) 白浜和彦（編）1996. 小樽史料集 舊記，p. 32-107. 自家版.
(21) 田島佳也　1994. 蝦夷地海産物のゆくえ. 歴史の道・再発見 第１巻，p. 139-168. フォーラム・A 出版.
(22) 田島佳也　1994. 場所請負制後期のアイヌの漁業とその特質. 田中健夫（編）前近代の日本と東アジア，p. 271-295. 吉川弘文館.
(23) 田島佳也　1995.「松前産物大概鑑」解説. 日本農書全集 58, p. 65-80. 農山漁村文化協会.
(24) 田島佳也　2007. 鰊漁をめぐる江差浜漁民と問屋（商人）.「人類文化研究のための非文字資料の体系化」第１班（編）日本近世生活絵引（北海道編），p. 88-100. 神奈川大学 21 世紀 COE プログラム「人類文化研究のための非文字資料の体系化」研究推進会議.
(25) 高橋明雄 1981. 増毛地方林業史，p. 38. 北海道増毛郡増毛町暑寒沢増毛高校内朔北詩話会.

74.
⑼ 佐々木利和　1980. 噴火湾 Ainu のおっとせい猟について―江戸時代における Ainu の海獣猟―. 民族学研究 **44**(4): 403-413.
⑽ 竹内亮介　2008. 続縄文―擦文文化期における狩猟後処理過程の復元的研究―小幌洞窟遺跡出土資料を対象として.（北海道大学大学院文学研究科平成 19 年度修士論文）
⑾ 和田一雄　1971. オットセイの回遊について. 東海区水産研究所研究報告 **67**: 47-80.
⑿ 和田一雄　1974. 日本のラッコ・オットセイ猟業の変遷と資源管理論の成立過程. 北海道史研究 3:15-28.

第３章　アイヌの自然観と資源利用の倫理

⑴ アイヌ民族博物館　1999. 川上まつ子の伝承―植物編１―. アイヌ民族博物館.
⑵ アイヌ民族博物館　2003. イヨマンテ. アイヌ民族博物館.
⑶ 浅井亨　1972. アイヌの昔話. 日本放送出版協会.
⑷ 浅野博ほか　1997. NEW HORIZON English Course 3. 東京書籍 ç
⑸ 稲田浩二・小澤俊夫　1989. 日本昔話通観 第１巻. 同朋舎出版.
⑹ ウォーカー, B.（著）, 秋月俊幸（訳）　2007. 蝦夷地の征服 1590-1800. 日本の領土拡張にみる生態学と文化. 北海道大学出版会.
⑺ 大塚一美（編注）, 中川裕（校訂）　1990. アイヌ民話全集Ⅰ 神話編１. 北海道出版企画センター.
⑻ 萱野茂　1974. キツネのチャランケ. 小峰書店.
⑼ 萱野茂　1998. 炎の馬. すずさわ書店.
⑽ 萱野茂　1998. 萱野茂のアイヌ神話集成 第２巻 カムイユカㇻ編Ⅰ.
⑾ 金田一京助　1936. アイヌ叙事詩ユーカラ（岩波文庫）. 岩波書店.（『金田一京助全集』第十巻 三省堂 1993 年を再録）.
⑿ 久保寺逸彦　1977. アイヌ叙事詩 神謡・聖伝の研究. 岩波書店.
⒀ 更科源蔵・更科光　1976. コタン生物記Ⅱ. 法政大学出版局.
⒁ 更科源蔵・更科光　1977. コタン生物記Ⅲ. 法政大学出版局.
⒂ 市立旭川郷土博物館　1992. 市立旭川郷土博物館研究報告 第 14 号.
⒃ 添田雄二　2006. 北海道における 10 世紀以降の環境変動. 氏家等（編）アイヌ文化と北海道の中世社会, p. 9-17. 北海道出版企画センター.
⒄ 知里真志保　1973. 知里真志保著作集 第１巻. 平凡社.
⒅ 知里真志保　1973. 知里真志保著作集 第２巻. 平凡社.
⒆ 知里幸恵　1978. アイヌ神謡集. 岩波書店.
⒇ 徳井由美　1995. 北海道における 17 世紀以降の火山噴火とその人文環境への影響. 徳井由美業績集. 徳井由美業績集刊行委員会.
(21) ナッシュ, ロデリック・F.（著）, 松野弘（訳）　1993. 自然の権利 環境倫理の文明史. TBS ブリタニカ.
(22) 日本放送協会　1965. アイヌ伝統音楽. 日本放送出版協会.
(23) バチラー, J.（著）, 安田一郎（訳）　1995. アイヌの伝承と民俗. 青土社（原著は 1901 年）.
(24) 北海道　1989. 新北海道史年表. 北海道出版企画センター.
(25) 北海道教育庁生涯学習部文化課（編）　1996. 平成７年度アイヌ無形民俗文化財記録刊

引用文献・参考文献

第1章　海洋資源の利用と古環境—貝塚から見たエゾアワビの捕獲史から—

(1)　肥後俊一・後藤芳央　1993. 日本及び周辺地域産軟体動物総目録, p. 842. エル貝類出版局.

(2)　北海道開拓記念館（編）　2003. 北・貝・道—海と陸と人びと—. 北海道開拓記念館.

(3)　北海道水産協会　1935. 北海道漁業志稿, p. 874.

(4)　大嶋和雄　1991. 第四期後期における日本列島の海水準変動. 地学雑誌 **100**(6): 976-975.

(5)　鈴木明彦　西南北海道, 更新統瀬棚層から産出したアワビ化石. ちりぼたん **32**(3): 70-74.

(6)　鈴木清一　1983. *Haliotis discus*（原始腹足類）の終殻及び再生殻体の殻体構造と鉱物—特に外層の“ブロック構造”について—. 地質学雑誌 **89**(8): 433-442.

(7)　上田吉幸・前田圭司・嶋田宏・鷹見達也（編）　2003. 新北のさかなたち. 北海道新聞社.

(8)　右代啓視（編）　1997. 自然の恵みをもとめた古代人—貝塚からみた北の文化—. 北海道開拓記念館.

(9)　右代啓視　2003. 貝塚からみた人びとのくらしと古環境. 北・貝・道—海と陸と人びと—, p. 50-51. 北海道開拓記念館.

(10)　余市水産博物館　2007. 山海川の記憶—地図と写真に刻まれたふるさと—. 余市水産博物館.

第2章　人類、オットセイに出会う－北海道の人類文化とオットセイ猟－

(1)　犬飼哲夫・森樊須　1956. 北海道アイヌのアザラシ及びオットセイ狩り. 北方文化研究報告第11輯:35-47.

(2)　小杉康　1996. 縄文時代：土製品：動物形中空土製品を例にして. 考古学雑誌 **82**(2): 37-49.

(3)　小杉康　2009. 北海道の縄文集落と地域社会. 鈴木克彦・鈴木保彦（編）集落の変遷と地域性（シリーズ縄文集落の多様性）, p. 11-50. 雄山閣.

(4)　小杉康・竹内亮介・森久大・星野二葉・今泉和也　2008. 小幌洞窟遺跡の調査概報（第2次調査第1・第2シーズン）—噴火湾北岸縄文エコ・ミュージアム構想とサテライト形成（1）—. 北海道考古学 第44輯:45-52.

(5)　大場忠道　1994. 最終氷期以降の日本列島周辺の海流変遷. 赤澤威（編）先史モンゴロイドを探る:150-161. 日本学術振興会.

(6)　小野有五　1994. 最終氷期の東アジアの古環境. 赤澤威（編）先史モンゴロイドを探る, p. 139-149 日本学術振興会.

(7)　新見倫子　1990. 縄文時代の北海道における海獣狩猟. 東京大学文学部考古学研究室研究紀要 **9**: 137-171.

(8)　西本豊弘　1985. 北海道の狩猟・漁撈活動の変遷. 国立歴史民俗博物館研究報告 **6**: 53-

『南島歌謡大成』175
『南島雑話』242
『南島志』179

肉 57
日本文化 25
日本列島北部 19
人魚 171

ネクトン 232
熱帯雨林 281

農業
　商業的―― 71

は行

廃村 198
羽書 282, 287
白米 299
場所請負漁業 72
場所請負制 12, 49, 59, 66
場所請負人西川伝右衛門 85
場所詰合役人 86
畑作 282, 292
伐採 125
跳ね上げ罠 257
藩政期 300, 302

低い島と高い島 282
非賢明な利用 63
微細地名 248
ヒジャ 239
美々4遺跡 42
氷河時代 19
氷期 19
平木 279, 282
肥料 283, 302

不記載地名 248
豚肉 290
物々交換 282, 288, 290, 296, 297, 298, 299, 300, 302, 303
　――の市場 281
文化 51, 54, 55, 65, 67, 68
　アイヌ―― 22, 37
文化的景観 65

平安海進期 23
平民 300
ベントス 232

防御的な狩猟 268
蓬莱米 300
捕獲制限 186
北進性 38
北水協会 113
保護システム 186
干しアワビ 25
乾魚 293
保存加工 26
北海道漁協女性部 128
北海道水産予察報告 78

ま行

前貸し 297
前借り 297
薪 283
枕木 285
松前藩 72
丸木舟 285

身網 74
身欠ニシン 71, 82
密航 305
密貿易 305
宮良殿内 183
未来可能性 306
民衆の記憶 305
民俗 61, 67
民俗分類 229, 297

もうひとつの未来 281
木本緑化 127
畚 75
物語 57, 61, 62, 63, 66
銛頭 44

や行

屋取 210
夜光貝 293
野草 64
山師 82
闇米 285
弥生海進期 23
家人 291
ヤンバル船 291, 292

ユーイショ 241, 244
行成網 74

『与世山親方八重山島規模帳』177, 182
『万書付集』184

ら行

臘虎膃肭臍獣猟獲取締法 47
ラムサール条約 65
乱獲 58, 63, 171

流域 12
琉球
　近世―― 177, 183
琉球王国 178
『琉球冠船記録』184
琉球弧 279, 303
『琉球国志略』178
琉球国中山王 178
琉球処分 291
「琉球の神話」173
琉球藩 186
『琉球和名集』180
緑化事業 126, 127

レイヤー 192
『歴代宝案』178

労働力 291

災害 50
採取 66
採集 56
採集狩猟 49
再生 55, 56, 66
刺網 74
雑海藻 127
冊封使 178, 184
薩摩藩 279, 286, 290
擦文文化 22, 44
サバダテ 283
サバニ 287
笊網 74
ザン 171, 181 →ジュゴン
サンゴ礁 292, 297
山菜 61, 63
　——採取 64, 66
産卵期障害輪 31

塩サバ 283
塩屋牧 282
自給 281
資源 125, 126, 128, 129
　生物—— 19
資源量 247
自己消費 26
死罪 302
自然貝殻層 23
思想 50, 51, 54, 55
士族 300
持続可能 54, 64
湿原 65
湿地 62, 63, 65
積丹半島 84
『重修政和経史証類備用本草』180
『重訂本草綱目啓蒙』180
重力罠 265
儒艮 184
主食 57
首里王府 177, 184
狩猟 55, 56, 57, 67
小温暖期 23
上納 300
小氷期 50
縄文海進期→海進期
縄文時代 22
　後期の温暖期 23
縄文文化 37, 49
植樹運動 125, 126, 127, 129
植樹組合 87
食料 49, 59, 61, 63
食糧 63, 64
食糧危機 58
『使琉球記』184
人為 49, 50, 63, 64, 67
信仰 54
人口重心 211
人工孵化 111
人身売買 291
新田開発 198
人頭税 261, 279, 304
神話 55, 57, 58, 59, 64, 65
森林伐採 125, 126

水産資源 125, 126, 128
水産談話会 120
スチュワードシップ 325

生産供給 27
生態 62
生態系 56, 67
生態的背景 285
生態的立地 281
生物資源→資源
生物多様性 67
絶滅 171
絶滅状態 171
節用集 180
専業漁民 287
先住民族 51
専売 285

惣買入 302
贈答交換 302
草本緑化 127
宗谷支庁 84
贈与交換 281
贈与の交換 297
続縄文期 44
続縄文時代 22
底魚 232

た行

竹材 290
タコ穴 240
建網 74
種子島藩 282
種川制度 111

知識 51
地租 87
地の者 279
地名 247
『中山伝信録』178
中世 31
超越的地域 40
朝鮮陸橋 20
地理情報システム（GIS） 38

対馬暖流 21
対馬陸橋 20

出稼ぎニシン（追いニシン）漁業 83
デフレ 303
伝承 50, 129
『天正四年本新撰類聚往来』180
伝統 66
伝統知 51
伝統的 50, 54
天然記念物 190
天馬船 299

投機 303
冬期障害輪 31
動物形中空土製品 42
『富川親方八重山島仕上世例帳』184
留山 82

な行

苗穂事業 86
生業経済 279

事項

あ行

アイヌ（民族）10, 12, 114
——の自然観 12, 59
青田買い 303
泡盛 296, 298

石垣家文書 191
異常気象 50
稲束 299
猪垣 261
インフレ 303

ウィザリ 241
魚付 125
魚つきの森 125, 336
魚つき保安林 127
魚付林 86, 111, 126, 127
浮魚 232
ウルワイ 241

『易林本節用集』180
エコシステム 66
恵山文化 22
恵原義盛 286
唐鍬（エビリ）76
えりも式緑化工法 127
『延喜式』24
遠距離交易 301

「大いなる旅路（The great journey）」36
大型台風 272
大島紬 209
沖縄県統計書 186
『沖縄節用集』180
忍路郡 86
忍路・高島場所 85
オットセイ猟 41
膃肭臍猟及総説 46
『翁長親方八重山島規模帳』177, 182
オホーツク文化 22, 37

か行

カーネル密度推定法 38
海産資源 297
買い占め 303
海上のお祭り 305
海進期
完新世最初の—— 23
古墳末—— 23
縄文—— 23
縄文海進最盛期 22
海水面変動 23
開拓 49-51
『海南小記』254
海馬 178→ジュゴン
海浜適応 47
回復 49, 59, 66
海洋資源 24
改良竈 121
貝類遺骸群 23
化学肥料 300
角網 74
カズノコ 71, 82
塩—— 71
価値基準 290
鰹節 217, 283
ガバナンス 192
環境—— 66, 279, 304
重層—— 192
家譜史料 184
貨幣尺度 281
カムイ 51, 54, 57, 59, 61-64, 66-68
環境教育 129
環境保全 126, 128
観光 297
旱魃 296
間氷期 19
官報 190
官林 87

危機 50, 57, 59, 63, 66
聞き取り 305
飢饉 50, 54, 57, 60, 61, 63, 64, 66
気候変動 19, 50
擬制的な親戚 303
「北の遺跡案内」39
旧慣温存策 279
旧石器時代 19
教訓 54, 59, 61, 62, 66
恐慌 301
共同運輸会社 86
漁業協同組合 127
漁協女性部 128, 129
魚粉 302
儀礼 54, 55, 57, 62, 63, 64, 66, 68
狩猟—— 44
近世 31

串貝 25
クチ 238
刳り舟 292, 299, 301
グローバリゼーション 306

経験知 129
毛皮 57
建築材 290
限定目的貨幣 282, 291
賢明な利用 65, 66

交易 281
交換の比率 287
交換レート 303
後期旧石器文化 36
口承文芸 50, 51, 54-57, 61, 64, 66, 67
後氷期 37
後北文化 26
黒糖 279
国有林 283
古サハリン＝北海道半島 37
国境 305
古日本島 37
古墳末海進期→海進期
小幌洞窟遺跡 46
コモンズ 231

さ行

索　　引

生物名

アサリガイ 24
アシカ 180
アワ（粟）60, 65, 67, 279, 295
アワビ類 24, 25
　エゾアワビ 24
　カムチャツカアワビ 25
　クロアワビ 24
　マダカアワビ 24
　メガアワビ 24
イタヤガイ 23
イネ（稲）279
イワシ 71
ウネナシトマヤガイ 23
ウバガイ 24
エゾオオカミ 51
オオウバユリ 61, 63, 66
オオムギ（大麦）295
オットセイ（膃肭臍）46
カワウソ 51
カワシンジュガイ 59, 63
鰭脚類 41, 185
キツネ 56, 58, 62
ギョウジャニンニク 63, 66
クマ 55, 56, 60
コムギ（小麦）295
サケ 56-58, 60, 63, 66, 67
サツマイモ 282, 287, 293
サラサバテイ 241
サルボウ 23
シカ 49, 56, 57, 60, 63, 66, 67
シマフクロウ 51, 56
ジュゴン 171, 300
スケトウダラ 134
ソテツ 288, 289, 294, 298, 302
ソラマメ 287
ダイズ（大豆）287
タカ 49
タカキビ 295
タツノオトシゴ 180
チョウザメ 51
チョウセンサザエ 241
テン 60
テングサ 293, 297
ニシン 71
ハイガイ 23
ハマグリ 24
ヒエ 60, 65
ホタテガイ 24
マガキ 23, 24
マス 60
ヤコウガイ 241
ヤマトシジミガイ 24
リュウキュウイノシシ 255, 258
ワシ 56, 57

人名

伊藤一隆 112
栗本鋤雲 73
徐葆光 178
調所廣丈 88
徳川家斉 35

地名

悪石島 285
厚岸湖 128
厚岸町 128
アフリカ 281, 303
奄美大島 285, 286
石垣島 292, 297, 304
西表島 297
請島 289
浦内川 299
えりも町 126
えりも岬 126
屋崎一 289
小樽郡 86
加計呂麻島 288
臥蛇島 285
喜界島 287
北見市常呂町 128
口之島 285
久遠郡 81
黒島 297
古宇利島 173
小宝島 285
サロマ湖 128
佐呂間町 128
諏訪之瀬島 285
平島 285
台湾 293, 297, 304
高島郡 86
宝島 286
種子島 281, 282
多良間島 292, 294, 296
タングン島 297
トカラ列島 285, 301
常呂川 128
中之島 285
爾志郡 81
ヌングン島 297
浜益郡 81
古宇郡 84
増毛郡 81
漫湖 220
宮古島 292, 294, 297
水納島 292, 296, 304
八重山 297
屋久島 281
湧別町 128
与那国島 304
与路島 289
与論島 291

渡久地 健（とぐち　けん）

1953年，沖縄県に生まれる。

琉球大学非常勤教員。

専門は地理学。奄美・沖縄を主なフィールドとして，サンゴ礁漁撈について研究を行っている。

［主著］熱い心の島――サンゴ礁の風土誌（共著。古今書院，1992年），太平洋の島々に学ぶ（彩流社，2011年3月刊行予定）など。

蝦原 一平（えびはら　いっぺい）

1978年奈良県生まれ。東北芸術工科大学東北文化研究センター研究員。

主な研究テーマは，イノシシを中心とした野生動物の狩猟文化と資源としての管理

［主著］日本のシシ垣（分担執筆。古今書院，2010年）

早石 周平（はやいし　しゅうへい）

1974年，大阪府に生まれる。

鎌倉女子大学 講師

専門は霊長類学。DNAからみたヤクシマザルの歴史研究と保全生態学研究を行っている。

［主著］聞き書き・島の生活誌 沖縄島のくらし②（共編。ボーダーインク，2010年）など。

盛口 満（もりぐち みつる）

1962年，千葉県に生まれる。

沖縄大学人文学科こども文化学科准教授。

主な研究テーマは，琉球列島における植物利用の聞き取り調査，身近な自然の教材化の研究など。

［主著］ゲッチョ先生の野菜探索記（木魂社，2009年），ドングリの謎（どうぶつ社，2001年）など。

瀬尾 明弘（せお　あきひろ）

1972年，大阪府に生まれる。

総合地球環境学研究所・プロジェクト研究員。

［主著］琉球列島に生育する複数の植物種の遺伝的分化の地理的パターンの比較（分類 **6**: 115-120，2009年），Geographical patterns of allozyme variation in ***Angelica japonica*** (Umbelliferae) and ***Farfugium japonicum*** (Compositae) on the Ryukyu Islands, Japan（共著。***Acta Phytotaxonomica et Geobotanica*** **55**: 29-44, 2004年）など。

中野 泰（なかの　やすし）

1968年，東京都に生まれる。

筑波大学大学院人文社会科学研究科歴史・人類学専攻 講師

専門は民俗学。社会構成や生産様式の研究から始めて，現在は韓国など環東シナ海沿海村落の社会経済研究を中心に，資源利用，マーケットや観光開発に関心を持っている。

［主著］近代日本の青年宿─年齢と競争原理の民俗（吉川弘文館，2005年），環境民俗学─新しいフィールド学へ（共著。昭和堂，2008年），食文化─歴史と民族の饗宴［シュンポシオン］（悠書館，2010年）など。

木下 尚子（きのした　なおこ）

1954年，東京都に生まれる。

熊本大学文学部 教授

専門は専門は日本考古学。琉球列島と東アジア世界との関係史，装身具研究を行っている。

［主著］東アジアの考古と歴史（分担執筆。同朋社，1989年），南島貝文化の研究─貝の道の考古学（法政大学出版局，1996年），続・暮らしと環境（分担執筆。山口県史編纂室，1998年）など。

当山 昌直（とおやま　まさなお）

1951年，沖縄県に生まれる。

財団法人沖縄県文化振興会 史料編集室 室長

琉球列島の両生爬虫類相，琉球の人と自然について研究。最近は人とオカヤドカリの関係，古い空中写真を使った人と自然のかかわりの解析に取り組んでいる。

［主著］陸の脊椎動物　琉球列島動物図鑑Ⅰ（共著。新星図書，1984年），沖縄の帰化動物（共著。沖縄出版，1997年），聞き書き・島の生活誌① 野山がコンビニ 沖縄島のくらし（安渓遊地との共著。ボーダーインク，2009年）など。

安渓 貴子（あんけい　たかこ）

愛知県生まれ。

山口大学・山口県立大学非常勤講師。

研究生活を始めたときからのライフワークは「ヒトと自然のかかわりとその歴史を現場の視点から読み解く」。アフリカ，琉球列島から範囲が少しずつ広がってきた。田舎に住むことから見えてくる生き物，環境，世界のことを，子どもや若者たちと一緒に体験しながら考え，暮らしていきたい。

［主著］森の人との対話－熱帯アフリカ·ソンゴーラ人の暮らしの植物誌「アジア·アフリカ言語文化叢書47」（東京外国語大学アジア・アフリカ言語文化研究所，2009年），キャッサバの来た道－毒抜き法の比較によるアフリカ文化史の試み（分担執筆。平凡社，2003年），Cookbook of the Songola（*African Study Monographs, Suppl.* **13**: 1-174，1999年）など。

念論文集（分担執筆。北海道出版企画センター，2009 年），縄文から弥生に移行しなかった日本の先史文化――北方の続縄文文化（歴史地理教育 (743): 38-41，2009 年）など。

児島 恭子（こじま　きょうこ）

1954 年，東京都に生まれる。

早稲田大学・昭和女子大学 非常勤講師

専門はアイヌ史・日本女性史。近年はアイヌ史の資料の宝庫である口承文芸を分析している。そこから得られたことのひとつにアイヌの自然観がある。

［主著］アイヌ民族史の研究（吉川弘文館，2003 年），アイヌの道（編著。吉川弘文館，2005 年），エミシ・エゾからアイヌへ（吉川弘文館，2009 年）など。

三浦 泰之（みうら　やすゆき）

北海道立総合歴史博物館 北海道開拓記念館 学芸員。

「物産会」「博覧会」や「芸能興行」などの，近世期以降の都市や村落に展開した〈娯楽文化〉から歴史や社会を考察することに重点を置いて研究を進めている。また，文書資料の担当の一人として，北海道拓殖銀行資料，青山家資料，林家文書などの近世・近代文書群の整理と分析に携わってきた。

［主著］北海道の出版文化史―幕末から昭和まで（分担執筆。北海道出版企画センター，2009 年），1900 年代から 1920 年代の絵葉書アルバム考（北海道開拓記念館研究紀要 (37): 129-164, 2009 年），札幌市中央図書館所蔵松浦武四郎自筆『交友名簿帳』（共著。北海道開拓記念館調査報告 48，2009 年）など。

麓 慎一（ふもと　しんいち）

1964 年，北海道に生まれる。

新潟大学人文社会・教育科学系（教育学部）准教授 。

専門は日本北方史。近世後期および近代の北方地域史について，主に近代化との関係に留意して研究を行っている。

［主著］近代日本とアイヌ社会（山川出版社，2002 年），蝦夷地から北海道（共著。吉川弘文館，2004 年）。

会田 理人（あいだ　よしひと）

北海道立総合歴史博物館 北海道開拓記念館 学芸員。

北海道・樺太産業史，特に漁業史・水産技術史、馬事史、産業資料・近代化遺産調査が主な研究テーマ。

［主著］北方の資源をめぐる先住者と移住者の近現代史－ 2005 ～ 07 年度調査報告（共著。北海道開拓記念館，2008 年），利尻のテングサ漁（北海道開拓記念館調査報告 (48)，2009 年），魚つき林育成に向けた植樹運動の展開（2）－北海道における実践事例－（北海道開拓記念館調査報告 (46)，2006 年）など。

執筆者略歴（執筆順）

湯本 貴和（ゆもと　たかかず）

1959年，徳島県に生まれる。

総合地球環境学研究所 教授。

専門は生態学。植物と動物の共生関係の研究から始めて，現在は人間と自然との相互関係の研究を行っている。

［主著］屋久島——巨木と水の島の生態学（講談社, 1995年）, 熱帯雨林（岩波書店, 1999年），世界遺産をシカが喰う（編著。文一総合出版，2006年），食卓から地球環境がみえる——食と農の持続可能性（編著。昭和堂，2008年）

田島 佳也（たじま　よしや）

1947年，北海道に生まれる。

神奈川大学経済学部教授，経済学研究科教授。

主な研究テーマは，日本経済史・流通史，漁業史。最近の関心事は，漁業と林業にかかわる金融史，経営史。

［主著］道南西海岸漁村の「場所請負制」試論－明治初期の爾志郡（乙部村·熊石村）を事例に－『漁業経済研究』（漁業経済学会，2004年），場所請負の歴史的課題『歴史評論』（歴史科学協議会編，2003年），場所請負制後期のアイヌ漁業とその特質『前近代の日本と東アジア』（分担執筆。吉川弘文館，1995年），海産物をめぐる近世後期の東と西「日本の近世17　東と西　江戸と上方』（分担執筆。中央公論社，1994年）など。

安渓 遊地（あんけい　ゆうじ）

富山県出身

山口県立大学国際文化学部 教授。理学博士（京都大学）

奄美沖縄の人と自然をめぐる聞き書き，熱帯アフリカの生活と神話，生物文化多様性と原子力発電所等の開発計画の関係などを研究。

［主著］西表島の農耕文化——海上の道の発見（安渓貴子らとの共著。法政大学出版局，2007年），調査されるという迷惑（宮本常一との共著。みずのわ出版，2008）。

右代 啓視（うしろ　けいし）

北海道立総合歴史博物館 北海道開拓記念館 学芸員。

先史時代における環境変化と文化形成，オホーツク文化と擦文文化，北東アジアにおけるチャシと防御性集落の位置づけと形成過程，続縄文時代の洞窟遺跡の成因とその文化などが主な研究テーマ。これらに加え，特別研究や海外学術交流研究事業，分野別研究にも取り組む。

［主著］北方の資源をめぐる先住者と移住者の近現代史－2005～07年度調査報告（共著。北海道開拓記念館，2008年），物質文化史学論聚：加藤晋平先生喜寿記

シリーズ日本列島の三万五千年——人と自然の環境史
第4巻 島と海と森の環境史

2011年3月20日 初版第1刷発行

編●湯本貴和
責任編集●田島佳也・安渓遊地

発行者●斉藤 博
発行所●株式会社 文一総合出版
〒162-0812 東京都新宿区西五軒町2-5
電話●03-3235-7341
ファクシミリ●03-3269-1402
郵便振替●00120-5-42149
印刷・製本●奥村印刷株式会社

定価はカバーに表示してあります。
乱丁，落丁はお取り替えいたします。

ISBN 978-4-8299-1198-3 Printed in Japan

主に北海道と奄美・沖縄）

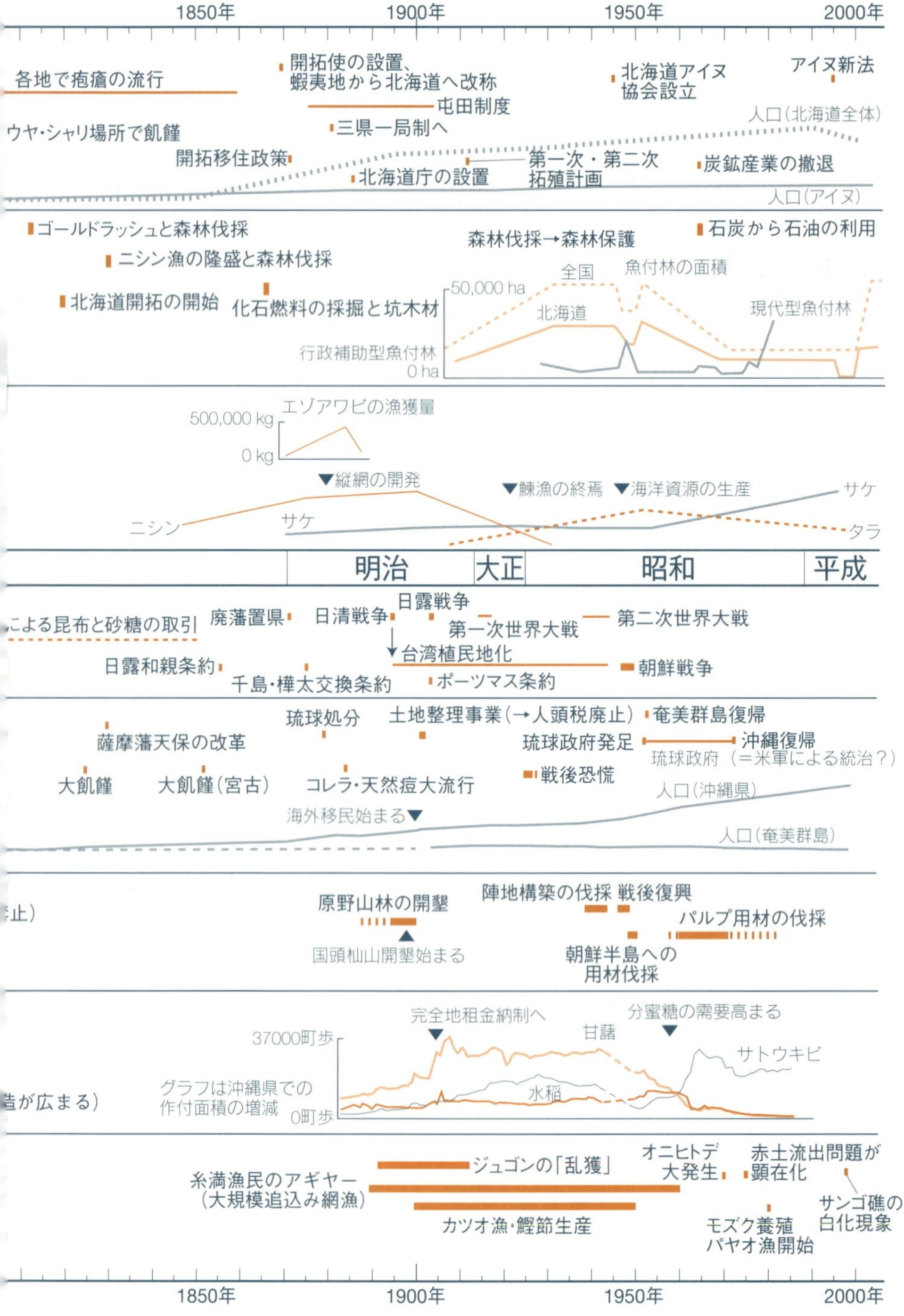

1850年
1900年
1950年
2000年
各地で疱瘡の流行
開拓使の設置、
蝦夷地から北海道へ改称
屯田制度
北海道アイヌ
協会設立
アイヌ新法
ウヤ・シャリ場所で飢饉
三県一局制へ
人口（北海道全体）
開拓移住政策
第一次・第二次
拓殖計画
炭鉱産業の撤退
北海道庁の設置
人口（アイヌ）
ゴールドラッシュと森林伐採
ニシン漁の隆盛と森林伐採
森林伐採→森林保護
石炭から石油の利用
全国
魚付林の面積
50,000 ha
北海道開拓の開始
化石燃料の採掘と坑木材
北海道
現代型魚付林
行政補助型魚付林
0 ha
500,000 kg
エゾアワビの漁獲量
0 kg
▼縦網の開発
▼鰊漁の終焉
▼海洋資源の生産
サケ
ニシン
サケ
タラ
明治
大正
昭和
平成
による昆布と砂糖の取引
廃藩置県
日清戦争
日露戦争
第一次世界大戦
第二次世界大戦
台湾植民地化
日露和親条約
朝鮮戦争
千島・樺太交換条約
ポーツマス条約
琉球処分
土地整理事業（→人頭税廃止）
奄美群島復帰
薩摩藩天保の改革
琉球政府発足
沖縄復帰
琉球政府（＝米軍による統治？）
大飢饉
大飢饉（宮古）
コレラ・天然痘大流行
戦後恐慌
人口（沖縄県）
海外移民始まる▼
人口（奄美群島）
陣地構築の伐採
戦後復興
止）
原野山林の開墾
パルプ用材の伐採
国頭杣山開墾始まる
朝鮮半島への
用材伐採
完全地租金納制へ
分蜜糖の需要高まる
37000町歩
甘藷
サトウキビ
グラフは沖縄県での
作付面積の増減
水稲
造が広まる）
0町歩
ジュゴンの「乱獲」
オニヒトデ
大発生
赤土流出問題が
顕在化
糸満漁民のアギヤー
（大規模追込み網漁）
サンゴ礁の
白化現象
カツオ漁・鰹節生産
モズク養殖
パヤオ漁開始
1850年
1900年
1950年
2000年